ÍNDICE

- **ENERO.** Página 2.
- **FEBRERO.** Página 25.
- **MARZO.** Página 50.
- **ABRIL.** Página 71.
- **MAYO.** Página 100.
- **JUNIO.** Página 131.
- **JULIO.** Página 158.
- **AGOSTO.** Página 191.
- **SEPTIEMBRE.** Página 231.
- **OCTUBRE.** Página 262.
- **NOVIEMBRE.** Página 296.
- **DICIEMBRE.** Página 326.

(Lista con las constelaciones de Ptolomeo el 19 de diciembre).

ENERO

2 ENERO. COMIENZA EL AÑO ASTRONÓMICO.

Feliz 2018 y bienvenido a mi libro. Este es el primer día de tu año astronómico. A lo largo de todo el 2018 espero enseñarte el maravilloso mundo de la astronomía desde el principio hasta el final.

La idea es que descubras todos los secretos del Universo (al menos hasta donde podamos llegar), para que valores primero lo que eres tú (polvo de estrellas) y también lo insignificantemente pequeños y vulnerables que somos los seres humanos.

Recomiendo que leas este libro en el orden en el que está escrito. Conforme vayamos avanzando, iré dando cosas por hecho y si por culpa de tus ansias de conocimiento te adelantas, es posible que alguna cosa no la logres entender del todo bien.

Este libro quiero que sea algo vivo, así que desde el primer capítulo (hoy) hasta el último (31 de diciembre) te animo a que preguntes, propongas, critiques (sin pasarte) y animes a un servidor, que hará todo lo posible para responder, reeditar, modificar y agradecer a todo ser que le escriba a mi dirección de correo electrónico. Veré cuantos años sigo reeditando y mejorando este libro.

Mi dirección es: **astronomiadiaadia@gmail.com**

Y ahora para la introducción, qué mejor que la haga uno de los más grandes, **Carl Sagan** (en su programa Cosmos):

"Bienvenidos al planeta Tierra: un lugar de cielos azules de nitrógeno, océanos de agua líquida, bosques frescos y prados suaves, un mundo donde se oye de modo evidente el murmullo de la vida. Este mundo es en la perspectiva cósmica, como ya he dicho, conmovedoramente bello y raro; pero además es, de momento, único. En todo nuestro viaje a través del espacio y del tiempo es hasta el momento el único mundo donde sabemos con certeza que la materia del Cosmos se ha hecho viva y consciente".

3 ENERO. ¿QUÉ ES LA ASTRONOMÍA?

Según la RAE (Real Academia Española), la **astronomía** es la *ciencia que trata de cuanto se refiere a los astros, y principalmente a las leyes de sus movimientos.*

Está más o menos claro ¿no?

Lo que no hay que hacer es confundir astronomía con **astrología**, que es un error bastante común. Durante siglos han sido más o menos lo mismo, pero hoy en día están muy separados: una es ciencia y la otra no.

La **astrología** es el *estudio de la posición de los astros, y, en función de eso, se pretende conocer y predecir el destino de los hombres.* (El horóscopo y todo eso, vamos).

La palabra astronomía, por cierto, viene del griego. *Astro* significa estrella y *nomía*, que proviene de nomos (νομος) significa ley, regla, orden... con lo que se entiende que astronomía viene a ser el orden o las leyes de las estrellas.

Sal ahí fuera de noche y mira al cielo. ¿No te parece sobrecogedor? (No esta nublado, ¿verdad?)

Somos insignificantes. Nos creemos dueños de un mundo que no nos pertenece. Un mundo que no es nada. Allá afuera hay muchísimo por descubrir... Y todo se mueve. ¿Estás preparado?

Fotografía de la Tierra vista desde Saturno. Crédito: NASA/JPL/Cassini.

4 ENERO. NORTE SUR ESTE OESTE.

Estos son los puntos cardinales: NORTE, SUR, ESTE Y OESTE.

Casi todo el mundo sabe (y si no, *no problem*) hacia donde está el norte o el sur, el este o el oeste cuando sale de casa. Cuando uno sale a mirar las estrellas, saber eso es imprescindible, porque te permite encontrarlas con mayor facilidad. Si tú no estás muy seguro, puedes utilizar un mapa, una brújula o también preguntar, porque durante lo que queda de año iré pidiéndote que mires al norte, o al sur, o al este, o al suroeste, o al noreste... y lo suyo sería que miraras en la dirección correcta.

Es bueno saber, por otro lado, que el Sol sale por el este y se pone por el oeste. (Lo que se mueve, en realidad, es la Tierra, que gira sobre si misma, y nosotros pasamos de estar del "Lado Sol" al "Lado Sombra"). Pero ojo, que cuando veas ponerse el Sol, no siempre está al oeste 100%; y esto es precisamente debido a la inclinación de la Tierra. Tienes que hacer un esfuerzo e imaginarlo.

Fíjate donde está España en la imagen de debajo.

Si te digo que en España está apunto de amanecer, supongo que entonces te puedes hacer una idea de cómo está girando la Tierra. Primero Amanecerá en Baleares, luego Cataluña, Valencia, Madrid... Y por último Galicia y Portugal y más tarde, en las canarias. Por eso allí en las islas tienen una hora menos, porque así podemos decir que amanece en toda España a la misma hora (con unas pequeñas variaciones).

La Tierra. Crédito: NASA.

Lo de la inclinación del eje ya es un poco más complicado. La línea de la sombra, en la imagen, puedes observar que no está totalmente vertical, puesto que el eje está un poco inclinado. Esto lo veremos con más detalle en otra ocasión... pero de momento puedes ir pensando en ello.

Me vale por ahora con que te sitúes en el mapa.

Una vez controlado esto, solo tenemos que aprender algunos conceptos básicos.

5 ENERO. PESO MASA GRAVEDAD VOLUMEN.

A lo largo del año irán surgiendo nuevos conceptos que habrá que definir. No te preocupes, los iré intentando explicar lo mejor que pueda.

De momento, hay 4 cosas que tienen que quedar claras antes de empezar a meterse en materia: **Peso, Masa, Gravedad y Volumen**. Los 4 están íntimamente relacionados.

Todo cuerpo tiene Masa. Su masa se mide en *Kilogramos* (Kg). Dos cuerpos del mismo tamaño pueden tener diferente masa si el material del que están formados es diferente. Ejemplo: Una pelota de goma y una pelota de acero que tienen el mismo tamaño, tendrán diferente masa.

Tener el mismo tamaño significa tener el mismo Volumen.

Ahora bien, existe una propiedad física que hace que dos cuerpos cualesquiera se atraigan solo por el hecho de tener masa. La fuerza con la que se atraen es proporcional a la masa de los mismos (**Fuerza de Gravedad**). Es decir, cuanta más masa, más te atraen.

Así, se unen dos fuerzas: La masa y la fuerza de atracción. La suma de ambas es el Peso, y se mide en *Newtons* (N). (En la Tierra tu masa es de 7 Kg., y la fuerza de la gravedad aproximadamente 10, así que tu peso es de 70 N.).

La Tierra, al tener mucha masa, nos atrae con mucha fuerza. La Luna, tiene menos masa, y es por ello por lo que los astronautas parecen flotar en su superficie. (El efecto es como si pesaran 6 veces menos en la Luna que en la Tierra).

8 ENERO. DÓNDE ESTAMOS Y HACIA DÓNDE MIRAMOS.

Cuando sales a la calle en un día despejado y sin mucha contaminación lumínica (veremos qué es eso más adelante), casi todo lo que ves en el cielo está en nuestra querida galaxia: La Vía Láctea.

Observando la Vía Láctea. Crédito: ESO/Fitzsimmons.

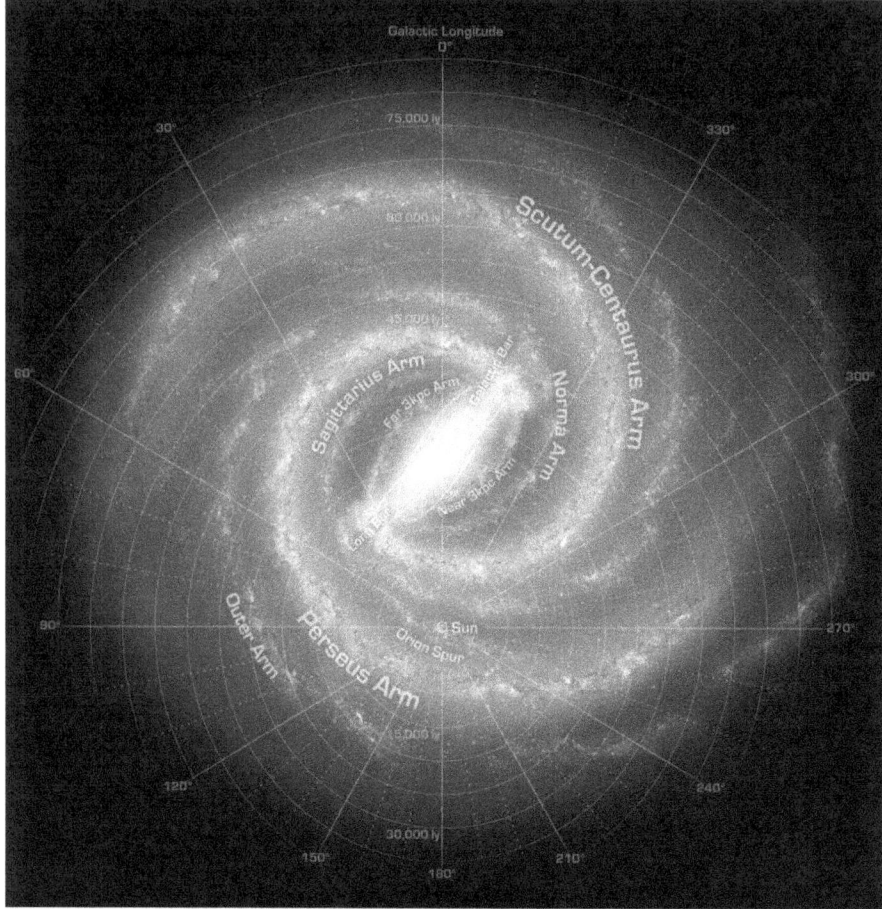
La vía Láctea. Crédito: NASA/Adler/U. Chicago/Wesleyan/JPL-Caltech.

El nombre "Vía Láctea" proviene del color blanquinoso que tienen en el cielo la visión de los brazos espirales cercanos a nuestro Sistema Solar y que puedes ver en la imagen superior. Se ven así debido a la gran cantidad de estrellas que se encuentran en los mismos.

Desde La Tierra se pueden ver también otras "cosas" que no están en la Vía Láctea. Me refiero a otras galaxias. Ni siquiera está del todo claro cuantas galaxias existen en el Universo. Los últimos estudios aseguran que hay hasta dos billones (2 millones de millones). Quién sabe. Obviamente, no las vamos a estudiar todas, pero iremos viendo algunas de las más famosas.

Las Estrellas que vemos desde la Tierra pueden estar más o menos cerca o ser más o menos grandes así que las vemos brillar en función de su tamaño y posición. Las vemos en una posición determinada dependiendo del lugar que ocupan en la Vía Láctea. Si las vemos moverse a lo largo de la noche es porque los que nos movemos, como ya sabes, somos nosotros. Es por eso por lo que las estrellas llevan más o menos la misma velocidad y dirección que el Sol (Salen por el Este y se dirigen hacia el Oeste). Tienes que salir ahí fuera de noche y comprobar que no miento.

La Tierra, a lo largo del año, va modificando su posición en el espacio, por lo que las estrellas que vemos en el cielo también serán diferentes en una época que en otra.

Te iré diciendo, a lo largo de este año, y en la medida que me sea posible, las estrellas que puedes ir viendo en cada momento, explicándote alguna cosa de ellas por el camino.

También verás planetas: Venus, Marte, Júpiter o Saturno se ven fácilmente desde la Tierra.

9 ENERO. EL SISTEMA SOLAR.

Te presento a nuestro Sistema Solar:

El Sistema Solar. Crédito: NASA.

En lo que queda de año (que es mucho) hablaremos de cada uno de los planetas y planetas enanos que ves en la imagen (y de mucho más, por supuesto). ¿A que hay muchos de los que ni siquiera habías oído hablar? Bueno, pues te propongo un reto: A ver si para mañana eres capaz de aprenderte los nombres de todos ellos.

Y solo con esto ya tienes suficiente para hoy.

10 ENERO. DISTANCIAS EN EL ESPACIO

¡Las distancias en el espacio son enormes!

Olvídate de la típica maqueta del Sistema Solar, que solamente sirve para hacer bonito. No representa en absoluto las distancias entre los elementos que la componen.

Imagina, por un momento, que quieres hacer una maqueta del sistema Solar a escala. Tu Tierra va a ser la cabeza de un alfiler. Su diámetro sería de 1 milímetro. El Sol, en ese caso, tendría poco más de 10 centímetros de diámetro, es decir, como casi el doble que una pelota de tenis. Situando esa pelota en el centro de la maqueta, la Tierra estaría a nada más y nada menos que a casi ¡11 metros del Sol!

11 metros, que en la realidad equivalen a **149.597.800 kilómetros**, y que es lo que se conoce como **Unidad Astronómica (UA)**. Es la distancia media de la Tierra al Sol. Se suele decir que son unos 150 millones de kilómetros. Una distancia bestial. Si hubiera una autopista entre la Tierra y el Sol y te fueras en coche hasta allí, puede que en un intento desesperado de lucir un buen bronceado, y fueras a una velocidad media de 120 km/h, tardarías la friolera de ¡141 años en llegar!

Bien, pues Júpiter, nuestra estrella fallida del Sistema Solar (intrigante ese apelativo, ¿verdad?), está a 5´2 UA del Sol, esto es, en nuestra maqueta, a 57 metros del mismo. Y tendría un tamaño de medio centímetro de diámetro. Como una lentejita.

Plutón, que casi no lo verías en la maqueta de lo pequeño que sería, estaría a 430 metros del Sol.

Me parece que ibas a necesitar un Salón muy grande para meter semejante maqueta...

Pero aún hay más, Alfa Centauri, la estrella más cercana al Sol (Ya hablaremos de ella más adelante, porque es muy interesante) está a 4´37 años luz del Sol. Un **Año Luz** es lo que recorre la luz en un año. Y la luz viaja muy rápido, condenadamente rápido, de hecho. Un año luz equivale a 9.460.730.472.580´8 Km. Esto es, **63.241 UA**. Es decir, en nuestra maqueta, un año luz equivaldría a 695 kilómetros, con lo que Alfa Centauri sería una pelota situada a 3037 km; así que si tu Sol lo sitúas en Madrid, Alfa Centauri estaría a unos pocos Kilómetros de Moscú.

La unidad que me falta por explicar es el **Pársec (pc)**. Un pársec son 3´2616 años luz. La galaxia más cercana, la Enana del Can Mayor se encuentra a 7654 pc de nosotros. En realidad está asombrosamente cerca, ya que la distancia al centro de nuestra propia galaxia es aún mayor. (Aun así, en nuestra maqueta estaría a más de 17 millones de kilómetros, bestial).

Es difícil de imaginar que eres uno de los 7.000 millones de habitantes de la cabeza de un alfiler y que te estás intentando imaginar lo lejos que está esa estrella (situada a 3037 kilómetros). Entre ella y tú, lo más grande que hay lo tienes a 50 metros y es una simple lentejita.

El resto, vacío.

11 ENERO. CAMPO GRAVITATORIO.

Lo siento, pero todavía tenemos que hablar un poco más de física. Supongo que todavía recordarás los conceptos que expliqué el viernes pasado: peso, masa o volumen.

Una de esas propiedades, la masa, provoca lo que se conoce como **Campo Gravitatorio**. Podríamos decir que todo cuerpo (objeto, cosa o cacharro) con masa produce un campo gravitatorio a su alrededor. Este campo, además, va disminuyendo a medida que te alejas de dicho cuerpo. Parece obvio, por lo tanto, que cuanta más masa tenga el objeto en cuestión, más fuerte será su campo gravitatorio. Tú estás sentado en la silla y no volando por el espacio porque la Tierra os atrae a ti y a la silla. Por supuesto, tú también atraes a la Tierra, pero ¿se puede comparar la masa de la Tierra con la tuya? Obviamente no. (Bueno... en realidad sí: La Tierra es del orden de 10 elevado a la 26 veces más pesada que tú, esto es, un 1 con 26 ceros detrás; si es que esto te sirve de algo...).

Es mucho más fácil comparar, sin embargo, la masa de la Tierra y la de la Luna. La Tierra atrae a la Luna y viceversa. ¿Por qué no se chocan? Porque la Luna está girando rápidamente alrededor de la Tierra. Si atas una piedra a una cuerda y giras rápidamente, la piedra deja de estar en tus pies y pasa a estar a una distancia igual a la longitud de la cuerda. Pues eso. La cuerda representa la fuerza de gravedad, que mantiene "unidas" la Tierra y la Luna, pero no se chocan gracias a esa velocidad de giro de la Luna.

Por otro lado, ¿Te has preguntado alguna vez por qué la tierra es redonda? Tiene que ver con la fuerza de la gravedad, que es proporcional a la distancia. Esto quiere decir que "tira" con la misma fuerza en todas las direcciones. Cualquier variación de la forma esférica provocaría una reacción de fuerzas que harían regresar de nuevo a esa forma divina.

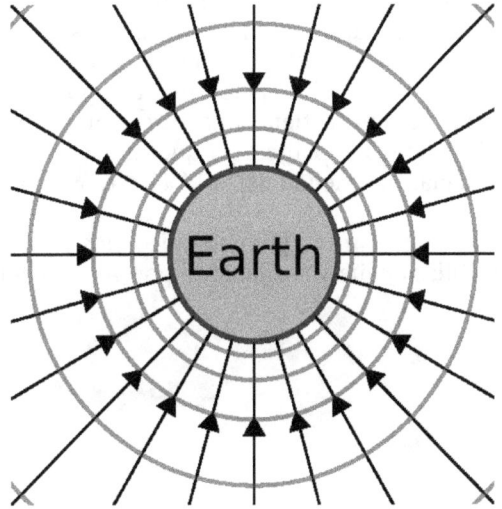

Campo gravitatorio. Crédito: Wikipedia.

12 ENERO. CAMPO MAGNÉTICO.

Casi todo el mundo ha visto algo parecido a lo que muestro en la siguiente imagen:

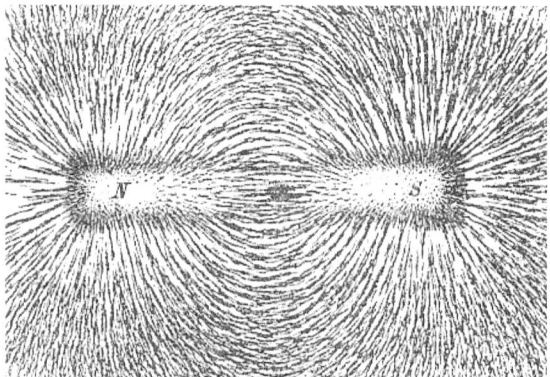

Campo magnético creado por un imán. Dominio público.

Virutillas de hierro colocadas sobre un folio y, debajo del mismo, un imán. Las virutas de hierro se alinean de una forma característica, indicando la forma del campo magnético.

El **Campo Magnético** es un **Campo de Fuerza** (también lo es el campo gravitatorio) y su origen está en el movimiento de cargas eléctricas. Es una propiedad que tiene la materia y lo mejor que puedes hacer es aceptarlo tal y como es.

Se puede crear un campo magnético con un imán como el de la imagen o con una corriente eléctrica (movimiento de electrones, los portadores de la carga eléctrica de la materia).

El campo magnético es algo más importante de lo que crees. Si no existiera esa propiedad de la materia, no estarías leyendo estas líneas… de hecho, no estarías. La Tierra, al tener un núcleo metálico fundido (ya lo veremos más adelante), y estar todo ese material, moviéndose, genera un campo magnético enorme. Dicho campo (**Magnetosfera**), además, tiene una dirección determinada y una vital importancia para los que habitamos el planeta ya que funciona como una pantalla que nos protege contra las partículas que vienen del Sol (**Viento Solar**).

Además de eso, gracias al campo magnético, nos podemos orientar. La brújula se alinea como esas virutillas de hierro señalando por un lado el norte y por el otro, el sur.

La magnetosfera que nos mantiene con vida. Crédito: NASA.

15 ENERO. ISAAC NEWTON.

De vez en cuando y muchas veces sin previo aviso, hablaré sobre la vida y las proezas de algún genio. No seguiré ningún orden lógico en muchos casos ni tengo algún criterio a la hora de elegirlos… simplemente hablaré de los que me gustan o los que subjetivamente crea más interesantes.

El único que tenía claro que iba a ser el primero era el que hoy nos ocupa: Sir Isaac Newton. Newton es, sin lugar a dudas, el mayor genio que ha dado la ciencia, el *number one* de todos los tiempos.

Nació en Lincolnshire, Inglaterra, a principios de 1643. Su infancia no debió de ser fácil… se crió con su abuela de la que no guardó buenos recuerdos y no congeniaba con los niños de su edad. Pero ya desde pequeño demostró una inteligencia fuera de lo normal. Inventaba y construía casi de todo.

A los 18 años fue a la Universidad de Cambridge, pero casi no asistía a las clases para ir a la biblioteca. Su fama empezó a crecer cada día más, ya que escribía cartas a la Royal Society, fundación de la cual llegó a ser presidente.

Publicó, en 1686 el que es, posiblemente, el libro más importante de la historia de la ciencia: *Philosophiae naturalis principia mathematica*. En él explica las famosas Leyes de Newton, sobre las que se asienta el resto de la física que se conoce hoy en día.

Dormía poco, estudiaba y pensaba mucho. Pasaba largas horas en su laboratorio, pues su "hobbie" era la alquimia. Empezó a volverse loco y cuando su laboratorio se incendió, debido a que, según dicen, su perro empujó una vela sobre unos papeles, se cuenta que le tenía tanto cariño a su perro que simplemente le dijo: "Oh, Diamond, Diamond, qué poco sabes lo que has hecho!". Quién sabe las maravillas que se perdieron en esos papeles...

Isaac el Genio. Dominio público.

Moriría en marzo de 1696. En su tumba aún se puede leer: *"Aquí descansa Isaac Newton, Caballero que con fuerza mental casi divina demostró el primero, con su resplandeciente matemática, los movimientos y figuras de los planetas, los senderos de los cometas y el flujo y reflujo del Océano. Investigó cuidadosamente las diferentes refrangilidades de los rayos de luz y las propiedades de los colores originados por aquellos. Intérprete, laborioso, sagaz y fiel, de la Naturaleza, Antigüedad y de la Santa Escritura, defendió en su Filosofía la Majestad del Todopoderoso y manifestó en su conducta la sencillez del Evangelio. Dad las gracias, mortales, al que ha existido así, y tan grandemente como adorno de la raza humana".*

16 ENERO. CONSTELACIONES.

Cuando estás ahí fuera y miras a las estrellas las ves en una posición determinada; siempre están más o menos en la misma posición unas respecto a las otras, formando lo que se conoce como **constelaciones**.

Según la RAE: Una constelación *es un conjunto de estrellas que, mediante trazos imaginarios sobre la aparente superficie celeste, forman un dibujo que evoca determinada figura, como la de un animal, un personaje mitológico, etc.*

Se conoce poco de las primeras constelaciones nombradas. Se sabe por ejemplo que Leo, Escorpio o Tauro existían desde los tiempos de la cultura Mesopotámica, allá por el año 4000 a. C., es posible que incluso antes. Más tarde los Griegos (quién si no) nombrarían casi la mitad de las constelaciones que se han adoptado hoy en día. **"Almagesto"**, de **Ptolomeo**, es la obra más antigua conocida que recopila hasta 48 constelaciones y más de mil estrellas y ha sido la base de muchos resúmenes astronómicos posteriores.

Los chinos, los hindúes o los incas también desarrollaron su propio sistema de constelaciones pero al final, la que se acepta internacionalmente es la agrupación que la **Unión Astronómica Internacional** delimitó en 1930 al publicar el trabajo llevado a cabo básicamente por **Eugène Joseph Delporte**. En dicho trabajo se establecen 88 constelaciones con límites precisos.

Espero que, en lo que queda de año, nombre todas ellas y hable, al menos, de todas las que se ven desde el hemisferio norte.

Mañana empezaremos con mi favorita: Orión.

17 ENERO. EL CINTURÓN DE ORIÓN.

He de admitirlo, Orión es mi constelación favorita.

Constelación de Orión y alguna más. Crédito: Pixabay.

Un poco por encima del centro de esta fotografía supongo que podrás observar 3 estrellas separadas entre sí por una misma distancia. Estás bastante juntas... ¿Las ves? Entonces te presento a **Alnitak**, **Alnilam** y **Niltaka**, también conocidas como **Las tres Marías** o las tres estrellas que forman el **Cinturón de Orión.** Las cuatro estrellas que las rodean creando una especie de rectángulo, forman más o menos la Constelación de Orión, que ya veremos en unos días más en profundidad.

De momento me conformo con que las identifiques en el cielo. A las 20 horas las podrás ver si miras hacia el sudeste y a las 22 horas más o menos hacia el sur. Podrán verse hoy hasta pasadas las 3 de la madrugada, cuando desaparezcan por el Oeste. Aprovecha, porque además es que estas noches no va a haber Luna con lo que podrás disfrutar mucho más de las estrellas.

Y digo "me conformo" porque antes de entrar en más detalles, me gustaría que supieras algo más sobre las estrellas, como funcionan y todo eso... lo interesante es que cuando mires una constelación no solo veas puntos brillantes en el cielo, sino que sepas realmente lo que son. (Ya no lo mirarás igual, te lo prometo).

18 ENERO. LAS ESTRELLAS.

El objetivo de los próximos días es que quede un poco claro el funcionamiento de las estrellas y la clasificación de las mismas.

Para entender su funcionamiento tendremos que explicar antes de qué están formadas. Una vez aclarado eso, pasaremos a ver lo que le pasa a una estrella a lo largo de su vida.

Para entender la clasificación nos bastarán un par de días.

Y después de estas "duras" entradas, ya sí, podremos salir ahí fuera y empezar a nombrar y a entender como son cada una de las estrellas que vemos. Bueno, no te asustes... ya que desde la Tierra se pueden ver unas 3.000 estrellas a simple vista y solo disponemos de 1 año... así que solo veremos las más importantes. Si quisiéramos, por cierto, ver todas las estrellas que hay en el Universo, podríamos estar hablando (aunque solo es una estimación, la realidad puede ser muy diferente) de más de 100 mil millones de estrellas en cada una de las más de 2 millones de millones de galaxias. Es un número tan bestial de estrellas que es casi imposible hacerse una idea de lo que significa...

El Universo es algo Grande... y aún nos queda mucho por conocer. Poco a poco, iremos descubriendo algunos de sus secretos.

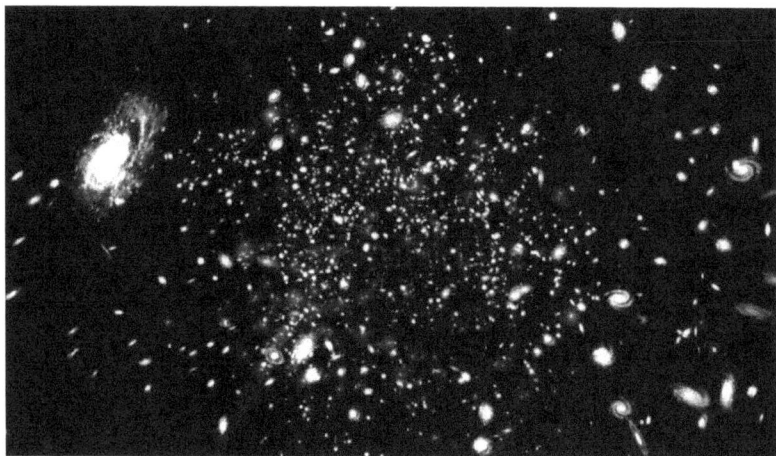

El Universo ahí fuera. Crédito: NASA.

19 ENERO. EL ÁTOMO.

La materia, las cosas, todo lo que nos rodea... en definitiva, todo lo que ves a tu alrededor, tiene una serie de propiedades físicas que vienen determinadas por los átomos que lo componen. (Una pelota formada por átomos de Oro (Au) va a pesar más que una del mismo tamaño pero formada por átomos de Calcio (Ca), pero también va a tener otra serie de propiedades).

Hasta hace relativamente poco, se creía que los átomos eran partículas indivisibles. Ahora sabemos que no es así. No son indivisibles ni tampoco lo son, de hecho, las partículas que los forman. Dichas partículas son tres: **protones, neutrones** y **electrones**. El núcleo del átomo está formado por neutrones y protones, y los electrones están pululando por alrededor. (Recuerda que hace poco comenté que la corriente eléctrica está formada por electrones). El núcleo, además, es pequeñísimo en comparación con el resto del átomo (no como en la imagen).

El átomo. Crédito: Pixabay.

Lo que diferencia a unos átomos de otros es el número de protones que poseen. Así, el átomo más pequeño y de hecho, el más abundante en el Universo es el hidrógeno, que tiene un solo protón. El segundo, con dos protones, es el helio, el litio tiene tres... etc.

Todos quedan bien ordenaditos en lo que se conoce como **Tabla Periódica**.

Los protones tienen carga eléctrica positiva y los electrones negativa con lo que la carga final del átomo es neutra. Los neutrones, como su propio nombre indica son neutros. Los neutrones mantienen la estabilidad del núcleo, es decir, ayudan a mantenerlo unido. (La carga eléctrica es una propiedad de la materia que también tenemos que aceptar que está ahí y convivir con ella).

Los átomos de un elemento tienen un número determinado de neutrones y protones, aunque pueden existir átomos con un número diferente de ellos. Si tienen diferente número de neutrones se llaman **isótopos**. Los isótopos de un mismo elemento pueden ser estables o inestables. Los elementos inestables se dice que son radiactivos. Ya hablaremos sobre la radiactividad más adelante, porque tiene tela. De momento, creo que es suficiente por hoy. Espero que haya quedado todo más o menos claro.

22 ENERO. EL HIDRÓGENO.

Como comenté ayer, el hidrógeno es el átomo más pequeño que existe y el más abundante en el Universo (y con diferencia). El hidrógeno tan solo tiene un protón. Y como los átomos normalmente son eléctricamente neutros (si no serían **iones**), tienen el mismo número de protones que de electrones. El número de neutrones ya no importa tanto; cada átomo tiene una cantidad definida que, si cambia, modifica algunas propiedades del mismo y pasamos a llamarlo, como sabes, **isótopo**. Así que, en definitiva, el hidrógeno es un átomo formado por un protón, un electrón y cero neutrones. (El átomo formado por un electrón, un protón y 1 neutrón es un isótopo del hidrógeno que se llama **deuterio** y el átomo formado por un protón, un electrón y dos neutrones se llama **tritio** y es radiactivo).

El hidrógeno es incoloro, insípido e inodoro y muy muy ligero. Por ser tan liviano, se utilizó bastantes años para meterlo en globos y hacerlos volar, pero pronto quedó patente la peligrosidad del mismo...

El Hidenburg, y de lo peligroso que puede llegar a ser el hidrógeno. Crédito: Pixabay.

Es a **Cavendish** (1731-1810) al que se le atribuye el descubrimiento del hidrógeno. Observó que el gas que se desprendía de la reacción entre metales y ácidos quemaba muy bien (siempre estas reacciones sueltan hidrógeno). **Lavoisier** y **Laplace** repitieron el experimento y lo que más les sorprendió es que al quemar ese gas, daba agua como resultado. Así que lo llamaron hidrógeno ("generador de agua").

El hidrógeno, al ser muy ligero, se escapa de la atmósfera fácilmente (se escapa del campo gravitatorio), así que el hidrógeno que tenemos a nuestro alrededor sigue ahí porque está asociado a otros átomos (H_2O, por ejemplo). Para obtenerlo puro, se hace como Cavendish: haciendo reaccionar metales con ácidos. Y se utiliza, entre muchas otras cosas, para refinar petróleo, para producir amoniaco o metanol, para aumentar la saturación en algunas grasas vegetales (margarina), para refrigeración o para almacenar energía (pilas de hidrógeno).

Y para ésta última función es para lo que lo utilizan las estrellas: Almacenar energía. Al fin y al cabo, son enormes bolas de gas y la mayor parte de ese gas, al menos al principio, es hidrógeno. Son tan grandes, que la fuerza de gravedad en el centro de las mismas es enorme, gigantesca, bestial. Tanto, que los átomos de hidrógeno llegan a unirse (**Fusionarse**), formando helio. **Al hacerlo desprenden energía.**

23 ENERO. EL HELIO.

Ayer comentaba que en las estrellas los átomos de hidrógeno se fusionan formando helio.

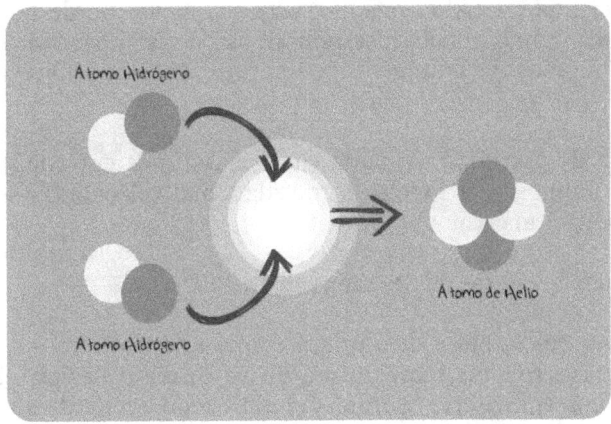

Fusión de dos átomos de hidrógeno en uno de helio. Ilustración: Javier Corellano Velázquez. (@CuaCuaStudios).

Así, si un átomo de hidrógeno tiene un electrón, un protón y un neutrón, la unión de dos de ellos formará un átomo con dos electrones, dos protones y dos neutrones... lo que viene a ser un átomo de helio.

En una estrella, conforme se va consumiendo el hidrógeno, se va generando más helio. Y en el proceso, como sabes, mucha, mucha energía. Lo veremos con más detalle algún día de estos.

El helio es el segundo elemento más abundante en el Universo. Paradójicamente, aun siendo el segundo elemento más abundante, es bastante difícil encontrarlo en la Tierra, porque a diferencia del hidrógeno, no reacciona con nada (es un átomo muy estable, por ello es uno de los que se conocen como "**Gas Noble**"), y al ser tan ligero escapa fácilmente de la atmósfera terrestre: sube, sube y sube y nada lo frena hasta que se encuentra en el espacio y escapa. (Recuerda que el hidrógeno no se escapa porque reacciona con muchos otros átomos y el resultado es una molécula de mayor peso, pero el helio, como he dicho, es noble, así que al no reaccionar con nada, se termina escapando).

Supongo que te estás preguntando que si todo el helio se escapa de la Tierra ¿De dónde se saca el helio que se utiliza para, por ejemplo, hinchar los globos en una fiesta de cumpleaños? Pues bien, de dos maneras: Una, el helio se forma en la Tierra. Elementos radiactivos como el Uranio o el Torio sueltan, de vez en cuando, un átomo de helio (lo que se conoce como una **Partícula Alfa**). Y por otro lado, también está almacenado bajo la superficie (ese que no ha podido escapar) y se obtiene, por ejemplo, al extraer petróleo de los pozos petrolíferos.

24 ENERO. NACIMIENTO Y VIDA DE UNA ESTRELLA.

En el Universo se están formando y destruyendo estrellas constantemente. Hay zonas en el espacio donde existen grandes nubes de hidrógeno, algunas de ellas con la masa de ¡10 millones de Soles! (No intentes imaginar lo que es eso, no se puede). Estas nubes se mueven y de vez en cuando, por ejemplo debido a los efectos de la explosión de una supernova, se empiezan a mover más rápido creándose remolinos… en algunas zonas empiezan a agruparse más y más átomos de hidrógeno que se van atrayendo unos a otros por la acción de la gravedad.

Al acercarse unos a otros la fuerza de gravedad aumenta (más masa, más gravedad). También lo hace la velocidad de los átomos (más fuerza de gravedad, más velocidad) y se empieza a producir calor (más velocidad, más calor).

Nacen así las **Protoestrellas**, pequeñas esferas de gas muy calientes.

Si la masa de gas es entre 13 y 80 veces la masa de Júpiter, entonces se formará una estrella, concretamente una enana marrón. La temperatura en su interior alcanza el millón de grados y entonces se fusiona el deuterio (isótopo del hidrógeno, recuerda que lo vimos el lunes). La temperatura en su superficie no llega a los 2000 grados y su color no pasa del rojo oscuro.

Si la estrella es de unas 80 veces o más la masa de Júpiter, entonces se produce la fusión del hidrógeno y la cosa cambia porque la estrella brilla que da gusto. Brillará más o menos en función de la cantidad de átomos de hidrógeno con los que haya nacido.

El hidrógeno que consume la estrella, además, se va a gastar más rápido cuanto mayor sea la estrella.

Seguiremos viendo más cosas sobre la vida de las estrellas más adelante. De momento, asimila lo que he dicho hoy y mientras tanto ¿qué tal si salimos a ver la Luna?

25 ENERO. LA LUNA.

La semana que viene tendremos Luna llena. Cuando eso pasa, al mejor sitio a donde podemos mirar es precisamente a ella: nuestra Luna. Cuando brilla tanto, las estrellas se ven menos, así que es momento de contemplarla en todo su esplendor. (Aunque yo personalmente la prefiero cuando tiene "forma de Luna", además de que para mirarla con telescopio es mejor, ya veremos porqué más adelante).

Luna llena. Crédito: Wikipedia. Luc Viatour. www.Lucnix.be

La Luna se encuentra a unos **384.000 kilómetros** de la Tierra. Pero su órbita alrededor de la misma es elíptica, con lo que unas veces está un poquito más cerca que otras. Eso hace que en el punto en el que está más cerca se llegue a ver hasta un 12% más grande. Supongo que ya lo habías notado, ¿verdad? :-P

Órbita elíptica de la Luna. Crédito: science NASA

Entre mañana y la semana que viene estudiaremos la Luna un poquito más en profundidad. Es un buen momento para que salgas ahí fuera a mirarla. Observa sus manchas y su belleza. Pronto dejarás de mirarla de la misma manera.

26 ENERO. HISTORIA DEL CONOCIMIENTO DE LA LUNA I.

La Luna siempre ha sido considerada como una deidad. El propio nombre, Luna, es el nombre de la diosa romana. Los griegos la llamaban **Selene**. Hicieron falta muchos años, pero al final, una de esas mentes privilegiadas que aparecen en la historia muy de vez en cuando, **Anaxágoras**, explicó lo que era aquel disco plateado que aparecía por las noches sin recurrir a la religión.

Anaxágoras explicó que la Luna era de forma esférica y de algún material rocoso, que brillaba porque refleja la luz del Sol y que las fases de la luna (las veremos la semana que viene) se debían a la posición relativa entre la Tierra, la Luna y el Sol. Impresionante.

El siguiente paso lo dio **Aristarco de Samos**. No tenía telescopio, ni los actuales sistemas de medida, pero calculó, y con gran precisión, el tamaño de la Luna (Ahora sabemos que tiene exactamente **4.476 km de diámetro**) y la distancia entre ésta y la Tierra.

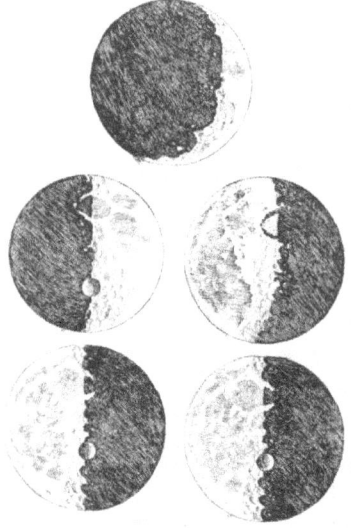

Lógicamente, lo que más hizo avanzar al ser humano en el conocimiento de la Luna fue el gran invento de **Galileo**: El telescopio. En realidad no lo inventó él, pero fue el primero en dirigirlo al cielo y lo mejoró muchísimo. El primer libro con un dibujo más o menos detallado de la superficie de la luna se publicó en 1609. Lo que estaba claro es que la luna no tenía una superficie lisa y perfecta. Tenía unas zonas más oscuras a las que se le llamó "**mares**" y otras más claras a las que denominó "**continentes**".

Galileo, un artista. Dominio Público.

Los mapas lunares se fueron mejorando a medida que lo fueron haciendo los telescopios. En 1647, **Johannes Hevelius** publicó un libro con un mapa bastante detallado de la Luna. Y un siglo después, en 1753, la mayor parte de la comunidad científica descartó la posibilidad de que existiera vegetación y vida animal pululando por su superficie... aunque alguno lo seguía creyendo en 1824, cómo **Gruithuisen**, que afirmaba ver ciudades en los cráteres de la luna con su telescopio. (Eso le sirvió, no obstante, para tener un cráter con su nombre en la superficie de la Luna).

Pero hacía falta algo más. Ése algo más no era ya solo mirarla desde la Tierra, sino acercarnos a ella. Pero eso ya forma parte del próximo capítulo.

29 ENERO. HISTORIA DEL CONOCIMIENTO DE LA LUNA II.

El primer objeto construido por el ser humano en escapar totalmente del campo gravitatorio terrestre fue una pequeña sonda llamada **Mechta**. Esta sonda, de tecnología soviética, nos envió valiosos datos de la Luna en **1959**. (Midió su escaso Campo magnético).

Se pretendía que Mechta se estrellara en la Luna, pero un error de cálculo provocó que no lo lograse. La sonda se alejó hacia el Sol y se puso a orbitar alrededor de él, donde, de hecho, sigue hoy en día.

En el mismo año sí conseguirían estrellar en la Luna otra sonda: **Luna 2**.

Luna 2. El primer objeto en tocar la Luna. Crédito: NASA.

Luna 3 consiguió algo novedoso: Mostrarnos la cara oculta de la luna. Fueron 29 fotos de dudosa calidad, pero que si piensas bien en lo que significan... ¿No se te pone la piel de gallina? (Sí, si te has fijado alguna vez, la Luna siempre nos muestra la misma cara... intentaré explicar porqué más adelante, cuando hable de las fases de la Luna).

Fueron los rusos los que consiguieron que una nave, **Luna 9**, se posara por primera vez en la Luna.

Sello ruso con Luna 9 (ΛVHA-) y la primera foto que tomó. Crédito: Wikipedia. USSR Post.

El siguiente reto era, obviamente, llevar a un humano hasta la Luna. Y esta vez los rusos no ganaron al programa Apollo Americano.

Frank Borman, Jim Lovell y Bill Anders, en la Apollo 8, fueron los primeros humanos en ver la cara oculta de la luna a finales de 1968.

Al año siguiente, otro hombre, sí pondría un pie en la Luna. Pero esa historia, si te parece, la dejamos para mañana.

30 ENERO. HISTORIA DEL CONOCIMIENTO DE LA LUNA III.

El primer hombre en llegar a la Luna fue **Neil Armstrong**. Fue el **21 de julio de 1969**.

"That's one small step for a man, one giant leap for mankind"

Pero antes de llegar hasta allí, resumiré un poco los logros anteriores:

- **Yuri Gagarin**, la primera persona en el espacio, en la nave Mostok 1, el 12 de abril de 1961.

- **Valentina Tereshkova** se convirtió, en 1963, en la primera mujer en volar hasta el espacio.

- **Alexei Leonov** realizó el primer paseo espacial el 18 de marzo de 1965 a bordo de la Vosjod 2.

De izquierda a derecha: Neil Armstrong, Michael Collins y Edwin Aldrin. Crédito: NASA.

Hasta llegar a Apollo 11, y aterrizar en la Luna, hicieron falta las pruebas pertinentes con las misiones Apollo 1 a la Apollo 10. La mayoría de ellas sin tripulación y en la que fueron probando todos los sistemas y equipos necesarios para poder completar el alunizaje con éxito.

Hubo más expediciones Apollo. De hecho, otros 10 hombres, además de Armstrong y Aldrin, pisaron la luna entre 1969 y 1972. Los últimos en la nave Apollo 17.

Y ahora muestro una imagen con el lugar de los alunizajes que han tenido lugar en la Luna.

Alunizajes hasta la fecha. Crédito: NASA/SVS Animation

31 ENERO. FASES DE LA LUNA (HOY, LUNA LLENA).

La Luna tarda 27 días y medio en dar una vuelta alrededor de la Tierra. (Sus ciclos son como los de las mujeres, por ello siempre a la Luna se la ha considerado en femenino y de hecho, en muchas culturas se le ha llamado Madre).

La Tierra, como sabes, gira alrededor de si misma en 24 horas. Es decir, si lo piensas, prácticamente en un día Terrestre la Luna se mantiene en el mismo sitio y si la vemos moverse es porque los que nos movemos somos nosotros. Lo que pasa es que cuando es de día y la Luna está cerca del Sol, no la podemos ver, pero cuando se hace de noche sí.

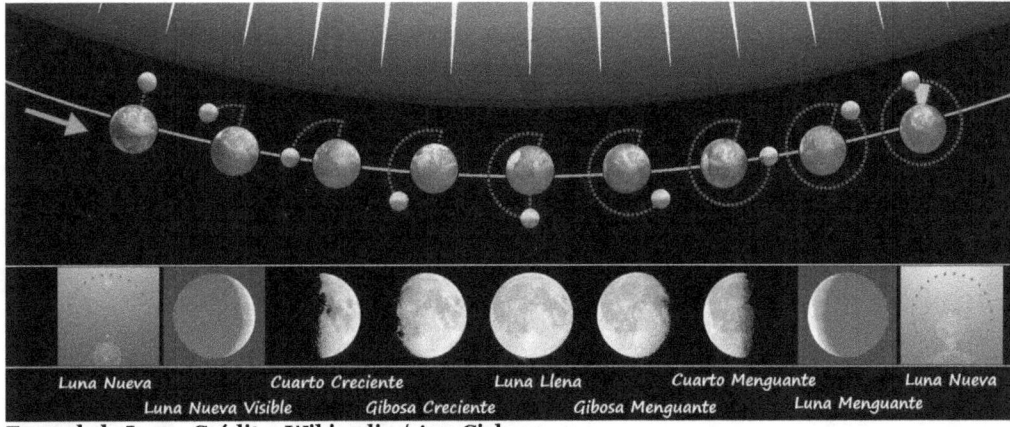

Fases de la Luna. Crédito: Wikipedia / Ana Cichero.

La parte oscura de la Luna no es la sombra de la Tierra (como he llegado a oír), sino que es su propia sombra. Creo que se puede entender bastante bien mirando la imagen anterior.

Espero que a partir de ahora sepas reconocer las diferentes fases de la Luna. Desde la Luna nueva, que es cuando por la noche no vemos la Luna por estar ésta entre la Tierra y el Sol hasta la Luna Creciente, Menguante o Gibosa.

La Luna es la causante de las mareas en la Tierra. La fuerza de gravedad que ejerce la Luna provoca que la parte de la Tierra cercana a ésta se "estire" hacia la Luna. La Tierra, por cierto, también produce "mareas" en la Luna, y, puesto que no hay agua en la Luna, ese efecto de estirar la Luna hacia sí (provocando un ligero achatamiento de nuestro Satélite) ha hecho que, a lo largo de miles y miles de años, el giro de la Luna alrededor de sí misma se haya ido frenando y es por eso por lo que ahora gira a la misma velocidad alrededor de si misma que de la Tierra; y por ello nos muestra siempre la misma cara.

FEBRERO

1 FEBRERO. GEOGRAFÍA DE LA LUNA I.

Estarás de acuerdo conmigo en que a simple vista resulta preciosa.

Antes de utilizar un telescopio, hay muchas cosas que podemos diferenciar de la Luna. Observa, lo primero, como se ven unas zonas más oscuras, **Mares**, y otras más claras, **Continentes**.

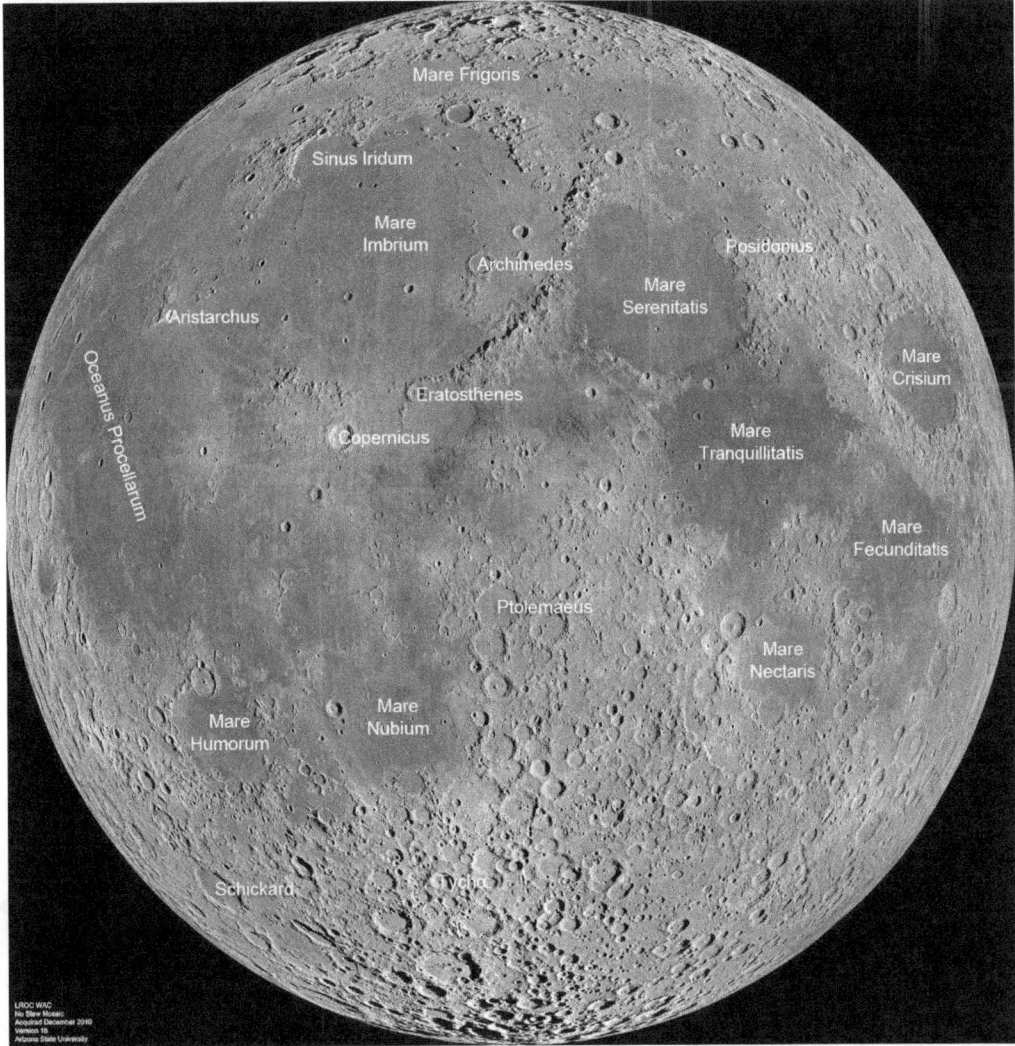

Geografía de la Luna. Crédito: NASA.

En la parte de la derecha de la Luna, siempre me he fijado en el "caniche". Para que puedas identificarlo, observa que el mar **Serenitatis** es su cabeza, el mar **Tranquillitatis** su cuerpo, **Fecunditatis** sus patas traseras, **Nectaris** las delanteras y Mare **Crisium** su cola. Esa es una buena referencia para empezar. Por cierto, fue en el cuerpecillo del caniche donde llegaron los primeros astronautas. ¿A que a partir de ahora ya no lo miras igual?

Las zonas más oscuras lo son por su alto contenido en titanio, hierro o silicio y las más claras contienen calcio y aluminio. Si las vemos más claras es simplemente porque reflejan mejor la luz del Sol. Las zonas oscuras tienen un origen volcánico, son elementos más pesados que salieron al exterior en la época en la que se formaron la Tierra y la Luna.

Las formaciones más típicas de la luna son los cráteres. Los cráteres más importantes son **Tycho**, **Copérnico**, **Kepler** o **Aristarco**. Estos tres últimos se encuentran relativamente cerca entre sí.

A la altura del Mare Tranquilitatis está Copérnico (con 93km de diámetro) el mayor de los tres. Tycho, sin embargo, está al sur, y de él emanan unas irradiaciones luminosas espectaculares, la más larga de las cuales atraviesa el Mare Serenitatis.

También hay cadenas montañosas en la Luna, como los **Montes Cárpatos**, al norte de Copérnico. También están los **Apeninos**, entre el Mare Serenitatis y el Mare Imbrium, que llegan a tener una altura de 5.000 metros de altura y los **Alpes**, más al norte de los Apeninos.

Cráter Copérnico. Crédito: NASA.

2 FEBRERO. GEOGRAFÍA DE LA LUNA II.

La superficie de la Luna está compuesta por una fina capa de polvo y rocas denominada **Regolito**. Pero eso es solo la superficie. La Luna, es, en realidad, el segundo satélite más denso del Sistema Solar. El más denso es Io (una luna de Júpiter de la que ya hablaremos).

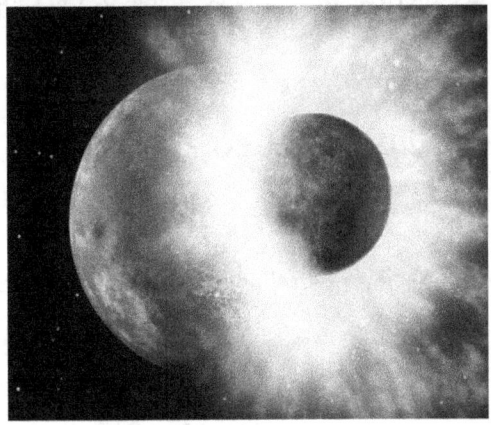

La Luna se formó a partir de la Tierra. Hace unos 4000 millones de años, poco después de la formación del Sistema Solar, se cree que un planeta gemelo (aunque más pequeño) chocó con la Tierra, formándose la Luna tras el fuerte impacto. Por cierto que dicho planeta tiene nombre: **Theia**. Ese impacto hizo que se formara la Luna y que, con ella, llegáramos a vivir en un planeta como el que vivimos hoy en día.

Theia chocando con la Tierra. Crédito: NASA/JPL.

La Luna es mucho más pequeña que la Tierra, con lo cual, la gravedad es menor y por ello no tiene prácticamente atmósfera. Además, el campo magnético es minúsculo. Sí que tiene, no obstante, un pequeño núcleo y un manto interno aún líquidos y, además, debido a la acción de la gravedad de la Tierra, todavía sigue teniendo actividad volcánica (muy débil).

La mayoría de los cráteres de la Luna se formaron después del colapso entre la Tierra y Theia. Como podrás imaginar, mucha materia fue despedida al exterior y estuvo orbitando durante muchos años, cayendo en un caliente Planeta Tierra y en la Luna. Esos impactos, además, fueron creando la pequeña capa de Regolito que aún hoy en día cubre la Luna.

También se ha hablado mucho sobre la cantidad de agua existente en la Luna y, a partir de ahí, la colonización de la misma. Respecto a lo primero, he de decir que hay poca agua en la Luna. En las zonas en las que le da el Sol de lleno, la temperatura alcanza casi 100ºC, con lo que la poca agua que podía haber se ha evaporado y perdido en el espacio. Sí que sería posible encontrar agua congelada en zonas oscuras, como por ejemplo, dentro de alguno de los cráteres más profundos, sobre todo los de los polos, pero habrá que estudiar si es suficiente... porque respecto a lo segundo, el interés en colonizar la Luna estaría (creo) más que para construir apartamentos de lujo, para construir cohetes, por ejemplo. Claro, tienen que pasar muchos años para que esto sea viable... pero piensa que será mucho más barato lanzar cohetes desde la Luna que desde la Tierra, porque el combustible necesario para elevarlos sería mucho menor. También se podrían construir laboratorios o potentes telescopios... en fin, soñar es gratis, ¿no?

Y para terminar, un dato curioso: La Luna se aleja de la Tierra 3´5 centímetros cada año. Como lo lees. ¿Te acuerdas el ejemplo que puse de la cuerda cuando hablé de la Fuerza de la Gravedad? Pues esa cuerda no es rígida, sino elástica y sí, el destino de la Luna es alejarse definitivamente de la Tierra.

5 FEBRERO. CLASIFICACIÓN DE LAS ESTRELLAS. TIPO ESPECTRAL.

El tipo espectral de una estrella es la temperatura a la que está su superficie o lo que es lo mismo, el color de la misma. ¿Has visto alguna vez la llama de un soplete? A la salida del soplete, la luz es blanca, que es donde más caliente está. A medida que te alejas de la salida, la llama se va enfriando, y pasa de azul, a amarillo y luego naranja... Pues con las estrellas lo mismo: Cuanto más caliente está su superficie, más blanco-azulado, y si está más frío, ya pasa a ser más amarillento-anaranjado.

La clasificación es la siguiente:

L – Temperatura menor a 2000°K (grados Kelvin). **ROJO OSCURO**.

Grados Celsius = Grados Kelvin – 273´16.

M- Superficie entre 2000 y 3500°K. ROJO. (3 de cada 4 estrellas del Universo son de este tipo).

K- Superficie entre 3500 y 5000°K. La cosa se calienta. NARANJA.

G- Superficie entre 5000 y 6000°K. AMARILLAS BLANQUECINAS. Nuestro Sol es un G2.

El sistema puede incluir números del 0 al 9, siendo, por ejemplo **"G0" la más caliente de las "G" y "G9" la más fría.**

F- Superficie entre 6000 y 7500°K. BLANCAS.

A- Superficie entre 7500 y 10.000°K. BLANCO AZULADO. (1 de cada 200 estrellas es de este tipo).

B- Superficie entre 10.000 y 30.000°K. AZUL INTENSO. ¡¡La cosa está que arde!!

O- Superficie entre 30.000 y 60.000°K. AZUL, ULTRAVIOLETA. (Una de cada 3 millones de estrellas es de este tipo).

Apréndete bien esta clasificación, que va para nota. A lo largo de todo el año iré describiendo las diferentes estrellas según su tipo espectral y no quiero despistes con eso... si te sirve de algo la regla mnemotécnica más famosa, es toda tuya... **Oh, Be A Fine Girl, Kiss Me**.

6 FEBRERO. CLASIFICACION DE LAS ESTRELLAS POR SU TAMAÑO.

Lo que vimos ayer tenía que ver con la temperatura de la superficie de las estrellas. Lógicamente, a mayor temperatura, mayor brillo. Lo que pasa que el tamaño de las estrellas no tiene porqué ser proporcional a su temperatura y por lo tanto, existen estrellas de un mismo tipo espectral pero de tamaños muy diferentes.

Con lo cual hace falta aprenderse otra clasificación: Por Luminosidad, lo cual está íntimamente relacionado, obviamente, con el tamaño:

Se ordenan en números romanos del VII al I, y son:

VII – ENANAS BLANCAS.

VI – SUBENANAS.

V – ENANAS. El tamaño más común, como nuestro Sol.

IV – SUBGIGANTES.

III – GIGANTES.

II – GIGANTES BRILLANTES.

I – SUPERGIGANTES. Si una estrella así estuviera en el lugar del Sol, podría fácilmente llegar hasta la órbita de Saturno. Si te acuerdas de la entrada que hice sobre distancias en el espacio, en nuestra maqueta el Sol era algo más grande que una pelota de tenis, pues bien, una supergigante podría, a su lado, llegar a tener un diámetro de unos 100 metros.

Clasificadas a su vez, en orden **de mayores a menores como: Ia, Iab, Ib.**

0 – HIPERGIGANTES. Pueden brillar como millones de soles.

7 FEBRERO. DIAGRAMA HR.

Ya tenemos todas las estrellas clasificadas según su temperatura y su tamaño. Solo hace falta hacer una cosa que a los científicos les encanta: Ponerlas todas en una tabla.

Tanto a **Hertzprung** como a **Russell** se les ocurrió lo mismo a principios del siglo XX, por ello, a su diagrama se le puso los dos nombres y ahora se conoce como **Diagrama H-R** y te lo muestro a continuación.

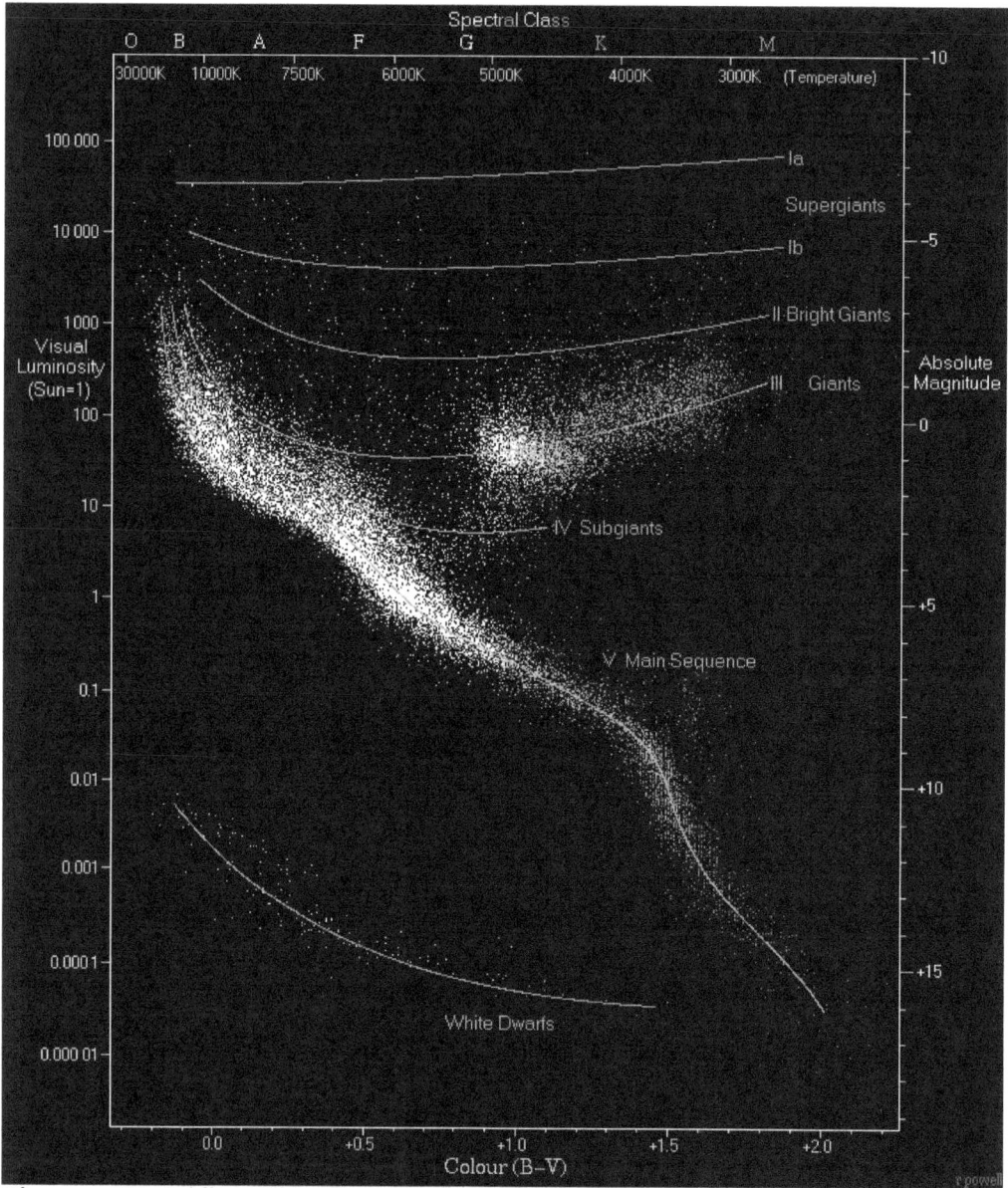

Diagrama HR. Crédito: Wikipedia. Autor: Richard Powell.

Cada puntito es una estrella. Observa como todas ellas están dispuestas por temperatura en el eje horizontal, (arriba puedes ver la clasificación espectral) siendo las más calientes las de la izquierda.

Por tamaño están clasificadas en el eje vertical, siendo las más grandes las de arriba. (Pone Luminosidad, porque al final la clasificación es eso, y Magnitud absoluta, que pronto veremos lo que quiere decir. Paciencia).

Lo curioso del asunto es que, como habrás observado, hay una franja donde están prácticamente todas las estrellas. Esto tiene una explicación, como también la tienen las otras dos zonas donde hay también estrellas: La parte de abajo a la izquierda y la parte de arriba a la derecha. Si te parece, esa explicación la dejamos para mañana... Hoy prefiero que te quedes un buen rato mirando esa maravillosa gráfica.

¿Sabrías dónde colocar al Sol?

8 FEBRERO. MÁS COSAS SOBRE LA VIDA DE UNA ESTRELLA.

Ayer vimos el Diagrama H-R. Había un montón de estrellas en una franja que lo cruzaba de un extremo a otro; esa franja se llama la **Secuencia Principal** y engloba la mayoría de las estrellas.

Las estrellas nacen, evolucionan y mueren. A lo largo de su vida se van moviendo por el diagrama H-R, pasando de un sitio a otro. El hecho de que estén casi todas en una misma zona solo quiere decir una cosa: que la mayor parte de su vida la pasan en esa región. Esto es como los seres humanos; una parte de nuestra vida vamos con pañales, otra andamos con normalidad y otra vamos con bastón. Si te fijas en una población de 100.000 personas, la mayoría andan con normalidad, pero eso es debido, nada más y nada menos, a que la mayor parte de nuestra vida, afortunadamente, la pasamos así. Pues con las estrellas lo mismo.

Así pues, una joven estrella nace y cae en la secuencia principal en la zona que le corresponde por su tamaño y brillo. Y está quemando el hidrógeno el tiempo que sea necesario, hasta que éste se agote. Ese tiempo pueden ser, fácilmente, unos cuantos miles de millones de años.

Pero, como digo, la estrella no pasa toda su vida en el mismo punto de la secuencia principal. A lo largo de su vida van pasando cosas. Como ya sabes, al fusionarse los átomos de hidrógeno se forma helio, con lo cual, la estrella va acumulando helio y agotando sus reservas de hidrógeno. Al agotar el hidrógeno, hay menos fusiones y por lo tanto, menos fuerza de expansión, con lo que la gravedad gana terreno y la estrella se comprime. Al estar más comprimido todo, el interior de la estrella también va calentándose más y por lo tanto consumiendo más rápido sus reservas de hidrógeno.

Si la estrella es pequeña y fría, su hidrógeno se consume poco a poco, con lo cual la estrella puede permanecer allí (en la secuencia principal) muchiiiisimo más tiempo que cualquier otra. Por otra parte, si la estrella es grande consume que da gusto y no va a permanecer tanto tiempo en dicha región.

Sus vidas las dedican a consumir su hidrógeno con mayor o menor voracidad, pero todas hacen lo mismo. Por si te lo estás preguntando, a nuestro Sol aún le queda un 74% del hidrógeno. Del 26% restante, un 25% es helio y un 1% son otros compuestos.

Donde no hacen todas lo mismo es en la parte más interesante de la vida de una estrella: el final. Puede ser apocalíptico o pacífico, dependiendo de la masa de la misma. Vamos a verlo (y perdona si hoy tienes que leer más de la cuenta, pero creo que merece la pena un pequeño esfuerzo):

Si las estrellas son pequeñas: si la estrella es menor que nuestro Sol (más o menos la mitad), cuando se termina el hidrógeno, la estrella se empieza a comprimir más y más. (Normalmente las estrellas no se comprimen porque la energía que desprenden las fusiones compensa la fuerza de la gravedad, pero conforme se va agotando el hidrógeno, esa energía de expansión se hace un poco menor y entonces es cuando se empieza a comprimir). El hecho de estar más comprimida también significa que empieza a calentarse más, y puede incluso llegar a fusionar helio en su interior con lo cual alarga su vida un poco más, pero al final, en cualquier caso, se comprime mucho. Y cuando digo mucho, es muuucho... bastante más de lo que te imaginas (llega a ser alrededor de un millón de veces más densa que el agua). Los átomos se comprimen y los electrones, que antes giraban libremente, ahora no tienen tanta libertad para moverse. Pero ocurre algo: para evitar juntarse, se empiezan a mover cada vez más rápido así que es precisamente eso es lo que hace que la estrella no se colapse. Se ha transformado en una enana blanca (VII en la clasificación que vimos por tamaño, un tipo especial).

Estas pequeñas estrellas son como unas brasas en el espacio: se van enfriando muy poco a poco porque en realidad no tienen apenas combustible en su interior. Pasará a ser amarilla, luego roja, luego marrón y acabará siendo una bola negra y fría. (Estas son las estrellas que hay sueltas en el Diagrama H-R abajo a la izquierda).

Si las estrellas son medianas: Si la estrella no es tan pequeña, habrá mucho helio en su interior y el hidrógeno, al comprimirse, creará una capa alrededor del caliente núcleo de helio. Pasa como en el caso anterior, pero ahora está tan caliente ¡que se empieza a fusionar el hidrógeno otra vez! Y la estrella renace. Pero no es el núcleo lo que se está fusionando ¡sino la capa exterior! (Lo normal suele ser que se fusione lo del núcleo porque es a lo que mayor temperatura y presión está). Dicha capa exterior tiene un volumen mucho mayor que lo que tenía antes el núcleo... así que ahora la estrella se expande llegando a tener un tamaño enorme... y al expandirse, se enfría. Que lío, ¿no? Sí, lo es, pero más vale que lo entiendas, porque el Sol algún día llegará a ser una gigante roja. Y porque después repetirá este ciclo de compresión-expansión varias veces, pero cada vez más violentamente. (Se expande -> se enfría -> se comprime -> se calienta de nuevo -> se expande... así hasta que ya no tiene hidrógeno suficiente para volverse a expandir). Por el camino, además, va perdiendo masa que se desparrama por alrededor de la estrella formando una **nebulosa** con lo que al final acabará siendo, como en el caso anterior, una bola negra y fría.

Si las estrellas son grandes: Ayy amigo, ahora sí se pone emocionante la cosa. Porque una estrella del tamaño de varios Soles va a fusionar primero hidrógeno, luego helio y luego continuará con los demás elementos. Imagínate: El núcleo de helio es enorme, las temperaturas y presiones en su interior bestiales, lo cual es suficiente para fusionar helio, primero, y luego el resto de elementos. Además, cada vez estará más caliente y cada vez los quemará más rápido. Primero vendrá el carbono, luego el oxígeno y luego el silicio, que formará níquel, que se transformará en hierro. Con un núcleo de hierro ya resulta imposible que la estrella vuelva a comprimirse y a expandirse de nuevo... (Dos átomos de hierro ya no se fusionan, como los anteriores) con lo cual, y debido a las presiones tan extremas en el interior de la estrella y las temperaturas tan bestiales que se crean, la estrella, simplemente, explota. Y lo hace llegando a brillar incluso más que una galaxia entera. Lo que queda del núcleo puede acabar siendo una estrella de neutrones o incluso un agujero negro. Pero eso ya es una historia que dejamos para más adelante.

9 FEBRERO. CINTURÓN DE ORIÓN.

Ahora que ya sabes bastante más sobre las estrellas, (espero que haya quedado todo más o menos claro) vamos a empezar ya a salir ahí fuera a mirar al cielo... vamos a empezar retomando el Cinturón de Orión. Es muy fácil localizar esas tres estrellitas en el cielo... A las 21 horas mira hacia el sur, ¿las ves? A lo largo de la noche el Cinturón de Orión irá bajando y acercándose al oeste y a eso de las 3 de la noche se perderá en el horizonte.

Las tres estrellas son, como ya sabrás, y de izquierda a derecha: Alnitak, Alnilam y Mintaca. Hablemos un poco de cada una de ellas:

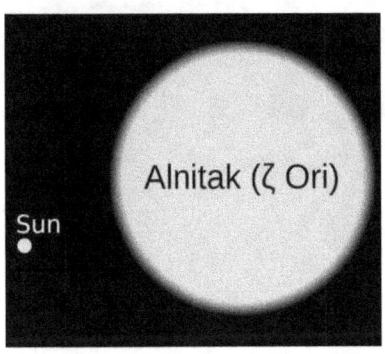

Comparación de tamaño entre el Sol y Alnitak. Crédito: Wikipedia/CWitte.

ALNITAK: Su nombre proviene del árabe y significa cinturón. (Veremos que hay muchas estrellas cuyo nombre proviene del árabe). Lo extraordinario de esta estrella es que no es una, ¡sino tres! Es un sistema triple, es decir, 3 estrellas orbitando (más o menos) entre sí (ya lo veremos mejor el lunes). Se encuentran a unos 800 años luz de nosotros. La estrella principal, **Alnitak Aa**, es de tipo espectral O9. Sí, empezamos por una de las calentitas, calentitas. Tiene un diámetro como de 20 soles, lo cual la convierte en una supergigante Ib. Esta estrella ha terminado de fusionar todo el hidrógeno, así que pronto se convertirá en una gigante roja. Supongo que si has estudiado bien, todo esto te resultará más que familiar.

ALNILAM: Es la que más brilla de las tres, a pesar de que es la que más lejos está, a más de 1300 años luz. Su nombre en árabe significa "hilo de perlas", y es que, realmente, viéndolas a las 3, se entiende porqué. Alnilam también es una estrella de las calentitas, su tipo espectral es B0. Está más fría que Alnitak, pero si brilla más que ella es porque es el doble de grande. (Acuérdate de esto que enseguida aprenderemos lo que es la magnitud aparente). Es una monstruosidad de estrella.

MINTAKA: Su nombre también significa cinturón en árabe. Es una estrella binaria formada por una gigante de tipo espectral O9 y una enana bien calentita, una B0. Tiene una masa de unos 20 Soles pero brilla ¡como unos 90.000! Es difícil hacerse una idea de lo que es eso, ¿verdad?

Supongo que ahora que sabes un poco más sobre estrás tres bestias devoradoras de gas, lo de las Tres Marías te suena un poco a risa.

Cuando las veas la próxima vez en el cielo, piensa lo que son... ya no las mirarás con los mismos ojos.

12 FEBRERO. ESTRELLAS BINARIAS, TRIPLES…ETC.

La semana pasada hablamos de las tres Marías y vimos que tanto Alnitak como Mintaka son estrellas especiales, y lo son porque en realidad constan de más de una estrella. El hecho de que haya estrellas dobles (binarias) o triples (ternarias) es posible que sea nuevo para ti. Pero es algo más habitual de lo que parece. De hecho, puede llegar a haber sistemas de 4 ó incluso 5 estrellas interactuando entre sí (Sistemas Múltiples).

No debes confundir estos sistemas con estrellas que, desde la Tierra, se ven muy cercanas pero que sin embargo pueden estar a cientos de años luz entre sí.

Imagen artística de un planeta en un Sistema Triple. Crédito: Wikipedia. L.Calçada.

¿Recuerdas cómo se forman las estrellas? Pues puede suceder que la nube de polvo sea tan grande que casualmente se forme no solo una estrella, sino varias, y éstas giren unas en torno a las otras. Es como si en nuestro Sistema Solar Júpiter hubiera sido un poco más grande y se hubiera "encendido"; las cosas hubieran sido muy diferentes ya que nuestro sistema tendría dos Soles (veremos qué pasa con Júpiter más adelante).

Hay diferentes tipos de estrellas múltiples. Dentro de las binarias están, por ejemplo, las **binarias eclipsadas**, en las que las estrellas, desde nuestro punto de vista, se eclipsan entre sí, reduciendo, a nuestros ojos, su brillo. Pueden ser también, atendiendo a la distancia entre ellas: **separadas**, **semiseparadas** o **de contacto**. Pudiendo, las semiseparadas, llegar a compartir materia entre sí o las de contacto llegando incluso a fusionarse.

Representación artística de un sistema binario. Crédito: NASA.

13 FEBRERO. MAGNITUD APARENTE.

La **Magnitud Aparente** es el brillo con el que desde la Tierra se ven los objetos en el cielo.

Depende de dos cosas principalmente: La luz con la que brille el objeto y la distancia a la que se encuentre de nosotros. Es decir, una estrella puede tener un brillo de un millón de Soles pero si está muy muy lejos es posible que se vea como un pequeño puntito en el cielo y, sin embargo, una estrella normalita y cercana desde aquí se verá con un brillo considerable. (Pronto aprenderás que la estrella que más brilla del cielo es una estrella bastante normal y una de las estrellas más grandes que se conocen casi no se ve a simple vista desde aquí).

La magnitud aparente se calcula a partir de una fórmula que desarrolló **Norman Pogson** en 1856. Lo hizo a partir del Sistema que anteriormente había ideado **Hiparco de Nicea** (Un astrónomo griego, que, entre otras cosas, elaboró el primer Catálogo de Estrellas, que se incluyeron en el *Almagesto* de Ptolomeo. Lo vimos el 16 de enero). No vamos a entrar en más detalles sobre cómo se calcula... ahora simplemente me interesa que tengas un poco claros los valores en los que nos vamos a mover.

La estrella **Vega**, que ya conocerás más adelante (cuando mejor se ve es en verano), es la referencia que se usa hoy en día, y su magnitud aparente es de 0´03.

Todo lo que brille más, será negativo. (Recuerda que a veces ser negativo puede resultar bueno).

Todo lo que brille menos, positivo.

Así:

Mag. Aparente	Objeto celeste
-26,8	Sol
-12,6	Luna llena
-4,4	Brillo máximo de Venus
-2,9	Brillo máximo de Júpiter
-2,8	Brillo máximo de Marte
-1,9	Brillo máximo de Mercurio
-1,5	Estrella más brillante: Sirio
-0,7	Segunda estrella más brillante: Canopus
-0,24	Brillo máximo de Saturno
+3,0	Estrellas débiles que son visibles en una vecindad urbana
+6,0	Estrellas débiles visibles al ojo humano
+12,6	Quasar más brillante
+30	Objetos más débiles observables con el Telescopio Espacial Hubble

14 FEBRERO. CONSTELACIÓN DE ORIÓN.

Supongo que te acuerdas de las 3 estrellas que formaban el Cinturón de Orión, también conocidas como las Tres Marías: Alnitak, Alnilam y Mintaka. Por cierto, que su magnitud aparente es: +1´89, +1´70 y +2´23 respectivamente. Ahora ya sabes de lo que te hablo, ¿verdad? (El hecho de que sean menor de +3 ya nos quiere decir que se ven muy bien).

Pues efectivamente, son el Cinturón del gran Orión, el cazador. Tiene gracia que, según la mitología griega (al menos en una de sus versiones), Orión naciera a partir de los orines de tres dioses (Zeus, Poseidón y Hermes) rociados convenientemente sobre la piel de un buey que les había dado un anciano llamado Hirieo... En cualquier caso, Orión suena sospechosamente parecido a Orín... por algo será.

Pero bueno, en esto de la mitología, como digo, hay diferentes versiones... Orión, el gigante cazador, también se cuenta que era hijo del Dios del Mar (Poseidón) y de Euríale. Se dice que Orión acabó enfadando a Gea, la Diosa de la Tierra (se conoce que Orión era un tipo muy grande y soberbio y se jactaba de no temer a nada ni a nadie), y ésta le mando un pequeño escorpión que acabó picándole. Orión, moribundo, le pidió a su padre un lugar en los cielos, así que ahí está desde entonces, con sus perros de caza y una liebre (que ya veremos más adelante, no nos adelantemos). Además de eso, Orión pidió el control de las tormentas, el hielo y los cielos para vengarse de Gea y, efectivamente, le fue concedido. Y es por eso por lo que cuando aparece Orión en el cielo, llega el invierno.

Zeus también colocó el escorpión en el cielo, pero lo más alejado de Orión que fuera posible, así que cuando Orión desaparece del cielo, aparece el escorpión (y con él, el verano) perpetuando esa lucha indefinidamente.

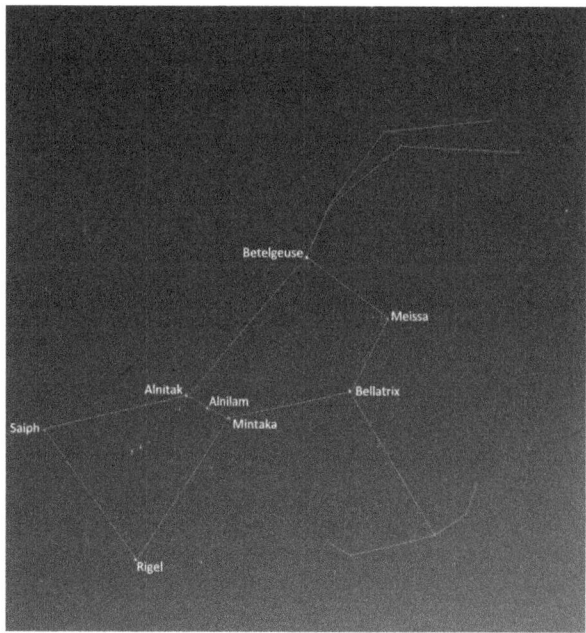

Constelación de Orión. Crédito: Wikipedia/Anirban Nandi.

Las estrellas que se suelen ver fácilmente en el cielo son las tres Marías y las 4 estrellas que las rodean: **Betelgeuse, Bellatrix, Saiph** y **Rigel**. En un día más claro se verá alguna más, como las que forman la espada que cuelga del cinturón... pero ya entraremos más en detalle en los próximos días. Mañana veremos Betelgeuse.

Sal ahí fuera (qué mejor día que en San Valentín para salir a mirar las estrellas) a observar esta hermosa constelación. Además, estas noches no hay Luna, con lo que se verán mejor las estrellas. Sin Luna, por cierto, el punto más brillante del cielo está cerca de la Constelación de Orión, y es una estrella llamada Sirio que veremos dentro de poco.

15 FEBRERO. BETELGUEUSE.

Betelgeuse, Bellatrix, Saiph y Rigel son las 4 estrellas principales de la constelación de Orión. Son los Hombros y las rodillas del gran cazador y sin ellas, Orión, por lo tanto, no sería Orión.

El cazador Orión. Crédito: Dominio Público.

La entrada de hoy la dedicaré exclusivamente a **Betelgeuse**, ya que hay mucho que decir sobre ella. Además de eso, lo siento, pero es mi estrella favorita en el cielo y creo que se lo merece. Mañana, si te parece bien, hablaré de las otras tres.

A simple vista ya se ve que es especial, pues tiene un color más anaranjado que el resto. Esto podría darte una pista sobre sus características... recuerda que su color está relacionado con su temperatura exterior y, si es roja/naranja, quiere decir que su temperatura exterior no es muy alta. Podría ser una pequeña y fría estrella situada relativamente cerca de nosotros y eso explicaría que se vea tan bien desde la Tierra. Pero no es el caso. Betelgeuse está situada a más de 400 años luz de la Tierra y eso quiere decir que si realmente es una estrella de las frías, su tamaño debe ser enorme. Efectivamente, Betelgeuse es una estrella descomunalmente grande. Es una gigante roja. Clasificada como MII.

Si has estudiado bien, entonces sabrás lo que eso significa: Betelgeuse se ha convertido en una estrella gigante al consumir todo el hidrógeno del núcleo. La estrella se contrae al principio y el hidrógeno de la superficie se calienta muchísimo al rodear el caliente núcleo que ahora solo contiene helio. Eso provocó en su día la expansión de Betelgeuse debido a que ahora es el hidrógeno de la superficie el que empieza a fusionar y a consumirse a una velocidad endiablada. Al expandirse, además, se enfría, haciendo que su superficie llegue hasta unos miles de grados.

Sí, el puntito más pequeño sería nuestro Sol. Crédito: NASA

Muchos astrónomos opinan que Betelgeuse ya está en el ciclo del carbono. Eso quiere decir que ha acabado ya con el hidrógeno de su superficie y entonces es el helio de su núcleo el que empezó a fusionarse y a expandirse, creando carbono por el camino. Lo próximo será el neón, y después oxígeno, silicio, níquel y, finalmente hierro. El hierro no puede fusionarse y el núcleo se desestabiliza y, dicho mal y pronto, explota. Pero todo esto ya te lo sabes, ¿verdad?

Este final llegará en unos miles de años (un abrir y cerrar de ojos, astronómicamente hablando) y se convertirá en una supernova, lo que significará, según unos estudios, que podría incluso afectar a la vida en nuestro planeta, llegándose a ver casi tan luminosa como la Luna. Sin palabras.

16 FEBRERO. BELLATRIX, SAIPH, RIGEL.

Bellatrix: Su magnitud aparente es +1´64. Como sabrás, eso es bastante brillante. Ya he comentado anteriormente que todo lo que sea menor de +3 quiere decir que se ve bastante bien, con lo cual, Bellatrix se ve muy bien.

Su nombre proviene del latín y significa "la guerrera".

Está clasificada como una B2III. Sí, es muy luminosa y muy caliente. Y está a unos 250 años luz de nosotros. Y pronto (en unos miles de años) brillará más, porque se conoce que ya está terminando con el hidrógeno de su núcleo... y como ya eres un experto, supongo que sabes lo que eso significa.

Saiph: Su magnitud aparente es algo mayor que Bellatrix, +2´06. No es tan brillante pero lo suficiente para poder ser vista sin ninguna dificultad. Está a más de 700 años luz de nosotros. Y está clasificada como B0´5I. Sí, es una supergigante, de las grandes y brillantes.

Rigel: La que más brilla de la Constelación de Orión, justo por delante de Betelgeuse. En realidad es un sistema triple cuya magnitud aparente es de +0´18. (Betelgeuse era de +0´42). Su estrella principal está clasificada como B8I. Está más lejos de nosotros que Saiph (820 años luz), y si brilla más es porque es más grande (como 4 veces mayor), aunque esté algo más fría. Aun así, brilla como unos 50.000 Soles, por si te haces una idea de lo que puede significar eso....

Si te fijaste bien ayer, salía en el dibujo que puse al hablar de Betelgeuse... Aquí sale un poco más cerca:

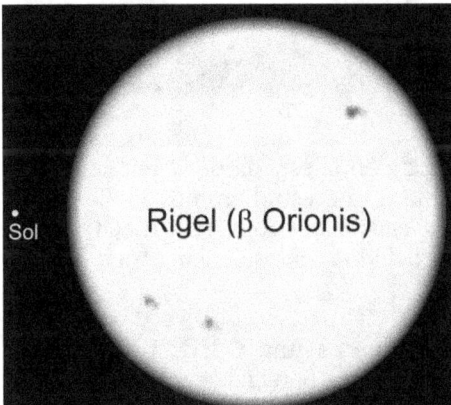

Comparación del Sol con Rigel. Crédito: Wikipedia/CWitte.

19 FEBRERO. ESTRELLAS DE ORIÓN.

Hasta ahora hemos visto las principales estrellas de la constelación de Orión, pero, como creo que ya sabes, consta de muchas estrellas más.

De hecho, bueno, en realidad las constelaciones son un trocito de cielo dentro de los cuales está la figura en la que alguien un día se imaginó un ser o un personaje, pero donde, por supuesto, caben muchas más estrellas. (Algunas de las cuales solo pueden verse con potentes telescopios).

Hemos visto hasta ahora, en orden de brillo a: Rigel, Betelgeuse, Bellatrix, Alnilam, Alnitak, Saiph y Mintaka. Doy por hecho de que sabes situarlas en la constelación.

Constelación de Orión. Crédito: NASA/Matthew Spinelli.

La siguiente en brillo se llama **Hatysa**, y se encuentra en la espada de Orión, colgando del cinturón, justo al sur de un objeto llamado M42, que estudiaremos mañana (De momento, te dejo con las ganas). Es una estrella clasificada como O9III. Otra gran estrella, pero cuya magnitud aparente es de +2´75 debido a que se encuentra a más de 1000 años luz de nosotros.

Parecida en características a Hatysa está **Meissa**, que es una O8III. Esta estrella, aunque se ve menos en el cielo, es la cabeza de Orión (entre Betelgeuse y Bellatrix), con lo cual, su importancia habla por sí sola. Es una estrella binaria que se encuentra a unos 1100 años luz y cuya componente principal es parecida a Alnitak, pero más caliente (De hecho es la más caliente que hemos visto hasta ahora). Hay otras dos estrellas en la cabeza de Orión que tienen menos importancia, y que se conocen como **phi1 Ori (φ1 Ori)** y **phi2 Ori (φ2 Ori)**.

Del escudo del gigante, la estrella más destacable es **π3 (pi3) Ori**, también conocida como **Tabit**, está más o menos en el medio del escudo. Tiene una magnitud aparente de +3´16. Si quieres verla, aléjate de la ciudad. Está a unos 26 años luz, lo cual es bastante cerca. Es una F6V. Sí, de la secuencia principal. Es algo más grande que nuestro Sol y está un poquito más caliente. (¡¡Al fin una estrella normal!!)

El resto de estrellas no tienen nombre propio así que tampoco quiero aburrir parándome en cada una de ellas. La siguiente más brillante, después de Tabit es **η (eta) Ori**. Puedes verla entre Rigel y Mintaka. Y es un sistema cuádruple. Brilla más o menos como Meissa.

La magnitud aparente del resto de estrellas es menor, llegando hasta +11´96.

20 FEBRERO. NEBULOSAS DE ORIÓN.

La Constelación de Orión también es famosa por las nebulosas que contiene en su interior.

La conocida como **Gran Nebulosa de Orión** (Messier 42, M42 ó NGC1946) y las **nebulosas del Caballo** (Barnard 33) y **de la Flama** (NGC 2024) son unas de las más famosas del cielo, sin duda.

Aprendimos lo que era una nebulosa en la entrada hace un par de semanas, ¿Recuerdas? Básicamente es una enorme nube de restos de lo que en su día fuera una enorme estrella que, curiosamente, se convierte en un nido de nuevas estrellas jóvenes; de ahí su importancia, ya que su estudio nos ayuda a entender la formación de estrellas y, por lo tanto, de dónde venimos... y a dónde vamos...

Concretamente M42 es la nebulosa más cercana a la Tierra, y se puede ver casi a simple vista, en la espada del cazador, debajo del cinturón. Está a más de 1200 años luz de nosotros y tiene un tamaño de 24 años luz. Es realmente enorme.

M42, la nebulosa de Orión. Crédito: Wikipedia / Ljubinko Jovanovic.

La nebulosa de la Flama, y la nebulosa de Cabeza de caballo, están alrededor de Alnitak. De hecho, es la intensa radiación de Alnitak la que da brillo a la Flama. La nebulosa de Caballo resalta sobre el brillo rosado de una nebulosa de emisión que se encuentra detrás, y que se llama **IC434**.

Alnitak, en el centro, con sus bellas nebulosas. Crédito: ESO/David De Martin.

Detalle de la nebulosa cabeza de caballo. Crédito: NASA/ESA/Hubble.

21 FEBRERO. PERROS Y UNICORNIO DE ORIÓN.

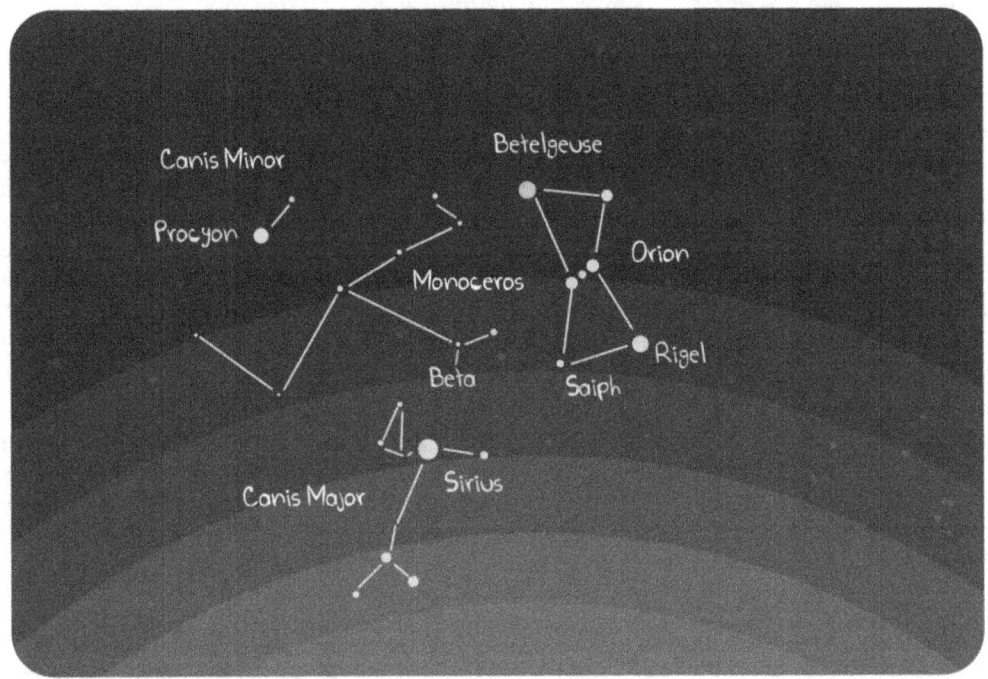

Orión, Monoceros, Canis Major y Minor. Ilustración: Javier Corellano (@CuaCuaStudios)

Ahí los tienes. Orión el cazador y siguiéndole detrás su perro grande (**Canis major**), su unicornio (**Monoceros**) y su perro pequeño (**Canis Minor**).

Si te fijas, las tres Marías señalan más o menos, a su izquierda a **Sirius**, o **Sirio**, la estrella principal de Canis Major; y la más brillante del cielo, por cierto.

Si alargas la línea que separa Bellatrix de Betelgeuse, llegarás hasta **Procyon**, la estrella principal de Canis Minor (En realidad Procyon queda un poco más abajo de dicha línea).

No tienen pérdida, sobretodo Sirio. A las 22 horas Sirio estará al Sur. Y un poquito hacia la derecha, supongo que no tendrás dificultad en reconocer la Constelación de Orión. Es preciosa.

Los próximos días estudiaremos estas interesantes constelaciones, y alguna sorpresa más.

¡Pero tienes que empezar a salir ahí fuera a buscarlas!

22 FEBRERO. CONSTELACIÓN DEL CAN MAJOR.

Canis Major, Canis Maior, Can Mayor... en definitiva: el Perro de Orión.

Es una constelación muy fácil de reconocer: por un lado está **Sirio**, su estrella principal y de hecho, la que más brilla en el cielo (después del Sol, claro) y luego, por otro lado ¡realmente tiene forma de perro! ¿O soy yo que tengo mucha imaginación?

El Can Major, de hecho, y como no podía ser de otra manera porque no pasa desapercibida, ya figuraba entre las 48 constelaciones de Ptolomeo. **Claudio Ptolomeo** fue uno de esos genios cuyas ideas siguieron inspirando a científicos durante más de 1500 años. Nació en el año 100 y ya en esos años realizó importantes estudios no solo sobre astronomía, sino sobre óptica, geografía, trigonometría e incluso música. De lo que a nosotros nos interesa, escribió el *Almagesto*. Pero imagino que esto ya lo sabías... (Ya he hablado de él anteriormente).

Pero la constelación era bien conocida mucho antes. En el antiguo Egipto, la aparición de Sirio coincidía con la crecida anual del río Nilo. La importancia de esta estrella para los egipcios se entiende perfectamente, ¿verdad? Aunque existen muchas interpretaciones, a Sirio la identificaron primero con Anubis, el Dios con cabeza de chacal. Más tarde la verían como su Diosa Isis, hermana de Osiris, al que relacionaban con Orión. Los griegos adoptaron las tradiciones más antiguas referentes a Sirio para luego adaptarlas a su propia mitología, por lo que desde entonces se conoce a esta constelación como al Perro de Orión.

Los próximos días descubriremos las curiosidades de esta constelación que, a pesar de ser una de las pequeñas, guarda en su interior muchos secretos como, por ejemplo, la estrella más grande conocida del Universo. ¡Casi nada!

23 FEBRERO. SIRIO.

Sirio es especial. Como ya he dicho, Sirio es la estrella de la que más brillo recibimos en la Tierra después del Sol.

Si Sirio brilla tanto no es porque sea una enorme bola devoradora de gas, sino porque está especialmente cerca de nosotros. Si recuerdas, las estrellas que hemos visto de la constelación de Orión estaban a 400, 500, 1000 años luz de nosotros, pero Sirio se encuentra a "tan solo" 8´6 años luz. Igualmente es una distancia bestial, aunque claro, todo es relativo. En cualquier caso, puedo asegurarte que es la estrella más cercana que vas a ver, desde Europa, a simple vista.

Sirio es, además, un sistema binario, es decir, formado por dos estrellas. Así que cuando hablamos de Sirio, hablamos de un Sistema cuyas componentes se llaman **Sirio A** y **Sirio B**. Sirio A es mucho más grande que la pequeña B.

Pero Sirio B no ha sido siempre así. La chiquitina del Sistema Sirio es ahora una pequeña bola blanca, que en realidad es como si fuera unas brasas calientes en el espacio que se irán enfriando poco a poco hasta convertirse en una bola marrón y fría. Si entendiste lo que dije sobre la vida de las estrellas, deberías imaginar lo que eso puede significar... ¡Sirio B hace muchos años era una Gigante Roja!

Mírala en la siguiente foto, imagínate esa estrella ¡con la misma masa que el Sol y su temperatura superficial de más de 25.000 grados!

Sirio B comparada en tamaño con la Tierra. Dominio Público.

Sirio A es una estrella más normalita, está clasificada como A1 V, es decir, una estrella de la secuencia principal, pero de un color blanco azulado. Es algo más grande que el Sol y bastante más caliente. Es posible que dentro de unos mil millones de años o menos, a Sirio A le pase como su compañera y se convierta en una gigante roja para después pasar a ser una bola de brasas en el espacio.

Sistema Sirius fotografiado por el Telescopio espacial Hubble. Crédito: NASA.

26 FEBRERO. ESTRELLAS CAN MAJOR.

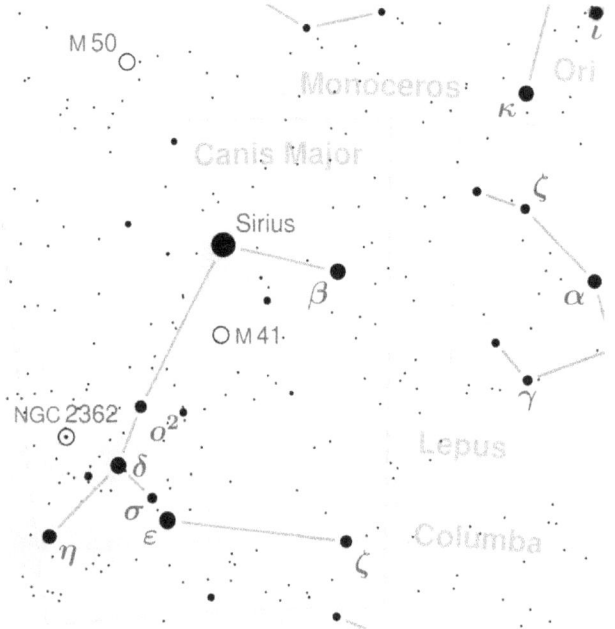

Constelación Can Mayor. Crédito: Wikipedia/Torsten Bronger.

Ya tienes a Sirio situada en el firmamento. No tiene pérdida, ¿verdad?

El resto de estrellas son más o menos fácilmente reconocibles.

La que más brilla después de Sirius es **Adhara (Epsilon ε Canis Majoris)**: es una supergigante azul, B2I que se encuentra a 430 años luz. Es una de las mayores emisoras de rayos ultravioleta del firmamento. Es una bestia. Si estuviera en el sitio en el que está Sirio se vería 7 veces más luminosa que Venus (Ya veremos este hermoso planeta más adelante). Además, es binaria. Su acompañante es 250 veces menos luminosa que la principal, y se encuentran a 900 UA entre si. (Recuerda, 900 veces la distancia entre el Sol y la Tierra).

La siguiente en Magnitud aparente es **Wezen (Delta δ Canis Majoris)**: con una marca de +1´83. Su nombre en árabe significa peso. Y no sé quién se lo pondría, pero acertó de pleno. Imagínate, esta estrella está a unos 1500 años luz de nosotros. Es otra bestia. De hecho, es una de las estrellas más masivas que se pueden ver a simple vista. Es una F8Iab. Su brillo es 50.000 veces mayor que el del Sol y su radio 200 veces mayor. A pesar de ser más joven que el Sol, Wezen está agotando ya sus reservas de hidrógeno... ¡Lo consume a una velocidad endiablada!

El turno le toca a **Mirzam (Beta β Canis Majoris)**, o Murzim, como prefieras, la cuarta estrella del Can Mayor con una magnitud aparente de entre +1´95 y +2. Se encuentra a 500 años luz y es una B1II/III. Su radio es de unos 12 Soles. Lo de que su magnitud aparente varíe es significativo, porque quiere decir que su hidrógeno se está acabando y se están produciendo cambios en su estructura interna. ¡Agárrate que vienen curvas!

Aludra (Eta η Canis Majoris) es la siguiente, con una magnitud de +2´45. Está tampoco te costará verla, pero la contaminación lumínica debe estar a unos niveles razonables... Es otra de las grandes. Otra supergigante tipo Ia. Su temperatura es también bastante elevada, unos 13500ºC, con lo que se clasifica como B5Ia. Si hasta ahora no habías reparado en ella es porque se encuentra muy alejada de nosotros: Más de 2000 años luz.

La siguiente de la lista sería **Furud (Zeta ξ Canis Majoris)**, +3´02. Una estrella de la secuencia principal que se encuentra a unos 330 años luz. Clasificada como B2.5V. Además, es un sistema binario.

De las tres estrellas de la cabeza, la que está en el centro, más o menos hace de ojo y se llama **Muliphein (Gamma γ Canis Majoris)**, es una B8II que se encuentra a 400 años luz de nosotros.

Bueno, del resto de estrellas no merece la pena que me detenga mucho... Solo hay una, que no está en la lista de las que más se ven de la constelación Can Mayor pero que merece la pena estudiar. Te dejo con la intriga.

27 FEBRERO. CONTAMINACIÓN LUMÍNICA.

Parece que cuando uno habla de contaminación solo se refiere a la contaminación del aire o del agua, a las emisiones o a los vertidos... pero hay otros tipos de contaminación. Por ejemplo la acústica o la lumínica, que, aunque olvidadas, también tienen su importancia.

La contaminación lumínica es la emisión de flujo luminoso desde fuentes artificiales con una intensidad, una dirección o un espectral innecesario para la realización de las actividades previstas en la zona en la que se hayan instalados los equipos de iluminación. Toma ya.

Península Ibérica fotografiada desde la ISS de noche. Crédito: NASA

Uno de los aspectos más perjudiciales para la astronomía es el resplandor de la luz en el cielo nocturno producido por la reflexión o difusión de dicha luz en los gases/partículas de aire de la atmósfera. Habrás notado que se ven muchas más estrellas si te alejas de la ciudad.

La luz artificial por la noche afecta también al medio ambiente ya que afecta a la vida de muchos animales nocturnos. Atrae por ejemplo a los insectos, con lo que cambia los hábitos de éstos y de sus depredadores.

Por la noche, los seres humanos, necesitamos oscuridad. Nuestro reloj biológico está regulado por la **melatonina**, liberada por la glándula pineal por la noche. Es la luminosidad detectada por los ojos la que regula la síntesis de melatonina. Para sincronizar el reloj biológico se necesita oscuridad nocturna y luminosidad diurna.

Evitando la contaminación lumínica se ahorra energía, se mejora en seguridad vial y se mejora el medioambiente.

El cielo oscuro es, además, patrimonio de la humanidad. Debe ser preservado para las generaciones que nos sucedan. El estudio de los cielos es una ciencia muy importante para mucha gente y debemos preservar el cielo oscuro evitando la contaminación lumínica: Ayudaremos al medio ambiente, a nuestra salud y a la ciencia.

Recomendable la visita a la página: **http://www.stars4all.eu/** donde encontrarás mucha información interesante al respecto.

27 FEBRERO. VY CANIS MAJORIS.

Una imagen vale más que mil palabras:

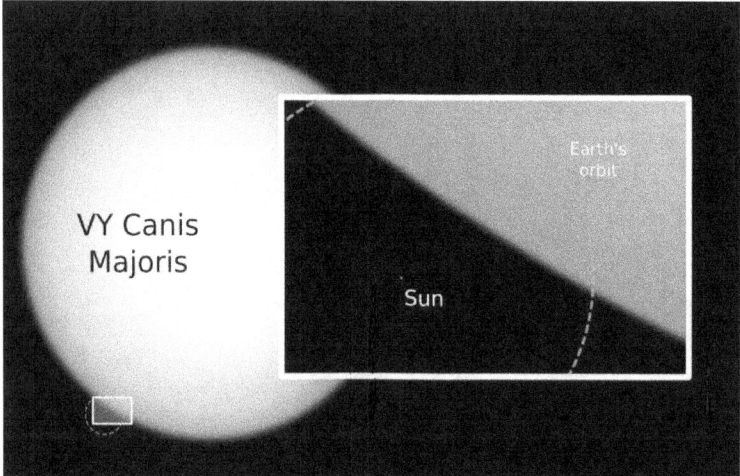

VY Canis Majoris comparado con el Sol y la órbita de la Tierra. Crédito: Wikipedia/Oona Räisänen.

Cuando te decía que era grande no bromeaba... ¡¡es enorme!! Si VY Canis Majoris estuviera donde está el Sol ahora, la estrella abarcaría más allá de la órbita de Saturno. Y Saturno, querido amigo, está a 1400 millones de kilómetros del Sol. Es muy difícil hacerse una idea de lo grande que es esta estrella.

En realidad, cuesta incluso calcular cuál es su tamaño real, porque está envuelta en una nebulosa que se ha creado ella misma, con todo el material que ha liberado al espacio. Fíjate en esta impresionante foto tomada por el telescopio espacial Hubble:

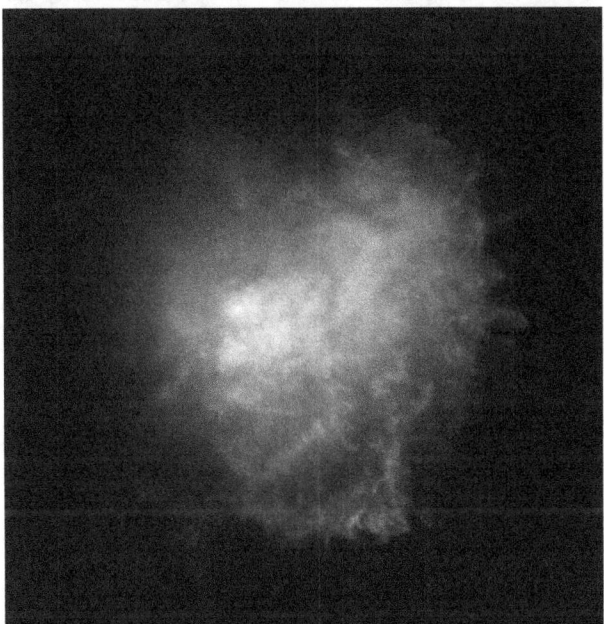

Nebulosa de VY Canis Majoris. Crédito: Wikipedia / Judy Schmidt

Pero va a ser difícil que la veas a simple vista, porque se encuentra a más de 4500 años luz de nosotros, y, si has estudiado bien, ya sabrás que eso es mucho. Es por ello que su magnitud aparente es de solamente entre +7´6 y +9. Así que dudo mucho de que la vayas a ver a simple vista. En cualquier caso, comentarte que está situada más o menos entre Aludra y Wezen, un poco por encima de la línea que las separa.

MARZO

1 MARZO. OTROS OBJETOS DE CAN MAYOR.

La constelación del Can Mayor tiene muchos más secretos, y eso se debe, sobre todo, al el hecho de estar cruzada por el Brazo de Orión, que es una "rama" de la vía Láctea (lo veremos la semana que viene). Así, tiene bastantes cúmulos estelares (agrupaciones de estrellas que no llegan a ser una galaxia), a destacar, entre ellos, el **Cúmulo Estelar M41** (Lo de la M es por **Charles Messier,** astrónomo francés conocido por su famoso catálogo de objetos del cielo profundo). El M41 no ocupa más de 30 años luz en la realidad, pero lo vemos bien pequeñito debido a que está a la friolera de más de 2400 años luz de nosotros. Lo podrás ver a simple vista (esta debajo de Sirio), pero en condiciones de un cielo clarísimo y nada de contaminación lumínica.

Sirio con Mirzam a la derecha y debajo M41. Crédito: Wikipedia/Christos Doudoulakis.

La otra cosa que no quiero dejar de mencionar es la **Nebulosa de la Gaviota**, situada algo más allá de la línea imaginaria que va desde Sirio hasta el "hocico del perrito". Es una preciosa nebulosa... pero no te lo digo, te lo muestro:

Nebulosa de la Gaviota. Crédito: NASA.

2 MARZO. TELESCOPIO ESPACIAL HUBBLE.

Los ojos del Universo: Telescopio espacial Hubble. Crédito: NASA.

Es posible que hayas oído hablar del Telescopio Espacial Hubble. Es un pedazo de obra de ingeniería que está, entre muchas otras cosas, llenando de fotos los fondos de escritorio de ordenadores de todo el mundo.

Fue lanzado por la NASA en 1990 y desde entonces ha mandado cientos de miles de fotografías a la Tierra con las que se ha obtenido valiosísima información. Está a una altura de 569 kilómetros, lo cual hace que las imágenes obtenidas no estén distorsionadas por el efecto de la atmósfera. La atmósfera, además, no le frena las ondas de rayos X, gamma o ultravioletas que también nos llegan desde otros puntos del Universo con mucha información.

Ha revelado la edad del Universo, estando esta entre 13.000 y 14.000 millones de años. También ha jugado un papel fundamental para el descubrimiento de la energía negra (dark energy), que es la que hace que el universo se esté expandiendo de manera acelerada, nos ha mostrado todo tipo de galaxias, con lo cual, se ha podido estudiar con más detalle su funcionamiento y su formación así como el nacimiento de estrellas y planetas.

Pero lo que más me gusta de él es el hecho de que toda la información está abierta a todos los científicos del mundo. Gracias a ello, los avances son mucho mayores. Se han publicado, de hecho, más de 10.000 artículos derivados de la información obtenida con el Hubble.

Si quieres saber un poco más, y controlas el inglés, o simplemente quieres ver alguna foto chula, no dejes de visitar su página web: **http://hubblesite.org/**.

5 MARZO. LA VÍA LÁCTEA.

La Vía Láctea es enorme. Es casi imposible hacerse una idea de lo grande que es. Lo que vemos a simple vista es tan solo una minúscula parte de la Vía Láctea, nuestra Galaxia.

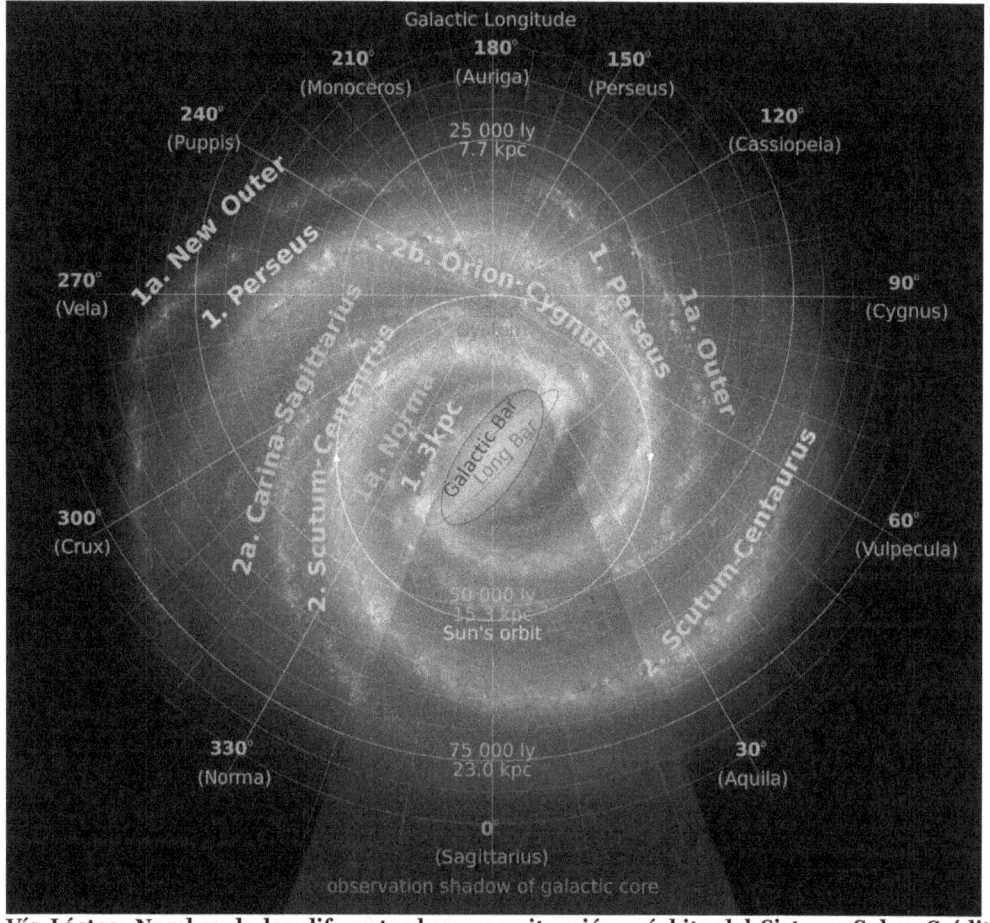

Vía Láctea. Nombre de los diferentes brazos y situación y órbita del Sistema Solar. Crédito: NASA.

Fíjate donde estamos. En ese pequeño punto. Somos insignificantes. Así debemos, de hecho, tomárnoslo. Te voy a dar unos datos, simplemente para que lo tengas en cuenta (Estos datos, por cierto, varían bastante de una fuente a otra):

El centro de nuestra galaxia está a unos 30.000 años luz (entre 7000 y 9000 parsecs según un estudio de Harvard) (Recuerda, un parsec = 3´26 años luz).

Hay más de 100.000 millones de estrellas en la Galaxia. No es un dato fácil de calcular, e incluso algunos sugieren que podría haber más de 400.000 millones... Muchísimas, en cualquier caso.

El Sistema solar completa una vuelta alrededor de la galaxia cada 225 millones de años.

Nuestra Galaxia, además, forma parte de un conjunto local de unas 40 galaxias. Entre ellas, la más grande es la de Andrómeda y en segundo lugar la Vía Láctea.

Así como hay grupos de galaxias, dentro de la Vía Láctea, también existen grupos de estrellas. A éstos grupos se les conoce por el nombre de **Cúmulos**. Los Cúmulos pueden tener una forma definida (esféricos o casi esféricos), como los cúmulos globulares (los dos que se ven a simple vista solo pueden verse desde el hemisferio sur) o no tener ninguna forma, los cuales llamamos, cúmulos abiertos. Los cúmulos abiertos son mucho más pequeños y mucho más numerosos y se encuentran en las espirales de la galaxia. Los más famosos son: Las Pleyades y las Híades. Tranquilo, tendremos tiempo de hablar de ambos.

Vista de la Vía Láctea desde la Tierra. Crédito: ESO / S. Brunier.

6 MARZO. CONSTELACIÓN DE MONOCEROS.

Es el unicornio (Monoceros significa en griego unicornio) que sigue a Orión en su viaje por los cielos nocturnos.

Monoceros. Crédito: Wikipedia.

Es una constelación de las modernas, es decir, que fue registrada en el siglo XVII.

Vamos a pasar por ella rápido porque, de todas formas, no es fácil verla a simple vista. No obstante, sí tiene algunas cosas interesantes, en las que merece la pena que nos paremos un poco.

A simple vista, en cielos claros y sin mucha contaminación lumínica, puedes llegar a identificar más o menos claramente 4 estrellas: **Lucida, Cerastes, Tempestris y Kardegán**.

Al ser las 4 más brillantes (pero no solo por eso), se las llama por las 4 primeras letras del alfabeto griego más "Monocerotis", para identificar la constelación a la que pertenecen. (Y esto pasa, querido amigo, con todas las constelaciones; *letra del alfabeto griego + nombre latino de la constelación*). Mañana veremos el maravilloso alfabeto griego.

Entonces, **Alfa Monocerotis, o Lucida**, es la mayor. Su magnitud visual es 3´93 y es una estrella gigante que està a "solo" 144 años luz.

La siguiente, **Cerastes, (Beta Monocerotis)**, es un impresionante sistema triple, del que dijo Herschel, en 1781, que era "una de las más bellas visiones en el cielo". (Esto, si tienes un telescopio, claro).

Tempestris es una gigante naranja y **Kardegán** es una estrella blanca que está en la secuencia principal.

A parte de estas 4 estrellas, existen 27 más pero no nos vamos a detener en todas ellas.

Solo merecen la pena ser mencionadas:

La Estrella de Plaskett, que resulta ser uno de los sistemas binarios más masivos que se conocen.

V838 Monocerotis, que es una estrella que explotó en el año 2002 y está situada a unos 20 mil años luz. (En realidad exploto hace 20.000 años, pero lo vemos ahora; ya sabes, la luz ha tardado 20 mil años en llegar hasta aquí).

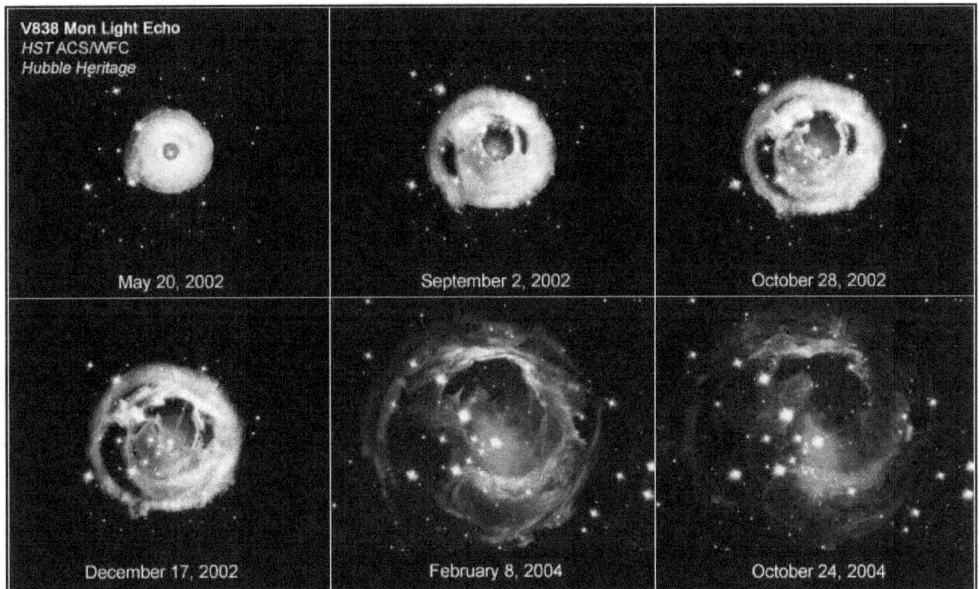

Evolución de V838 Monocerotis. Crédito: NASA/ESA/HE Bond/Hubble.

R Monocerotis, una estrella que está en uno de los extremos de la **nebulosa del Cono**, o nebulosa **NGC 2264**.

Nebulosa del Cono. Justo encima del cono: R Monocerotis. Crédito: NASA.

7 MARZO. ALFABETO GRIEGO.

Te presento el alfabeto griego:

El Alfabeto Griego:

Alfa	α	Nu	ν
Beta	β	Xi	ξ
Gamma	γ	Ómicron	ο
Delta	δ	Pi	π
Épsilon	ε	Ro	ρ
Zeta	ζ	Sigma	σ
Eta	η	Tau	τ
Teta	θ	Ypsilon	υ
Iota	ι	Fi	φ
Kappa	κ	Ji	χ
Lamda	λ	Psi	ψ
Mu	μ	Omega	ω

Como ya he dicho, las estrellas de cualquier constelación pueden nombrarse también con las letras del alfabeto griego. La más importante de la constelación será "Alfa + nombre constelación" y así sucesivamente. La más importante, por cierto, no siempre es la más brillante.

En la siguiente imagen te muestro la constelación de Monoceros. ¿Sabrías decir cuál de las estrellas es Lucida?

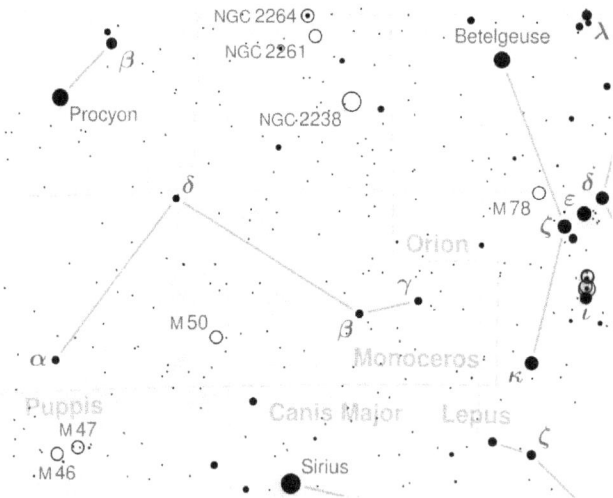

Monoceros. Crédito: Wikipedia/Torsten Bronger.

8 MARZO. LEPUS, LA LIEBRE.

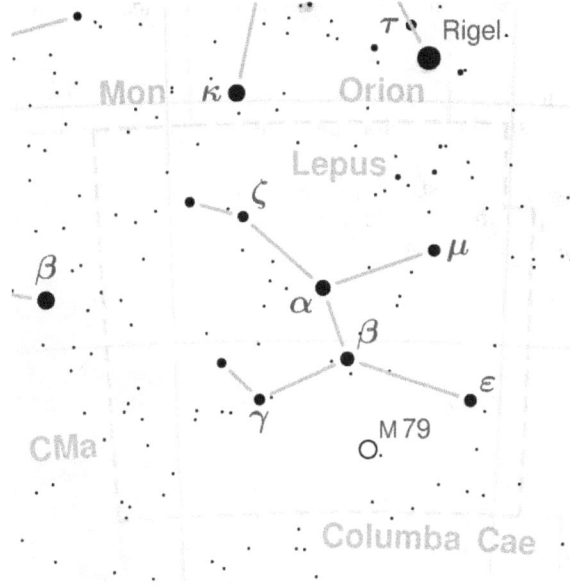

Lepus. Crédito: Wikipedia/Torsten Bronger.

Lepus es la liebre a la que sigue Orión.

La puedes ver, en la imagen, justo debajo de la constelación de Orión. En la parte superior de la imagen se encuentran Saiph y Rigel. Pues bien, Lepus ocupa, prácticamente, el espacio que existe entre estas dos estrellas. Hoy lo podrás ver (no sin dificultad) a las 22 horas hacia el suroeste, bastante bajo, ya que a las 23:30 empezará a desaparecer por el horizonte.

A destacar, entre sus estrellas, a las dos mayores:

- **Alfa Leporis o Arneb**. (Arneb significa Liebre) Es una supergigante Blanca de magnitud aparente +2´58. Brilla como 13.000 soles, pero si no la vemos más brillante, te lo podrás imaginar, es porque está a unos 1300 años luz. Tipo espectral: F0Ib.

- **Beta Leporis o Nihal**. (Nihal significa Camellos) Es una gigante amarilla de magnitud 2´81. Imagina como debe ser, comparada con Arneb, si te digo que se encuentra a 159 años luz de nosotros. Es de tipo espectral G0II.

A destacar también el Cúmulo estelar **Messier 79 (M79)**, situado a unos 41.000 años luz de la Tierra.

M79. Crédito: HST/NASA/ESA/Hubble/STScI/ST-ECF/CADC.

9 MARZO. CANIS MINOR.

Del grupo de constelaciones que acompañan al cazador Orión, ya solo nos queda por ver la constelación Canis Minor.

Es una constelación pequeña, pero muy fácilmente visible debido a **Procyon**, su estrella alpha, a la cual dedicaremos un día en exclusiva la semana que viene.

Es otra de las constelaciones de Ptolomeo, que muestra al pequeño de los dos perros que siguen a Orión. Con ella, como digo, completamos el grupo del gran cazador y toda su fauna, el Can Mayor y el Menor, el Unicornio y la Liebre.

Otra interpretación sobre la historia del Can Menor, es que era **Maera**, el perro de Icario, a quien el Dios griego Dionisio enseñó a hacer vino y a quien sus amigos mataron pensando que el vino que éste les había dado estaba envenenado (debido a que, digo yo, sería un vino muy peleón). El perro murió de pena y Zeus lo puso en el cielo. Y ahí sigue hoy en día.

La segunda estrella más importante de la constelación del Can Menor se llama **Gomeisa** (La que llora), tiene una magnitud aparente de +2´89. Es de tipo espectral B8Ve, y se encuentra a 150 años luz de la Tierra. Es cuatro veces más grande que el Sol, pero debido a su alta temperatura, brilla como unas 250 veces más. Como suele ser habitual en estrellas tan calientes, Gomeisa gira muy rápido, lo que hace que pierda materia y por ello consta de un círculo de gas alrededor de la misma que emite mucha radiación.

12 MARZO. PROCYON.

Con una magnitud aparente de +0´38, **Procyon** (O **Proción**, si lo decimos en español) es la octava estrella más brillante del cielo nocturno. Pero ese puesto no se lo debe a su gran tamaño o su alta temperatura, sino a su relativa cercanía a nosotros, pues está a 11´41 años luz.

Es en realidad una estrella binaria. **Procyon A** es la estrella principal, una F5 IV-V, y **Procyon B** es una enana blanca.

Pero antes de entrar en detalles, simplemente para que sepas de donde viene su nombre, comentar que la palabra ProKyon proviene del griego y significa "antes del perro", y es precisamente porque precede a Sirio (Alfa Canis Majoris) en su aparición por el este (al estar más arriba, sale antes). También se la puede llamar **Anticanis**, que significa lo mismo, pero en Latín.

Procyon. Crédito: NASA.

Así que la estrella que precede al perro, son en realidad dos. Una subgigante que está terminando de fusionar el hidrógeno, y que es algo más del doble de grande que nuestro Sol y unas 7 veces más brillante y su pequeña compañera, de magnitud aparente +10´82. Las dos estrellas están a tan solo 15 U.A. entre sí; eso es como si en nuestro Sistema Solar Urano fuera una enana blanca. La única diferencia es que la órbita de Procyon B, es muy **excéntrica** (Unas veces está mucho más alejada de su estrella principal que otras).

Es preciosa y no tiene pérdida, brilla mucho y puedes localizarla alargando la línea imaginaria que une Bellatrix con Betelgeuse. Procion queda justo debajo de esa línea.

13 MARZO. INTRODUCCIÓN A CASSIOPEA.

Antes de que termine el invierno definitivamente, quiero mostrarte una de mis constelaciones favoritas.

Se ve en el cielo muy fácilmente, así que casi no necesitarás referencias. Es como la constelación de Orión, que se ve a simple vista y se utiliza (yo al menos) como referencia para encontrar las de alrededor.

Su nombre es Cassiopea, y tiene esta pinta:

Cassiopea en el cielo. Crédito: Scketer. Deviant Art.

No me voy a detener ahora en ella porque la veremos a finales de año. Ahora ya empieza a estar baja y es posible (según donde te encuentres) que no la veas bien... De todas formas, como ya he dicho, es muy fácilmente reconocible ya que sus estrellas principales son de magnitud entre 2 y 3.

Hoy a las 21 horas si miras un poquito entre el norte y el noroeste, la verás brillar con todo su esplendor. Es preciosa. Esperemos que el tiempo acompañe y puedas verla bien.

Está relativamente cerca de la Osa menor y la Osa mayor, que son las próximas constelaciones que veremos. Con los extremos de la M o la W (según la mires), apunta hacia la Estrella Polar que, puede que hayas oído alguna vez, marca el norte. En la siguiente figura puedes ver la Osa Menor, la Osa Mayor y **Polaris o Estrella Polar**, en la constelación de la Osa Menor. Quédate con ellas porque es lo próximo que estudiaremos (¡Aunque por el camino habrá sorpresas!).

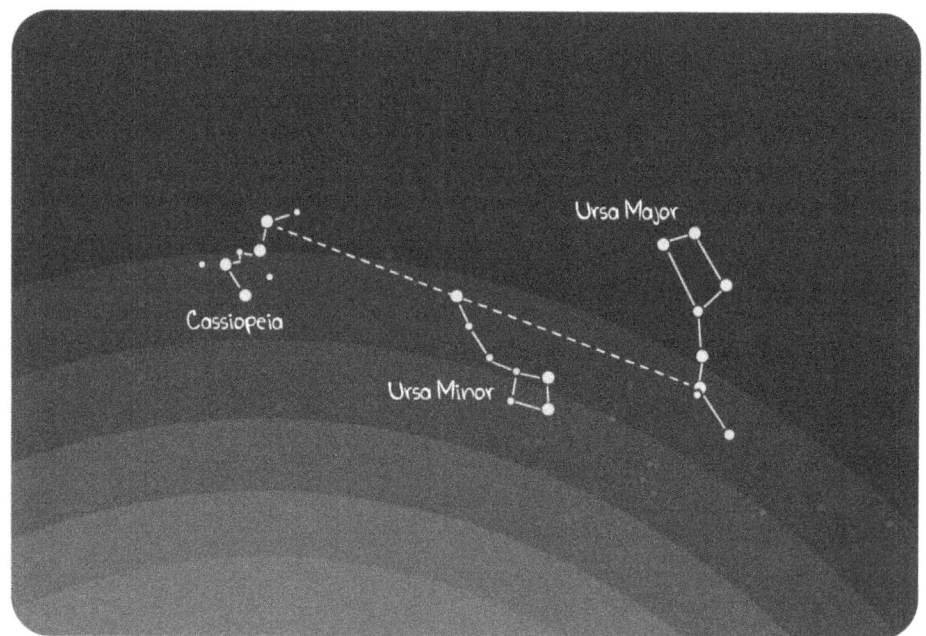

Casiopea, Osa Menor y Osa Mayor. Ilustración de Javier Corellano. (@CuaCuaStudios)

14 MARZO. MITOLOGÍA DE LAS OSAS.

Las constelaciones de la Osa Menor y la Osa Mayor están dentro de las 48 constelaciones descritas por **Ptolomeo** en su gran tratado astronómico: **El Almagesto**.

Se cuenta que la Osa Menor es, en realidad, una ninfa llamada **Calisto**. Calisto era fiel seguidora de la Diosa Diana (o Artemisa) y había prometido no amar a ningún hombre. Pero ¡ay!, porque luego conoció al gran Zeus. Lo que pasó es que el listillo de Zeus se disfrazó de Diana y la pobre Calisto cayó en la trampa; tanto fue así que se quedó embarazada. La Diosa Diana se dio cuenta de lo sucedido cuando tomaban un baño, y ya no quiso saber nada más de Calisto. Hera, la esposa de Zeus, se dio cuenta cuando Calisto tuvo a su hijo **Arcas**. De la ira, Hera convirtió a Calisto en una Osa.

Momento en el que se descubre el embarazo de Calisto. François Boucher. Crédito: Wikipedia.

Años después, estando Arcas de caza, estuvo a punto de matar, sin saberlo, a su madre. La hubiera matado de no haber sido por Júpiter, que formó un torbellino y los mando a los dos al espacio, donde allí siguen. Uno como Osa Mayor (Calisto) y el otro como Osa Menor (Arcas). Dicen que Hera se enteró de lo sucedido, y convenció a Thethys y Océanos para que Calisto nunca tocara el agua, y así es como, desde entonces, ni la Osa Mayor ni la Osa Menor llegan nunca a tocar el horizonte. Ya veremos cómo es eso posible más adelante.

15 MARZO. LOCALIZACIÓN DE LAS OSAS.

Es muy fácil, solo tienes que mirar al norte.

Si no sabes dónde está el norte, entonces no es tan fácil, pero sigue siendo asequible, no te preocupes.

La Osa mayor se ve muy claramente. El carro no tiene pérdida. Lo puedes observar en la imagen de la izquierda. (Aunque lo mejor es que salgas a comprobarlo en persona).

Osa Mayor. Crédito Wikipedia/Gh5046.

Además, hacia el noreste, se diferencia sin problemas a Cassiopea. La W se suele ver bastante bien en el cielo (Ya lo vimos el martes).

La Osa Menor se encuentra entre Cassiopea y la Osa Mayor. Es un carro más pequeño y sus estrellas no brillan tanto como las de la Osa Mayor, así que es más difícil identificarlo. La Estrella Polar, sin embargo, brilla bastante, con lo que no tendrás problemas en verla. Hay un truco para encontrarla, fíjate en la siguiente imagen:

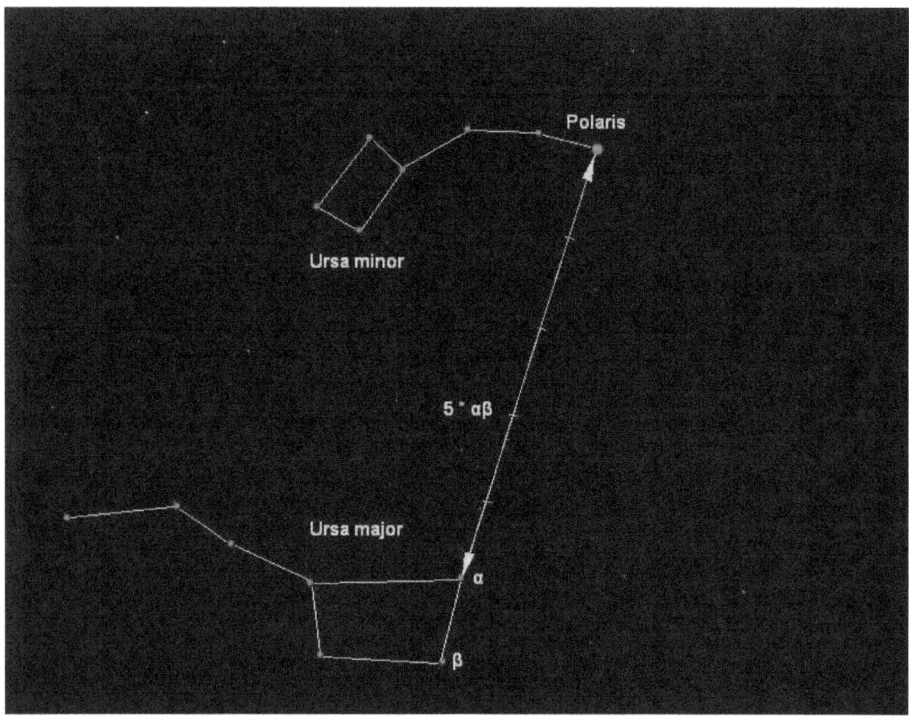

Localización de Polaris, la Estrella Polar. Crédito: Wikipedia

16 MARZO. SIGNOS DEL ZODIACO.

Lo que tienes que hacer (si quieres, claro, aquí no obligamos a nada :-D) con la lista de las constelaciones zodiacales es simple: Aprendértela, y en orden.

Las constelaciones del zodiaco son: **Aries, Tauro, Géminis, Cáncer, Leo, Virgo, Libra, Escorpio, Sagitario, Capricornio, Acuario y Piscis**. Así, en ese orden, aparecen ante nosotros en los cielos. Pero, ¿Sabes por qué?

El **zodiaco** es la franja imaginaria donde está la **eclíptica**. La eclíptica es la línea curva del cielo que atraviesa el Sol visto desde la Tierra. Es el plano del Sistema Solar y por ella también pasan los planetas y la Luna. El Sistema Solar es como un disco en el que el Sol ocupa un lugar privilegiado: el centro. Si nosotros nos situamos en cualquier parte del disco, veremos a todos los planetas en una misma línea. Como mirar un disco de canto.

Esta línea, por la noche, además de algún planeta, consta de una serie de constelaciones. Y si esa línea (a lo largo de todo el año) la dividimos en 12 partes, obtenemos las 12 constelaciones del Zodiaco. Como además el año está dividido en 12 meses, entonces cada una de esas 12 divisiones, durará un mes.

Como puedes ver en la imagen de abajo, la Tierra y el Sol se alinean, cada mes, con una constelación determinada, así que cada mes, por lo tanto, se cambia de constelación zodiacal u horóscopo.

Si luego aparte de esto, quieres pensar que tu personalidad o cualidades dependen de cómo estaban la Tierra y el Sol alineados cuando naciste, ahí no me voy a meter, es cosa tuya. :-)

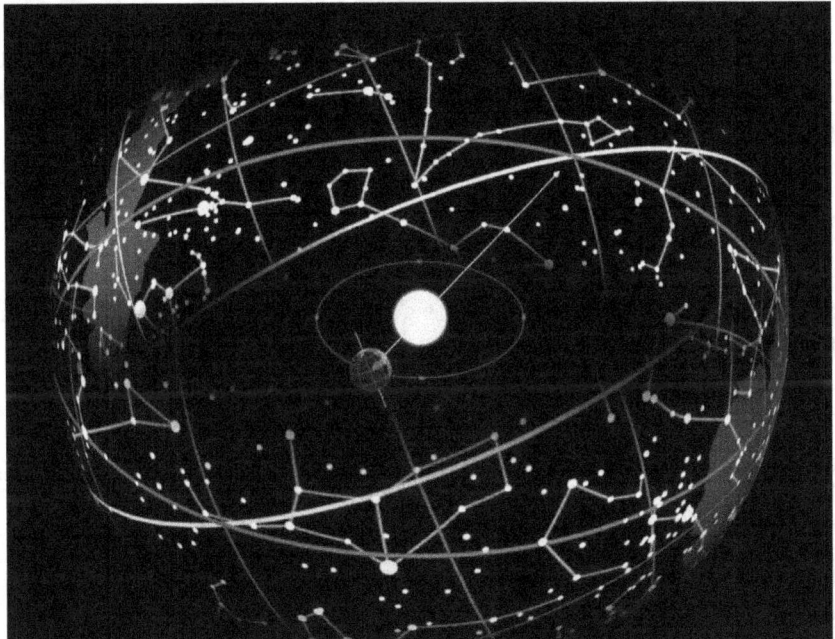

Alineamiento Tierra-Sol-Zodiaco. Crédito: Wikipedia/Tau'olunga.

19 MARZO. ECLIPSE DE SOL.

Un eclipse de Sol es cuando la Luna tapa al Sol. La Luna y el Sol se dice que están, entonces, en **conjunción**.

Es una bonita coincidencia, el hecho de que los tamaños relativos del Sol y la Luna sean tan parecidos y que, cuando vemos un completo eclipse de Sol, podamos ver una preciosidad como la siguiente:

Eclipse de Sol. Crédito: Pixabay

Existen 4 tipos de Eclipses Solares: **Parcial, Semiparcial, Total y Anular**. Supongo que el que puede entrañar alguna duda es el Anular. El eclipse de Sol anular se da cuando la Luna se encuentra en el **apogeo**, es decir, en el punto de su órbita más alejado de la Tierra, (Lo contrario sería el **perigeo**), y entonces se ve la Luna con un anillo de Sol a su alrededor.

No es difícil encontrar en internet calendarios con los eclipses solares que podremos ver en el futuro. Este año desde España no vamos a ver ninguno. ¡Pero hay que estar atento para poder verlos en el futuro!

No hay tantos como uno podría imaginar. Cabría esperar que cada vuelta de la Luna alrededor de la Tierra diera lugar a un eclipse, pero esto sucedería si la Luna orbitara sobre la **eclíptica** (plano de la órbita de la Tierra y el Sol, ya sabes), y no es así, ya que la órbita de la Luna está inclinada unos 5°, así que se tiene que dar el caso de que justo pase entre la Tierra y el Sol y que su órbita se cruce con la eclíptica.

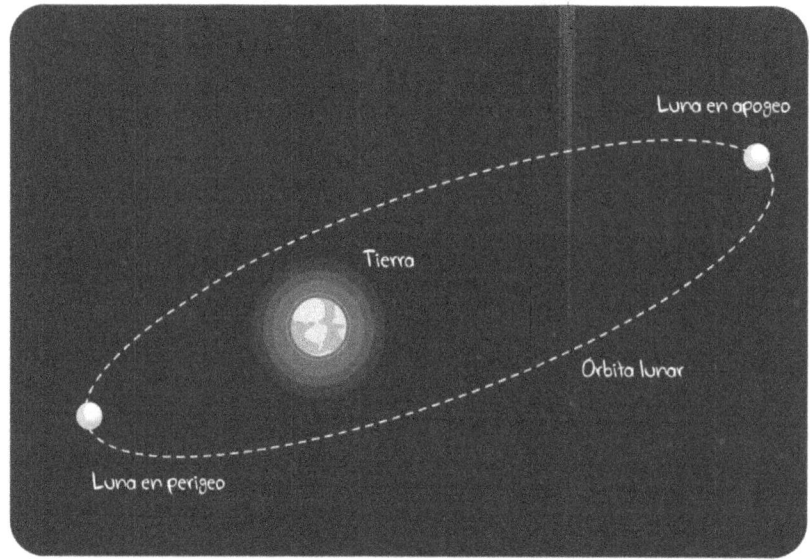

Órbita de la Luna. Apogeo y Perigeo. Ilustración: Javier Corellano (@CuaCuaStudios)

19 MARZO. ECLIPSE DE LUNA.

El eclipse de Luna es aquel en el que es la Luna la que se oscurece debido a que sobre ella se proyecta la sombra de la Tierra.

Las diferencias con el eclipse de Sol son:

- Ocurre cuando hay Luna llena (Al contrario que el eclipse solar, en el que la Luna era nueva).

- Puede ser visto desde cualquier parte de la Tierra en la que (lógicamente) se vea la Luna.

- A mí personalmente no me parece tan espectacular.

Los eclipses lunares se clasifican en **Totales**, **Parciales** y **Penumbrales**. El último tipo, los penumbrales, es cuando la Luna se introduce en la zona de penumbra de la Tierra. Creo que queda claro con la siguiente imagen:

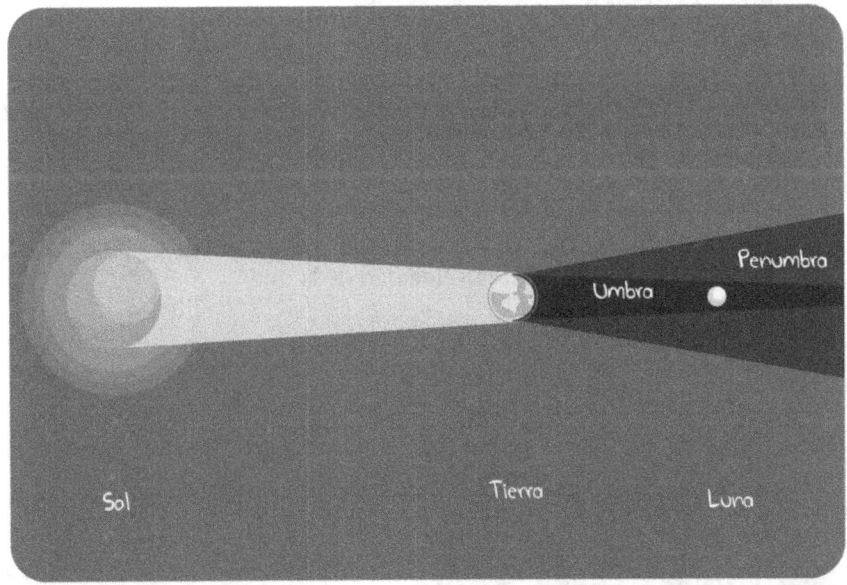

Eclipse de Luna, umbra y penumbra. Ilustración de Javier Corellano (@CuaCuaStudios).

Hay un momento durante el eclipse en el que la Luna se ve rojiza. Ese es precisamente el color de la sombra de la Tierra. Sé que a ti te gustaría tener una sombra roja, pero lo siento, no tendrás una sombra roja a menos que poseas una atmósfera, y como eso no va a ser posible, tu sombra seguirá siendo de ese color gris aburrido. En el caso de la Tierra, lo que sucede es que los rayos del Sol atraviesan la atmósfera y se ven reflejados en la Luna de ese color rojizo debido al efecto de la dispersión. Es el mismo efecto que cuando atardece. Impresionante, ¿verdad?

21 MARZO. REFLEXIÓN, DIFRACCIÓN.

La luz, como cualquier otra onda (sí, podríamos decir que la luz es una onda), se transmite por un medio de una manera determinada. Pero ¿qué pasa cuando va por un medio y, de repente, se encuentra con otro? Respondiendo esta pregunta nos podemos extender casi hasta el infinito, porque hay multitud de variables... pero quiero simplificarlo al máximo para no aburrirte demasiado.

Con lo cual, la onda llega a otro medio y pueden pasar, fundamentalmente, dos cosas:

Reflexión. Que se refleje, y gracias a lo cual podemos ver cosas tan bonitas como la siguiente:

Reflexión en el lago. Crédito: Pixabay.

Refracción. La onda experimenta un cambio de dirección al pasar al otro medio, no se refleja en la superficie (La línea en la que se separan ambos medios) sino que la atraviesa, pero algo "tocada". Puede cambiar la velocidad de la onda.

Distorsión de la imagen en el agua. Crédito: Wikipedia.

Hay más palabras que se parecen a estas dos últimas pero que son completamente diferentes. La onda puede encontrarse con otros obstáculos y entonces, tienen lugar los efectos que te mostraré a continuación.

Difracción. Desviación de las ondas al encontrar un obstáculo o al atravesar una rendija.

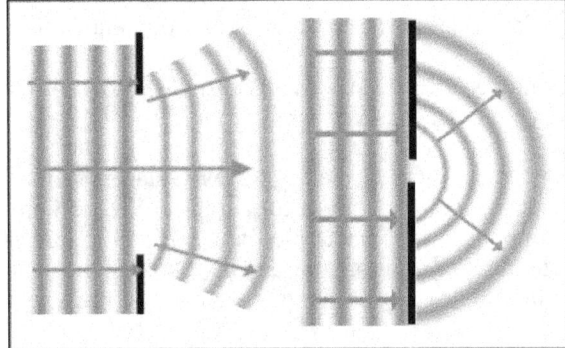

Difracción. Crédito: Wikipedia/Theressa Knott.

Interferencia. Cuando dos ondas se superponen y entonces cambian por efecto de una sobre la otra.

Interferencia en el agua. Crédito: Pixabay.

Dispersión. Las ondas de luz de distinta frecuencia (o lo que es lo mismo, de distinto color) se separan al atravesar un material. (Sobre esto estudió mucho Isaac Newton, del que ya hablé en su día).

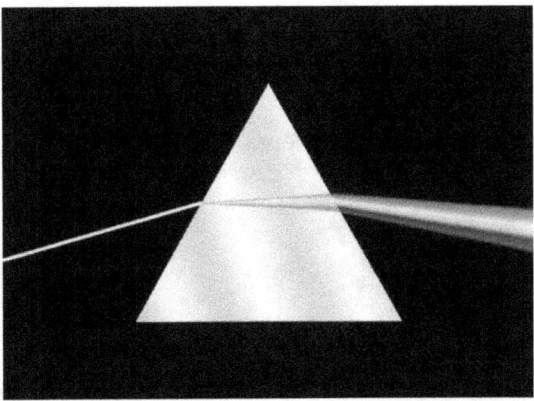

Dispersión de la luz (A la salida forma un arcoíris). Crédito: Wikipedia.

22 MARZO. CONSTELACIÓN DE LEO.

Hoy por fin podemos empezar con una de las constelaciones zodiacales: Leo.

Si has nacido entre el 21 de julio y el 21 de agosto este es tu horóscopo, y me alegro porque sé que ya sabes porqué es así.

Si miras a las 22-23 horas al cielo, podrás verla en lo más alto del firmamento. A su derecha, por cierto, está Cáncer y a su izquierda Virgo. Siempre con el mismo orden. La Luna se pondrá por el Oeste hacia medianoche, con lo que el cielo quedará solo para las estrellas, con lo que podrás disfrutar de ellas, si la noche acompaña, plenamente. Orión y toda su fauna también se ocultará más o menos a la vez que la Luna.

Normalmente, Leo se identifica utilizando la Osa Mayor de la siguiente manera:

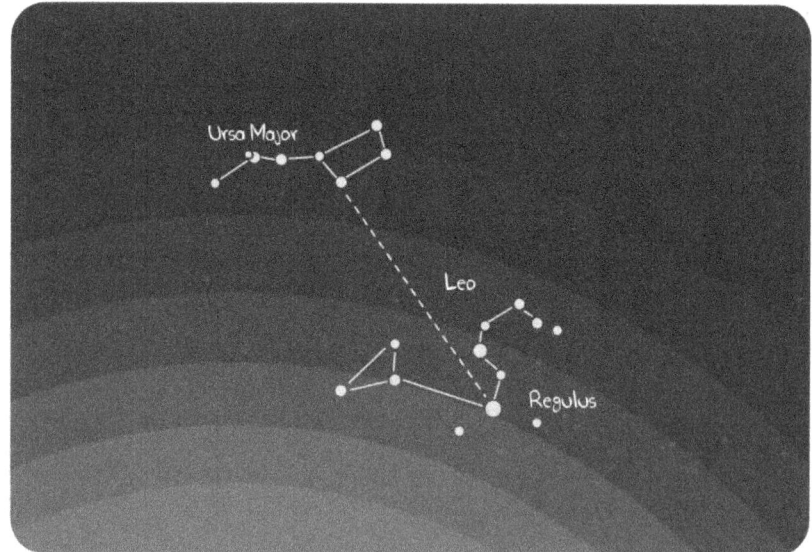

Constelaciones de la Osa Mayor y Leo. Ilustración de Javier Corellano (@CuaCuaStudios)

De todas formas, Leo tiene una forma bastante característica y tampoco es que haga mucha falta ese pequeño truco... Es una de esas constelaciones de las que no hace falta mucha imaginación para ver lo que representa y además sus estrellas son bastante brillantes.

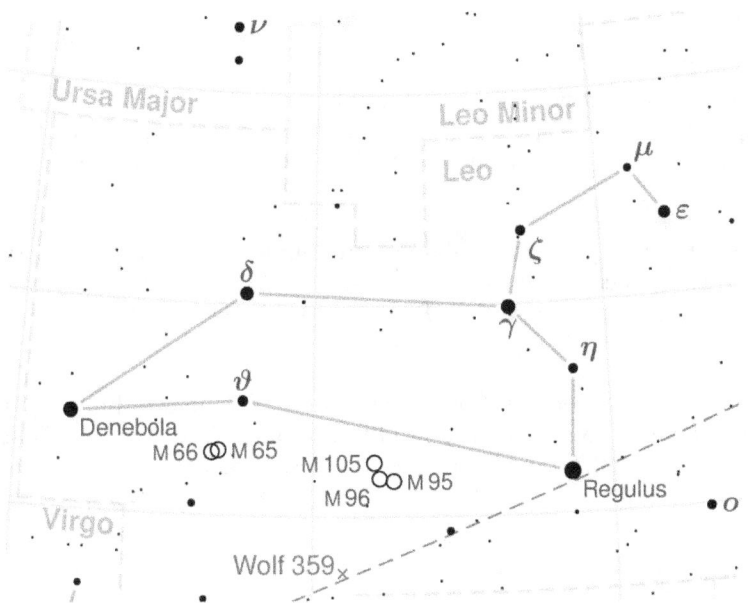

Constelación de Leo. Fíjate en su estrella principal, Regulus, sobre la eclíptica (línea de puntos diagonal). Crédito: Wikipedia/Torsten Bronger.

De sus estrellas, habrás observado que destaca, sobretodo: **Regulus (pequeño Rey)** también llamada **Régulo, Alfa Leonis** o **Cor Leonis** (en honor a Copérnico y no a un célebre mafioso). Tiene una magnitud aparente de +1´35.

Podríamos decir que Régulo es el corazón del León de Nemea. Es un sistema cuádruple que se encuentra a unos 77 años luz y es una preciosa estrella: B8 IV. Te la puedes imaginar con la siguiente imagen:

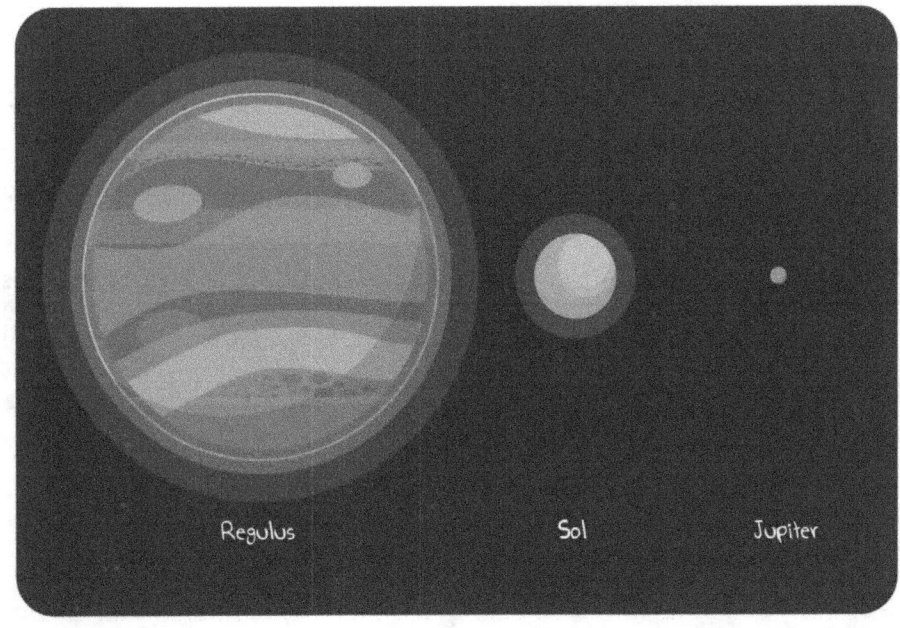

Comparación entre Regulus, el Sol y Júpiter. Ilustración: Javier Corellano (@CuaCuaStudios)

23 MARZO. MITOLOGÍA DE LEO.

El Mito de la constelación de Leo tiene que ver con el Mito de Hércules, que veremos más adelante con tranquilidad. Hércules, te adelanto, era un súper-hombre que mataba a todos los malos que se ponían a su alcance (Y algún otro pobre desgraciado al que mataba por error).

Le fueron encomendadas 12 tareas que, para cualquier otro, hubieran sido imposibles de llevar a cabo. Es lo que se conoce como "*Los 12 trabajos*". Uno de ellos era matar al **León de Nemea** y despojarle de su piel. Pues es ese León el que está hoy representado en los cielos.

El León de Nemea no era un león cualquiera, por supuesto. Su piel era tan dura que ni las flechas o las espadas podían atravesarla. Parecía indestructible. El león vivía en una guarida con dos entradas y Hércules taponó una de las dos, azuzó al león para que entrara en su cueva y allí lo acorraló y lo estranguló. Era ésta la única forma de poder matar al león.

Hércules estrangulando al león en un mosaico romano de Liria (Valencia). Crédito: Wikipedia.

Hércules degolló al león utilizando las garras de éste (que parece ser eran lo único que podían cortarle la piel) y utilizó, para el resto de los trabajos, la piel del mismo como armadura y su cabeza a modo de casco.

Esta Semana Santa procura dedicar alguna noche a buscar al León de Nemea entre los cielos (El jueves y viernes Santo acompañará a esta hermosa constelación la Luna, no te lo pierdas). Busca también a Orión, pues no podremos verlo apenas hasta que vuelva el invierno.

ABRIL

2 ABRIL. ESTRELLAS Y OBJETOS DE LEO.

Espero que hayas pasado una buena Semana Santa y que sepas perfectamente identificar a Leo en el firmamento. Se identifica fácilmente. Destaca, como ya vimos, una de sus estrellas: Régulo. El resto de estrellas, simplemente quiero presentártelas:

- **Denebola, Beta Leonis**. Brilla con una magnitud aparente de +2´14. Se encuentra a 36 años luz de nosotros y es una estrella blanca de la secuencia principal. Su nombre viene del árabe y significa, como no podía ser de otra forma: La cola del león.

- **Algieba, Gamma Leonis**. Su magnitud aparente es +2´21. Es una estrella binaria cuyas componentes son una K1 III y una G7 IIIb que se encuentran a unos 130 años luz. Algieba proviene del árabe y significa "la frente".

- **Zosma, Delta Leonis**. Su magnitud aparente es +2´56. Su nombre también proviene del árabe y significa la espalda del León. Es una A5 IV que se encuentra a 58 años luz.

- **Ras Elased o Epsilon Leonis** es la quinta estrella más brillante de Leo con una magnitud aparente de +2´97. Es una G1 II situada a algo más de 250 años luz.

- **Chertan, theta Leonis**. Es una A2 V que se encuentra a 165 años luz lo que le da una magnitud aparente de +3´33.

- **Aldhafera, Zeta Leonis.** +3´44. Es una F0 III situada a 260 años luz.

Hasta aquí las 7 estrellas más brillantes de la constelación.

Hay dos más con nombre propio, **Raselas** (es el ojo del león) y **Alterf** (Es una estrella que se encuentra a la derecha de Epsilon Leonis).

También tenemos una de las estrellas más cercanas al Sistema Solar. De hecho, solo hay 8 estrellas más cercanas que ella. En este caso se trata de **Wolf 359** ó **GJ406**. Lo de Wolf es porque fue descubierta por **Max Wolf** en 1918. Y tuvo que ser descubierta por el hecho de que no es posible verla a simple vista.

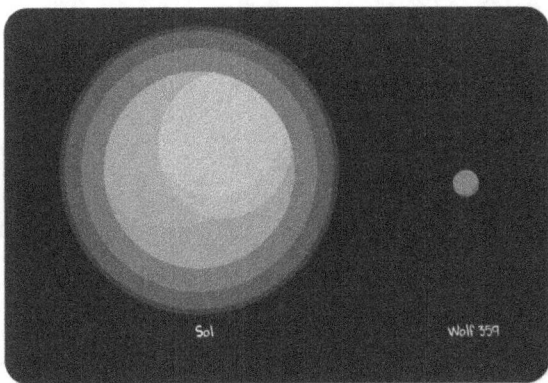

Wolf 359 es una pequeña estrella que tan solo se encuentra a 7´8 años luz de la Tierra. En el cielo, suponiendo que pudiera verse, la veríamos también cerca de la eclíptica.

Ilustración: Javier Corellano (@CuaCuaStudios)

Es una M6 V, es decir, una enana roja. Una pequeña estrella que tiene un diámetro de 222.560 km, lo cual es más o menos un 13% del de nuestro Sol. Su temperatura superficial es de 2800°K, más o menos la mitad del Sol.

Por último, me gustaría destacar, de esta preciosa constelación, las galaxias del catálogo Messier que aparecían en la imagen de la constelación que vimos el día 22. Fíjate que aparecían dos grupos de objetos Messier.

Uno de los grupos tenía 3 objetos, es el **Triplete de Leo** (Grupo situado a 35 millones de años luz): **M65 ó NGC3623**, **M66 ó NGC 3627** y **NGC 3628**. Preciosas ellas:

Triplete de Leo. Crédito: ESO/INAF-VTS/OmegaCAM.

El segundo grupo de galaxias es conocido como el **Grupo de Galaxias M96**. Entre ellas, la que más destaca, por supuesto, es la galaxia **M96 ó NGC3368**.

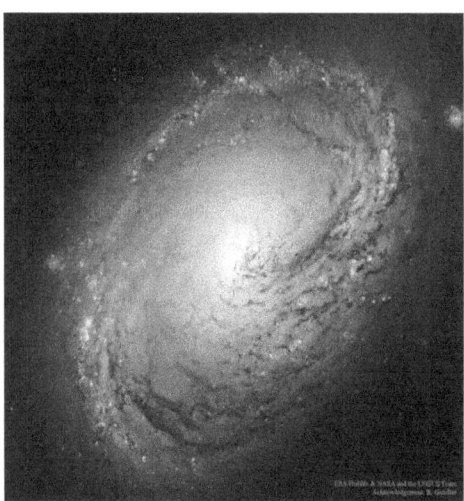

M96. Crédito: NASA/ESA.

3 ABRIL. CONSTELACIÓN DE GÉMINIS.

Hoy, por fin, toca ver la preciosa constelación de Géminis.

Géminis se diferencia, sobretodo, por sus dos estrellas principales: **Castor** y **Pollux**. Pero de ellas, si te parece, hablaremos mañana.

Como ves, la constelación se encuentra en una zona del cielo privilegiada (Creo que es un privilegio estar junto a Betelgeuse, y encima, sobre la eclíptica):

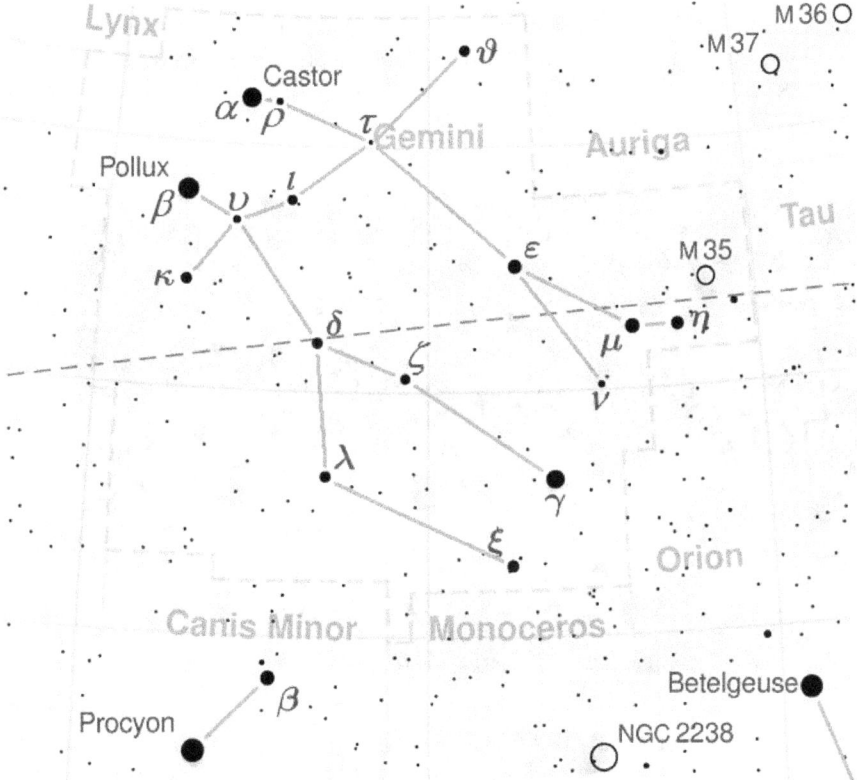

Géminis. Crédito: Wikipedia/Torsten Bronger.

Es una de esas constelaciones que, por su forma, representa perfectamente lo que es: dos gemelos. Los gemelos eran hijos de Zeus y de Leda, reina de Esparta. Hablaremos de ella más adelante.

Alhena, Gamma Geminorum, es la tercera estrella más brillante de la constelación. Es una A1.5 IV, como sabes, una subgigante blanca azulada. Se encuentra a 110 años luz de nosotros. Tanto ella como **Mu Geminorum**, más conocida como **Tejat Posterior** (Pie posterior, imagino que puedes deducir porqué) se ven fácilmente en el cielo. La línea que las une es paralela a la línea que une a Castor y Pollux, y eso hace inconfundible a esta bonita constelación.

En serio, no te la pierdas. En cuanto anochezca la tendrás encima de Orión, hacia el suroeste.

4 ABRIL. CASTOR Y POLLUX.

Castor y Pollux son dos estrellas importantes de nuestro cielo nocturno, así que, por supuesto, se merecen que les dedique un día entero.

La que más brilla de las dos es **Pollux**, la gigante naranja (K0 III) más cercana a la Tierra. Se encuentra a "solo" 34 años luz de nosotros, lo que le confiere una magnitud aparente de +1´15. Es una preciosa estrella que tiene un radio de unas 7-8 veces el del Sol.

Castor es algo más complicada. Es la segunda estrella más brillante de Géminis pero la estrella Alfa de dicha constelación (ya sabes que a veces pasan estas cosas). Lo más interesante es que es una estrella formada por 6 ejemplares… sí, nada más y nada menos que 6 estrellas girando por allí. El sistema es más fácil verlo que explicarlo, así que te dejo una imagen que lo dice (casi) todo:

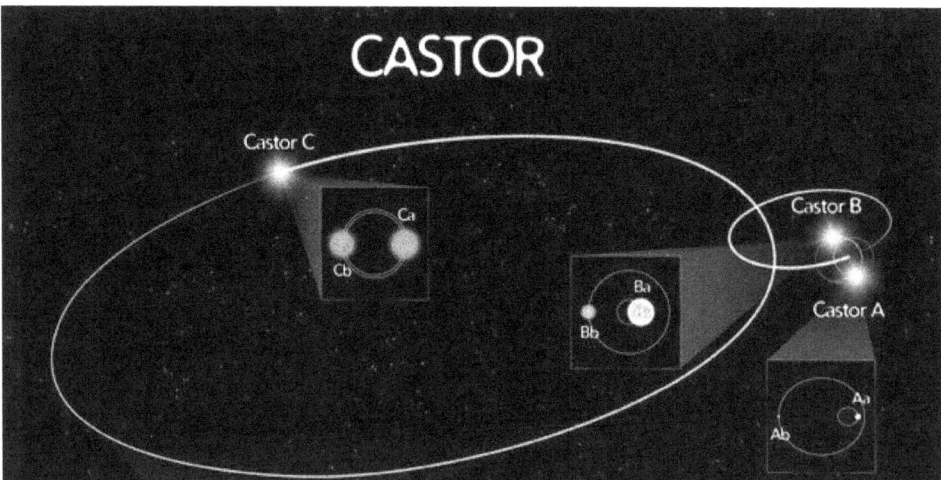

Sistema estelar Castor. Crédito: NASA/JPL.

Tenemos 3 estrellas dobles: Castor A, B y C. Las estrellas de cada uno de esos sistemas binarios se llaman por la letra de la estrella en mayúscula más "a" o "b" en minúscula. Creo que no tiene pérdida, ¿no?

Te dejo una imagen de las 6 estrellas para que compares sus tamaños:

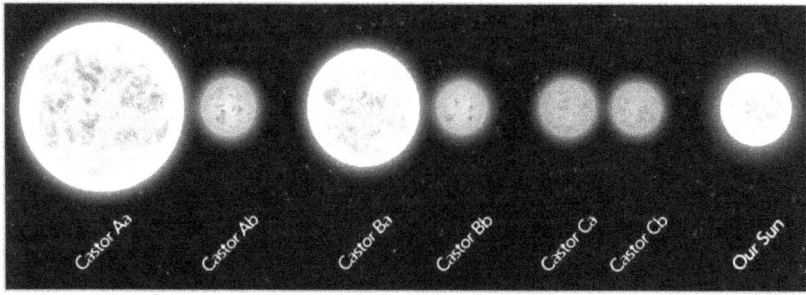

Comparativa de tamaños sistema Castor. Crédito: NASA/JPL.

5 ABRIL. CONSTELACIÓN DE CÁNCER.

Hemos visto Géminis y Leo. Si puedes distinguir estas dos constelaciones en el cielo, en principio no tendrías porqué tener problemas para encontrar a Cáncer, el cangrejo, una pequeña pero interesante constelación. Eso sí, los cielos, para que la veas, tienen que estar claros.

Como ya te he dicho, es poquita cosa:

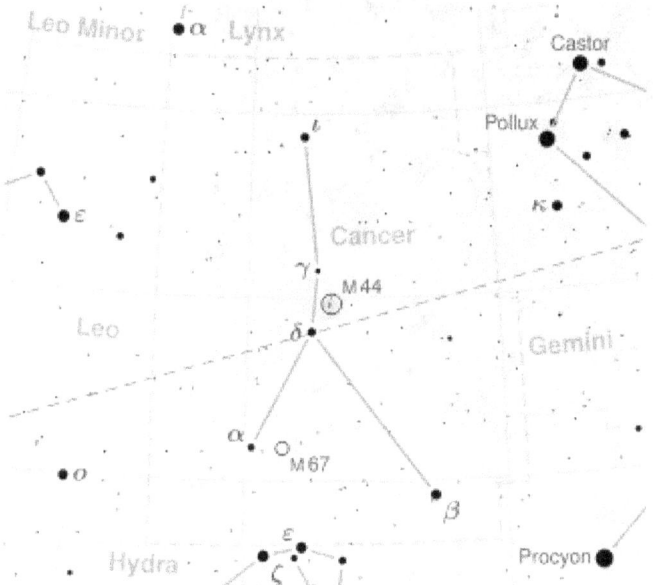
Constelación de Cáncer. Crédito: Wikipedia/Torsten Bronger.

Sus estrellas, además, no brillan mucho. La más brillante de ellas, **Beta Cancri** o **Altarf**, tan solo tiene una magnitud aparente de +3´5. Es una K4 III. Una gigante naranja que se encuentra a 290 años luz.

Localizar la constelación, como ya he dicho, no es difícil, pero claro, las condiciones deben ser muy buenas. Fíjate en la imagen anterior, en las que aparecen Castor y Pollux y ya verás, como utilizándolas, conseguirás ver Cáncer. Fíjate también, por si te sirve de ayuda, en Procyon, que está en la esquina inferior derecha. Lo mejor es salir ahí fuera una noche despejada y probarlo.

6 ABRIL. OTROS OBJETOS DE GÉMINIS Y DE CÁNCER.

En la constelación de Géminis destaca **M35**, un bonito cúmulo estelar que puedes observar fácilmente con unos prismáticos.

Necesitas algo mucho más potente que unos simples prismáticos para apreciar otro cúmulo estelar más viejo y lejano: el **Cúmulo 2158**. Te dejo aquí una fotografía para que disfrutes de ellos:

M35 (estrellas arriba izda) y Cúmulo 2158 (debajo a la derecha). Crédito: 2MASS.

En la constelación de Cáncer también destacan dos cúmulos estelares: **M44** y **M67**. M44 es más famoso y fácil de distinguir… también con unos prismáticos decentes puedes tener una preciosa imagen del conocido como **cúmulo del Pesebre**. Es uno de los cúmulos estelares más cercanos al Sistema Solar, ya que se encuentra a unos 600 años luz. Las mil estrellas que lo forman, además, tienen un origen en común con las Hyades, uno de los cúmulos estelares más famosos del cielo y que veremos más adelante (tengamos paciencia).

M44. Crédito: 2MASS.

9 ABRIL. CONSTELACIÓN DE LA OSA MENOR.

Después de haber estudiado tres maravillosas constelaciones zodiacales, los eclipses de Sol y de Luna y haber descansado en Semana Santa, toca retomar, por fin, las constelaciones de las Osas. Les dedicaremos toda la semana, así que si tienes un rato por la noche y el clima acompaña, sal ahí fuera y mira hacia el Norte. Entiendo que ya sabes localizarlas. Son preciosas, no lo niegues.

La Osa Menor es una de las constelaciones más conocidas del Hemisferio Norte. Lo que hace de esta constelación tan especial es que nos indica precisamente hacia donde está el Norte.

La **Estrella Polar** (**Polaris**) se encuentra en el extremo del mango del Carro (A éstas constelaciones también se las conoce como las del carro, creo que se ve bastante claro el motivo) o la punta de la cola de la osa, y es la que marca, durante todo el año, el norte.

No es una constelación que destaque por el brillo de sus estrellas, la verdad, ya que dependiendo de donde estés, prácticamente ni las verás o, si acaso, solo la Estrella Polar. También brillan bastante las estrellas Beta y Gamma de la constelación, en el otro extremo.

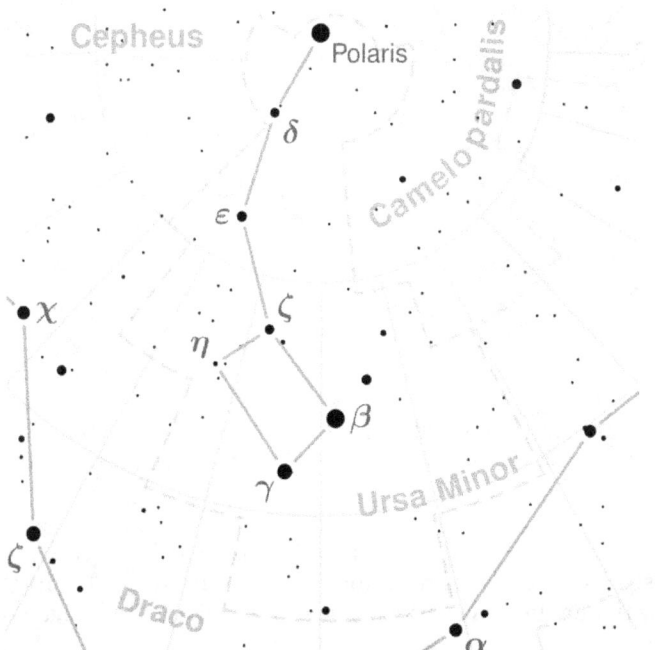

Constelación Osa Menor. Crédito: Wikipedia/Torsten Bronger.

Se ven mucho mejor las estrellas de la Osa Mayor y por eso la utilizamos para señalar la Estrella Polar, de magnitud aparente +1´97, y de ahí, intentar deducir donde se encuentra el resto.

Como siempre digo, es mejor salir ahí fuera a comprobarlo.

10 ABRIL. ESTRELLA POLAR.

La **Estrella Polar, Estrella del Norte, Polaris, Alpha Ursae, Polaris o Kynosoura** es la estrella más brillante de la constelación de la Osa Menor y una de las estrellas más importantes de nuestro cielo nocturno.

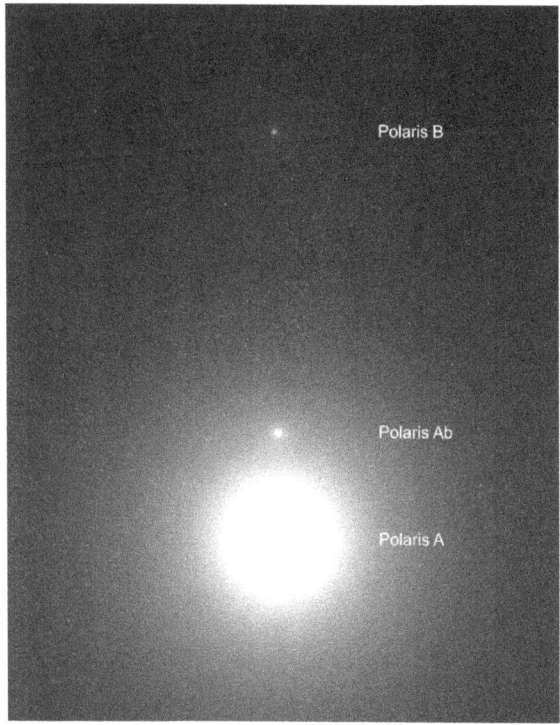

La Estrella Polar es una estrella de magnitud aparente +1´97. Es, en realidad, una supergigante blanca de tipo F8 Ib, casi 2500 veces más brillante que el Sol y que se encuentra a 431 años luz de ti (suponiendo que me estés leyendo desde el planeta Tierra, claro). Además, no viaja sola. Es una estrella triple. Le acompañan una enana blanca, de tipo F3V, llamada **Polaris B**, que orbita alrededor de su enorme compañera a una distancia de 17 UAs y otra mucho más pequeña, que gira a, según se ha calculado, 2400 UAs. (¿Te das cuenta de que este párrafo habría sido imposible entenderlo antes del 2018? Estás aprendiendo mucho, no hay duda).

**El sistema estelar Polaris.
Crédito: NASA/ESA/HST, G.Bacon.**

Bien, pero lo interesante de Polaris es lo que ya hemos comentado: Está siempre en el Norte. Como habrás podido comprobar en alguna de tus salidas nocturnas (me refiero a las de mirar al cielo), las estrellas no están nunca en un mismo sitio, sino que a lo largo de la noche se van moviendo por el arco celeste. Además, a lo largo del año, unas constelaciones van dejando paso a otras, con lo que no es igual el cielo que ves en enero del que ves en Agosto. Solo hay una cosa que permanece prácticamente inalterada: La Estrella Polar.

¿Por qué es esto? Pues bien, si vemos moverse a las estrellas por la noche, es sencillamente porque somos nosotros los que nos movemos en realidad. Así, a lo largo de la noche y del año, las estrellas tienen un movimiento como el de la siguiente imagen.

Movimiento estelar, con Polaris en el centro. Crédito: Wikipedia/Ashley Dace.

Todas se mueven alrededor de un punto, el norte. Y esto tiene una explicación. La Estrella Polar está situada en el eje de giro de la tierra. Es como el giro de una peonza, en donde la punta está siempre en el mismo lugar así que un observador colocado en la peonza verá todo moverse a su alrededor menos la punta (o el eje) de la peonza (tienes que realizar un pequeño esfuerzo mental…).

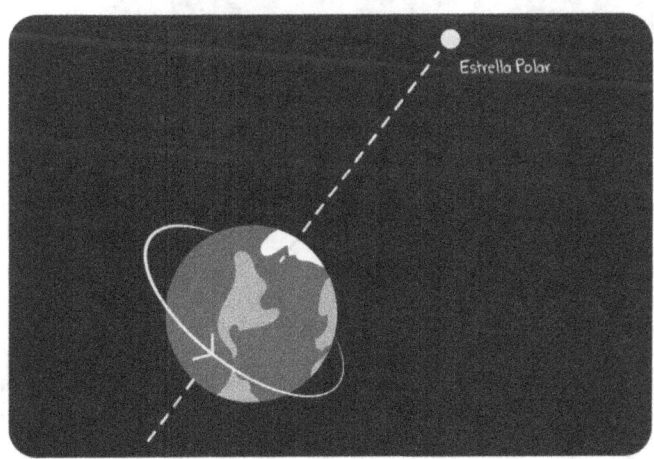
Ilustración: Javier Corellano. (@CuaCuaStudios)

Como ves, la Tierra gira como una peonza…y el eje de la misma está inclinado. Todo se mueve menos un punto, la Estrella Polar.

Polaris se ha utilizado durante muchos años para conocer la **Latitud** a la que uno se encontraba. La latitud es la distancia, medida en grados, que hay desde el ecuador hasta cualquiera de los polos. Lo contrario sería la **Longitud.** Si observas la imagen superior y te imaginas estando en el Polo Norte, la Estrella Polar la verías en lo más alto del firmamento, luego, a medida que te desplaces hacia el sur, irás viendo a la estrella polar más abajo, hasta que cruces el ecuador, que la perderás en el horizonte. ¿Lo ves? Así que sabes exactamente a qué altura del Globo Terráqueo te encuentras simplemente viendo la altura a la que está la Estrella Polar.

11 ABRIL. ESTRELLAS PRINCIPALES DE LA OSA MENOR.

La Osa Menor solo tiene dos estrellas entre sus filas con una magnitud aparente menor de 3:

- **La Estrella Polar, Alfa Ursae Minoris**.

- **Kochab** o **Beta Ursae Minoris**. Su nombre proviene del árabe, al-kokab, que significa "La Estrella", y es que, hacia el año 1500BC, era la estrella más cercana al Polo Norte. Es una gigante Naranja, que se encuentra a unos 126 años luz de la Tierra. Con ello, su magnitud aparente es de +2´06.

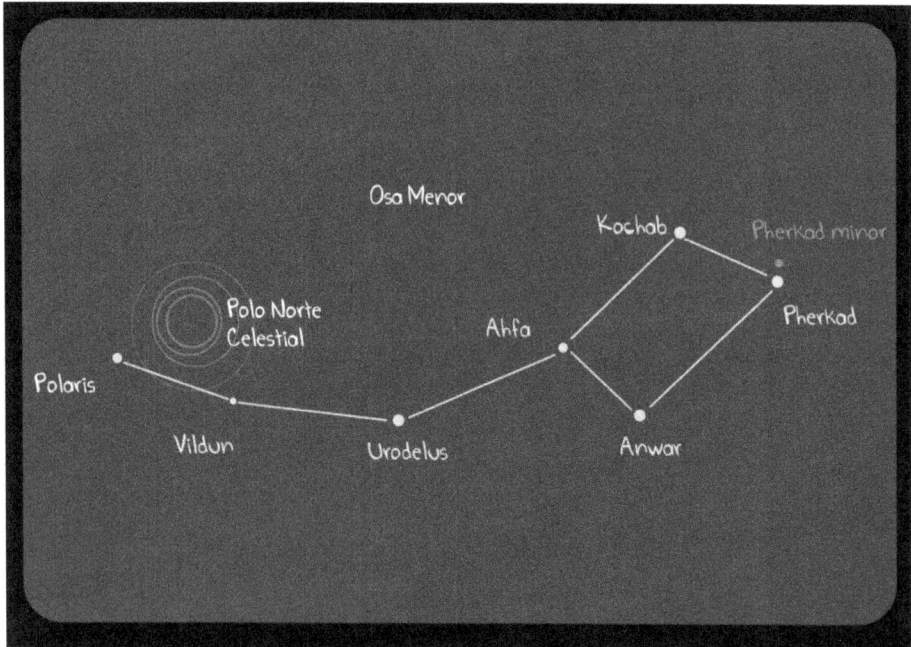

Estrellas de la Osa Menor. Ilustración: Javier Corellano (@CuaCuaStudios).

La siguiente estrella de la lista es **Pherkad**, de magnitud aparente +3, es decir, empieza a complicarse un poco su observación a simple vista, según donde vivas. Aun así, al encontrarse cerca de Kochab es fácil localizarla. Muy cerquita de Pherkad, por cierto, hay otra estrella, **Pherkad Minor**, que se ven muy juntitas aunque en realidad las separan 100 años luz. Pherkad es una Supergigante variable que se encuentra a 480 años luz de nosotros.

Tanto a Pherkad como a Kochab se las conoce también como las guardianas del Norte; están en el extremo opuesto de la Estrella Polar y por ello, giran alrededor de la misma, sin perderla de vista.

El resto de estrellas, según donde vivas, va a ser más difícil que las veas, ya que todas son de Magnitud aparente mayor de +4. En orden de Brillo, de las que puedes ver en el dibujo de arriba: **Yildum, Urodelus, Alifa y Anwar.** En el dibujo de arriba no está nombrada, **5 Ursae Minoris**, que es, en realidad, la quinta estrella más brillante de la constelación. La puedes ver si alargas un poco la línea que va desde Pherkad hasta

Kochab... Es otra estrella naranja. Un poco más allá, esta **4 Ursae Minoris,** también otra naranja.

Y para terminar, solo dos cosas a tener en cuenta:

- Primero: fíjate como el Polo Norte Celestial está cerquita de Polaris, pero no exactamente en Polaris.

- Segundo: El hecho de que hace 3000 años Kochab estuviera en el Norte ¿no te ha dejado un poco mosca? Pues sí, la Tierra gira como una peonza que pendulea un poquito, con lo que el Polo Norte va cambiando de sitio muuuy lentamente. Ese movimiento se denomina **Precesión**.

12 ABRIL. OTROS OBJETOS DE LA OSA MENOR.

Parece que hay poco más en la constelación de la Osa Menor, y de repente... ¡Zass!, una de las más preciosas galaxias del universo:

NGC-6217. Crédito: NASA.

NGC-6217 se encuentra más o menos entre Anwar y Urodelus, y fue el primer objeto fotografiado por la nueva cámara ACS del Hubble.

13 ABRIL. ESTRELLAS PRINCIPALES DE LA OSA MAYOR.

La siguiente imagen muestra la Constelación de la Osa Mayor.

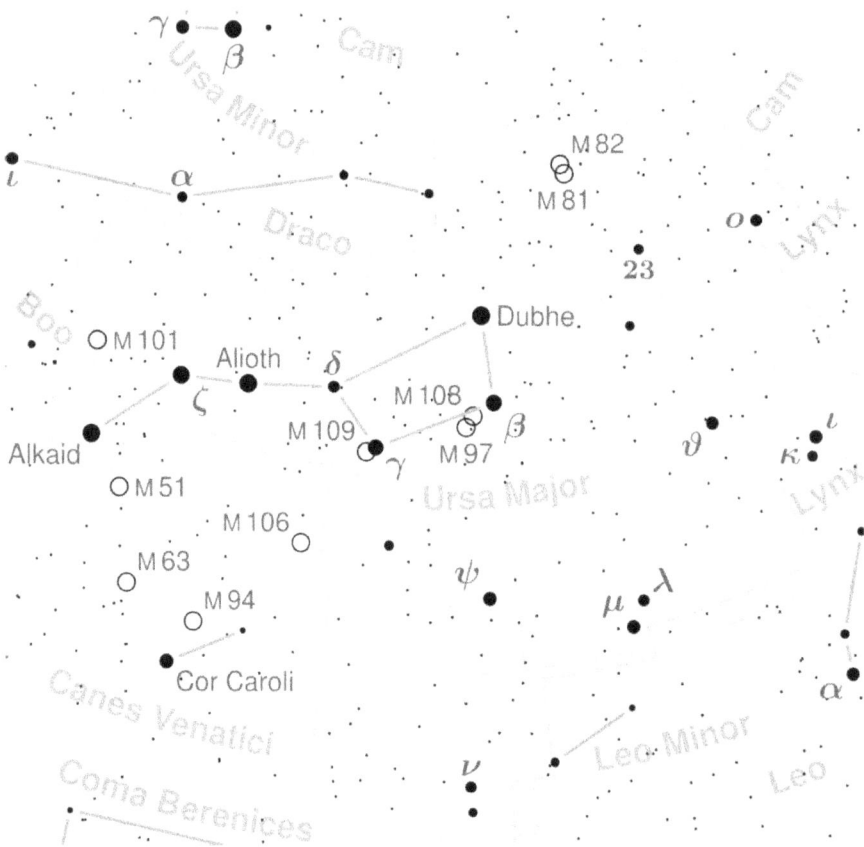

Osa Mayor. Crédito: Wikipedia/Torsten Bronger.

Vamos a concentrarnos en las 7 estrellas principales de la Osa Mayor, las del Carro. Las 7 se ven claramente en el cielo, así que esta noche espero que salgas ahí y las encuentres.

Las encontrarás casi en lo más alto del firmamento entre las 22 y las 23 horas. Irán girando, como sabes, alrededor de Polaris, y lo harán en el sentido contrario a las aguas del reloj. Esto quiere decir que conforme vaya pasando la noche, se irá desplazado poco a poco hasta ponerse al oeste de la Osa Menor. Se irá poniendo, además, "boca abajo", es decir, con la estrella Dubhe debajo del resto.

Las estrellas que más claramente se ven, y creo, las más importantes son **Dubhe** y **Merak**, aunque sea, en realidad, **Alioth** la más brillante.

Bueno, que no lo digo yo, ya que **Dubhe** es la estrella alfa de la constelación. Dubhe (o Dubb) significa Oso, y está acompañada por dos pequeñas estrellas enanas, **Dubhe B** y **Dubhe C**. La estrella principal, **Dubhe A** es una estrella gigante naranja G9III que se encuentra a 123 años luz de nosotros, con lo que suma una magnitud aparente de +1´79.

Merak es la estrella Beta de la constelación. Su magnitud aparente es +2´37. Es una estrella A1 V-IV, es decir, una subgigante blanca-azulada. Está a casi 80 años luz de nosotros. Además, se ha descubierto que existe un disco de polvo muy caliente girando alrededor de Merak, donde, posiblemente, se estén formando planetas.

Megrez y **Phecda** cierran el cuadrilátero del carro. Megrez, de magnitud aparente +3´32, se encuentra a unos 80 años luz de nosotros y Phecda, +2´44, se encuentra a unos 84. Son bastante parecidas. La primera es A3V y la segunda A0V. Supongo que sabes entonces cual está más caliente, ¿no?

Alioth es la estrella más brillante de la Osa Mayor. Su magnitud aparente es de +1´76. Su nombre en árabe es Al-Jawn, que significa caballo negro. También se encuentra a unos 81 años luz de nosotros. Es una A1 III-IV. (Eso de III-IV, significa que es una estrella variable, es decir, la estrella realiza una serie de ciclos en los que su brillo varía).

Las otras tres estrellas de la cola del Carro son **Mizar** y **Alkaid** (también llamada **Benetnash**).

Mizar se encuentra a unos 78 años luz y Alkaid más lejos, a 101 años luz. La magnitud aparente de Mizar es +2´23 y está muy pegadita a otra estrella que se ve bastante poco: **Alcor**. Cuesta mucho distinguirlas a simple vista (pero se puede).

Alkaid tiene una Magnitud aparente de +1´85, lo que la convierte en la tercera estrella más brillante de la constelación. Es de tipo espectral B3V. Su superficie está calentita, a 20.000 grados. Su nombre también viene del árabe y significa "La primera de las doncellas de luto", ya que en árabe, Alkaid, Mizar y Alioth son las tres plañideras (o señoras de luto) que siguen al carro fúnebre alrededor del polo norte.

Y con esto terminamos de hablar de las 7 estrellas principales de la Osa Mayor (Aunque en realidad son 8). Si eres un buen observador, te habrás fijado que muchas de ellas están a una distancia de en torno a 80 años luz de nosotros. Esto es porque forman parte de la conocida "**Asociación Estelar de la Osa Mayor**". Todas ellas se mueven a una misma velocidad y por lo tanto se entiende que tienen un origen común, datado en hace unos 300 millones de años.

16 ABRIL. OTRAS ESTRELLAS DE LA OSA MAYOR.

Ya hemos visto las 8 estrellas que forman el carro de la Osa Mayor, pero es que la Osa Mayor tiene más estrellas. El carro es solamente el tronco y la cola de la Osa. Faltan las patas y la cabeza.

Quedan 12 estrellas más para completar el oso, pero no vamos a detenernos en ellas. Tampoco es cuestión de aburrirte con números y listados, ¿no? (Ahora vamos muy despacito con cada una de las constelaciones pero pronto no será tan así, de momento prefiero que te vayas acostumbrando a la terminología y todo eso...).

Bueno, aquí las tienes todas:

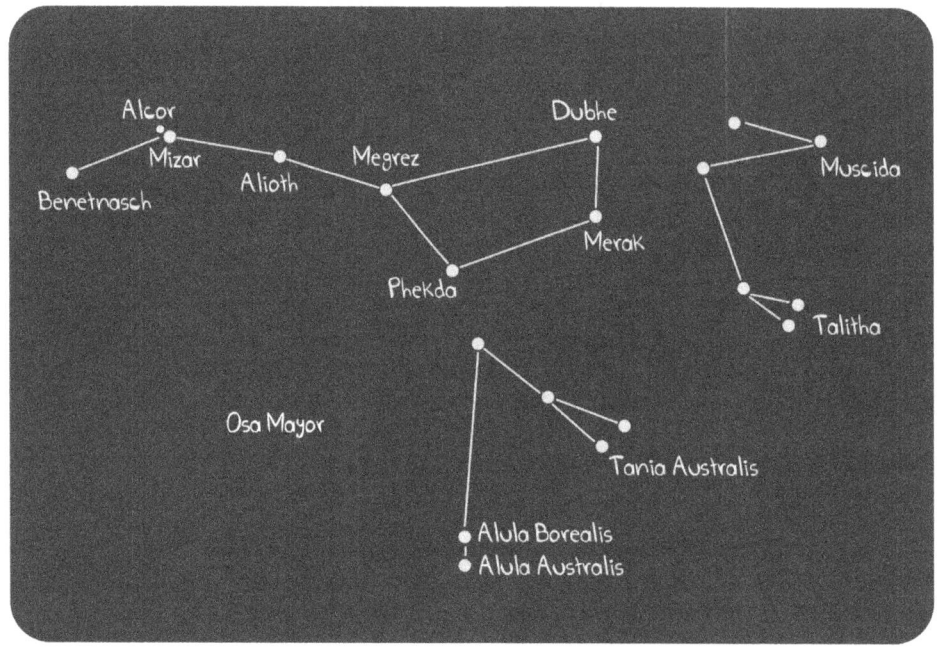

Osa Mayor. Ilustración: Javier Corellano. (@CuaCuaStudios).

La magnitud aparente de todas ellas es mayor de +3, con lo que no va a ser fácil que las veas todas a simple vista. La más brillante de estas estrellas es **Tania Australis**, con una magnitud aparente que varía entre +2´99 y +3´33 (es una estrella variable), se encuentra en una de las patas delanteras de la Osa. Es una gigante que está a menor temperatura que nuestro Sol.

Como curiosidad, aunque no salga en la imagen de arriba, dentro de las "fronteras" de la Osa Mayor, se encuentra la décima estrella más cercana a la Tierra (La novena, si no contamos el Sol). Se llama **Lalande 21185**, y lo siento, no vas a poder verla a no ser que te compres un telescopio. Su magnitud aparente es de +7´47, y eso que se encuentra a 8´31 años luz. Pero es que es más pequeña y más fría que nuestro querido Sol (tiene un 42% de su masa y está a unos 3800 grados). Se encuentra, por cierto, un poco a la derecha de Alula Borealis y Alula Australis.

17 ABRIL. OTROS OBJETOS DE LA OSA MAYOR.

Si te fijas en la imagen de la Osa Mayor de la semana pasada, destacan dos circulillos arriba llamados **M81** y **M82**. Corresponden a los objetos 81 y 82 del catálogo de Messier, catálogo que incluye Nebulosas, Galaxias, cúmulos estelares...etc. M81 y M82 son, respectivamente, la **Galaxia de Bode** (que también es conocida como **NGC3031** y fue descubierta por **Johan E. Bode** en 1774) y la **Galaxia del Cigarro** (también conocida como **NGC3034**).

Una imagen vale más que mil palabras:

M81 y M82. Crédito: Wikipedia / Markus Schopfer.

Hay más galaxias dentro de la la Osa Mayor. Te dejo la imagen de **M101** o **Galaxia del Molinete**, para que veas otra de las impresionantes cosas que se pueden ver por ahí arriba, y con ella, terminamos el estudio de la Osa Menor y la Osa Mayor.

M101, Galaxia del Molinete. Crédito: Adam Block/Mount Lemmon SkyCenter/University of Arizona

18 ABRIL. GALILEO GALILEI.

Antes de hablar de Galileo, quería comenzar con **Aristarco** (310-230 a. C.), uno de los últimos científicos jonios (Jonia era una región que fue colonizada por los Griegos) y el primero en afirmar que los seres humanos no somos tan especiales como todo el mundo creía en cuanto a que no somos el centro del Universo. Dijo que no solo la Tierra era un planeta más, sino que nuestro Sol era, de igual modo, una estrella más entre otras muchas. Estas ideas fueron olvidadas, pues las influencia jónica tan solo duró unos siglos. Las ideas heliocentristas (La Tierra el centro del Universo) como las de **Aristóteles** (384-322 a. C.) o **Ptolomeo** (85-165 d. C.) seguirían en vigor muchos años más.

La idea de que no somos el centro del Universo fue recuperada por **Copérnico** (1473-1543) y años más tarde por **Galileo** (1564-1642). Galileo fue perseguido, juzgado y declarado culpable por la iglesia, pues contradecía las escrituras de la Biblia.

Este rechazo a todo lo "científico" quedó más patente si cabe cuando en 1277, el obispo Tempier de París, siguiendo instrucciones de Juan XXI, publicó una lista de 219 errores que debían condenarse. Uno de esos errores o herejías lo cometió el bueno de Galileo.

Galileo nació en una familia que pudo permitirse que estudiara en la universidad, donde cursó medicina, filosofía y matemáticas.

Galileo pintado al fresco por Giuseppe Bertini. Crédito: Wikipedia

Conocido por sus estudios sobre mecánica, por su bomba de agua, su pulsómetro, su termoscopio, su microscopio, sus estudios sobre los imanes y sobretodo, la forma de realizar sus experimentos y de medirlos, lo que más famoso le hizo fue apuntar hacia el cielo con su telescopio y ser el primero en ver, por ejemplo, las 4 lunas más grandes de Júpiter (Muy pronto sabrás cuales son).

Si había 4 lunas girando alrededor de ese planeta se podía afirmar entonces que no todo lo que hay en el Universo gira alrededor de la Tierra. Aun así, y ni ante tal evidencia (ni ante otras que expuso) la iglesia se retractó y el pobre Galileo, como ya he dicho, fue condenado a un arresto domiciliario de por vida. Le obligaron a abjurar de sus ideas, tras lo cual, se dice (aunque parece no ser cierto) que Galileo añadió "*Eppur si muove*" ("Y sin embargo, se mueve").

Galileo fue uno de los grandes. Lucho contra todos (la iglesia) y no se vino abajo porque sabía que tenía razón. Y sobre todo, marcó el principio de la ciencia moderna.

19 ABRIL. JÚPITER.

En este libro quiero que estudiemos todo lo que puede verse en el cielo a simple vista (generalmente más allá de nuestra atmósfera). Desde la Tierra, además de estrellas, también podemos ver, como quizá sepas, planetas. Estas noches podemos disfrutar de la compañía de Júpiter. Júpiter saldrá por el este en torno a las 22 horas, dirigiéndose hacia el Oeste durante la noche. Quizá a las 22 todavía esté un poco bajo en el firmamento, pero si tienes paciencia y esperas hasta media noche, podrás verlo como la estrella más brillante del cielo.

Pero no es una estrella. Aunque es lo más parecido a una estrella que tenemos en nuestro sistema Solar (después del Sol, claro). Es, como me gusta llamarlo, una estrella que nunca llego a serlo.

Júpiter. Crédito: NASA.

Y lo llamo así porque, en realidad, se quedó bastante cerca de llegar a ser una estrella. Le hubieran hecho falta muchos más átomos de hidrógeno para alcanzar un tamaño tal que permitiera una mayor presión en su interior (mayor fuerza gravitatoria debida a una mayor masa) lo cual hubiera facilitado más la fusión de enormes cantidades de átomos de hidrógeno y hubiera "encendido" la joven estrella. Pero como digo, no fue así.

En cualquier caso, sigue siendo un planeta espectacular, y muy interesante.

Está categorizado como **Gigante Gaseoso** porque, como habrás podido imaginar, si se ha quedado cerca de llegar a ser una estrella, es porque está compuesto por gas es su mayor parte. O al menos lo que en condiciones normales podríamos llamar gas, porque por debajo de la espesa capa de nubes las presiones son tan enormes que ni siquiera los átomos se comportan como estamos acostumbrados. Llega un momento en el que es difícil diferenciar gas de líquido (o metal fundido).

Es el cuarto objeto más brillante en el cielo nocturno tras la Luna, Venus y Marte, aunque a menudo se ve más brillante incluso que Marte, dependiendo de las posiciones de ambos respecto a la Tierra.

Al ser tan brillante, no pasó desapercibido para ninguna de las culturas de la antigüedad: Para los griegos era **Zeus**, para los germanos **Thor**, para los hindúes **Brihaspati** y para los babilonios **Marduk**. Su nombre, Júpiter, tal y como lo conocemos ahora, se lo dieron los romanos. Para ellos, Júpiter era *"Optimus Maximus"*, el mejor y más grande.

Todas estas culturas reconocían a los planetas (sin saber lo que en realidad eran, por supuesto) por algo especial: No se movían como todas las estrellas, siempre en la misma posición relativa, sino que iban un poco más a su aire. Júpiter tenía un punto más especial aún. Mirándolo con cariño, a veces Júpiter se mueve en sentido contrario al normal. Esto es fácil de comprender si te imaginas la pequeña órbita de la Tierra alrededor del Sol y la enorme órbita de Júpiter. En algún momento, la Tierra "adelanta" a Júpiter y por ello nos parece que Júpiter va hacia atrás (viéndolo a lo largo de varios días, claro). Júpiter tarda alrededor de unos 12 años en dar la vuelta al Astro Rey.

Seguiremos conociendo un poco más de él los próximos días... para que sepas lo especial que es aquel puntito que brilla en el cielo...

20 ABRIL. CARATERÍSTICAS PRINCIPALES DE JÚPITER.

Ya dije ayer que Júpiter es enorme. Y me quedé corto...

Pesa la friolera de $1{,}9 \cdot 10^{27}$ kg... supongo esa cifra no te dice mucho, pero esa masa es unas 218 veces la de la Tierra o, atención, 2´5 veces la del resto de planetas del Sistema Solar juntos.

Su tamaño es aún mayor: Su radio medio es de unos 69.000 km, es decir, dentro de Júpiter caben 1321 Tierras. (El hecho de que sea 218 veces más pesado que la Tierra y que en su interior quepan 1321 quiere decir una cosa, que su densidad es mucho menor, concretamente es un 24% de la de la Tierra).

(No hay que confundir densidad con peso (o masa), una bola de oro es mucho más densa que un camión lleno de agua, pero el camión pesa más, ya que es más grande. Algo parecido pasa con la Tierra y Júpiter, la Tierra es más densa pero Júpiter pesa mucho más por ser tan grande).

Comparación entre la Tierra, la Luna y Júpiter. Crédito: NASA.

Júpiter está a entre 741 y 817 millones de kilómetros del Sol (unas 5 veces más lejos que nosotros). Esa lejanía del Sol hace que la radiación que le llega del mismo sea tan solo un 4% de la que nos llega hasta aquí. (La temperatura en su superficie es de unos -100ºC).

Esto provoca un hecho curioso, porque, como pasa con cualquier otro planeta, el calor en su superficie es la suma del que le llega desde el Sol y del que sale de su interior pero, en el caso concreto de Júpiter y a diferencia del resto de planetas, el calor en su superficie es mayor debido al que desprende él mismo que el que le llega desde el Sol. Y es que, como ya he dicho, tiene algo de estrella... Pero bueno, este calor interior no proviene de un proceso de fusiones continuas de átomos como pasa en las estrellas, con lo que poco a poco Júpiter se va enfriando. Este enfriamiento provoca, además, que se vaya contrayendo. Y lo hace a un ritmo de unos 2 centímetros al año, una cifra nada desdeñable, pues los cálculos indican que cuando se formó, Júpiter tenía un radio el doble que el actual.

Júpiter da una vuelta alrededor de sí mismo cada 10 horas lo cual es, si tenemos en cuenta el tamaño del mismo, una velocidad descomunal. Esta gran velocidad de giro unido a que no es un planeta tan sólido como la Tierra hacen que Júpiter esté achatado un 6´9% por los polos, lo cual es bastante ya que la Tierra lo está en un 0´3% (Sí, olvídate de los dibujos de la tierra achatada que todos hacíamos en el colegio). El caso es que a esa enorme velocidad de giro hay que añadir que no toda la superficie gira a la misma velocidad, pues las bandas horizontales que tiene giran cada una a una velocidad diferente. Para calcular con precisión lo que tardaba Júpiter en dar una vuelta sobre su propio eje hizo falta medir su campo magnético, que es unas 10 veces más fuerte que el de la Tierra. Pero para medir ese tipo de cosas, hizo falta acercarse un poco más al planeta... lo cual veremos ya la semana que viene. Aprovecha este fin de semana para salir de noche y ver a Júpiter. Excusa perfecta. A las 22:30 saldrá Júpiter por el este estos días. ¡No te lo pierdas!

23 ABRIL. ACERCÁNDONOS A JÚPITER.

El avance de la tecnología en el siglo XX ha hecho que se pueda conocer más y mejor a nuestra propia estrella fallida.

Aplicando, por ejemplo, la **espectroscopía** (Método que permite analizar la estructura química de cualquier cosa sin necesidad de tocarlo, midiendo las ondas características que emiten los diferentes átomos) pudimos constatar que está compuesto en su mayor parte por hidrógeno, helio y otros elementos como amoniaco, metano o azufre. Pero claro, esto es lo que hay en las nubes, lo que hay debajo tendría que esperar un poco más, ya que desde aquí era imposible saberlo.

Fue en los años 70 cuando pasaron por Júpiter unas sondas que nos proporcionaron muchísima información. En 1973 lo hizo la **Pioneer 10** y en 1974 la **Pioneer 11**. Además de excelentes fotografías, nos enviaron información sobre el campo magnético, la radiación infrarroja, ultravioleta... Pero debido a la inesperada cantidad de partículas muy energéticas (radiación) que circulan alrededor del planeta (Ya veremos el porqué) hubo que rediseñar las siguientes sondas. Así nacieron las **Voyager**, que llegaron al gigante en 1979. Enviaron gran cantidad de información sobre el planeta y unas fotos que quitan el hipo:

La gran mancha roja de Júpiter. Crédito: NASA.

Gracias a imágenes como esa se pudo obtener un mapa bastante detallado de Júpiter. También se recibió información sobre la composición de las nubes (cristales de amoniaco congelado, por ejemplo), su temperatura (hasta -150ºC) o velocidad del viento (hasta 430km/h). Muchas cosas, desde luego, pero aún quedaría algo… saber qué hay debajo de todas esas nubes.

Y eso no se supo hasta que se envió a **Galileo**, una obra de ingeniería que llegaría a Júpiter en 1995. Galileo portaba consigo una sonda que sería lanzada hacia el planeta con la idea de que atravesase su atmósfera, abriese un paracaídas y nos enviase (utilizando a Galileo como antena) esa información tan ansiada por todos hasta que las altas presiones y temperaturas acabaran con ella. Y, aunque no te imagines lo absolutamente difícil que es conseguir eso, lo hizo.

Cuando la pequeña sonda kamikaze llegó a la zona de las primeras nubes, lo que se conoce como altitud "0" en Júpiter, la temperatura estaba muy por debajo de 0ºC y la presión era muy parecida a la de la superficie en la Tierra. A partir de ahí, la presión y la temperatura empiezan a aumentar a lo bestia. Como ya he dicho, las zonas blancas son nubes más altas compuestas con cristales de amoniaco y por debajo de ellas, lo que se ven son nubes de diferentes compuestos: sulfuros e hidrosulfuros de amonio (básicamente Hidrógeno, azufre y nitrógeno). Siguió descendiendo hasta alcanzar aproximadamente los 0ºC, aunque entonces la presión ya es de unas 5 veces la de la Tierra. (Como estar en el mar a 40 metros de profundidad). A esa altura ya aparecen ¡nubes de agua!

La presión y la temperatura, conforme descendía, siguieron creciendo hasta destrozar la sonda. Las últimas mediciones que se recibieron de ella eran de cuando estaba ya a 140 km por debajo de la altitud "0", cuando había una temperatura de más de 150ºC y una presión 25 veces la existente en la superficie terrestre.

Más allá, es difícil saber a ciencia cierta lo que hay, pero algo se sabe. Aunque las condiciones son tan extremas que resulta imposible hacerse una idea, ya que ni siquiera los átomos se comportan de manera normal... la presión llega a ser tal que hasta éstos se compriman. El hidrógeno de su interior se denomina hidrógeno metálico (comparte los electrones, como lo hacen los metales). Y más allá, el núcleo del planeta. Se cree que dicho núcleo, si realmente existe, está compuesto por metales pesados y que su masa total ronda las 20-40 veces la Tierra.

La última misión del siglo XX en llegar a Júpiter fue la de **Cassini-Huygens**, en el año 2000. Su principal objetivo es Saturno, pero nos mandó una gran cantidad de imágenes de Júpiter de gran calidad. Después de ella, en el año 2016, llegó la sonda **Juno**. Juno estuvo estudiando más a fondo la composición de las nubes de Júpiter, su campo magnético y su campo gravitatorio hasta, si todo ha ido bien (y de momento no está yendo tan bien como se esperaba), el 20 de febrero de este año. Medirlos con precisión es muy importante porque podremos conocer mejor cómo es el interior del gigante, y con ello entender mejor cómo se ha formado. Juno llevaba consigo una cámara, aunque no la necesitara realmente. Tampoco necesitaba, todo hay que decirlo, llevar a tres muñequitos a bordo ni una placa en conmemoración del genio de Galileo. Las figuritas representan a Júpiter, a Juno (hermana y esposa de Júpiter) y a Galileo. Geniales.

Galileo, Juno y Júpiter. Crédito: NASA/JPL-Caltech/LEGO.

Juno sobrevolando Júpiter. Impresión artística. Crédito: NASA/JPL-Caltech.

24 ABRIL. ANILLOS Y LUNAS INTERIORES DE JÚPITER.

El hecho de que Júpiter tenga anillos y que tú no lo sepas es debido precisamente a que no son gran cosa (comparándolos con los de Saturno, claro). Es por ello por lo que no supimos de su existencia hasta 1979 (supongo que ya sabes porqué). Y es que son extremadamente finos, pues están compuestos de partículas de polvo no mayores de una décima parte de un milímetro. ¡Y aun así suman una masa de miles de millones de toneladas!

Anillo de Júpiter fotografiado por la sonda Voyager 2. Crédito: NASA.

La fuente principal de todas esas partículas son cuatro pequeñas lunas: **Metis**, **Adrastea**, **Amaltea** y **Tebe**. Son minúsculas y además, se van haciendo cada vez más pequeñas. En cualquier caso, tienen un triste final: Acabar estrellándose contra Júpiter (su fuerza de atracción es muy fuerte, y ellas giran y giran pero cada vez un poquito más cerca del monstruo).

Como curiosidades de estas lunas: Adrastea es la más pequeña (20x16x14km) y junto con Metis, gira más rápido alrededor de Júpiter que éste sobre sí mismo (Solo a Fobos, una de las dos lunas de Marte, le pasa lo mismo). Amaltea es la más grande de las 4 (250x146x128km) y se cree, por su composición (es prácticamente hielo) que puede ser un cometa atrapado por el campo gravitatorio de Júpiter).

Lunas interiores y anillos de Júpiter. Crédito: NASA/JPL/Cornell University.

Las siguientes Lunas de Júpiter ya están fuera de los anillos. Las más importantes son las conocidas como **lunas Galileanas**, ¿Puedes imaginar por qué? Porque fue Galileo quien las vio por primera vez. Son **Io, Europa, Ganímedes y Calixto**.

Galileo vio las 4 lunas girar alrededor de Júpiter cuando en la Tierra (en 1610) aún creíamos que todo el Universo giraba alrededor de nuestro ego… sin embargo, en ese momento quedó patente que había algo girando alrededor de otras cosas… Entonces… ¿Quizá estábamos equivocados?

Más allá de los 4 satélites que vio Galileo, ¡hay 56 lunas más! Pero de momento prefiero dejarlas para más adelante. No te preocupes, también veremos con más detalle a las 4 grandes lunas de Galileo así como los satélites troyanos de nuestro querido Júpiter.

25 ABRIL. LA VÍA LÁCTEA Y SUS GALAXIAS LOCALES.

Las galaxias a menudo se agrupan, atraídas por el efecto de la gravedad.

La Vía Láctea es una Enorme Galaxia que no viaja sola.

Existen más de dos docenas de Galaxias (unas 30) viajando alrededor de la Vía Láctea, y eso constituye nuestro pequeño **Grupo Local**. El Grupo Local mide (muy aproximadamente) unos 3 y pico millones de años luz de diámetro. No sé si te haces una idea de lo que es eso… Yo desde luego, no.

Entre ese agrupamiento de Galaxias, se encuentran:

- **M31, La Galaxia de Andrómeda**, que es la mayor galaxia del grupo local (Incluso consta de unas 6 Galaxias Satélites orbitando a su alrededor). Le dedicaremos un día entero solo para ella así que paciencia.

- **La Vía Láctea**, la segunda Galaxia en tamaño del Grupo Local. En tamaño, es la mitad más o menos que Andrómeda. Se ve atraída por ella y, de hecho, están destinadas a chocarse.

- **M33**, la tercera en tamaño, también conocida como la **Galaxia del Triángulo.**

Las dos Galaxias más cercanas a la Vía Láctea son: **La Enana del Can Mayor**, situada a unos 25.000 años luz, y la Galaxia conocida como **NGC-6822 o la Galaxia Enana Elíptica de Sagitario**, a 70.000 años luz de nosotros.

Hay más: Galaxias irregulares situadas en las constelaciones de Pegaso, Cetus, Acuario y Galaxias elípticas situadas en Draco, Osa Menor, Carina o Leo, por ejemplo. Tranquilo, antes de que acabe el año sabrás qué constelaciones son éstas.

Ahora te dejo un mapa de nuestro grupo local. Por si te pierdes. Ten en cuenta que la Vía Láctea es conocida internacionalmente como la Milky Way Galaxy.

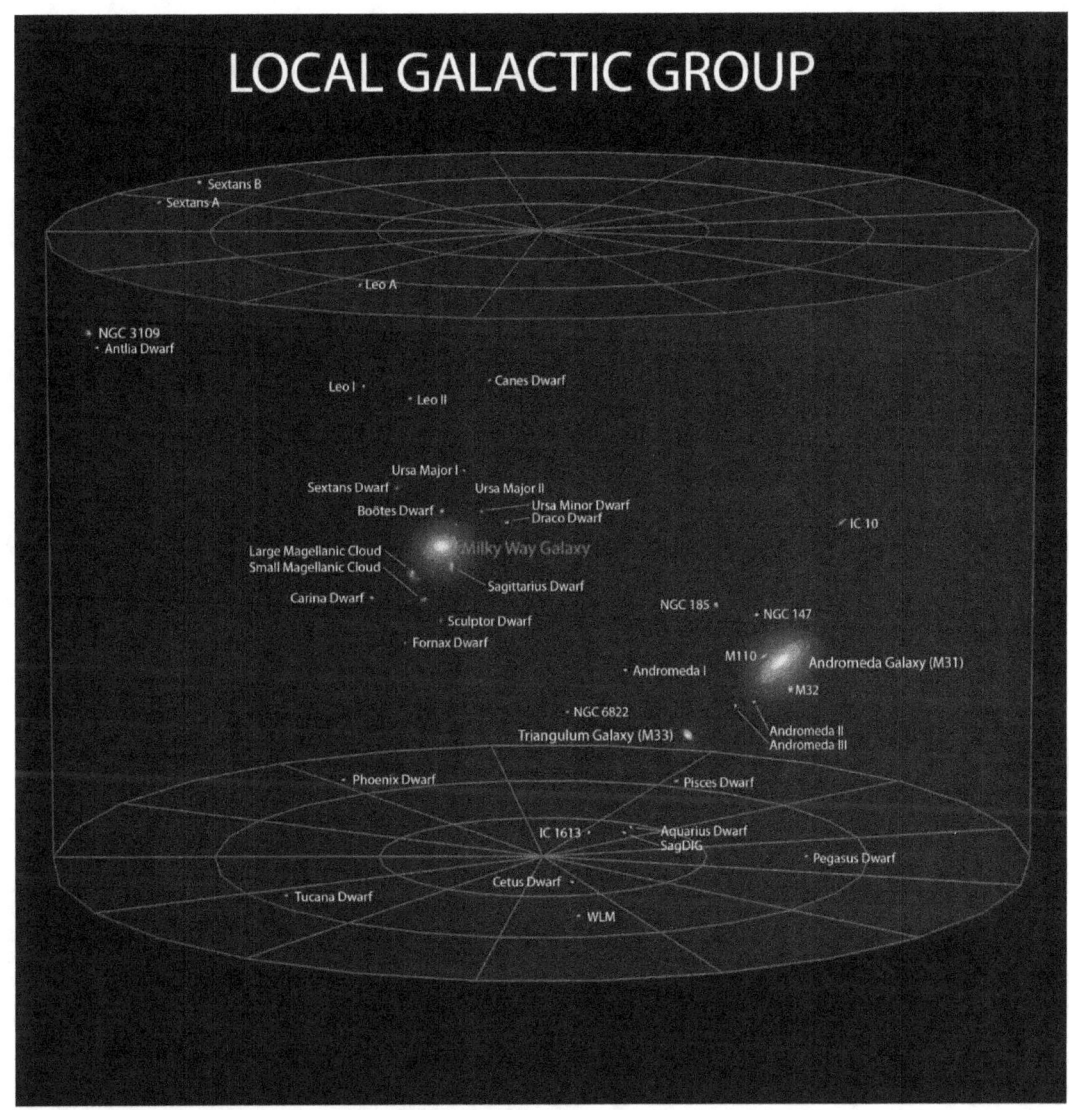

Grupo galáctico local. Crédito: Andrew Z. Colvin.

26 ABRIL. CONSTELACIÓN DEL BOYERO.

La constelación de Boyero, Boötes, Bootis, Boo o simplemente la constelación del Pastor de Bueyes, es otra de esas constelaciones fácilmente reconocibles en el cielo. Y lo es gracias a su estrella alfa: **Arturo**.

Quizá algún día de estos, volviendo a casa o dando un paseo la has visto, brillante, roja... y te hayas preguntado ¿Qué estrella será esa? Mañana descubriremos mucho más sobre ella.

El Boyero es una de las constelaciones incluidas en el Almagesto de Ptolomeo, con lo cual, eso ya dice bastante de su importancia.

Para identificarla, doy por hecho de que sabes localizar la Osa Mayor, pues bien, no hay más que seguir la línea que hacen las estrellas del "mango del carro" para dar con Arturo. Algo así:

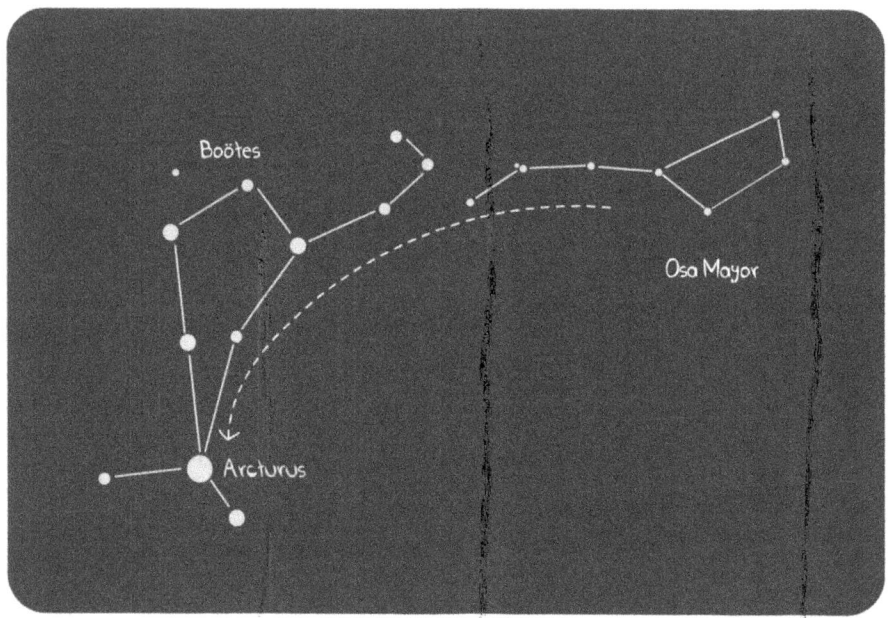

Localización de Arturo y Boötes. Ilustración de Javier Corellano (@CuaCuaStudios)

En palabras de Arato (Griego del siglo III a.C.):

"Detrás de Hélice* evoluciona, parecido a un conductor, Artofílace, a quien los hombres dan el sobrenombre de Boyero, porque hace el efecto de tocar con la aguijada el Carro de la Osa, y es todo él muy brillante; debajo de su cintura da vueltas, clara entre las demás, la estrella Arturo"

*Nombre con el que los griegos conocían a la constelación de la Osa Mayor.

Se dice, en cualquier caso, que el Boyero representa a Arcas. No sé si te acuerdas de la historia de la Osa Mayor y la Menor, en la que Arcas (también llamado Artofilace) era el hijo de la bella Calisto y Zeus. Y Júpiter lo puso allí para que vigilara bien de cerca a su madre, convertida para siempre en Osa. (La historia que yo conocía era, en realidad, la de que Arcas es convertido en la Osa Menor, pero bueno, todo es perceptible de interpretación...).

27 ABRIL. ARTURO.

Arturo es la estrella principal de la constelación del Boyero, y una de las estrellas más brillantes del cielo nocturno. Solo le ganan en brillo: Sirio, Canopus y Alfa Centauri. Y es por ello por lo que merece una entrada en solitario. En realidad, estos días, en cuanto Sirio desaparezca por el horizonte (Que será a primeras horas de la noche, hacia las 23 horas) Arturo se convertirá en el rey de la noche, pues será la estrella más brillante que puedan ver tus ojos. (Ya sabes que Júpiter brilla más, pero no es una estrella... aunque por poco).

A Arturo lo vemos así de brillante y espléndido, en cierto modo, porque está muy cerca (astronómicamente hablando). Se encuentra a casi 37 años luz de nosotros. Hay muchas estrellas más cercanas que Arturo, claro, pero solo una de ellas es, al igual que Arturo, una gigante. Ya la conoces, se llama Pollux.

Arcturus, en griego, significa *Guardián de la Osa,* y si le has echado un vistazo a la entrada de ayer, creo que está claro el porqué.

El tipo espectral de Arturo es: K1´5 III, dicho de otro modo: Es una gigante Naranja. Su superficie está a una temperatura de 4250ºK (1000 ºK más frío que el Sol) y su radio es unas 25 veces más grande que nuestro astro rey (Eso suman algo más de 17 millones de kilómetros). Todo esto hace que lo veamos en la Tierra con una magnitud aparente de -0.04.

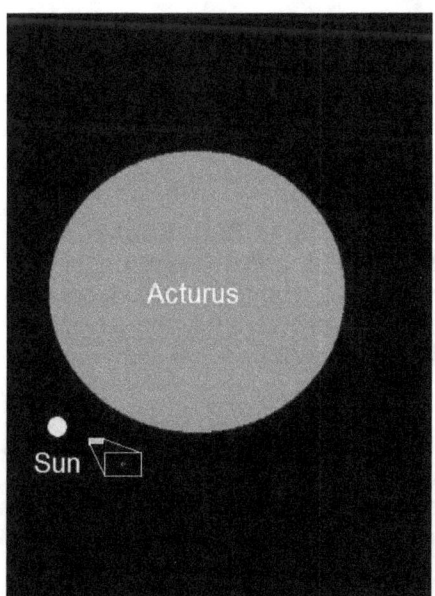

Arturo, el Sol y la Tierra. Crédito: Wikipedia.

Y ahora una curiosidad: Debido por una parte a la vejez de la estrella (se ha estudiado que posiblemente haya terminado de fusionar el hidrógeno), y por otra a que el movimiento relativo de ésta respecto al del Sol es mayor de lo habitual, se cree que posiblemente Arturo formara parte de otra Galaxia que se fusionó con la Vía Láctea hará unos 5000 millones de años. ¿Cómo te has quedado?

30 ABRIL. MÁS ESTRELLAS DE BOOTES.

Casi todas las estrellas de Bootes se ven relativamente bien en el cielo pues están cerca de una magnitud aparente de 3, aunque solamente tres de ellas están por debajo de esa cifra. En cualquier caso, ya sabes, primero localiza a Arturo, que no tiene pérdida y el resto fíjate que haga más o menos esta forma (Verás la constelación un poco tumbada a la izquierda, es decir, Arturo a la derecha de las demás):

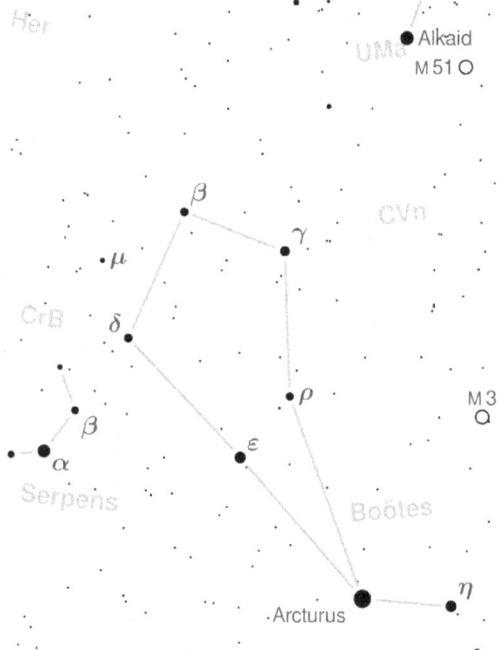

Constelación de Bootes. Crédito: Wikipedia / Torsten Bronger.

La segunda que mejor se ve de la constelación, en este caso, no es **Beta Bootes**, como cabría esperar, sino **ε Bootes, épsilon Bootes, Izar, Mirak o Pulcherrima**, siendo los más usados Izar (por ser más fácil) y Pulcherrima. Pulcherrima es una palabra que viene del latín y que significa Bellísima. Izar, sin embargo, proviene del árabe, y significa velo. Es una estrella doble, compuesta por una K0 II-III y una A2V. Se encuentra a unos 200 años luz de nosotros.

La tercera estrella de la constelación, en cuanto a visibilidad, es **Mufrid (η Bootis)**, con una magnitud aparente de +2´68. Se encuentra a tan solo 3´68 años luz de Arturo. (Arturo sí que debe ser el auténtico rey de la noche en un planeta que orbite a Mufrid). Está clasificada como G0 IV, aunque está cerquita de convertirse en una gigante, ya que está a puntito de agotar su hidrógeno.

Nekbar, "El guardián de los bueyes", es la estrella Beta de la constelación, aunque es la sexta más brillante. Es una G8 IIIa que se encuentra a 225 años luz de nosotros.

En cuarto lugar se encuentra **Seginus**, también denominada **γ Bootis**, de magnitud +3´04.

Y ya solo nombrar a **ζ Bootis, (Zeta Bootis)**, porque es algo curioso el hecho de que, en realidad, sea una estrella binaria. Pero cuando lo normal es que una estrella binaria sea mucho más grande que otra, éstas son prácticamente idénticas. Además, se van alejando y acercando mucho, pudiéndose diferenciar las dos estrellas con un telescopio cuando están más separadas, pero no siendo posible cuando están más juntas. (Estas idas y venidas tardan 123 años, (**periodo orbital** de 123 años), y la próxima vez que se encuentren juntas, será en el 2021).

Por cierto, mañana no te quiero hacer trabajar (día del trabajo) así que si te parece, veremos los objetos del cielo profundo de la constelación de Bootes el miércoles.

MAYO

2 MAYO. OTROS OBJETOS DE BOOTES.

Dentro de la constelación de Bootes podemos encontrar una Galaxia Espiral Barrada llamada **NGC 5248**, que se encuentra al sur de Arturo:

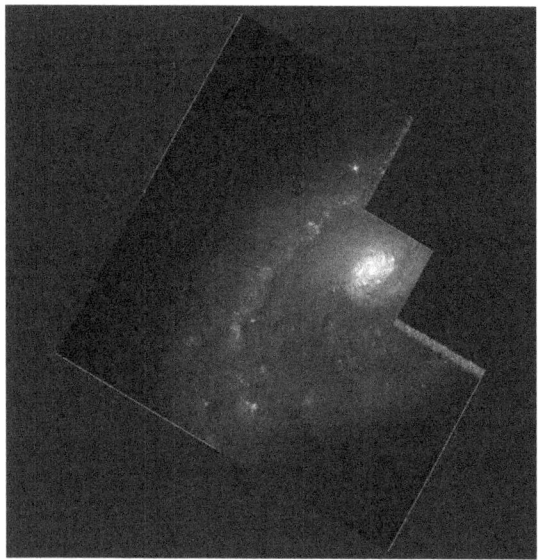

NGC-5248.
Crédito: NASA/ESA/STScI/ST-ECF/CADC.

Y un cúmulo Globular llamado **NGC 5466** (New General Catalog 5466), que puede verse con un telescopio cerca de ρ Bootis y que se encuentra a la friolera de 51.800 años luz. La fotografía del Hubble es preciosa, y si te fijas bien, puedes ver alguna galaxia. La de cosas que deben estar pasando allí ahora mismo...

NGC-5466. Crédito: NASA/ESA.

3 MAYO. MITOLOGÍA.

La **Mitología**, según la RAE, es el *"conjunto de mitos de un pueblo o de una cultura, especialmente de la griega y romana"*, y un **Mito** es una *"narración maravillosa situada fuera del tiempo histórico y protagonizada por personajes de carácter divino o heroico. Con frecuencia interpreta el origen del mundo o grandes acontecimientos de la humanidad"*.

Los mitos provienen de hace muchos, muchísimos años. Son historias con las que los hombres de la prehistoria se explicaban el origen del Universo, del mundo o de ellos mismos. Dichas explicaciones no son racionales, por supuesto. Dichas historietas fueron pasando de boca en boca hasta que se inventó la escritura. Fueron los Griegos y los Romanos los que mejor agruparon y re-elaboraron literariamente dicha información, y por ello, han llegado a nuestros días.

Los hombres prehistóricos observaban y conocían las estrellas del firmamento. En ellas, veían, a seres o animales y así lo dejaron patente en sus dibujos o su arquitectura.

Stonehenge. Crédito: Wikipedia.

4 MAYO. VENUS.

Llevamos ya varios días viendo a Venus en el cielo al atardecer. Quizá lo hayas visto un día, hacia el oeste... un precioso punto brillante. Lo más brillante que se ve en el cielo nocturno después de la Luna. ¡No hay que perdérselo!

Seguramente a ti te hayan contado que Venus es la primera estrella que aparece en el cielo. Yo de pequeño, a veces esperaba a que anocheciera para ver la primera estrella y así señalarla diciendo que era Venus. Quizá algún día acertara, pero posiblemente muchas de las veces puede que estuviera mirando a Júpiter, Saturno o a Sirio, por ejemplo. Esto te lo digo porque no siempre podemos ver a Venus en el cielo. Ya verás porqué.

Venus es el segundo planeta más cercano al Sol. Y ahora te pido un poco de concentración. Imagínatelo en el espacio; Venus estará situado muchas veces o entre la Tierra y el Sol o al otro lado del Sol. Esto quiere decir que en ambos casos será difícil verlo; uno porque solo estaría allí de día, con lo cual, por el enorme brillo del Sol, no lo podemos ver, y el otro, porque el Sol se interpone entre la Tierra y Venus. Así que solo será posible verlo cuando esté acercándose a la Tierra o alejándose de ella.

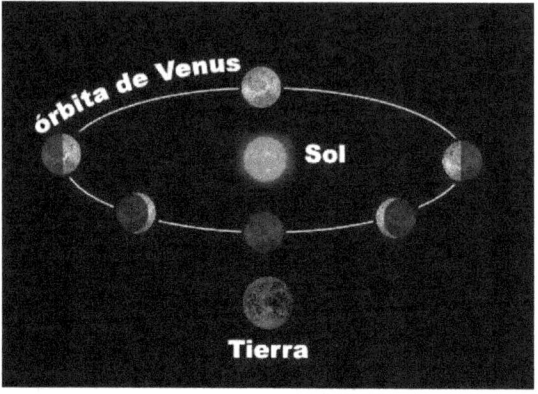

Órbita de Venus. Crédito: Wikipedia/JMPerez.

Como te podrás imaginar, el ser tan brillante ha hecho que Venus nunca haya pasado desapercibido a los ojos de nuestros antecesores. En India lo llamaban **Shukra**, en China **Jin-Xing**, los babilonios **Ishtar**, los fenicios lo conocían como **Astarté**, los mayas **Chak-ek** y los Egipcios **Tiomoutiri** y **Ouaiti**. Como ya hemos visto en alguna ocasión, los griegos asimilaron parte de la cultura egipcia. A Venus lo pasaron a llamar **Phosphoros** "portador de la luz" y **Hesperos** "La estrella de la Tarde".

El hecho de que tuviera dos nombres tiene que ver también con la situación del Sol y de la Tierra. Como ya he dicho, hay dos momentos en los que se puede ver a nuestro vecino desde aquí (En la imagen de arriba, además, fíjate que también tiene fases, como la Luna), en uno Venus está a un lado de la Tierra y en el otro está en el lado opuesto. Así que lo vemos o por la izquierda o por la derecha, lo cual significa, en el amanecer o en el atardecer. Así que en vez de un astro, los egipcios y, por lo tanto los griegos, pensaban que veían dos diferentes.

Los mismos griegos solucionaron el embrollo. Fue Pitágoras uno de los primeros en proponerlo. El nombre que le pusieron entonces fue **Afrodita,** la Diosa del Amor.

Los romanos también lo denominaron como su propia Diosa del amor: Venus.

Los próximos días los voy a dedicar, entonces, a la Diosa del amor. Veremos, por cierto, lo poco que tiene que ver con el Amor... ¡ya que tiene más de infierno que de otra cosa!

De momento, en cuanto se haga de noche este fin de semana, como ya he dicho, mira al Oeste. Y el punto más brillante que puedes ver es Venus. A partir de las 23 horas ya no podrás verlo, porque se esconderá por el Oeste. (En este caso, y según la figura, Venus se encontraría a la izquierda de la Tierra).

Tránsito de Venus. Pasando entre el Sol y la Tierra en 2012. Crédito: NASA/SDO/AIA.

7 MAYO. CARÁCTERÍSTICAS GENERALES DE VENUS.

La órbita de Venus tiene un radio medio de 108 millones de kilómetros (La de la Tierra 150) y es prácticamente una circunferencia. El año Venusiano dura 225 días... pero lo curioso es que un día en Venus dura ¡243 días! ¡Más de un año! Y además de eso, no gira como todos los planetas, sino que lo hace al revés. Estos datos no se supieron hasta finales del siglo pasado, cuando se pudieron utilizar radares y cosas de esas... porque mirándolo desde la Tierra no se puede saber cómo gira ya que no se puede ver a través de su densa atmósfera.

Fue **Mikhail Lomonosov**, en 1761, el primero que vio lo que podía ser la atmósfera de Venus y 29 años más tarde, **Johann Schröter** lo confirmaría. La atmósfera es tan densa que todo el planeta se ve igual en todas partes, como una canica, y no nos deja ver, como digo, lo que contiene bajo esa espesa capa de nubes.

Venus. Crédito: NASA.

Así que, como digo, hasta hace poco más de 50 años no sabíamos mucho sobre el planeta. Pero entonces llegaron los infrarrojos, la luz ultravioleta, el radar. Y fue entonces cuando nos dio la primera sorpresa. Venus gira asombrosamente lento y encima, ¡al revés! Puede deberse quizá a un impacto sobre el planeta o incluso, según estudios más recientes, un efecto de su densa atmósfera. Sea como fuere, las noches sí duran mucho para un Venusino, pero por el día tampoco es que gocen de mucha claridad con esa espesa capa de nubes… y además, como el eje de inclinación del planeta es de tan solo 3º (frente a los 23º de la Tierra), tampoco hay estaciones, con lo cual, la temperatura es igual todo el año.

Mañana veremos cómo están las cosas por debajo de esa capa de nubes venusianas.

8 MAYO. ACERCÁNDONOS AL PLANETA VENUS.

Como podrás imaginar, para saber qué pasaba debajo de esa espesa capa de nubes de la que hablábamos ayer, había que acercarse al planeta. Y ahí entraron en juego, de nuevo, USA y la URSS.

Venera 1. Museo de Astronáutica de Moscú. Crédito: Armael.

Para el caso de Venus, la primera sonda enviada fue rusa: **Venera 1**. Pero fue un fracaso. También falló la **Mariner 1** americana pero no su hermana, la **Mariner 2**. Fue, de hecho, el primer objeto creado por el hombre en acercarse a otro planeta. Corría el año 1962 y la Mariner 2 pasaba a 35.000 kilómetros de la superficie de Venus enviándonos, por fin, información sobre el mismo. Nos dio la temperatura en la superficie del planeta: ¡Más de 425ºC! Suficiente para fundir el plomo, el estaño o el zinc.

La primera sonda que tocaba la superficie de otro planeta fue rusa. Fue la **Venera 3**, y lo consiguió en 1966. Lamentablemente, aunque así fuera, no pudo mandarnos información ya que perdió la comunicación con la Tierra nada más atravesar la espesa capa de nubes venusianas.

La siguiente en llegar a Venus fue **Venera 4**. Esta sí consiguió mandarnos datos tras atravesar las primeras nubes. Midió la atmósfera y supimos entonces que estaba compuesta prácticamente en su totalidad por dióxido de carbono o CO_2 (96´5%). También había Nitrógeno (3´5%) y otros gases, dióxido de azufre entre ellos. Midió la enorme presión que hay debajo de las nubes. Y fue precisamente debido a ésta gran presión por lo que no pudo completar su misión con éxito, ya que bajó más lento de lo que habían calculado y se quedó sin batería a 24 km de la superficie, cuando ya había nada más y nada menos una presión ¡20 veces mayor que la de la que estás soportando en estos momentos!

Siguieron enviando sondas a Venus, pero ninguna como la **Venera 7**, capaz de soportar enormes presiones y por lo tanto, con el claro objetivo de posarse sobre la superficie venusiana. Y así cumplió su cometido en 1970. Midió una presión comparable a la que hay a más de 900 metros de profundidad en el océano, es decir, unas 90 veces la presión que hay en la superficie terrestre.

Imagen artística de Venera 7 sobre Venus. Crédito: Wikipedia.

La enorme presión en la superficie de Venus, por cierto, se debe a su espesísima capa de nubes. Aquí en la Tierra, la presión que estás soportando en estos momentos se debe al peso de toda la atmósfera que hay sobre ti. Si te metes debajo del agua, al peso de la atmósfera le tienes que sumar el peso del agua, y, como sabes, el agua pesa mucho más que el aire, y es por eso por lo que a 10 metros de profundidad, la presión que soportas es el doble de la que soportas en la superficie. Pues bien, si la presión en la superficie de Venus es 90 veces mayor que en la Tierra, es porque la atmósfera pesa 90 veces más que la de la Tierra. Imagina lo densa que es. Como una niebla espesa de verdad de la buena, de las de cortar con cuchilla de Albacete. Pero además no te la imagines con agua, porque prácticamente no hay agua en la atmósfera... Es prácticamente dióxido de Carbono, Nitrógeno y Azufre. Y hay unas tormentas bestiales, con rayos y truenos que deben retumbar de un modo brutal, ya que el sonido se propaga mejor en una atmósfera tan densa. Y también llueve... pero ¡¡ácido sulfúrico y sulfuro de plomo!! Lo que pasa que se evapora antes de llegar a la superficie por el calor que hace...

¿Aún sigues queriendo hacer un viajecito a Venus?

9 MAYO. VENUS, LA DIOSA ¿DEL AMOR?

No se sí te vas haciendo a la idea de lo difícil que debe ser el día a día en Venus, con temperaturas cercanas a los 500ºC, noches de medio año, presiones insoportables, rayos y truenos, una densa niebla tóxica y lluvia de ácido sulfúrico. Desde luego, el que pensó en llamarlo Diosa del Amor, no sabía lo que tenía entre manos. Muy probablemente sí que hace mucho tiempo fuera un sitio cálido y el agua fluyera por sus colinas, pero eso fue mucho antes de que los seres humanos si quiera existiésemos.

Lamentablemente, no nos podíamos hacer una idea de cómo era la superficie de Venus. ¿Era plana o montañosa? A esa pregunta se contestaría con la **Misión Pioneer Venus**, en 1978. Dicha misión constaba de varias sondas que deberían generar un mapa completo del planeta. Para ello estaba la Pioneer Venus Orbiter, que orbitó hasta 1992 al planeta dirigiendo hacia él sus instrumentos. Realizó un mapa del 93% de la superficie de Venus:

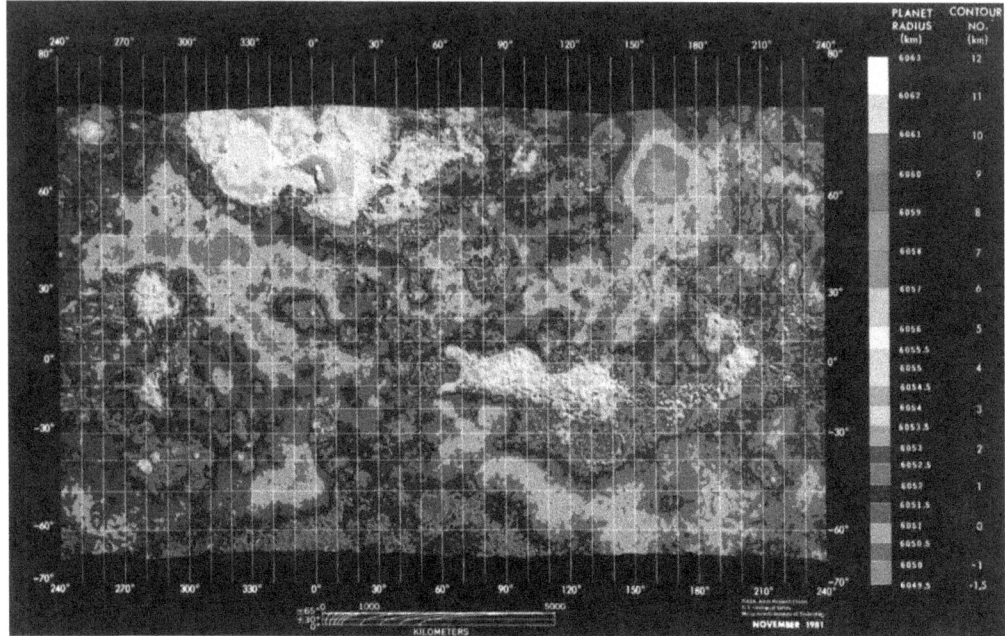
Mapa de Venus. Crédito: Imagen de dominio público.

En el mapa se pueden observar dos continentes con un terreno bastante más elevado. Arriba a la izquierda está **Ishtar Terra**, que es más o menos tan grande como Australia. En el centro de dicho "continente" están los montes **Maxwell**, cuyo pico más alto tiene la nada desdeñable altura de 11 kilómetros.

El otro gran continente, en el hemisferio sur, se llama **Aphrodite Terra**, y es más o menos como Sudamérica de grande.

La otra parte de la misión Pioneer Venus constaba de 4 sondas que deberían penetrar bajo la capa de nubes para obtener diferentes mediciones de las mismas. Cada sonda cayó en un sitio diferente del planeta y solo una de ellas logró llegar hasta el suelo sin ser destruida. De hecho, siguió mandando información durante una hora. Impresionante.

En 1989, con tecnología mejorada, llegaría a Venus la **Sonda Magallanes**, que superó ampliamente la información aportada por las Pioneer, realizando un mapa topográfico mucho más completo. Quedó patente, gracias a ese mapa, que Venus es el planeta con mayor número de Volcanes del sistema Solar. El más alto de ellos, casi tan alto como el Everest, se llama **Maat Mons**. Las llanuras y los ríos de lava se extienden por todo el planeta. Hubo una época, hace unos 500 millones de años, en que la actividad volcánica en Venus fue tremenda, y todo el planeta se cubrió de lava. Ahora la cosa está bastante más en calma.

La **Venus Express** enviada por la Agencia Espacial Europea (ESA) estuvo orbitando a la Diosa del Amor hasta diciembre del 2014 y estudiando el comportamiento de su atmósfera. Como dato curioso, se ha observado que hay unos enormes vórtices (tipo los de los huracanes) en los polos permanentemente, y en el polo sur, además, es doble.

Por cierto, Venus no tiene luna. De hecho, qué más da, seguramente las espesas nubes no iban a dejar observar el encanto que tiene una Luna en una clara noche primaveral... (Bueno, tampoco tienen primavera ni nada que se le parezca...). Calor, calor y calor.

Vacaciones en Venus. Un lujo tropical. (Recreación artística). Crédito: NASA.

10 MAYO. ECUACIÓN DE DRAKE.

Nadie sabe con certeza si existe vida o no en otros lugares del Universo. Es más, ningún científico descarta hoy en día la posibilidad de que exista vida incluso en otro lugar de nuestro Sistema Solar. En Marte, por ejemplo, se está buscando en estos mismos momentos (Ya lo veremos cuando toque), en Europa no se descarta en absoluto ni tampoco en otros satélites como por ejemplo Titán (En Saturno, también lo veremos).

Ahora bien, cuando digo "vida" no me refiero a los típicos hombrecillos verdes volando en platillos volantes. "Vida" también pueden ser microorganismos o seres poco más inteligentes que una pulga (con todos mis respetos hacia las pulgas).

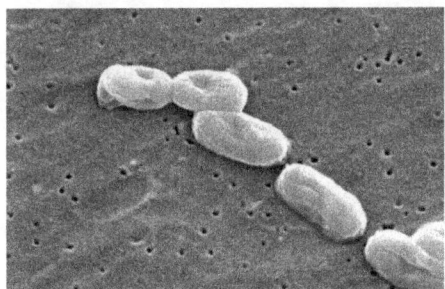

Microorganismos. Imagen de dominio público.

De que exista vida inteligente en otro lugar del Universo existen, lógicamente, muchas menos posibilidades, pero tampoco es algo que se pueda descartar así como así. Si existen 100 billones de planetas solo en la Vía Láctea, ¿quiénes somos nosotros para pensar que somos los únicos? ¿No sería un poco egocéntrico por nuestra parte?

Todo esto se lo planteó **Frank Drake**, radioastrónomo y presidente del **Instituto SETI**, en 1961. Desarrolló la conocida *Ecuación de Drake*, en la que intenta predecir cuántas civilizaciones avanzadas podrían estar intentando comunicarse con nosotros en la Vía Láctea.

La ecuación tiene la siguiente pinta:

$$N = R^* \cdot fp \cdot ne \cdot fl \cdot fi \cdot fc \cdot L$$

No te asustes, que tampoco tiene tanta enjundia como puede parecer a simple vista, vamos a verla poco a poco y ya verás cómo (eso sí, pensando un poco) no es tan difícil.

Los factores de la ecuación son:

- El índice de natalidad de las estrellas similares al Sol en la Vía Láctea (R^*). 10 estrellas/año.

- Fracción de estrellas que tienen planetas (fp). 1/2 de las estrellas tienen planetas.

- Número de planetas por cada Sistema Solar en los que podría surgir la vida (ne). 2 planetas por cada una de estas estrellas podrían contener vida.

- Fracción de estos planetas en los que realmente puede surgir vida (fl). En todos esos planetas puede surgir vida.

- Fracción de estas formas de vida que podrían considerarse inteligentes (fi). 0.01 (1% de los planetas donde surge vida, surge vida inteligente).

- Fracción de planetas en los cuales hay seres inteligentes, capaces y deseosos de comunicarse con el exterior (fc). (1% de los seres inteligentes cumplen estas condiciones).

- Longevidad media de las civilizaciones avanzadas (L). (10.000 años).

Así que: **N**= 10*0.5*2*1*0.01*0.01*10000 = **10**.

Según Drake, existen en la Vía Láctea 10 civilizaciones capaces de comunicarse con nosotros. ¿Cómo te has quedado?

Lamentablemente, hay muchos estudios posteriores que son más pesimistas respecto a la ecuación de Drake. De momento, puedes ir pensando que números cambiarías y, más adelante, cuando sepas mucho más de astronomía, ya retomaremos de nuevo la ecuación a ver qué número sale.

11 MAYO. CONSTELACIONES ALREDEDOR DE BOYERO.

Toca volver a mirar las estrellas.

Recordemos a Bootes, la constelación de la estrella Arturo. Vamos a ver, los próximos días, las constelaciones que la rodean. Por si quieres salir ahí fuera esta semana y echar un vistazo, te dejo la siguiente imagen:

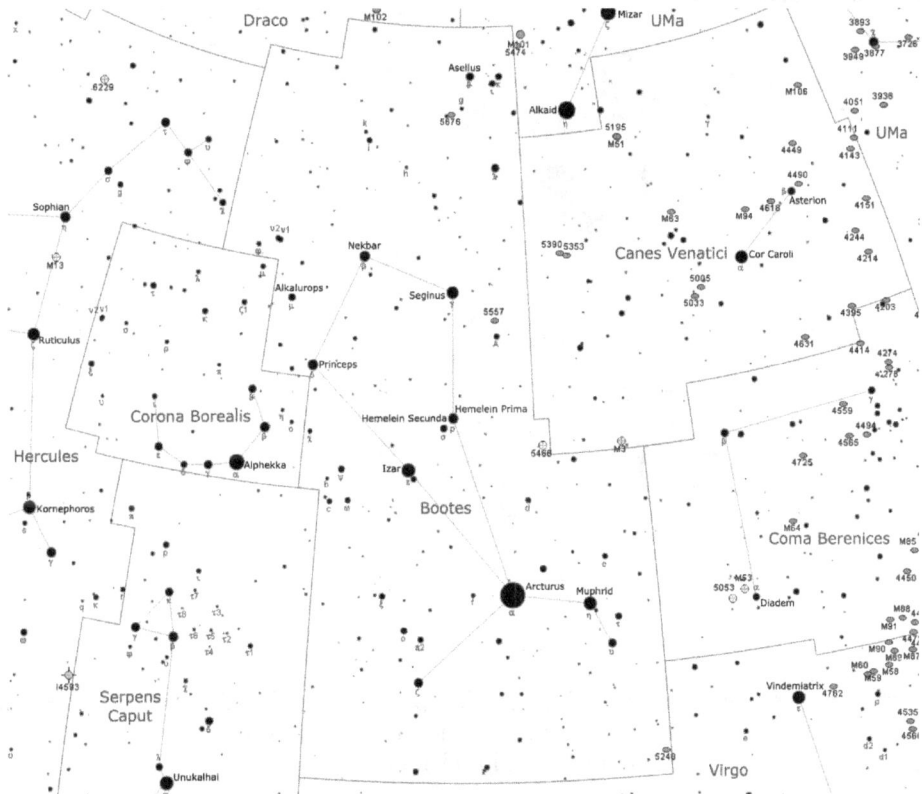

Bootes y sus constelaciones vecinas. Crédito: Wikipedia.

En ella supongo que distinguirás claramente a la constelación del Boyero, así como a su estrella principal, Arturo y, si eres un estudiante aplicado, quizá puedas nombrar a alguna otra: Izar, Mufrid, Nekbar o Seginus...

Acuérdate que para localizar a Arturo, primero has de localizar la Osa Mayor. Entre las 22 y las 23 de la noche se encontrarán casi en lo más alto del firmamento, así que no tendrás problema. Las estrellas del pastor de Bueyes se ven bastante bien, y la **Corona Borealis**, si la noche es muy clara, resulta preciosa... pero ya te digo que aparte de Boyero, es posible que tengas dificultades para ver las constelaciones que lo rodean. ¡Paciencia! Tienes que ir saliendo, teniendo buenos cielos e ir acostumbrando los ojos.

Arturo será, por cierto, la estrella más brillante del firmamento. (Pero bueno, ya sabes que esto tiene trampa, porque también se podrá ver Júpiter y Venus, que la superarán en brillo, aunque Venus quedará, como bien sabes, bastante bajo en el firmamento).

14 MAYO. CANES VENATICI.

Canes Venatici o **Canun Venaticorum**, también conocida como los Lebreles o los Perros de caza, es una pequeña constelación que precede a Bootes por los cielos.

Sí que es verdad que yo allí no veo dos perros, pero bueno, vamos a respetar la decisión de los que en su día sí que los vieron. Seguro que miraban a mejores cielos que nosotros y durante mucho más tiempo.

El boyero con sus perros más la cabellera de Berenice. Dominio Público.

Como espero que puedas ver en la imagen, los perros son **Chará** y **Asterion**. Y van siguiendo a las Osas por el cielo. (Para que te acuerdes, es como si el boyero, en lugar de bueyes, guiara con sus perros a las Osas por los cielos).

No es una constelación importante, ya que se encuentra en una zona del cielo un poco vacía de estrellas. Casi se pueden ver más galaxias que otra cosa.

Sobre sus estrellas principales, su estrella alfa se llama **Cor Caroli**, (puedes verla en la imagen de arriba, en el collar de Chará, y debajo de una corona). Se llama así en honor a Carlos II de Inglaterra. Tiene una magnitud aparente de 2´89, con lo cual, seguramente podrás verla. Es una estrella binaria cuya componente principal es una enana blanca, FoV, y encuentra a 110 años luz de nosotros.

La estrella beta de la constelación, **Asterion**, es una enana amarillo blanquecina, muy parecida a nuestro Sol, pero que se encuentra a 27 años luz de él.

Reconozco que esta constelación no ha dicho mucho hasta ahora, pero espérate a mañana, porque bastarán dos imágenes para que, quizá, cambies totalmente de opinión.

15 MAYO. OTROS OBJETOS DE CANES VENATICI.

Querido lector, te presento a **M3**, uno de los cúmulos estelares más bonitos del cielo:

M3, NGC-5272. Crédito: NASA/ESA Hubble/STScI/ST-ECF/CADC/NRC/CSA.

Se encuentra justo en la frontera con Bootes. Puedes verlo en la imagen del viernes pasado, en la frontera con Bootes.

A parte de esto, como ya dije, los Lebreles se encuentran en una zona pobre en estrellas y destacan más, por ejemplo, las galaxias **M51 (Galaxia del Remolino), M63 (Galaxia del girasol), M94** ó **M106**. Estas tres últimas son galaxias espirales que pueden verse con un telescopio pequeño.

Y la Galaxia del remolino... es una Galaxia espiral simplemente ES PEC TA CU LAR, que puede llegar a verse, además, hasta con unos prismáticos. Tiene una pequeña compañera, **NGC 5195**.

M51 y NGC-5195. Crédito: NASA/ESA.

16 MAYO. CONSTELACIÓN DE LA CABELLERA DE BERENICE.

La Cabellera de Berenice está allí, en el cielo, desde tiempos remotos. Fue el mismísimo Júpiter quien la puso allí tras habérsela cortado la propia Berenice (esposa de Ptolomeo III, Rey de Egipto), al cumplir su promesa de que así lo haría si su marido volvía sano y salvo de la guerra.

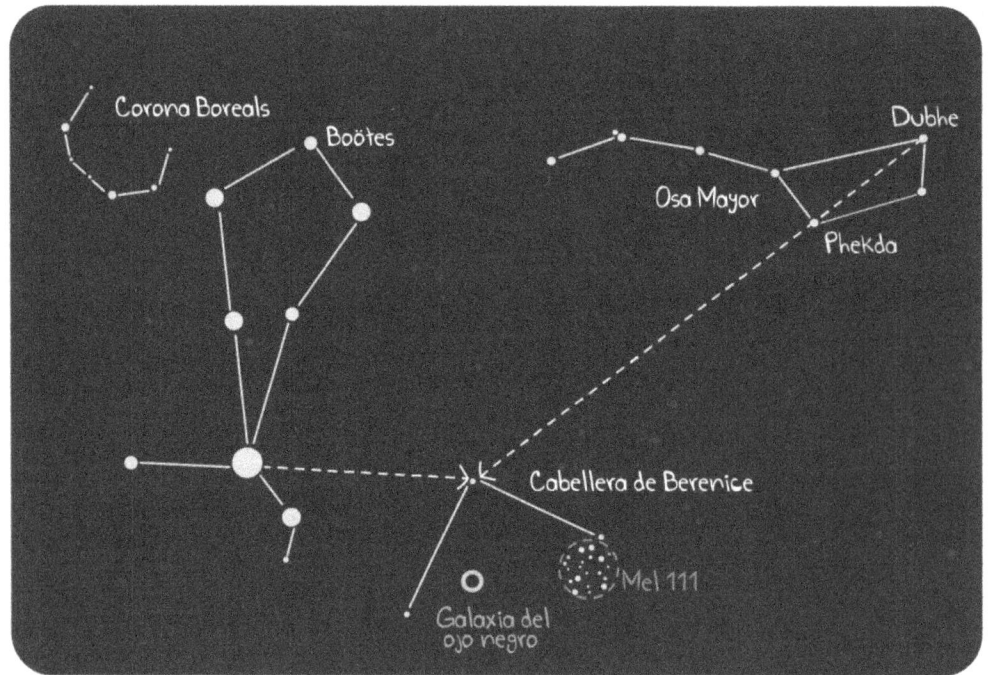

Localización de la Cabellera de Berenice. Ilustración: Javier Corellano (@CuaCuaStudios).

La constelación en si, aunque ocupa bastante extensión en el firmamento, no tiene mucha importancia, pues sus estrellas brillan poco, siendo sólo 3 de ellas de magnitud aparente inferior a cinco.

Éstas 3 estrellas forman un triángulo que queda en la recta que se prolonga entre las estrellas Dubhe y Phad (o Phecda), de la Osa Mayor, de longitud 3 veces la distancia entre estas dos estrellas, y en la dirección de Arturo.

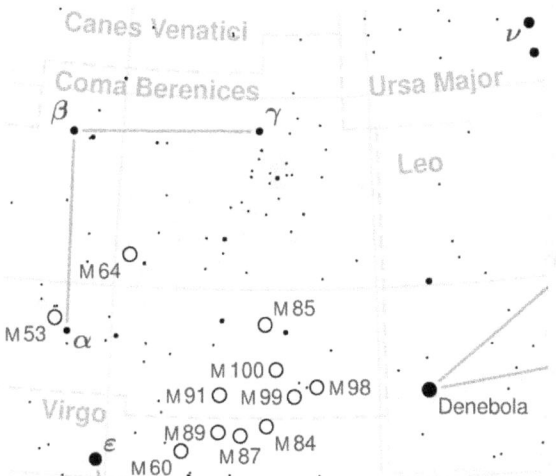
Coma Berenices. Crédito: Wikipedia / Torsten Bronger.

Como se puede apreciar en la imagen, lo importante de esta constelación no son las estrellas, sino lo que hay más allá. Pero vamos a nombrar hoy las 3 estrellas más importantes y dejo la parte, quizá más interesante, para mañana.

- **Beta Comae Berenices, β Com**. Estrella más brillante de la constelación, con una magnitud aparente de +4´26. Es una enana amarilla bastante parecida al Sol, que se encuentra a menos de 30 años luz de ti.

- **Diadem, Alfa Comae Berenices, α Com**. Se llama así porque, se dice, es la diadema de Berenice. Es una estrella binaria compuesta por dos enanas amarillas blanquecinas que se encuentran a unos 60 años luz. Magnitud aparente +4´32.

- **Gamma Comae Berenices, γ Com**. De magnitud aparente + 4´35, esta estrella es una gigante naranja que se encuentra a la nada desdeñable distancia de 167 años luz.

17 MAYO. OTROS OBJETOS DE COMA BERENICE.

- **Cúmulo abierto Mel111**. Es un cúmulo formado por unas 40 estrellas poco visibles a simple vista que se mueven en el espacio a la misma velocidad, y que se encuentran a unos 255 años luz. Su nombre se lo debemos a **Philibert Jacques Melotte**, que agrupó unos 250 cúmulos a principios del siglo pasado.

Mellotte 111 está en la esquina superior derecha de la constelación. Puedes ver el grupo de puntos en la imagen de ayer.

Melotte 111 fotografiada desde la ISS. Crédito: Donald R. Pettit. NASA

Pero lo más interesante de esta constelación es lo que no se ve. En ese espacio de cielo se acumulan cientos de miles de galaxias situadas a millones de años luz. Están situadas en una zona comprendida entre β Com y γ Com y conocida como **Cúmulo de Galaxias Coma Berenices**, con más de 3000 galaxias.

Cúmulo de galaxias de Berenice. Crédito: NASA/ESA Hubble.

Además de estas maravillas, hay más galaxias dignas de ser nombradas. Salían en la entrada de ayer, en la imagen, en la que se podían contar hasta siete elementos del Catálogo Messier, entre ellos, por nombrar alguna:

M64, Galaxia Ojo Negro. Crédito NASA/STScI/ESA.

M100. Crédito: Judy Schmidt.

18 MAYO. CONSTELACIÓN CORONA BOREALIS.

Corona Borealis es una pequeña constelación que se encuentra junto al Boyero de los cielos. Es una de esas constelaciones de las que se ve perfectamente lo que representa: Una corona. Eso sí, te tienes que alejar un poco de la ciudad para verla.

Precisamente por esa forma característica, también fue una de las 48 constelaciones del Almagesto de Ptolomeo.

La corona, por cierto, pertenece a Ariadna, hija del Rey Minos de Creta. El Rey Minos atacó y venció a los Atenienses. Es por esa victoria por lo que éstos desde entonces debían mandar 7 jóvenes y 7 doncellas al año para alimentar al Minotauro que tenían en Creta encerrado en un complejo laberinto. Eso fue así hasta que llegó Teseo, del que se enamoró perdidamente Ariadna, y que por supuesto, acabó matando al Minotauro y escapando con su enamorada lejos de Atenas. Teseo la acabó abandonando y Dionisio la rescató y se casó con ella. El regalo nupcial fue una maravillosa corona que aún brilla en los cielos.

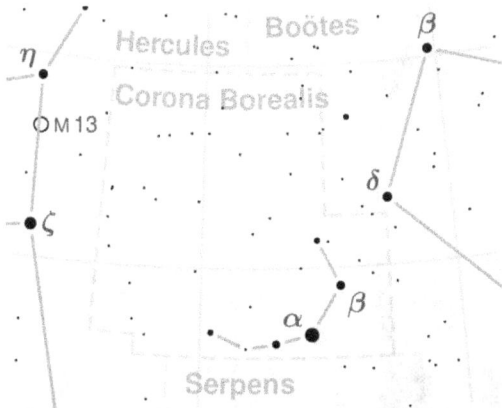
Corona Borealis. Crédito: Wikipedia/T.Bronger.

De sus estrellas principales, cabe destacar a **α Corona Borealis** o **Alphecca**, de magnitud aparente 2´2. Es una estrella binaria, cuya estrella principal es una enana blanca azulada (A0V). Su compañera la eclipsa cada 17 días, lo que produce una ligera disminución de su brillo. Se encuentran a 75 años luz.

Nusakan es la estrella beta, con magnitud aparente +3´66, aunque este valor varía un poco ya que también es una estrella binaria. Se encuentran a 115 años luz y la mayor de las dos estrellas es una A5V. La pequeña es una F2V.

No me voy a entretener mucho con el resto de las estrellas porque tampoco tienen nombre propio, ni se ven mucho. La tercera en brillo tiene una magnitud aparente de +3´81 y la siguiente +4´60.

Podrás ver esta preciosa constelación esta noche, si las condiciones son buenas (tienen que ser más que buenas) hacia el este, junto a Bootes y la constelación de Hércules, que veremos al mes que viene. Pasada la media noche, la constelación de Bootes ya estará casi en lo más alto. ¡Que tengas buenos cielos y un buen fin de semana!

21 MAYO. IO.

Cada uno de los 4 satélites Galileanos del gran Júpiter tienen algo de especial. Hoy toca el primero de ellos: Io, y lo que tiene de especial es su intensa actividad volcánica. Basta con mirar esta foto (sobretodo si la ves con color, porque la luna es prácticamente amarilla) para comprender lo inquietante que podría llegar a ser la vida sobre la superficie de Io:

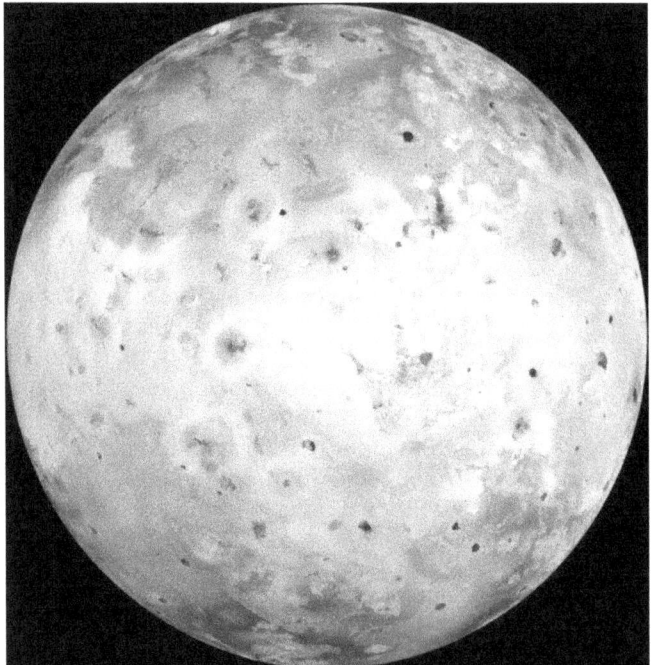

Io. Crédito: NASA/JPL/University of Arizona.

La gran actividad geológica de Io se debe precisamente a su cercanía a Júpiter. La enorme masa del planeta actúa sobre la pequeña luna generándole unas fuerzas que remueven todo su interior. Me explico: Io gira alrededor de Júpiter a entre 420 y 423 mil kilómetros (su órbita es elíptica (forma de elipse), no circular). Esta diferencia de distancias hace que la fuerza de gravedad de Júpiter sobre Io varíe, lo que crea unos achatamientos/estiramientos de la luna que provocan que aumente la temperatura en su interior (imagina todas las rocas rozándose ahí dentro). Ese exceso de temperatura tiene que salir por algún sitio a su superficie.

Pero todo esto no se supo hasta hace muy poco; el primer gran paso fue en la década de los 70 con la llegada de las Pioneer, que descubrieron una leve atmósfera en Io. Más adelante llegaron las Voyager, que nos mandaron fotos increíbles como esta:

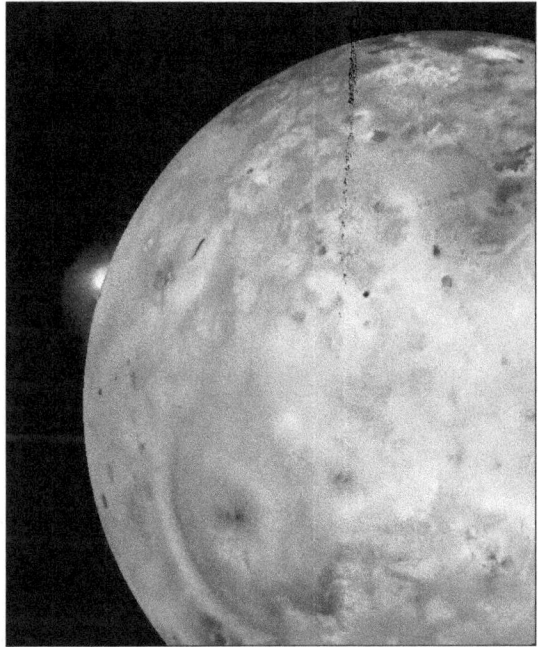

Erupción de volcán en Io fotografiado por la Voyager 1. Crédito NASA.

Con imágenes así quedó clarísimo que Io constaba de una intensa actividad volcánica (Algunos volcanes han creado montañas de hasta 17 km de altitud y hay erupciones que llegan hasta una altura de 300 km).

Son esos volcanes los que están enviando constantemente al exterior partículas de azufre y es debido a ellos por los que Io tiene una pequeña atmósfera, que en cualquier otro caso no tendría ni de lejos debido a su pequeño tamaño (Su radio es de 1821km) y su pequeña masa (pesa casi 9.10E22 kilos, es decir, un 9 con 22 ceros detrás), ya que escaparían a la escasa fuerza de gravedad.

Pero aún hay más. La enorme cantidad de partículas de azufre que salen a la "atmósfera" reciben a las partículas que provienen del Sol y que no son frenadas por una magnetosfera como la de la Tierra. Estas partículas, entonces, se ionizan y pasan a formar parte de la magnetosfera de Júpiter, con lo que Júpiter se convierte en una auténtica antena de radiación electromagnética. Io se convierte, a la vez, en un lugar donde morirías en poco tiempo debido a la alta radiación que existe en su superficie. (Pronto hablaré sobre la radiación, así que no te desesperes).

Para terminar, te dejo una foto de Io que te va a gustar:

IO. Crédito: NASA/JPL.

22 MAYO. EUROPA.

El 7 de enero de 1610, Galileo observaría lo que parecían tres estrellas girando alrededor de Júpiter. Io y Europa estaban prácticamente en el mismo sitio y no pudo diferenciarlas. Sí lo haría al día siguiente, el 8 de enero, cuando estas lunas estaban un poco más lejos.

Y es que Europa está también relativamente cerca de Júpiter, esto es, a "tan solo" 671.000 km. ¿Recuerdas lo que pasaba a Io con el tema de los empujes gravitacionales de Júpiter? Pues a Europa le pasa lo mismo, aunque en mucha menor medida. La razón es porque además de ser su órbita más grande (con lo que la intensidad de la fuerza es menor) es bastante más circular (El hecho de que la distancia sea más constante significa que la fuerza de gravedad también es más constante). Pero... Europa is diferent, y ahora veremos porqué.

Europa no consta de Cráteres, sino de cicatrices que la recorren de un extremo a otro, como puedes ver en la siguiente fotografía tomada hace casi 20 años por la sonda Galileo:

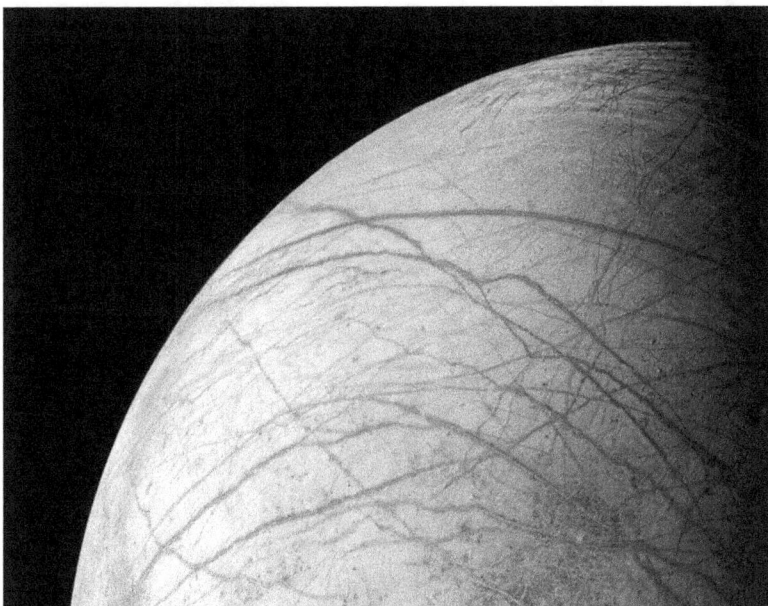

Cicatrices de Europa. Crédito: NASA.

La razón de que sean cicatrices es que están hechas sobre hielo, una enorme y fría capa de hielo. Si se ven zonas marrones, es solo polvo proveniente de choques con meteoritos en el pasado.

Así que, para que quede claro, los movimientos internos que provoca Júpiter en Europa hacen que la capa de hielo se resquebraje...vale, pero aún hay más. Europa es una caja de sorpresas.

Si te has fijado bien en la foto, por lo general, el centro de las cicatrices es más blanco. Esto quiere decir que esa capa de nieve está más limpia porque todavía no se ha manchado con el paso del tiempo. ¡Es más joven! Y el hecho de que el centro de las grietas sea más joven quiere decir que un hielo más caliente va aflorando a la superficie desde el interior de la luna.

Además de esto, se ha descubierto que la superficie del planeta va girando (las grietas más jóvenes tienen una dirección diferente a las más viejas) con lo cual, y ahora viene lo más interesante de esta luna, se puede pensar que debajo de esa capa de hielo existe ¡agua líquida! ¡Un enorme mar de agua líquida! Tan enorme que algunos cálculos estiman que la capa de hielo puede ser de entre 10 y 30 km de espesor y el mar, que cubre toda la luna, de unos ¡80 km de profundidad! (En nuestro planeta, el punto más profundo tiene unos 11 km, así que compara). Por otra parte, y como curiosidad, comentarte que la presión en el fondo de ambos mares (el Terrícola y el de Europa) sería muy similar, a pesar de las diferencias de profundidad, debido a la menor gravedad de Europa.

Fíjate en la siguiente imagen, la "delgada" capa de hielo, el enorme mar de agua líquida y después un interior formado por materiales más pesados:

Interior de Europa. Crédito: NASA/JPL-Caltech.

A parte de tener un océano enorme, se ha comprobado que hay una muy muy tenue atmósfera con oxígeno. Este oxígeno proviene de la descomposición de las partículas de H2O de la superficie. Las partículas radiactivas (que principalmente salen de Io) rompen la molécula de agua y el H2 escapa rápido de la Luna pero el O2 lo hace más lentamente (cuestión de pesos). Recientemente, además, el Hubble ha observado lo que parecen geiseres en Europa. Chorros de agua helada saliendo despedidos de su interior para volver a caer sobre Europa. Esto es bueno por dos motivos: Refuerza la teoría del océano bajo la superficie y nos facilitará, en un futuro, la tarea de estudiar de qué está compuesto ese mar interior.

Europa, por cierto, es la más pequeña de las lunas Galileanas, con sus 1550 km de radio.

Y otra cosa, por si te lo estás preguntando, tanto a Io como a Europa las nombró Simon Marius, y son, ambas, amantes del Dios de los Dioses: Júpiter.

23 MAYO. GANÍMEDES.

Ganímedes era un guaperas al que Zeus raptó disfrazándose de águila.

Ganímedes, además de un guaperas (aunque poco fotogénico, ya lo sé), es un impresionante satélite de Júpiter.

Rapto de Ganímedes, Rembrandt, 1635. Dominio Público.

Supongo que recordarás el tema de las fuerzas gravitacionales sobre Io y, en menor medida, sobre Europa. Pues bien, sobre Ganímedes son casi inexistentes, lo cual hace que sea una luna mucho más tranquilita. Además de tener su órbita la friolera de un millón de kilómetros de radio, es prácticamente uniforme todo el rato, es decir, la órbita es casi casi circular. Esto hace que las fuerzas de las que te hablé sean casi inapreciables.

Tarda, por cierto, una semana en dar una vuelta al coloso. ¡Se mueve rapidísimo!

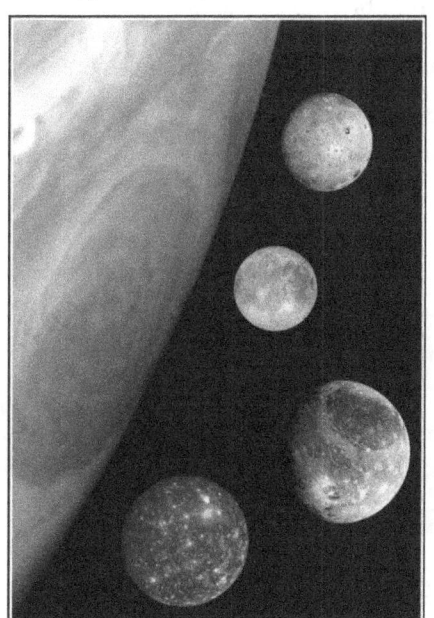

El aspecto más interesante de Ganímedes es otro: Su tamaño.

Ganímedes es, de hecho, la luna más grande del Sistema Solar. Su radio es de unos 2600kms. (Nuestra luna tiene 1700). Aquí puedes ver los tamaños comparados de las cuatro lunas galileanas. Ya sabes cuál es cuál, ¿no?

Ganímedes es una enorme bola de hielo y silicatos (Minerales compuestos de Silicio y Oxígeno acompañados de aluminio o magnesio o hierro o calcio o algún otro...). Su superficie es hielo sucio, por eso se ve tan oscura. También tiene antiguas cicatrices, que recuerdan a las de Europa, pero más suaves. Se cree que hubo un tiempo en el que el interior de Ganímedes sí podía estar más caliente y eso provocaba las grietas como las de Europa... pero eso era antes.

Tamaño comparado de las 4 lunas Galileanas. Crédito: NASA/JPL/DLR.

Ganímedes. Crédito: NASA/JPL/DLR.

El hecho de que una buena parte de Ganímedes sea hielo, hace que su densidad sea menos que la de, por ejemplo, nuestra propia Luna. Lo sorprendente en este caso es que se ha calculado que su núcleo es muy denso, compuesto principalmente de hierro y luego tiene una enorme capa exterior compuesta de hielo. Es una gran diferencia de densidades.

Por otro lado, un núcleo de hierro significa algo: Campo magnético. Así es, la sonda Galileo midió un Campo magnético más que considerable. En un principio se pensó que los silicatos del núcleo se podían haber quedado imantados pero siguieron investigando y, hoy por hoy, se tiene bastante certeza de que ¡también existe agua líquida en su interior! Se cree, de hecho, que existe un enorme océano de agua líquida ¡incluso mayor que el de Europa! (pero más profundo). ¿A que te habías creído que Ganímedes era una gran y aburrida luna? ¡Sorpresa!

Ya estudiaremos más adelante que posibilidades ofrecen esos mares de agua líquida... ¡para la vida!

24 MAYO. CALIXTO.

Acabamos hoy con el último de los 4 satélites Galileanos: Calisto. Ya deberías saber que Calisto era una de las ninfas a quien Zeus sedujo. ¿La recuerdas de cuando hablé de la mitología de la Osa Menor y la Osa Mayor? La dejó embarazada y acabo convertida en una Osa... Bueno, pues a ese me refiero.

Volviendo al Satélite, Calisto está ya muy lejos de Júpiter. Casi al doble de la distancia a la que está Ganímedes. Muy lejos. A esas distancias, como te podrás imaginar, la influencia de las fuerzas de gravedad de Júpiter es mínima, con lo cual, Calisto gira alrededor de Júpiter con absoluta tranquilidad. Aun así, y a pesar de la enorme distancia, y al igual que ocurre con las otras tres lunas Galileanas o con nuestra propia Luna, Calisto siempre ofrece la misma cara a Júpiter, es decir, tarda lo mismo en dar una vuelta sobre sí misma que sobre el gigante: 17 días. Esto quiere decir que aunque el interior de Calisto sea un lugar tranquilo, la descomunal masa de Júpiter aún afecta a su vida.

Su densidad es menor que las otras tres: 1800kg/m3 (La densidad del agua es de 1000kg/m3). Es prácticamente una bola de Hielo, muy frío (Unos -150ºC de media). Imagínate lo lejos que está del Sol. Es una luna fría y solitaria de 2400km de radio (La tercera más grande del Sistema Solar), y bastante oscura debido a lo sucia que está de todos los impactos que ha recibido.

Lo mejor de ella, para mí, son los contrastes de color en su superficie y la gran cantidad de cráteres que posee:

Calixto. Crédito: NASA/JPL/DLR.

Destacan en su superficie 2 cráteres, ambos en la mitad norte del satélite:

Asgard, con sus aproximadamente 1600km de diámetro.

Valhalla, con un diámetro de nada más y nada menos que 1800km. Si te fijas, en la siguiente fotografía, alrededor de Valhalla hay un montón de anillos concéntricos generados a partir del enorme impacto que debió suponer la formación de este majestuoso cráter.

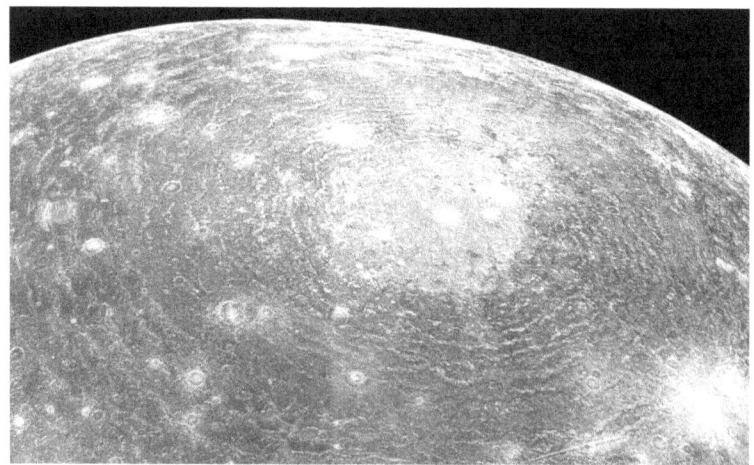
Valhalla. Crédito: NASA.

25 MAYO. LUNAS EXTERIORES DE JÚPITER.

Ya hemos visto las lunas Galileanas de Júpiter y ya hace tiempo que vimos las 4 lunas interiores. Pues bien, hoy toca echarles un vistazo a las lunas exteriores.

No quiero entretenerme mucho porque por un lado tampoco es que se conozca mucho sobre éstas lunas exteriores y por otro, no son más que unas inmensas rocas de hielo de las que no hay mucho que contar (si hay mucho que contar, pero tampoco es cuestión de aburrirnos).

Además, hay muchísimas... mejor una imagen de la NASA que mil palabras:

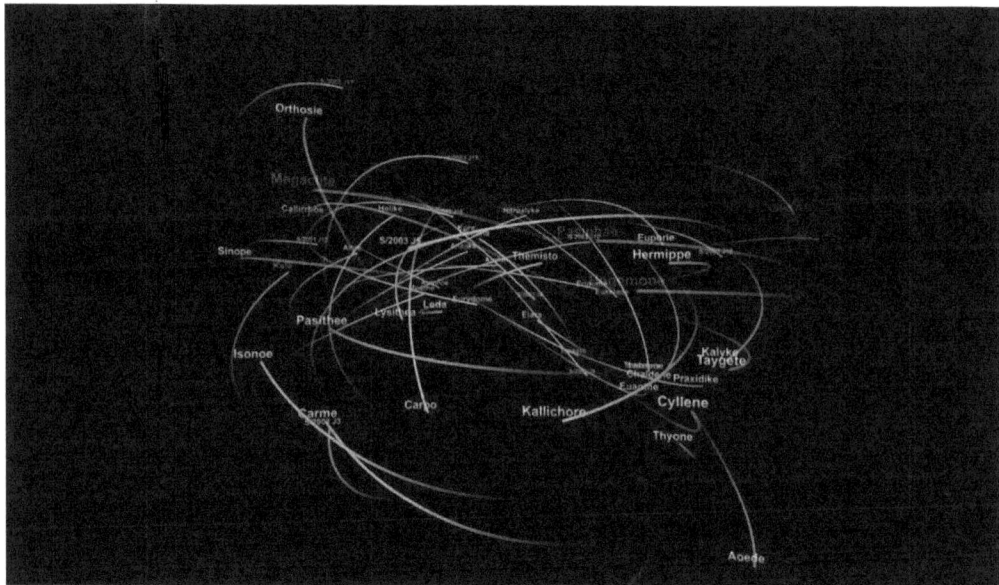
Enjambre de lunas de Júpiter. Crédito: Goddard Space Flight Center Scientific Visual. Studio.

67 lunas y sumando. Quién sabe si algún día de estos dirán que hay alguna más... porque la mayoría han sido descubiertas en los últimos años.

La más grande de todas ellas y con diferencia, **Himalia**, mide unos 170 km de largo. Lo cual es, comparándolo con los Satélites Galileanos, una caquita de mosca. Himalia pertenece a una familia de cuatro lunas que orbitan bastante juntas, por lo que se entiende que posiblemente en un tiempo pasado, esas cuatro lunas pertenecieran a un mismo asteroide que sufrió una colisión y se rompió en cuatro pedazos. (Hay otras familias, como la de **Ananké**, **Pasífae** o **Carmé**, pero no me voy a detener en ellas).

La que más cerca orbita de Júpiter, **Temisto**, lo hace a entre 5´9 y 8´8 millones de kilómetros, lo cual da una idea de lo alejadas que están y lo elíptica que son las órbitas. En cualquier caso, hay órbitas que cambian de vez en cuando. Imagínate, semejante enjambre de satélites, atrayéndose entre sí, entre Júpiter y entre las lunas Galileanas...es normal que de vez en cuando la fuerza de uno haga que otro cambie la órbita... y que incluso se produzcan choques entre ellas.

Además de cambiantes, como has visto en la figura anterior, las lunas no giran en el mismo plano, sino que las órbitas tienen diferentes inclinaciones. Esto tiene una razón: Las lunas exteriores son, en realidad, asteroides que han sido atraídos por la enorme masa de Júpiter y que en lugar de estrellarse contra el enorme planeta o alguna de sus otras lunas, o desviar su trayectoria, han empezado a girar y girar sumándose a esa multitud de asteroides atrapados gravitacionalmente hablando.

Finalmente, la luna que orbita más alejada de Júpiter se llama: **S/2003-J2**. En este nombre la S significa satélite, 2003 es el año de descubrimiento y J2 es porque fue el segundo en descubrirse ese año. Es típico nombrar a los satélites así hasta que se les asigna un nombre propio. Pues bien, S/2003-J2 es tan solo una roca de 2km de diámetro, que gira a la friolera de 30 millones de km de Júpiter, y tarda 981 días en completar una vuelta alrededor del coloso.

28 MAYO. SATÉLITES TROYANOS DE JÚPITER.

Ya sé que eso de los Satélites Troyanos suena más a película protagonizada por Brad Pitt que a otra cosa, pero de hecho, aunque su nombre sí tenga que ver con Héctor, Aquiles y compañía, la teoría es algo más complicada que todo eso. Me explico:

En la órbita de un planeta alrededor del Sol hay ciertos lugares, llamados **Puntos de Lagrange** (en honor al ilustre matemático **Joseph Louis Lagrange**), donde se sabe que si se sitúa un objeto, este permanece allí inalterado. El objeto en cuestión empezará a orbitar alrededor del Sol a la misma velocidad que el planeta, y allí seguirá, en ese punto de Lagrange, a menos que pase algo excepcional. La razón de esto tiene que ver con la suma de las fuerzas de gravedad que generan el Sol y el Planeta. Quizá con el siguiente esquema lo entiendas un poco mejor... de momento no entraré en más detalles.

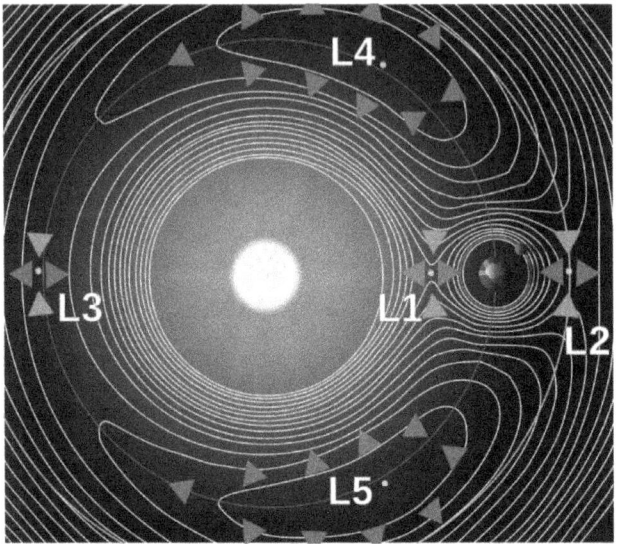

Los 5 puntos de Lagrange. Crédito: NASA/Xander89.

Así, en el centro estaría el Sol y en el otro punto cualquier planeta del Sistema Solar. Sí, he dicho cualquier planeta… la Tierra también tiene satélites troyanos (Ya lo veremos cuando toque).

El primer Satélite troyano de Júpiter fue encontrado por **Max Wolf** en 1906, y lo llamó **Aquiles**. (Ahora entiendes lo de Troyanos, ¿no?). El mayor de todos es **Héctor**, con un radio de unos 100 kilómetros.

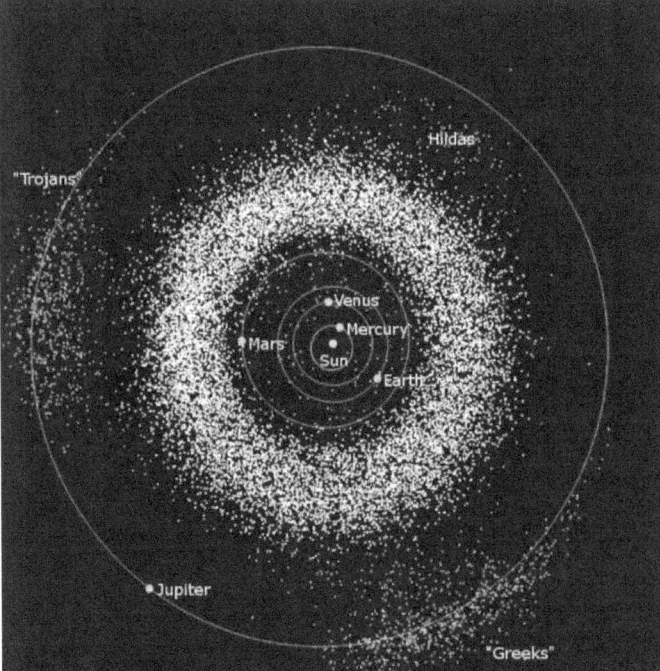

Hay contados más de, no te asustes, 600.000 satélites troyanos de Júpiter mayores de 1 kilómetro. (Y tú pensando que el Sistema Solar era el Sol y unos pocos planetas…). La mayoría de ellos están en los puntos L4 y L5 que son los puntos de Lagrange más estables. A uno de esos grupos, en el caso de Júpiter, se le conoce como grupo de los Griegos y al otro como el de los Troyanos que, como sabes, históricamente nunca se han podido ni ver (y curiosamente así sigue siendo en la órbita de Júpiter).

Satélites Griegos y Troyanos de Júpiter en el Sistema Solar. Crédito: Wikipedia/Mdf.

Y con esto, por fin, damos por estudiado Júpiter. Espero que lo hayas disfrutado. :-)

Sal esta noche a buscar Júpiter. Lo verás junto a la Luna, hacia el sureste a eso de las 22-23 horas. Es una preciosa coincidencia. (Siempre lo es, cuando coinciden la Luna y algún planeta). Los encontrarás a los dos, además, sobre una pequeña constelación zodiacal: Libra.

29 MAYO. CONSTELACIÓN DE LIBRA.

Si tu signo del zodiaco es Libra y esperabas impaciente una fabulosa entrada sobre la constelación que se alineaba con la Tierra y el Sol en el momento de tu nacimiento, siento decepcionarte, porque no me voy a entretener mucho con esta constelación.

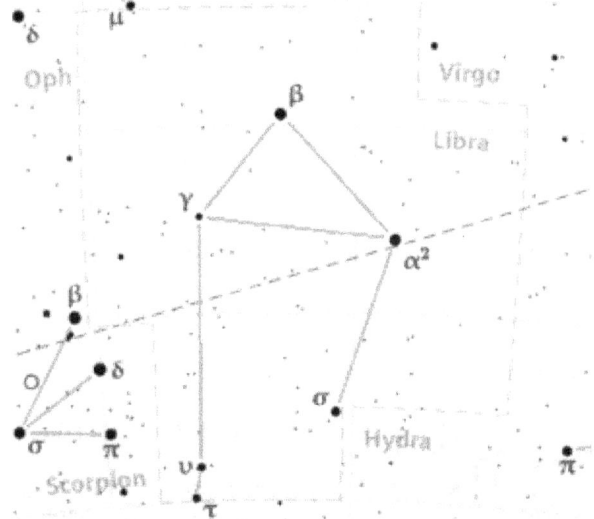

Constelación de Libra. Crédito: Wikipedia/Torsten Bronger.

Libra no destaca mucho en el cielo (De nuevo, lo siento). Si destaca estos días es, ya sabes, más por la presencia de Júpiter que por otra cosa. Libra ha tenido la mala suerte, además, de estar situada junto a escorpio (una preciosa constelación que ya veremos) que le quita protagonismo.

Libra, por cierto, representa una balanza, aunque antiguamente esta constelación llegó a formar parte de la constelación del Escorpión, siendo las pinzas del mismo. Por eso, sus dos estrellas más brillantes se llaman **Zubeneschamali (Beta)** y **Zubenelgenubi (alfa),** que significan la **Pinza del Norte** y **la Pinza del Sur** respectivamente. Por razones obvias yo prefiero llamarlas de ésta última manera.

La Pinza del Norte es la estrella más brillante de Libra, con una magnitud aparente de +2´61. Es una B8V que se encuentra a unos 160 años luz de ti y de mí. Es una estrella de la que muchos juran ver verde a simple vista. Échale tú un vistazo y me dices si eres uno de los afortunados.

La Pinza del Sur es una estrella doble visual, aunque una de las dos estrellas sí es un sistema binario. Que sea una doble visual significa que hay dos estrellas que coinciden en el cielo desde nuestro punto de vista pero que en realidad pueden estar muy lejanas entre sí. Es diferente a un sistema binario.

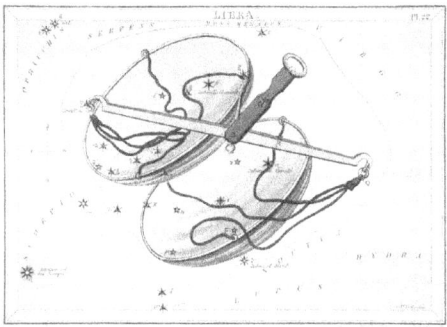

Libra. Crédito: Dominio Público.

30 MAYO. GIOVANNI DOMENICO CASSINI.

Genovés nacido en 1625. Astrónomo, ingeniero y un genio. Observador de los cielos sin igual.

A los 25 años ya era catedrático de astronomía en la Universidad de Bolonia. Y en 1671 fue nombrado director del Observatorio de Paris por el mismísimo Luis XIV.

Cassini. Crédito: Dominio Público.

Estuvo mirando el cielo prácticamente toda su vida. Midió el Sistema Solar. Y no es que solo midiera su tamaño, sino que prácticamente midió todo lo que hay dentro del Sistema Solar. Estudió Júpiter y sus Lunas, Saturno (descubrió cuatro de sus satélites (Japeto, Dione, Rea y Tetis) y la división de sus anillos que lleva su nombre), estudió Marte, la Luna, observó los cometas, midió con precisión el año terrestre y calculó con precisión también el eje de inclinación de La Tierra. Incluso verificó que la órbita de la Tierra se ajustaba más a un óvalo que a una circunferencia. También midió el tamaño de Francia con gran precisión y creo un mapa mundi con paralelos y meridianos, como nunca se había hecho antes. A él le debemos también, por cierto, el concepto de Unidad Astronómica (U.A.) que, si recuerdas, son 149 millones de kilómetros. Y todo esto, entre otras muchas cosas, claro. Parece demasiado para una sola persona, ¿verdad? Así era el genial Giovanni.

Murió a los 87 años de edad en París, en 1712. Uno de sus dos hijos, Jacques Cassini, continuó su legado, siendo nombrado también director del Observatorio de París.

Cassini nos ha seguido mandando mucha información de Saturno... de hecho, tuvo el privilegio de viajar hasta allí, pero eso ya es una historia que dejamos para más adelante...

Cassini sobrevolando Saturno. Imagen artística. Crédito: Pixabay.

31 MAYO. CONSTELACIÓN DE VIRGO.

Entre libra y Leo se encuentra una bonita constelación llamada Virgo. La podrás ver estas noches, justo debajo de Arturo, estrella que, como sabes, destaca en esa parte del cielo.

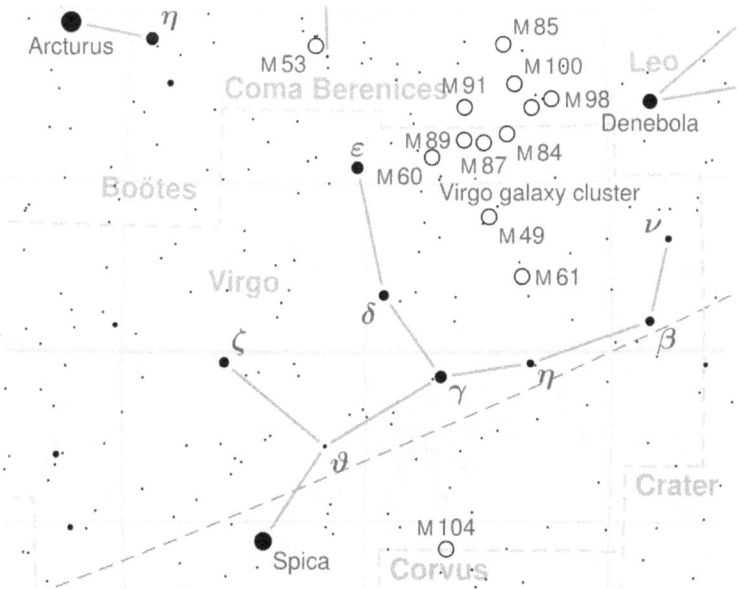

Constelación de Virgo. Crédito: Wikipedia/Torsten Bronger.

Virgo es una constelación de las grandes, por cierto, y puedes localizarla en el cielo con un pequeño truco. Recuerda cómo localizar a Arturo, alargando la cola de la Osa Mayor.

Pues si alargas esa línea que las une un poco más, llegas hasta Spica, la estrella principal de virgo. No tiene pérdida.

Spica (**Alfa Virginis**), también conocida como **La Espiga**, es la estrella que se encuentra más al sur de todas las de su constelación. Es una Gigante Blanco-azulada que tiene una magnitud aparente variable de alrededor de +1. Con ello, es la decimoquinta estrella más brillante del cielo nocturno. Se encuentra a 260 años luz de nosotros.

Además de Spica, merece la pena simplemente nombrar a la estrella **Epsilon Virginis** o **Vindemiatrix**, con magnitud aparente de +2´83 y a **Porrima** (**Gamma Virginis**), una fabulosa estrella doble cuyas componentes suman brillo y dan como resultado una magnitud de +2´74.

JUNIO

1 JUNIO. OTROS OBJETOS DE LIBRA Y VIRGO.

Creo que lo más interesante de estas dos constelaciones es el **Cúmulo de Virgo**. Un impresionante conjunto de Galaxias situadas en el "polo norte de la Vía Láctea". ¿Recuerdas cuando hablé de la Cabellera de Berenice? Bien, pues este cúmulo de Galaxias lo comparte con esa preciosa constelación.

Cúmulo de Virgo. Crédito: NASA.

Pero hay mucho más. En Virgo está una de las galaxias más bonitas (para mi gusto) de todo el Universo. Vas a ver una imagen de la Galaxia conocida como **M104** ó **Galaxia del Sombrero** y me vas a dar la razón. Se encuentra debajo de la constelación de Virgo.

M104, Galaxia del Sombrero. Crédito: NASA.

En Libra destaca un bonito cúmulo estelar llamado **NGC-5897** que se encuentra a nada más y nada menos que a unos 40-45 mil años luz de nosotros.

NGC-5897. Crédito: Wikipedia.

4 JUNIO. INTRODUCCIÓN A LA RADIACIÓN.

La radiación es algo que existe en el Universo desde el principio de los tiempos; hemos vivido y evolucionado como especie con ella toda la historia, pero es algo sobre lo que se conoce muy poco y a lo que se tiene mucho miedo. He estimado conveniente, por lo tanto, que inviertas unos pequeños ratillos esta semana en conocer algo más sobre este tema tan interesante. Espero que quedes satisfecho.

Empezaremos con la definición de radiación. Según la RAE es:

- *Energía ondulatoria o partículas materiales que se propagan a través del espacio.*

- *Forma de propagarse la energía o las partículas.*

- *Radiación ionizante: Flujo de partículas o fotones con suficiente energía para producir ionizaciones en las moléculas que atraviesa.*

Es posible que no te hayas enterado de mucho. No hay problema. Voy a intentar explicarlo lo mejor que pueda en estos días venideros. Espero con ello aclarar un poco todo este mundillo tan inquietante como ignorado.

Símbolo de radiactividad. Crédito: Pixabay.

5 JUNIO. RADIACIÓN, SEGUNDA PARTE.

Ayer vimos la definición de radiación, y quizá no quedara muy clara. Vamos a ver si avanzamos hoy un poquito más.

Se podría decir, como resumen, que la radiación es una forma que tienen las partículas o la energía de propagarse en el espacio. Más concretamente, esta forma de moverse tiene que ser ondulatoria.

Una piedra cae en el agua, y un pajarillo que está en la orilla a 20 metros, se moja. La primera conclusión a la que llegamos es que la piedra debe ser enorme, y la segunda es que parte de la energía que llevaba el pedrusco al caer al agua se ha trasmitido por la superficie y lo ha hecho de manera ondulatoria. Puedes hacerte entonces una idea de cómo la energía puede transmitirse en forma de ondas.

Si vamos un poco más allá, lo que sí es radiación son, por ejemplo, las ondas de radio. Se les llaman ondas de radio, precisamente porque se mueven por el aire en forma de ondas. Con lo cual, podríamos decir que las ondas de radio son radiación. Los rayos del Sol también son radiación, de diferentes tipos además. La luz ultravioleta también es radiación. Lo que usan para hacerte una radiografía, los rayos X, también es radiación... pero, ¿Cuál es la diferencia entre todas ellas? Esta pregunta intentaremos responderla mañana. Prefiero ir poco a poco.

6 JUNIO. TIPOS DE RADIACIÓN.

Ayer vimos que hay diferentes tipos de radiación. A priori podrían parecer muy diferentes. De hecho, alguno igual hasta se ha indignado cuando he dicho que las ondas de radio son radiación… pero en fin, es lo que tiene la radiación. Y la ignorancia. :-P

Al final, Podríamos diferenciar dos tipos de radiación:

-**Radiación Electromagnética**. Propagación de energía. La velocidad en el vacío es de 300.000km/segundo, la que se conoce como la velocidad de la luz. Lo que se mueve así son los fotones, que, según como, actúan como ondas o como partículas, pero que mejor lo dejamos ahí, no vayamos a liarla más.

-**Radiación corpuscular**. Propagación de partículas subatómicas (Es decir, de las que forman los átomos).

La luz visible, los rayos ultravioletas, los rayos gamma… pertenecen al primer grupo. Sí, a tus ojos lo que llegan son fotones. Los diferentes tipos de radiación del primer grupo se diferencian por dos cosas: Por su **frecuencia** y por su **longitud de onda**. La frecuencia es el número de ondas que se dan en cada segundo y la longitud de onda es la medida de cada una de estas ondas.

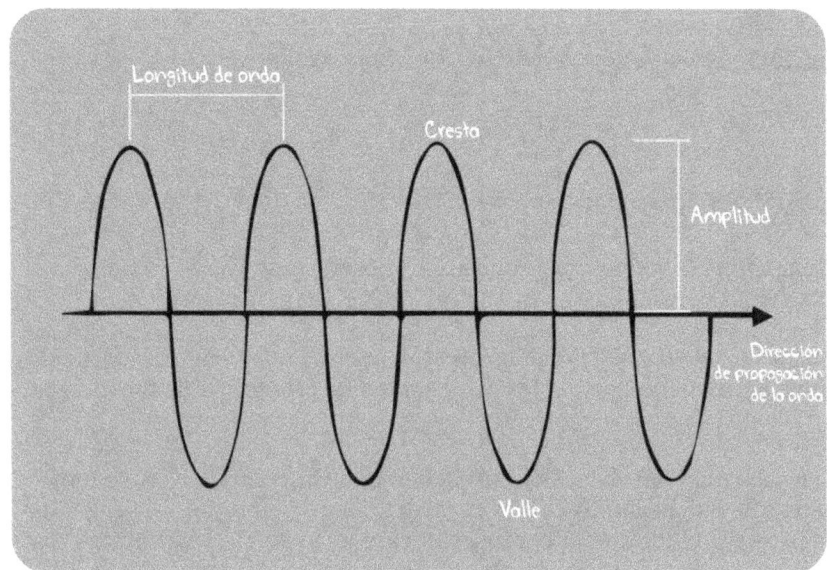

Ondas. Ilustración: Javier Corellano (@CuaCuaStudios).

Lo que marca qué energía tiene una onda es su frecuencia. Es decir, cuanto más rápido ondule una onda, más enérgica es. Tiene su lógica, ¿no?

Entonces, puedes observar en la figura siguiente como las ondas de radio, con una frecuencia mucho menor que las ondas visibles, tienen menos energía. Y los rayos gamma son los más enérgicos de todos.

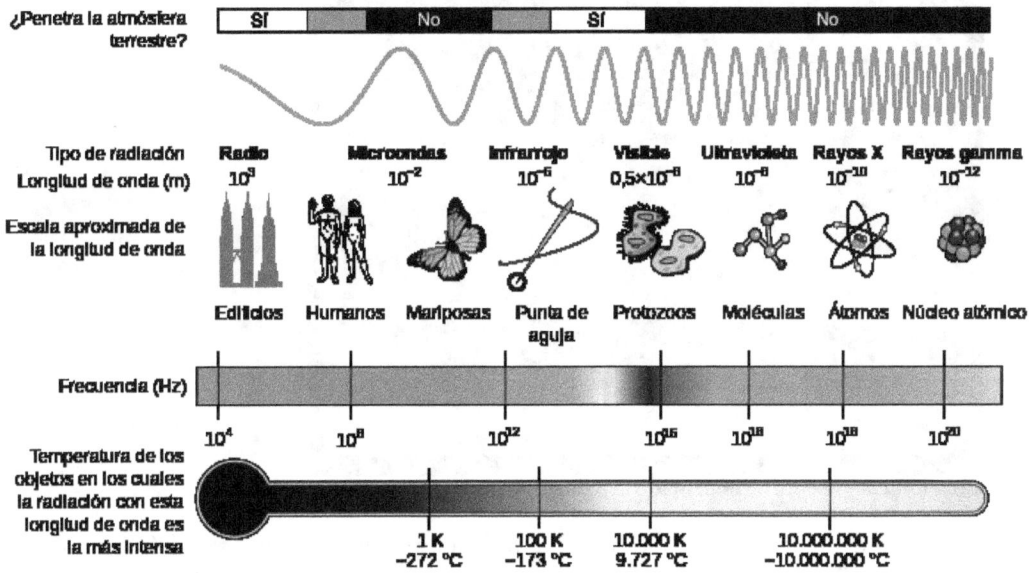

Espectro ondas electromagnéticas. Crédito: Dominio Público.

Respecto a la radiación corpuscular, existen también varios tipos. Antes de enumerarlos, solo destacar que éstas partículas también se mueven, podríamos decir, en forma de ondas.

Básicamente, la radiación corpuscular puede ser: **Alfa, Beta, Protones o Neutrones**. Todas ellas provienen de un átomo (Ya he dicho que son partículas subatómicas). El átomo, además, debe ser inestable, es decir, es un átomo que siente que le sobra algo; que ha sido excitado de alguna manera y ese exceso de energía lo soltará antes o después. Mañana veremos más al respecto.

7 JUNIO. RADIACIÓN CORPUSCULAR.

Ayer hablé sobre la radiación corpuscular.

Comenté que los átomos, en la naturaleza, normalmente están tranquilitos. Son estables. No les sobra ni les falta nada.

Sin embargo, a veces suele ocurrir (Ocurre con algunos tipos de átomos más que con otros) que los átomos no se encuentran del todo estables. Algo les ha ocurrido que les inquieta. Les sobra algo: O energía o alguna partícula o algo, y tarde o temprano, como todo en esta vida, se estabilizarán. El tiempo que tarden puede variar mucho, desde microsegundos hasta miles de años... pero ese momento llegará.

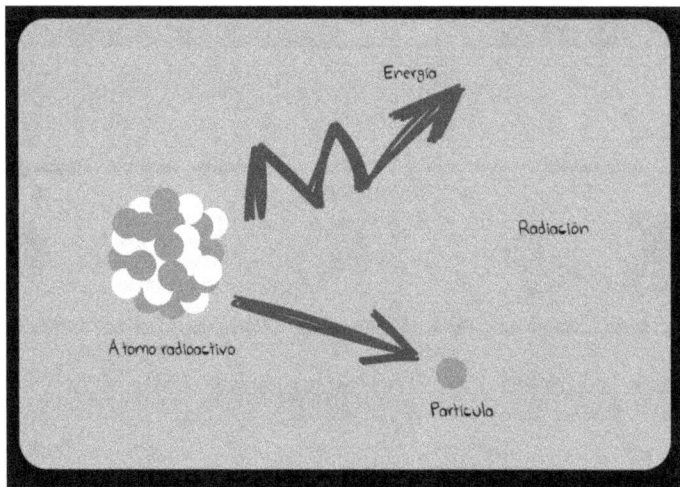
Radiación corpuscular. Ilustración: Javier Corellano (@CuaCuaStudios).

Así que de repente, lo suelta. Si le sobraba, por ejemplo, un neutrón, emitirá un neutrón, también le puede sobrar un protón o un electrón y si le sobraba una partícula alfa (dos protones y dos neutrones), la soltará igualmente. Estas partículas salen con mucha energía. Además salen, se puede decir, en forma de onda. Con lo cual la podemos llamar radiación. Y de ahí lo de radiación corpuscular.

En el dibujo de arriba se muestra como un átomo radioactivo suelta además de una partícula, una onda de Energía, que podría ser una partícula Gamma, por ejemplo, lo cual es una onda, como vimos ayer, muy enérgica: Radiación en estado puro.

Esta radiación se la conoce también como **radiación ionizante**. Si te parece, terminaremos el capítulo de la radiación mañana hablando sobre ella.

8 JUNIO. RADIACION IONIZANTE.

La radiación también se puede clasificar en otros dos grandes grupos: **ionizante** y **no ionizante**.

Si recuerdas, lo último que dije ayer era que un átomo excitado dejará de serlo antes o después, pero para ello soltará lo que se conoce como radiación ionizante. Soltará una partícula alfa, una beta, un protón o un neutrón o combinaciones de ellos, y además también puede soltar algún que otro rayo gamma. Éstos son los tipos que existen de radiación ionizante. Ya vimos, además, como las ondas más enérgicas (en la tabla del otro día), son precisamente radiación ionizante.

Lo de ionizante significa que pueden ionizar la materia, esto es, crear **iones**. Los iones son átomos cargados positiva o negativamente. Si una onda gamma choca con un átomo y le quita un electrón (que como sabes es una partícula de carga negativa), el átomo se convertirá en un ion positivo. (Si tú te quitas la negatividad de encima, serás una persona muy positiva... pues eso).

El hecho de ionizar la materia afecta a los seres vivos. Un rayo gamma que interactúe con una célula puede modificarle el ADN, lo que le provocará una mutación o directamente la muerte. Pero no te asustes, porque primero no interactúan a menudo y, sobretodo, porque tienes muchas células. Porque eso sí, rayos gamma recibes que da gusto.

Piensa que desde hace millones de años, la radiación cósmica, y la que procede de la Tierra ha existido, y la vida sigue. Y sí... es cierto que existe la radiación artificial, por ejemplo recibes mucha cantidad cuando te haces una radiografía, pero, primero: es por tu bien y segundo: muchas de las veces tampoco es para tanto.

De toda la radiación que recibe un ciudadano medio, el **82%** de la misma proviene de **fuentes naturales**, es decir, de radiación que viene del espacio hasta la Tierra (Fíjate que en el Sol hay enormes cantidades de reacciones nucleares y emite grandes cantidades de protones y partículas alfa) o de la propia Tierra (Ya que en nuestro planeta existen grandes cantidades de átomos que están excitados ya de por sí). Bueno, del 18% restante, la mayor parte de la radiación que recibe una persona media, **15%**, lo recibe de la **medicina** (radiografías), menos de **1%** proviene de la **energía nuclear** o derivados de la misma (pruebas nucleares, realizadas casi todas ellas en los años 50) y el resto (**2%**) de radiación que recibimos proviene de diferentes **productos de consumo** (sobretodo algunas cerámicas, vidrios, hormigón...).

Como cosa curiosa, los rayos gamma que vienen del Universo cuando llegan a la Tierra se frenan con los átomos de nuestra atmósfera. Aun así, al suelo nos llegan muchos. De la Tierra también salen muchos rayos gamma que también nos afectan. La radiación corpuscular, sin embargo, se frena mucho más fácilmente (son más pesadas y torpes) así que raramente llegan a nosotros.

Y ya por último, solo comentar que la unidad de medida de la radiación es el **Sievert (Sv)**. El Sievert mide como afecta la radiación al cuerpo humano. La unidad de radiación independiente de cómo afecta ésta a un organismo vivo es el **Gray (Gy)**. Es la radiación recibida por un material (Un Julio de energía por cada kilogramo de materia). (Según el tipo de radiación, entonces, afectará más o menos al ser humano).

La unidad Sievert es una medida enorme. 6 Sv serían suficientes para matarte. La radiación que recibes en España es bastante menos de una millonésima parte de un Sievert cada hora. En un avión recibes 5 microSierverts por hora, 50 veces más. Los tripulantes de la ISS reciben hasta 1mSv (la milésima parte de un Sv) al día. En una radiografía dental recibes 10 microSv, pero en un pequeño lapso de tiempo (el tiempo de exposición aquí es muy importante). Si recuerdas, Io, la activa Luna de Júpiter, era un lugar donde existe mucha radiactividad... los valores son mayores de 10 Sv al día (varía según la fuente) algo que te mata en unas horas. En Europa, la radiación es bastante menos de la mitad que en Io, pero muy alta en cualquier caso. Es un factor muy importante a la hora de mandar sondas hasta allí, o más incluso, en un futuro, personas. La radiación en la ISS es alta, pero en Marte, por ejemplo, lo es más. Habrá que tenerlo muy en cuenta ya que no es ninguna tontería. Quizá sea uno de los mayores problemas a los que tenga que enfrentarse la humanidad en el futuro, si queremos, algún día, salir de nuestro pequeño y frágil planeta.

11 JUNIO. HISTORIA DEL UNIVERSO. FORMACIÓN DE ESTRELLAS Y PLANETAS.

Esta semana toca viajar en el tiempo. ¡Agárrate porque hoy vamos a ir muy deprisa! Comenzaremos por el principio: El **Big Bang**:

Hace ya entre 15.000 y 20.000 millones de años, nuestro Universo (No descartemos la idea de que haya más de uno) se inicia con una enorme explosión. Tras ella, se crearían la fuerza de la gravedad, las fuerzas nucleares, se crearían electrones, protones, neutrones... todo esto en fracciones de segundo. Unos minutos después del gran estallido, se empiezan a formar los primeros átomos.

300 millones de años después del Big Bang ya tenemos las primeras estrellas e incluso Galaxias.

Pasan entre 10.000 y 15.000 millones de años, y dentro de una de esas Galaxias se empieza a formar el Sistema Solar. Esto fue hace 4500 millones de años. El Sol, por cierto, no es una estrella nueva, sino que se crea a partir de restos de otras estrellas que nacieron y vivieron antes que él.

Formación del Sistema Solar. Crédito: Wikipedia.

Hace 4000 millones de años, la Tierra es un lugar hostil. Volcanes, tormentas, terremotos... El efecto de los relámpagos sobre la superficie de la Tierra, producen aminoácidos, el componente fundamental de la vida.

Hace 3600 millones de años aparecen los primeros seres vivos unicelulares sobre la Tierra. "**El Gran Nacimiento**". Empieza la lucha por la supervivencia. El azar y la selección natural hará que unos sobrevivan y otros no. Los afortunados empiezan a multiplicarse. 1000 millones de años después algunos de estos seres utilizan el hidrógeno del agua para crear energía, soltando el oxígeno... y así empieza a cambiar la atmósfera de la Tierra para siempre.

Hace 1000 millones de años ya no solo hay seres unicelulares. Hay seres más complejos: Gusanos, medusas y algas.

Hace 570 millones de años: **Explosión Cámbrica**. Aparecen los seres con esqueleto duro.

Hace 360 millones de años, empiezan a salir del agua las primeras criaturas.

Hace 250 millones de años: Los Dinosaurios.

Hace 65 millones de años: Un asteroide cae sobre el golfo de México y una nube cubre la Tierra durante mucho tiempo. Los Dinosaurios acaban extinguiéndose.

Los orígenes del Ser humano se han datado en hace 7 millones de años, en África. 6 millones de años después se expandirían por prácticamente toda Eurasia. Hace medio millón de años dominaba Europa y no pasaría a América hasta hace menos de 15.000 años, conquistándola en 2000 ó 3000 años.

12 JUNIO. HISTORIA DEL UNIVERSO II. EL SER HUMANO.

El ser humano domina el planeta.

Desde que nos pusimos en pie, miramos al cielo. Los hombres de la Prehistoria conocían las estrellas mucho más de lo que nos parece.

Las primeras grandes civilizaciones empezaron a registrar datos, pues pudieron dedicar más tiempo y recursos al estudio de los cielos; los primeros datos fueron en piedra, luego arcilla y finalmente pergamino y papel. Mesopotamia, China, Egipto... Grandes civilizaciones llenas de Grandes astrónomos.

2283 a.C. Se registra el primer eclipse lunar del que hay constancia, en Babilonia (La cuna de la civilización).

1300 a.C. Astrónomos chinos dejan constancia de la aparición de una nueva estrella cerca de Antares (Estrella de la constelación de Escorpio, que ya veremos más adelante). Debió de ser apasionante, aún sin saber lo que significaba eso. :-)

450 a.C. Llegan los geniales griegos y **Demócrito** afirma que toda la materia está compuesta de átomos.

352 a.C. Astrónomos chinos registran una supernova. La explosión de una estrella. Los chinos hasta ahora han sido, y lo serán durante bastantes años, sin discusión, los reyes de la astronomía.

270 a.C. Arato de Solos escribe el **Phaenomena**, en el que describe 45 constelaciones.

260 a.C. Aristarco dice que la Tierra gira alrededor del Sol.

240 a.C. Eratóstenes calcula el tamaño de la Tierra.

134 a.C. Hiparco crea la conocida tabla de magnitudes aparentes que aún hoy sigue utilizándose (con ciertos arreglos).

Acrópolis de Atenas. Grecia. Crédito: Wikipedia.

100 d.C. Ptolomeo describe el modelo geocéntrico del Universo (La Tierra en el centro del Universo). **Aristóteles** estaba de acuerdo con éste concepto, y gracias a él, este modelo seguirá dándose (oficialmente, al menos) como cierto durante unos 1400 años.

497 d.C. Aryabhata, astrónomo indio, propone que la Tierra gira sobre sí misma.

570 d.C. Isidoro, Obispo de Sevilla, distingue entre astronomía y astrología.

1006 d.C. Supernova más brillante de la historia, posiblemente. Quedan datos escritos de la misma en Europa, China, La India o Japón. 48 años después se registra otra que podría haber superado en brillo a Venus. (No queda registrado en Europa).

13 JUNIO. HISTORIA DEL UNIVERSO III. LOS GRANDES CIENTÍFICOS.

Desde Galileo, la ciencia y los descubrimientos científicos aumentan a un ritmo vertiginoso. De algunos de éstos científicos hablaremos (o ya hemos hablado) más detenidamente. Simplemente por nombrar a algunos:

1473- 1543 d.C. Nicolás Copérnico. Afirma que la Tierra y los demás planetas giran alrededor del Sol.

1564- 1642 d.C. Galileo Galilei. Fue el primero en apuntar un telescopio al cielo. Descubrió las lunas de Júpiter y las fases de Venus y con ello demostró que no todo gira alrededor de la Tierra.

1571 – 1630 d.C. Johannes Kepler. Leyes del movimiento.

1625 - 1712 d.C. Giovanni Cassini. Determina la distancia hasta Marte.

1629 - 1695 d.C. Christian Huygens. Describe los anillos de Saturno.

1642 – 1727 d.C. Isaac Newton. Ley de la gravitación universal.

1656 - 1742 d.C. Edmond Halley. En realidad, lo mejor que hizo fue convencer a Newton para que publicara su libro: *Principia*. Pero hizo mucho más que eso. Lo que le hizo famoso fue darle nombre al Cometa Halley.

1724 - 1804 d.C. Immanuel Kant. Más conocido como filósofo. En 1755 postula que en el Universo hay otras galaxias como la Vía Láctea. Un visionario.

1730 - 1817 d.C. Charles Messier. Crea el catálogo de Messier.

Charles Messier. Dominio Público.

1731 - 1810 d.C. Henry Cavendish. Descubre el hidrógeno.

1738 - 1892 d.C. William Herschel. Descubre Urano.

1746 - 1826 d.C. Giussepe Piazzi. Descubre Ceres.

1829 - 1907 d.C. Asaph Hall. Descubre Fobos y Deimos.

1879 - 1955 d.C. Albert Einstein. Simplemente, un genio. Teoría de la relatividad y el inicio de la física moderna.

1930 d.C. Clyde W. Tombaugh descubre Plutón.

Huygens. Dominio Público.

14 JUNIO. HISTORIA DEL UNIVERSO IV. LA ERA ESPACIAL.

En el siglo XX comienza una nueva era: La Era Espacial. Estos son algunos de los hitos más importantes:

1957. Los rusos ponen en órbita la **Sputnik 1**. Un mes más tarde, enviarían al espacio a **Laika**, el primer ser vivo que se manda al espacio.

La famosa perra Laika. Crédito: Flickr

1959. Los rusos mandan 3 naves a la Luna. **Luna 1** no alcanza su objetivo y acaba orbitando alrededor del Sol. **Luna 2** tiene que hacer un aterrizaje de emergencia y **Luna 3** realiza las primeras fotografías de la cara opuesta de la Luna.

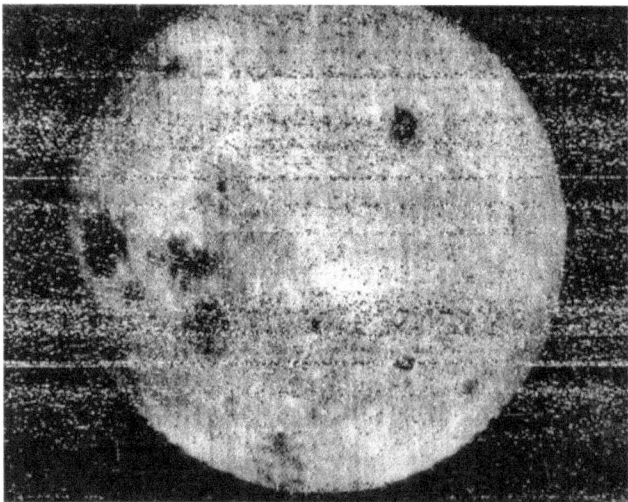

La cara opuesta de la Luna, por Luna 3. Crédito: Wikipedia.

1961. **Yuri Gagarin** es el primer ser humano enviado al espacio. Completa una órbita alrededor de la Tierra.

1963. **Valentina Tereshkova** se convierte en la primera mujer en salir al espacio.

Valentina. Crédito: Flickr.

1969. **Neil Armstrong, Edwin Aldrin** y **Michael Collins** llegan a la Luna en el Apolo 11.

1972. **Eugene Cernan** es, de momento, el último hombre en pisar la Luna.

Eugene Cernan en el Rover Lunar del Apolo 17. Crédito: NASA.

1977. Voyager 2 y Voyager 1 son lanzadas. Su objetivo es visitar Júpiter, Saturno, Urano y Neptuno.

1989. Se lanza la nave Magallanes hacia Venus. Este año la Voyager 2 pasaría por Neptuno.

1990. Se pone en Órbita el Hubble.

Quedan muchas impresionantes misiones por citar, algunas de las que dejo en el tintero las nombraré seguro en lo que queda de año... En los últimos años la verdad es que se ha hecho mucho. Ha sido un resumen extremo, pero espero que te hayas podido hacer una idea general de "La Historia del Universo".

15 JUNIO. MOVERSE POR EL ESPACIO.

El tema de los cohetes espaciales y cómo ir de un sitio a otro por el Sistema Solar es un tema complicado, pero voy a explicarte alguna cosa en el poco espacio que tengo. Podría dedicarle, y me encantaría, un mes entero, y aun así quedarían cosas en el tintero. Pero no pretendo complicar los temas demasiado con este libro sino dar simples pinceladas para captar tu atención. ☺

Afortunadamente, ya he explicado el concepto de gravedad. Obviamente, y como imaginarás, para enviar un objeto fuera de nuestro planeta hace falta vencer a la fuerza de la gravedad, que no es poca cosa. Será tanto más difícil cuanto mayor sea el peso del objeto que quieres lanzar. (Cuando digo difícil, hoy en día, sobretodo me refiero a *caro*).

Si quieres lanzar un objeto de 5000 kilogramos, vas a tener que usar menos combustible que si intentas lanzar un objeto mayor. A mayor cantidad de combustible, en principio mayor tamaño del lanzador. Aunque claro, esto es como todo, un cohete de mayor tamaño no significa que vaya a ser más potente. Lógicamente depende de varios factores, aunque sobre todo depende del tipo de combustible empleado y del diseño final del cohete.

El combustible utilizado puede ser de varios tipos: criogénicos, de kerolox, hipergólicos o de combustible sólido. Los tres primeros utilizan combustibles líquidos como por ejemplo oxígeno líquido o queroseno. Sí, aunque esto lo estudiaremos más adelante, los elementos que en condiciones normales conoces en un estado determinado (líquido, sólido o gaseoso), a diferentes temperaturas o presiones, pueden estar en otro. Así, el oxígeno (que quema muy bien), puede ser líquido a muy bajas temperaturas.

A la hora de construir un cohete se han de tener en cuenta muchos factores: Peso de lo que queremos lanzar, a dónde lo queremos lanzar y desde dónde y cuándo lo queremos lanzar. Todos esos factores influyen en el diseño final. Y en el precio, claro.

Si queremos lanzar una sonda muy lejos, lo primero, como todo, es sacarla de la atmósfera. El mayor empuje lo necesitamos al principio, así que la mayor cantidad de combustible la gastaremos entonces. Por eso se utilizan cohetes con varias etapas, donde, primero se gastan las necesarias para elevar el cohete y después las otras. Todo en su justa medida y en sus momentos precisos o la misión se irá al traste.

Una vez fuera de la atmósfera, hay que saber dónde queremos mandarlo. Si lo queremos mandar a un planeta exterior, tendremos, además, que lanzar el cohete en un momento determinado, cuando las posiciones de la Tierra y de dicho planeta sean las adecuadas. Luego, según el dinero que queramos gastarnos (generalmente poco), podremos utilizar algún truquillo para ahorrar combustible. El más común es el de la **asistencia gravitatoria**. Eso consiste en impulsar las sondas utilizando la gravedad de otros planetas. Te acercas a un planeta, y la nave acelera al acercarse a él y luego aprovechas que el planeta se está moviendo por el espacio a gran velocidad para lanzar la sonda, a mayor velocidad que la inicial, hacia otro objetivo.

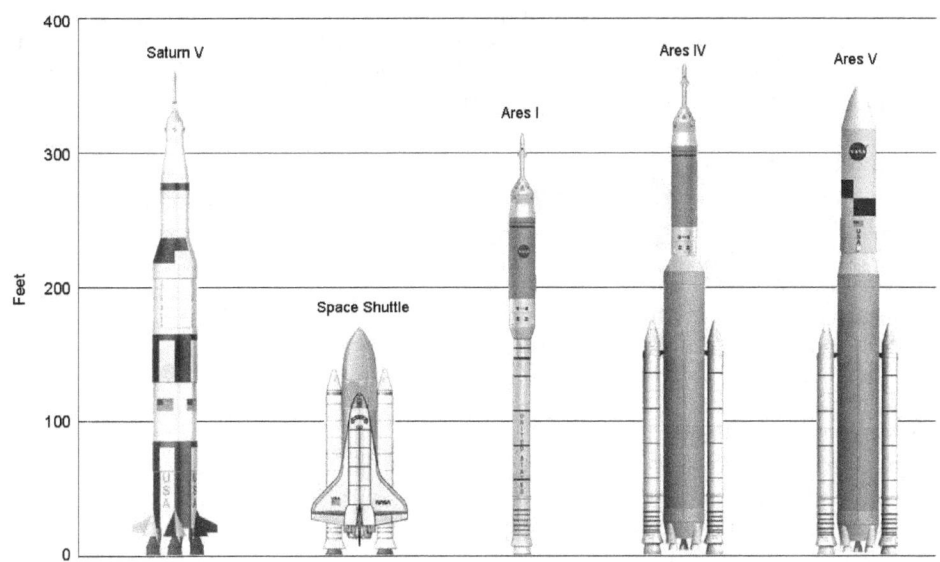

Comparación cohetes estadounidenses. 100 pies (feet) = 30 metros. Crédito: Wikipedia.

18 JUNIO. CONSTELACIÓN DE HÉRCULES, MITOLOGÍA.

Después de dos semanas dándote la lata con la radiación o la historia del Universo, por fin toca volver a mirar al cielo; y esta vez a una constelación de las interesantes. Aparecía nombrada en una de las imágenes que salían en los capítulos de Canes Venatici o Corona Borealis, ahí en una esquinita, como si nada, pero ya veremos que es mucho más que eso, así que basta de cháchara y vamos a aprender algo sobre ella.

La constelación representa a **Heracles**, el gran héroe griego (Hércules es como lo conocían en Roma).

Heracles era un tipo muy valiente, temerario, orgulloso y viril y además con buen corazón. Hijo de Zeus (de quién si no) y de una Reina mortal, Alcmena.

Hera, la comprensiblemente celosa mujer de Zeus, quiso matar a Heracles. Ya lo intentó siendo éste un niño, enviándole dos serpientes; pero el pequeño que las vio venir, las agarró y las estranguló. Ya de pequeño prometía...

El pequeño Heracles según los romanos. Crédito: Wikipedia.

Siendo ya más mayor se enfadó con su profesor de música y le asestó un mamporrazo con una lira del que no se volvió a levantar, tras lo cual, y por miedo de su temperamento, sus padres adoptivos lo enviaron al campo a trabajar de pastor. (Curiosamente allí fue adoctrinado por un Boyero).

145

Hera siguió vigilándolo de cerca, hasta tal punto que de mayor lo hizo enloquecer. Tanto fue así que el pobre mató a su propia mujer e hijos. Para redimir su culpa después de semejante atrocidad, debería ir a visitar a su primo Euristeo, Rey de Micenas, quien le ordenó los conocidos **12 trabajos de Heracles**, que, a priori, parecían imposibles de llevar a cabo. Heracles estaba allí para demostrar lo contrario.

Los doce trabajos eran:

- Matar al León de Nemea.
- Matar a la Hidra de Lerna.
- Capturar a la Cierva de Cerinea.
- Capturar al Jabalí de Erimanto.
- Limpiar los establos de Augías en un sólo día.
- Matar a los Pájaros del Estínfalo.
- Capturar al Toro de Creta.
- Robar las Yeguas de Diomedes.
- Robar el cinturón de Hipólita.
- Robar el ganado de Gerión.
- Robar las manzanas del jardín de las Hespérides.
- Capturar a Cerbero y sacarlo de los infiernos.

Casi podríamos estar una semana entera hablando de ellos, pero creo que es suficiente con nombrarlos, al menos de momento. Ya verás como más de uno será mencionado en alguna otra ocasión. Ya hemos hablado del León de Nemea, ¿te acuerdas?

Llevando a cabo los 12 trabajos, por cierto, Hércules vive un sin fin de aventuras por todo el mundo, matando, eso sí, a diestro y siniestro (pero siempre a los malos, claro).

Al final muere, quemado en una pila que el mismo construye, tras el suicidio de su último amor.

Heracles, ya de mayor. Crédito: Wikipedia.

Por cierto, que la historia de la creación de la Vía Láctea también proviene de este mito. Se comenta que Zeus engañó a Hera para que amamantara a Heracles. Cuando estaba en plena faena se dio cuenta del engaño, apartándolo bruscamente y despidiendo, con ello, un chorro de leche que dejó esa característica mancha blanca en el cielo.

19 JUNIO. CONSTELACIÓN DE HÉRCULES EN EL CIELO.

Una forma de localizar a Hércules en el cielo es utilizando el conocido triángulo de verano, pero claro, eso sería adelantar acontecimientos y de momento no puede ser... Eso sí, sabiendo como sabes encontrar la Constelación del Boyero lo tienes fácil, porque Hércules se encuentra ahí al lado. Además es que a Hércules se le identifica rápido, observando un gran Cuadrilátero, conocido como **Trapecio de Hércules**. Esta noche, hacia las 23 horas, estará más o menos hacia el este, casi en lo más alto del firmamento.

La constelación tiene más o menos esta pinta:

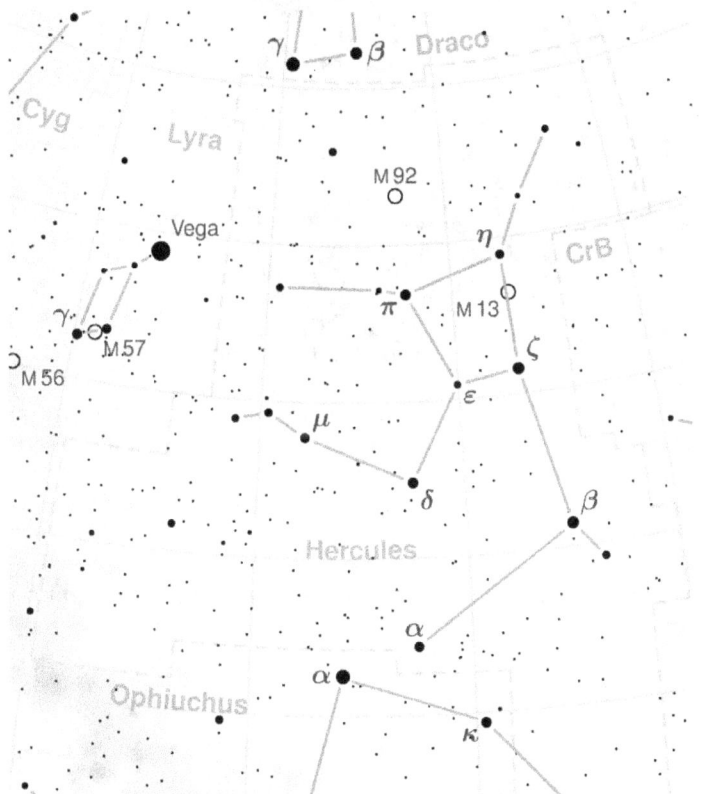

Constelación de Hércules. Crédito: Wikipedia / Torsten Bronger.

Como curiosidad, y adelantando acontecimientos (no puedo evitarlo), comentarte que la pequeña constelación que ves a la izquierda de Hércules es Lira. ¿Recuerdas la lira con la que Hércules mató a su profesor de música? Pues ahí está, a su alcance. Lira es una Constelación fácil de reconocer por su estrella principal, Vega, una de las estrellas más brillantes del cielo. Pero tranquilo, que ya la veremos. Cuando sepamos identificar la lira, todo será más fácil, porque identificaremos muy fácilmente al Trapecio de Hércules, brillando entre la Lira y el Boyero. Paciencia. De momento tenemos que terminar de ver Heracles y alguna que otra cosa más.

20 JUNIO. SONDAS PIONEER.

Las Sondas Pioneer 10 y Pioneer 11 marcaron un antes y un después en la historia del conocimiento del Sistema Solar.

Pioneer 10 fue lanzada en 1972 y fue la primera sonda en alejarse más allá del cinturón de asteroides. Llegó a Júpiter en el 73 y a Neptuno en el 83. La última vez que supimos de ella fue el 23 de enero del 2003, cuando se encontraba a 12 mil millones de kilómetros (Muy lejos).

Visión artística de la Pioneer 10 a su paso por Júpiter. Crédito: NASA.

Pioneer 11 fue lanzada un año después que su hermana, y sobrevoló Júpiter en el 74. En el 75 llegó a Saturno, su destino principal. Hoy en día sigue alejándose de la Tierra (están a más distancia del Sol que el doble de la distancia a la que se encuentra Plutón) y quien sabe, quizá dentro de cientos de miles de años una civilización se tope con ella en algún lugar de la Galaxia.

Por si acaso dicho encuentro tuviera lugar, las sondas llevan consigo un mensaje… ¿Por qué no?

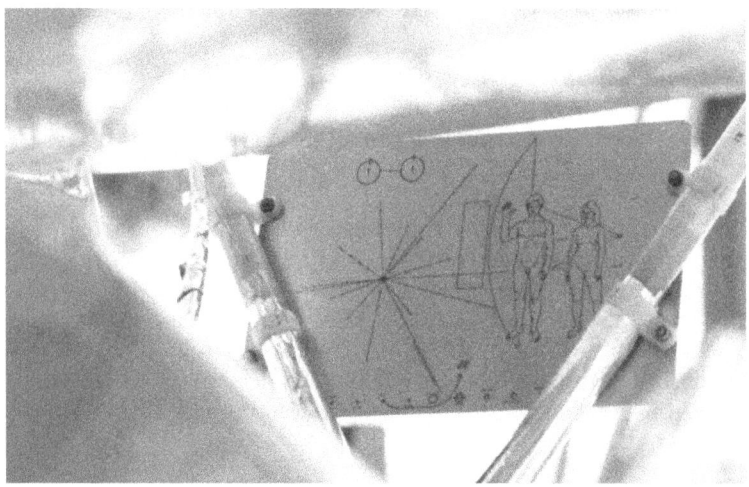
Placa situada en la Pioneer 10. Crédito: NASA/HQ.

Sea como acabe todo, las sondas Pioneer 10 y 11 han sido cruciales para avanzar en la investigación espacial, y obtuvieron los datos necesarios para diseñar con confianza las siguientes sondas, las Voyager, así como la sonda Galileo o la Cassini.

Y ahora una curiosidad: Desde que se lanzaron las Pioneer se observó una pequeña desaceleración de las mismas que tuvo inquietados a los científicos de todo el mundo durante varios años. Se llegó a pensar incluso en que quizá estaban experimentando los efectos de alguna ley desconocida de la física. Desde luego, ni las leyes de Newton ni las de Einstein eran capaces de explicar ese frenado.

Pero entonces llegó **Slava Turyshev** "to save the day", y realizó un enorme trabajo de búsqueda e interpretación de datos de las sondas de los últimos 30 años y acertó con el problema: El calor que emiten.

El caso es que las sondas emanan una ligerísima porción de calor por los circuitos eléctricos que contienen. El mismo Slava explicó, para que veas lo sutil del asunto, que el efecto podría compararse al empuje que un coche tendría hacia atrás debido a los fotones que salen de sus luces delanteras. Bueno, pues el equipo de Slava ha conseguido calcular el efecto del calor emitido por los circuitillos eléctricos de las Pioneer así como por la desintegración radiactiva del plutonio de los generadores eléctricos de las mismas. Unos genios.

21 JUNIO. CATÁLOGOS DE ASTRONOMÍA.

Hemos llegado a mitad de año y creo que es un buen momento de que avances un poco más en tus conocimientos de astronomía y de que aprendas un poco a "sacarte las castañas del fuego". Para ello, es preciso que sepas moverte por el maravilloso mundo de los catálogos astronómicos. Así que perdona si dejo a Hércules un poco abandonado... lo retomaremos enseguida, no te preocupes.

Supongo que te sonarán los catálogos Messier, NGC o las 48 constelaciones de Ptolomeo. Bueno, son maneras de agrupar/nombrar los diferentes objetos del cielo. Voy a intentar comentar algunos de ellos para que quede todo un poco más claro. Al final, son tantos los catálogos que es imposible centrarse, pero bueno, al menos lo intentaremos nombrando algunos de los más importantes.

Si tienes internet, te recomiendo que intentes buscar los catálogos. Hay algunos listados muy buenos y con los que puedes encontrar gran cantidad de información muy útil.

NGC - New General Catalogue

Es quizá el catálogo más conocido de objetos del cielo profundo (Galaxias y cúmulos estelares). Fue compilado en 1880 por **J.L.E. Dreyer** y más recientemente revisado en 1973, pasando a ser el **RNGC** (Revised New General Catalogue). Consta de 7840 objetos. Existen catálogos, como el **Index Catalogue (IC)**, que sirve como suplemento del NGC. Son Ampliaciones que se hicieron del original, que tan solo contaba con unas 1000 entradas.

Catálogo Messier

El catálogo Messier, como ya deberías saber, es un catálogo que fue creado por **Charles Messier** a finales del siglo XVIII. Es una lista con 110 objetos. Se nombran con una M y un número. Para complementarlo, se creó el **Catálogo Caldwell**, con 109 objetos nombrados con una C y un número. (Casi todos ellos, por cierto, están incluidos dentro del NGC).

Catálogo Hipparcos y Catálogo Tycho-1 y 2.

La palabra Hipparcos viene de *High Precision Parallax Collecting Satellite,* un satélite lanzado por la ESA (Agencia Espacial Europea) en 1980 para medir la posición de las dos millones y medio de estrellas más visibles desde Tierra (Así nos las gastamos en Europa). Con los datos obtenidos por la ESA, se crearon los dos catálogos. El Hipparcos contiene más de 118 mil estrellas y el Tycho-1 la nada desdeñable cifra de 1.050.000, pero agárrate, porque el catálogo Tycho-2 cuenta con 2.539.913 estrellas.

Catálogo de Galaxias Principales, PGC.

Es un catálogo que cuenta con más de 73000 galaxias, publicado originalmente en 1989. El catálogo fue actualizado en el 2003 (**PGC2003**) y ahora contiene 983.261 galaxias.

Objetos de la NGC forman parte de la PGC, así, por ejemplo, la galaxia de Andrómeda (es la más famosa, ya la estudiaremos) puede llamarse M-31, NGC-224 ó PGC-2557.

Catálogo de Henry Draper

Es un catálogo que tras varias ampliaciones consta de 359.083 estrellas, todas ellas con una magnitud aparente menor de 9. Se nombran con HD o HDE (versión extendida) más un número.

Bright Star Catalogue

Es un catálogo que incluye todas las estrellas con una magnitud aparente menor de +6´5. (Serían, más o menos, todas las estrellas visibles a simple vista). Fue desarrollado inicialmente en la universidad de Harvard y por ello las estrellas se nombran como HR más un número. (También BS o YBS). Actualmente cuenta con unas 9000 estrellas.

Catálogo Gliese

Este catálogo pretende recoger todas las estrellas que se encuentran a menos de 81´5 años luz de nosotros. Lo crearon W. Gliese y H. Jahreiss. Se han hecho varias versiones, siendo la versión última de 4388 estrellas. Para nombrarlas, se utilizan las siglas GL o GJ más un número.

22 JUNIO. NOMENCLATURA DE LAS ESTRELLAS.

En lo que llevamos de año he ido describiendo diferentes estrellas y hemos visto los diferentes nombres que pueden tener. Te habrás dado cuenta de que a todas las estrellas se les puede dar más de un nombre.

Para que a partir de ahora esto de los nombres no suponga ningún trauma (pues entiendo que puede llegar a liar bastante) voy a ver si soy capaz de resumir un poco los diferentes nombres que podría tener una estrella:

- **Nombre Propio**. Por ejemplo: Betelgeuse. Su nombre proviene del árabe, Yad al-jawzà, y significa "la mano de Jauza". Son estrellas que se ven fácilmente a simple vista y que, en la antigüedad, se les ponía un nombre propio que hacía referencia a las constelaciones que ellos veían (y que no tienen porqué coincidir con las que nombramos ahora). También hay estrellas con el nombre de personas, como la estrella de Barnard, de quien ya hablaremos.

- **Denominación de Bayer**. Es una forma de nombrar las estrellas que se inventó **Johann Bayer**. En ella, las estrellas son nombradas primero por una letra del alfabeto griego (que ya conoces) y el nombre de la constelación. En nuestro ejemplo, Betelgeuse, también es nombrada como Alfa Orionis (o Alfa Ori, en su versión corta).

Te recuerdo que el orden en el que se dicen las letras griegas no coincide con el orden de brillo en la constelación (lo cual fastidia un poco). De hecho, en la Constelación de Orión, la estrella más brillante, como sabrás, es Rigel, pero en cambio, el denominativo "Alfa" se lo lleva Betelgeuse.

- **Denominación de Flamsteed**. Es una forma de nombrar las estrellas que, en este caso, inventó **John Flamsteed**. Las estrellas se nombran con un número seguido del nombre de la constelación (el orden que siguen es según su coordenada en ascensión recta; de abajo a arriba, vamos). En realidad, para mí, tiene más sentido esta denominación, porque hay constelaciones que tienen más estrellas que letras griegas hay, así, en la constelación que hemos dejado a medias, Hércules, está la estrella 89 Herculis, por ejemplo.

- **Números de Catálogo**. Como ya expliqué ayer, hay bastantes catálogos para enumerar las estrellas. Con lo cual, algunas de ellas, también siguen esta denominación.

Por ejemplo, Betelgeuse, según el catálogo Hiparcos, tiene denominación HIP-27989. Según el Tycho, se le puede llamar también TYC0129-01873-1. Según el catálogo Henry Draper es HD-039801, según el catálogo de galaxias principales, PGC-2835026 y también según el Bright Star Catalogue, HD-2061. Y hay más, pero no queremos volvernos locos, ¿verdad?

25 JUNIO. BÚSQUEDA DE ESTRELLAS Y OTROS OBJETOS.

Existen varios lugares en internet donde puedes encontrar información sobre las estrellas. Unos son más fiables que otros y, por supuesto, también unos más fáciles que otros. Al final, en un libro de inicio a la astronomía no se puede meter toda la información que existe, así que si después de todo te gusta este mundillo y quieres seguir aprendiendo o ampliar conocimientos sobre los temas que voy tratando, una herramienta interesante puede ser internet, donde tienes, como sabes, muchas y variadas opciones.

Te recomiendo que vayas ojeando de vez en cuando esta herramienta para que te familiarices con las diferentes páginas que nombraré a continuación. Hay muchas y muy variadas.

Está, por ejemplo, la Wikipedia. Que es muy fácil, la verdad, pero alguna que otra organización se ha quejado de que había datos o nombres que estaban equivocados. Está bien pero es un sitio del que no te puedes fiar al 100%. Y eso que en la parte de astronomía está bastante bien.

Hay otros sitios, más oficiales, donde también se puede encontrar información sobre las estrellas. Te voy a dejar el enlace a alguno de ellos para que vayas curioseando, aunque tengan mucha más información de la que de momento sabemos manejar. Poco a poco. Seguramente haya más y puede, incluso, que mejores. Yo me he acabado acostumbrando a éstos o creo que son más sencillos para empezar. Si encuentras uno mejor (irán saliendo nuevos, por supuesto), adelante.

SIMBAD (http://simbad.u-strasbg.fr/simbad/) Una impresionante base de datos. Si pones el nombre de una estrella te sale mucha información sobre la misma. Prueba con Rigel. Cuando te sale la información, a la derecha del todo te sale una fotografía de la estrella. Haz clic donde pone lo de *Aladin Lite*, y tienes todas las estrellas del cielo ahí metidas. Es como moverte por el google maps del Universo. Si haces clic directamente en el enlace a Aladin Lite, puedes buscar allí la estrella que quieras también.

Un poco más intuitivo que el Aladin Lite es la página de WIKISKY.ORG, otro mapa del Universo. Merece la pena quedarse un rato toqueteando por esta página.

Otro mapa de esos, también espectacular, lo puedes encontrar en SKY-MAP.ORG

HYPERLEDA (http://leda.univ-lyon1.fr/), de la universidad de Lyon. Pones en "quick search" el nombre de una estrella y te sale un montón de información sobre la misma. Prueba también con Rigel, para que veas.

Al final, uno aprende tocando y buscando. Entre los catálogos, estas páginas y otras que encuentres por ti mismo, creo que no vas a tener problema alguno para informarte en el futuro. Todavía te queda mucho por aprender… ¡Ánimo!

26 JUNIO. ESTRELLAS PRINCIPALES HÉRCULES.

Hace unos días te mostré la constelación de Hércules. Sigue ahí arriba, junto al Boyero. Hazte a la idea de que las dos constelaciones ocupan un importante trozo del cielo. Y fíjate en una cosa... la cola de la Osa Mayor se utiliza para encontrar a Arturo, aunque no la señala directamente, sino más bien a una de las estrellas intermedias del Boyero (a la segunda más brillante, de hecho). Encontrando a Izar y a Arturo, casi podrás diferenciar el resto de estrellas del Boyero. Junto al Boyero se encuentra Corona Borealis (un par de estrellas sí se pueden diferenciar casi seguro), y junto a la Corona hay un sutil cuadrilátero con brazos y piernas, que es nuestro héroe: Hércules. Otro cuadrilátero muy famoso, por cierto, es Pegaso, pero lo veremos más adelante.

Sobre las estrellas principales de Hércules, quizá hayas intentado buscarlas ya por tu cuenta... ¿No es así? Bueno, no te preocupes, que alguna pincelada sí que voy a darte. En cualquier caso, si quisieras buscar la estrella Alfa, por ejemplo, y tienes internet, puedes buscar la página de SIMBAD. Una vez allí, metes *Alfa Herculis* donde pone "Basic Search" y te sale la información. Podrás ver las coordenadas y un montón de numeritos... aunque de momento, lo que queremos es saber encontrarla en el cielo y poder imaginarnos como es la estrella. Para ello, en Spectral Type (Tipo Espectral) podemos ver que es una M5 Ib-II. Y supongo que ya sabes lo que eso significa...

Y ahora sí, un pequeño apunte sobre las más importantes:

- **Ras Algheti, Alfa Herculis, HIP 84345** es una estrella triple. Como he dicho, la estrella principal es una M5 Ib-II, con un diámetro 300 veces más grande que el del Sol. A una distancia de 550 U.A. de ella se encuentran dos estrellas más pequeñas, una gigante y una enana a las que se conoce como **Ras Algheti B**. Se encuentran a 613 años luz de nosotros y tienen una magnitud aparente variable entre 3´1 y 3´9.

- **Kornephoros, Beta Herculis**, su nombre proviene del griego y significa "Portador del Garrote", así que te puedes hacer una mejor idea de donde se encuentra... aunque en realidad está a 148 años luz. Es una estrella binaria cuya componente principal es una G7 IIIa. Su Magnitud aparente +2´78, con lo que consigue el primer puesto en la constelación de Hércules. **Gamma Herculis** está cerca de Kornephoros y tiene una magnitud aparente de +3´75.

- **Sarín, Delta Herculis**, con una magnitud aparente de +3´14 es la tercera estrella más brillante de Hércules. Es otra binaria cuya componente principal es una A1 IV y la segundona una G4 IV-V.

- **Maasym, Lambda Herculis**, se encuentra junto a Sarín. Es una K4 III.

- **Zeta Herculis**, es la segunda estrella más brillante de Hércules (Magnitud Aparente +2´89). Lo bueno es que forma parte del cuadrilátero de la constelación, que es lo que se usa como referencia para localizarla en el cielo. Además, Zeta Herculis es la que se encuentra más cerca de Corona Borealis. Si trazas una línea desde Arturo hasta Zeta Herculis, en medio está la estrella más brillante de la Corona. Zeta Herculis, por cierto, también es una binaria cuya componente principal es una G0 IV. Y si brilla tanto es porque se encuentra a "solo" 35 años luz de nosotros.

27 JUNIO. OTROS OBJETOS DE HÉRCULES.

Hoy dejamos la constelación de Hércules. Pero vamos a hacerlo a lo grande, con uno de los cúmulos estelares más bellos del firmamento. Hablo de **M13, El Gran Cúmulo de Hércules (NGC 6205).**

Cúmulo estelar M13. Crédito: Wikipedia/Portscan.

Míralo bien, porque es allí donde nos dirigimos, y además lo hacemos a unos 16´5 Km por segundo (A casi 60.000 km/h). No te preocupes, porque está a más de 25.000 años luz, así que tardaremos en llegar :-).

El **Apex Solar** fue calculado (y nombrado) por **William Herschel**, un excelente astrónomo que ya he nombrado y que volveré a nombrar, por supuesto. También he nombrado ya a **Edmund Halley**, a quien debemos el descubrimiento de este precioso enjambre de estrellas. Bien, el Apex Solar es el punto en el cielo al cual se dirige el Sistema Solar, en su movimiento por la Vía Láctea.

Cerca de M13, por cierto, se encuentra otro impresionante Cúmulo Globular (también conocidos así), llamado **M92 ó NGC-6341**, que se encuentra a 26.000 años luz.

Además de M13 y M92, se pueden observar otros objetos como:

 - **Abell 2151, Cúmulo de Galaxias de Hércules**. Los cúmulos de Galaxias siempre han sido mi debilidad... En la siguiente imagen te muestro el baile de las preciosas galaxias NGC-6050 e IC-1179, que forman parte de éste impresionante cúmulo de galaxias.

NGC-6050, IC-1179. Crédito: NASA/ESA/STScI.

- **NGC-6487, NGC-6482** y **NGC-6181** son tres Galaxias.

- **NGC-6210**, **Nebulosa de la Tortuga**, una Nebulosa así de preciosa:

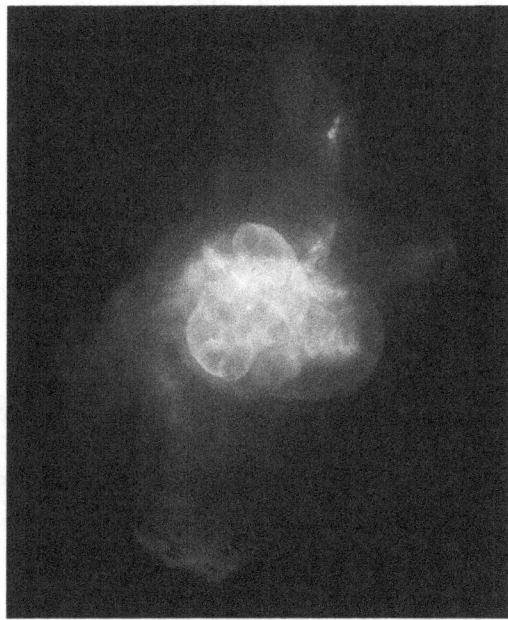

Nebulosa de la Tortuga. Crédito: Wikipedia/Judy Schmidt.

28 JUNIO. MAGNITUD APARENTE Y MAGNITUD ABSOLUTA.

Hoy vamos a ver la diferencia entre **Magnitud aparente** y **Magnitud absoluta**.

La Magnitud aparente ya la conoces (Lo vimos el 13 de febrero).

La **Magnitud absoluta** es la Magnitud aparente que tendría una estrella si estuviera a 10 parsecs de nosotros. (Recuerda que un parsec son 3´26 años luz). ¿Qué quiere decir esto? Pues que si sabemos la magnitud absoluta, podemos hacernos una mejor idea de lo brillante que es en realidad una estrella.

Vamos a ver un ejemplo:

Las magnitudes aparentes de Sirio y Alnilam son: -1´46 y +0´42. Son dos estrellas que ya conoces y que imagino no tienes problemas de encontrar en el firmamento, sobre todo si te recuerdo que Alnilam está en el cinturón de Orión. (Aunque estas noches no podrás verlas, lo siento).

Sirio brilla más que Alnilam, y podríamos pensar que es debido a que es mucho más grande. Nada más lejos de la Realidad; como sabes, Sirio es una de las estrellas más cercanas a la Tierra y Alnilam está lejísimos.

Sin embargo, eso podríamos haberlo deducido antes si nos hubieran dicho las magnitudes absolutas:

La magnitud absoluta de Sirio es +1´42.
La magnitud absoluta de Alnilam es -6´40.

Esto quiere decir que si esta estrella estuviera a 32 años luz (10 parsecs) se vería como unas 4 veces más brillante que Venus y podría verse ¡hasta de día! ¿A que a ti también te gustaría?

Otros ejemplos:

La magnitud absoluta del Sol es +4´81. Es decir, el Sol casi ni se vería a simple vista si estuviera a 10 parsecs de nosotros.

La magnitud absoluta de VY Canis Mayoris es de -9´4. (Se vería como una cuarta parte de la Luna).

29 JUNIO. JOSEPH JHON THOMSON.

Joseph Jhon Tomson ha sido uno de esos grandes científicos que nos ha dado la naturaleza.

Nació en Manchester el 18 de diciembre de 1856. Se licenció en matemáticas en la universidad de Cambridge y se convirtió unos años más tarde en profesor de física. Uno de sus alumnos, por cierto, fue **Ernest Rutherford**, de quien ya hablaremos.

Se casó y tuvo dos hijos. Su hijo George también era un fuera de serie y obtuvo, como su padre, el Novel de Física (solo que 31 años después).

Se le conoce fundamentalmente por su modelo de átomo, el conocido como el pudin de pasas. Concluyó que los átomos eran divisibles y propuso este nuevo modelo de átomo, que ya no se parecía a una canica (según el modelo de **Jhon Dalton**, de 1808), sino a un pudin de pasas, donde las pasas son los electrones.

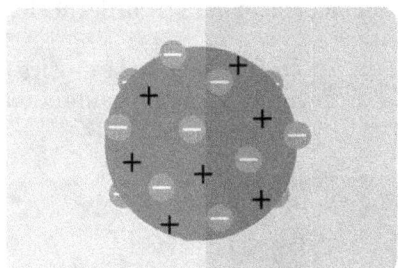

Estaba lejos de la realidad, sí, pero se acercó más de lo que nadie lo había hecho jamás:

Modelo de átomo de Thomson. Ilustración de Javier Corellano. (@CuaCuaStudios).

Para llegar hasta allí, lo primero que tuvo que hacer fue descubrir los electrones. Pero es que no solo los descubrió, sino que calculó su masa, su carga y su comportamiento en ciertas situaciones, y además, de una manera brillante. Lo hizo gracias a una serie de experimentos sobre los **rayos catódicos**, que son, dicho mal y pronto, una corriente de electrones (una corriente eléctrica) moviéndose por el vacío.

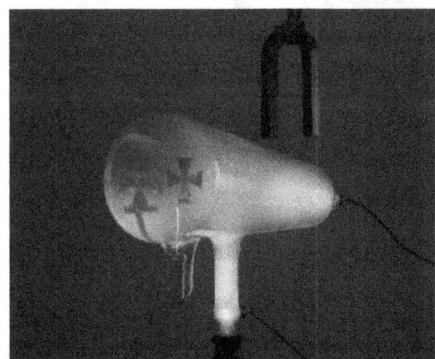

Experimento con rayos catódicos. Crédito: Wikipedia

También descubrió los isótopos (concretamente descubrió que existen átomos de neón (un gas muy estable) de diferente masa, y abrió, con ello, una nueva línea de investigación). Utilizó los rayos catódicos para separar átomos de diferente masa. Si recuerdas, los isótopos son los átomos que tienen diferente masa aun perteneciendo al mismo elemento. (El número de protones es el mismo pero varía el número de neutrones).

Murió en 1940.

JULIO

2 JULIO. CONSTELACIÓN DE LIRA.

La constelación de Lira (o Lyra) es una pequeña constelación que se encuentra junto a Hércules. Supongo que recordarás su "pequeño" altercado con una Lira incrustada en la cabeza de su profesor de música... pues esa lira está allí en el cielo para recordárnoslo.

En otro mito, se cuenta que la lira era de Orfeo, hijo de Apolo (El Dios de la música). Orfeo se convirtió en músico y poeta e incluso después de decapitado siguió cantando a su difunta amada.

Constelación de Lyra en el cielo. Crédito: Wikipedia/Till Credner.

La constelación es fácilmente reconocible por una estrella: **Vega**.

Esta noche, si sales hacia las 22-23 horas, la podrás ver mirando hacia el este. Vega es la estrella más brillante que se ve por esa zona, así que no tiene pérdida. Mañana hablaremos sobre esta preciosa estrella para que sepas a quién estás mirando.

3 JULIO. VEGA.

Vega es una importante estrella del firmamento y por ello tiene el honor de no compartir este día con nadie. Su magnitud aparente es de 0´03, (podría considerarse como cero) y solo por eso ya es merecedora de dicho privilegio.

Con esa magnitud aparente se sitúa en el puesto número cinco de las estrellas más brillantes que se pueden observar desde la Tierra (sin contar el Sol). De entre esas cinco estrellas, se encuentran, como sabrás, Sirio en primer lugar, y Arturo en Tercer lugar. **Canopus** y **Alfa Centauri** ocupan los puestos segundo y cuarto respectivamente, pero estas estrellas no son visibles desde el hemisferio norte.

Si Vega brilla tanto es más por su cercanía a nosotros que por otra cosa. Se encuentra a 25 años luz de la Tierra. Es una A0 Va, es decir, una enana blanco-azulada. Es más masiva que el Sol y está más caliente, con lo cual, su combustible se quema más rápido y se acabará antes, pasando a ser una estrella Roja en unos cientos de millones de años.

Comparación de Vega y el Sol. Crédito: Dominio Público.

Si te fijas en la figura de arriba y eres un buen observador, quizá hayas notado un cierto achatamiento de Vega. El Sol es mucho más redondito. Bueno, esto se debe al rápido giro de la estrella. El Sol da una vuelta sobre sí mismo cada 25-30 días. ¡Vega lo hace en 12 horas! Esta enorme velocidad hace que los polos se achaten, y que la temperatura en los mismos sea mucho mayor que en el resto. La estrella está, además, con uno de sus polos orientados hacia la Tierra, con lo cual podemos ver la zona más caliente.

Eso de que sea mucho más joven que nuestro Sol (500 millones de años frente a los 4500 millones del Sol), tiene otra consecuencia: Se está formando un Sistema de planetas a su alrededor. Como lo oyes. Se ha descubierto que Vega está envuelta en una nube de asteroides. Es un disco de polvo y rocas similar al que dio origen a la Tierra y al resto de planetas del Sistema Solar. Así que si estudiamos bien este sistema durante varios millones de años ¡podremos ver cómo comenzó todo!

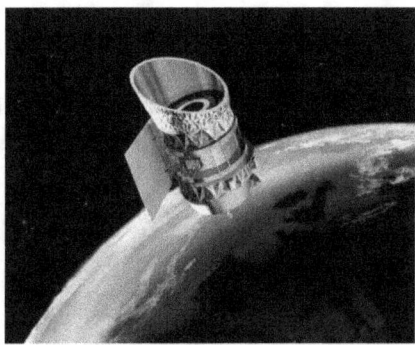

Satélite IRAS, descubridor del disco de polvo que envuelve Vega en 1983. Crédito: NASA.

4 JULIO. ESTRELLAS Y OBJETOS DE LIRA.

Lira es una constelación pequeñita que no contiene muchas estrellas, aunque sí contiene alguna interesante, ya verás.

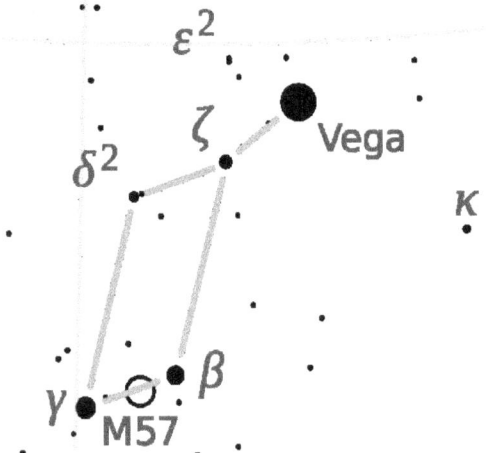

Constelación de Lira. Crédito: Wikipedia/Torsten Bronger.

Además de Vega (Alfa Lyrae), de la que hablamos ayer, Lyra contiene otras dos estrellas con nombre propio: **Sheliak** y **Sulafat.**

- **Sheliak** es la estrella Beta de la constelación, aunque en realidad es la tercera más brillante. Su brillo varía entre 3´3 y 4´2 de magnitud aparente. Es así porque es una estrella binaria eclipsante. Son en realidad dos estrellas que orbitan con un periodo de casi 13 días. Cuando una de las dos se pone delante de la otra, el brillo aparente disminuye. La estrella principal es una B8 II-III, una gigante de un color azul intenso situada a 960 años luz. Su magnitud absoluta, por cierto, sería de -3´9.

-**Sulafat** o **Gamma Lyrae**, es una B9 III situada a unos 620 años luz y su magnitud aparente es +3´26.

- **Epsilon Lyrae**, en la imagen superior, a la izquierda de Vega, se ve como dos estrellas juntitas. Es lo que se conoce como una doble-doble. En Lyra hay dos, ésta, y otra menos conocida llamada SFT-2470/SFT2474. Epsilon Lyrae puedes verla como dos estrellas incluso usando unos prismáticos decentes, entre ellas están separadas 0´16 años luz.
Pero hay más, se estima que Epsilon Lyrae, en realidad, lo forman 10 estrellas.

En Lira destacan, por otra parte, dos objetos del catálogo Messier: M56 y M57.

- **M56, NGC-6779**, es un precioso cúmulo estelar.

M56. Crédito: NASA/STScI/ESA.

- **M57, NGC-6720, la Nebulosa del Anillo**. Es una de las nebulosas más famosas del Universo. En el centro de la nebulosa se encuentra una estrella enana blanca que en su día fue mucho más grande que el Sol, pero que, al final de su vida, estalló formando la nebulosa de un año luz de diámetro que hoy en día podemos observar:

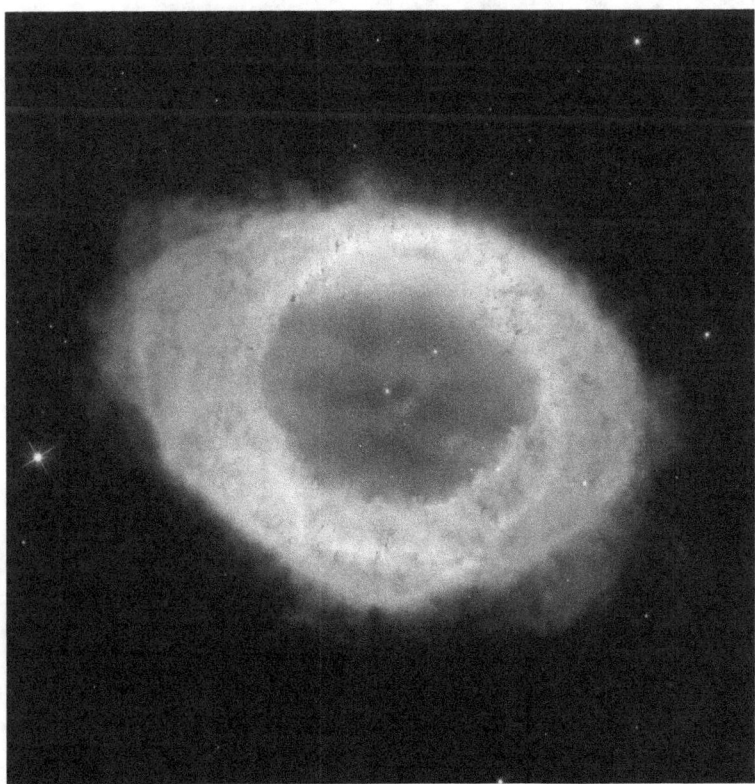

Nebulosa del Anillo. Crédito: NASA/ESA/C.Robert O'Dell.

5 JULIO. TRIÁNGULO DE VERANO.

Sabiendo donde se encuentra Vega, podemos localizar otras dos importantísimas estrellas que forman lo que se conoce como el **Triángulo de Verano**. Estas estrellas se llaman: Deneb y Altair y pertenecen a las constelaciones del Cisne y del Águila. Se localizan fácilmente, así que sabiendo cualquiera de ellas, es fácil localizar las otras.

Vega, Altair y Deneb forman el triángulo de verano. Crédito: Wikipedia/Martin Mark.

Podrás verlo hacia el este. Vega por encima, en el firmamento, tanto de Debeb como de Altair. Son las tres estrellas más brillantes que podrás ver si miras en esa dirección. Si trasnochas un poco y sales a verlo hacia las 2 ó las 3, sí que estará casi en lo más alto de la cúpula estelar.

Estas constelaciones las veremos próximamente así que ve mirándotelas para saborearlas mejor dentro de poco.

6 JULIO. TIPOS DE GALAXIAS.

El Universo está lleno de galaxias. Muchas más de las que se pensaba hasta hace poco, de hecho (Un estudio bastante reciente habla de al menos 10 veces más galaxias de las que se pensaba en el Universo observable). Casi todo el cielo está ocupado por galaxias. Si lo vemos negro es porque están tan sumamente lejos que, por unas cosas o por otras, la luz no llega hasta nosotros.

Habiendo tantas, como imaginarás, las hay de todo tipo. He seleccionado los tipos más comunes para que aprendas a identificarlas en el futuro:

- **Galaxias Elípticas**. Estas galaxias suelen tener una forma esférica u oval y un brillo más o menos uniforme. Son como una enorme nube de estrellas que van y vienen de una forma un poco caótica. Generalmente las estrellas son viejas y hay poco gas y polvo interestelar.

M87, típica galaxia elíptica situada en el cúmulo de Virgo. Crédito: Flickr.

- **Galaxias Espirales**. Las galaxias espirales son más complejas y bonitas que las Elípticas. Tienen una estructura de disco formada por dos elementos: un núcleo y los brazos en forma de disco que giran alrededor (para que te hagas una idea, a velocidades de cientos de kilómetros por segundo). Estas galaxias se pueden dividir en dos tipos:

    o **Espirales normales**. Los brazos salen del núcleo.

M81. En la Osa Mayor, a 12 millones años luz. Crédito: Adam Block/Mount Lemmon SkyCenter, Arizona.

    o **Espirales barradas**, que constan de una gran barra central desde donde salen los brazos.

NGC-1300. Constelación de Eridanus. Crédito: Hubble/ESA/NASA.

Las galaxias Espirales, al contrario que las Elípticas, tienen una gran cantidad de estrellas jóvenes y brillantes y una gran cantidad de gas y polvo interestelar (donde se seguirán formando nuevas estrellas).

- **Galaxias Lenticulares**. Son una mezcla entre las Elípticas y las Espirales. Son Galaxias que constan un núcleo y un disco pero a su alrededor, también hay una enorme nube de estrellas. Vimos una preciosa en la constelación de Virgo, ¿Recuerdas la galaxia del sombrero?

- **Galaxias Irregulares**. Como su propio nombre indica. Son irregulares. Son una nube de estrellas pero, al contrario que las Elípticas, su brillo no es uniforme. Generalmente son pequeñas galaxias que se han deformado al chocarse con alguna otra o simplemente afectadas por la gravedad de un vecino de mayor tamaño.

9 JULIO. PLANETAS VS PLANETAS ENANOS.

Si vuelves atrás hasta el 9 de enero, recordarás que salía una imagen con los planetas y los planetas enanos del Sistema Solar. Ha llegado el momento de saber porqué se hace esta diferenciación entre ellos.

Los dos planetas enanos más famosos del Sistema Solar son Plutón y Ceres. Probablemente nunca hayas oído hablar de Ceres y eso que se encuentra más cerca de nosotros que Júpiter. Concretamente se encuentra en el cinturón de asteroides, que veremos en unos días, y que está entre las órbitas de Marte y de Júpiter.

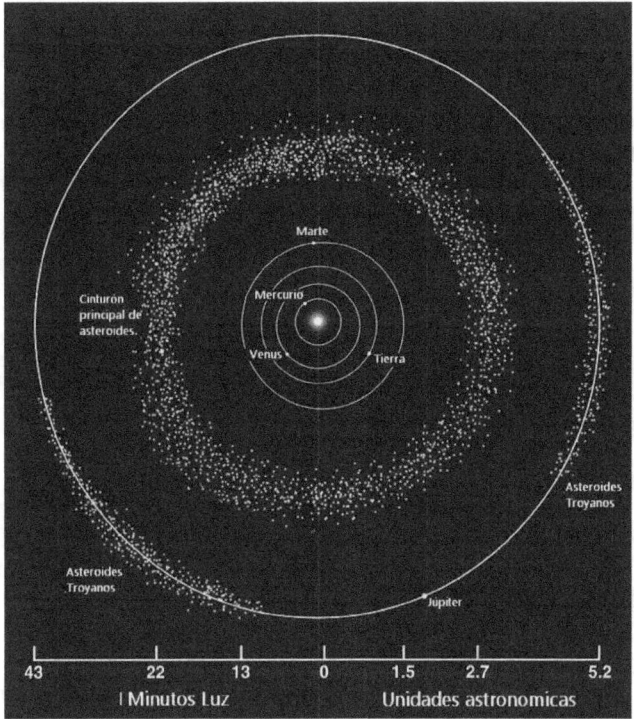

Sistema Solar. Planetas Interiores, cinturón de asteroides y Júpiter. Crédito: NASA.

Seguramente te enseñaron en el colegio que Plutón era un planeta, y eso es porque no fue hace mucho (2006) cuando se decidió que no era "pa tanto". Porque es que si Plutón es un planeta, entonces Ceres debería serlo, y con más razón. Me explico:

Ceres no viaja solo en el espacio, siempre va acompañado por una enorme cantidad de asteroides; Es, simplemente, el mayor de todos ellos. Y ahí está la clave. Ceres es lo suficientemente grande como para llegar a tener una forma esférica, pero no lo suficiente como para desalojar o atraer definitivamente a todo lo que gira en su misma órbita y es por ello por lo que solamente pesa una tercera parte de todo lo que orbita en el famoso cinturón de asteroides.

Existe un término, que se llama **Determinante Planetario**, y que se expresa con la letra griega μ. El determinante planetario proporciona la relación entre la masa de un planeta (o planeta enano) y todo lo demás que gira en su misma órbita. Así, en el caso de Ceres, μ= 0´5. Si μ es mayor de 100, entonces tenemos un planeta. Si es menor, entonces es un planeta enano. Concluimos entonces que Ceres es un planeta enano.

Pero ¿y Plutón? Ya he dicho que Plutón tendría más razones para ser un Planeta Enano que Ceres. Y es que, si es así, podrás imaginar que Plutón no viaja solo tampoco. Tiene muchos otros cuerpos orbitando con él. Tantos, que μ da un valor de 0´077. Esto quiere decir que si la masa total que gira en la misma órbita que Plutón es 100, Plutón tan solo pesa 7´15. Plutón se encuentra dentro del **Cinturón de Kuiper**, que veremos más adelante.

Por cierto, la Tierra tiene un Determinante Planetario de 1.700.000. Estamos lejos de bajar de categoría. :-)

10 JULIO. CERES.

Ceres es el planeta enano más cercano al Sol. Fue descubierto por **Giuseppe Piazzi** en 1801. Para entonces, ya se sospechaba que algo tenía que estar orbitando en esa posición, así que se pusieron a buscarlo concienzudamente. Lo que pasa que es tan pequeñito (su diámetro es de 950 kilómetros) que cuesta mucho verlo desde aquí (hace falta un potente telescopio).

Giuseppe Piazzi. Crédito: Wikipedia.

Sabíamos bastante poco sobre Ceres hasta hace muy poco, cuando lo visitó **La sonda Dawn**. Esta sonda, por cierto, pasó antes por Marte, en el 2009, y por **Vesta**, el asteroide más masivo del Cinturón de Asteroides, en el 2011.

Comparación tamaños la Tierra, Luna y Ceres. Crédito: NASA/JPL/UCLA/MPS/DLR/IDA.

Hasta hace poco se pensaba que Ceres constaba de un núcleo rocoso y el resto era prácticamente de hielo. Ahora se cree, sin embargo (aunque no todos los científicos están de acuerdo) que es un planeta enano mucho más homogéneo, formado seguramente por roca porosa mezclada con hielo de agua y otros compuestos.

Visto desde fuera, Ceres tiene un aspecto muy lunar, aunque con una superficie mucho más uniforme. Llena de cráteres, por supuesto. A parte de los cráteres, se han visto unas misteriosas manchas blancas en su superficie (La mayor es la del **cráter Occator**). Estas manchas, tal y como se observó en el año 2015, están compuestas por sales. Más concretamente de carbonato de sodio mezclado con cloruro o carbonato de amonio. Lo más interesante de ese material es que aparece allá donde hay actividad hidrotermal, lo cual nos hace pensar que puede que exista realmente (o haya existido, al menos) agua líquida debajo de la superficie. También puede ser que el choque de meteoritos genere el suficiente calor para, en esos puntos, derretir el agua y hacer que ésta salga a la superficie.

Ceres, fotografiado en el 2015. Crédito: NASA.

Lo más interesante de esa gran cantidad de agua es, como siempre, por un lado, la utilidad (Si algún día vamos allá, agua no nos va a faltar), y por otro, la remota posibilidad de que haya vida. Algunos científicos opinan que es muy posible que entre el núcleo y la corteza de Ceres (Si es que finalmente hay núcleo y corteza) haya una capa de agua líquida y eso, tal y como entendemos la vida, es algo esperanzador.

Por cierto, que no se me quede en el tintero, Ceres tarda 4´6 años en dar una vuelta al Sol y 9 horas en hacerlo sobre sí mismo.

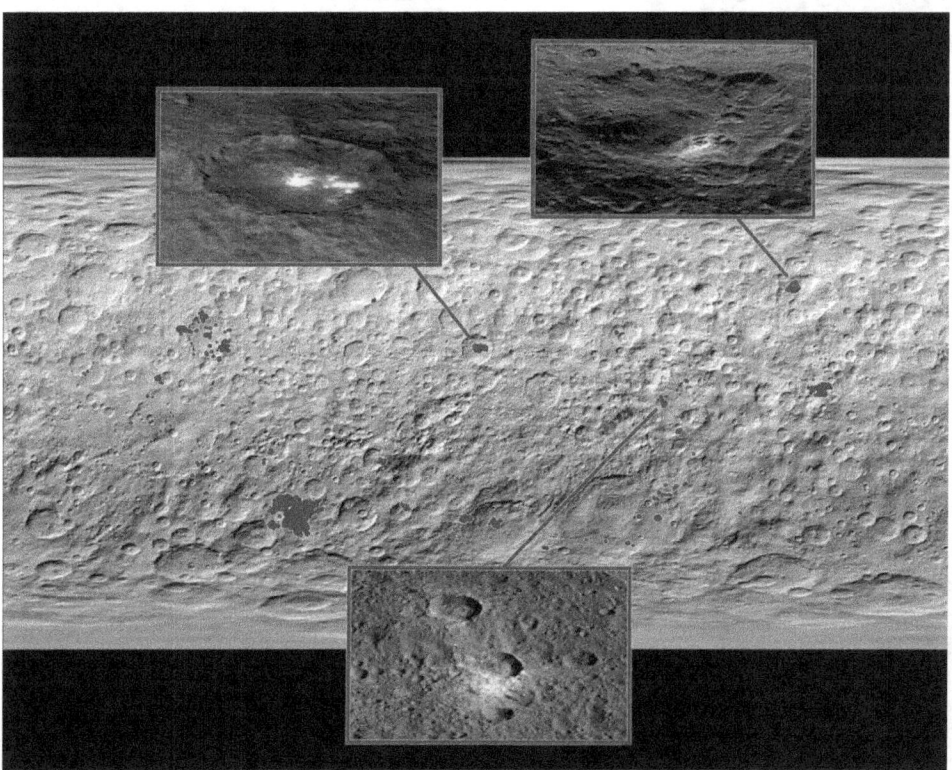

Localización de los puntos blancos en Ceres. Crédito: NASA.

11 JULIO. CINTURÓN DE ASTEROIDES.

Ayer aprendiste sobre el mayor de los asteroides; tan grande que ya no se le considera de ese modo. Hoy le toca el turno al Cinturón de Asteroides.

Antes de nada, simplemente decir que la palabra Asteroide viene de Staroide, que viene a significar algo así como "no es estrella pero se le parece". Los asteroides, en los años en

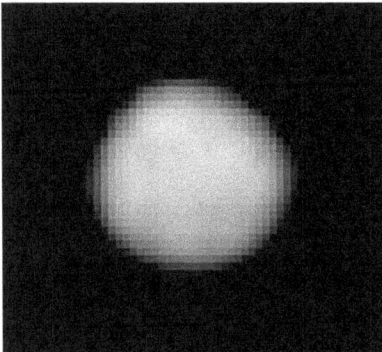

los que **William Herschel** era el Rey de la astronomía en la Tierra, podían ser observados con potentes telescopios, pero debido a su pequeño tamaño, no se podía llegar a distinguir bien lo que eran, así que William propuso lo de Staroides (se parecían más a una estrella que a otra cosa).

Solo se podía diferenciar bien a Ceres y a Palas, los dos mayores. (Vesta es más masivo que Palas, pero no más grande).

Palas. Crédito: NASA/ESA.

Donde ahora está el cinturón de asteroides debería haber un planeta. Durante la formación del Sistema Solar, las rocas que giraban a esa distancia del Sol nunca llegaron a unirse formando algo mayor... y el culpable de ello es Júpiter. Júpiter está lo suficientemente cerca del cinturón de asteroides para que su influencia gravitatoria haya desalojado todas la rocas que se hubieran unido formando un formidable planeta. Ha desalojado tantos que ahora mismo la masa total de todos los asteroides es un 4% de la de la Luna, lo cual no es mucho, la verdad. Se cree que eso es menos incluso del 1% de lo que llegó a ser la gran nube de asteroides en sus buenos tiempos.

Ese 4% de la masa de la Luna lo forman alrededor de un millón - millón y medio de asteroides. De todos ellos, solo el tamaño de unos 200 podría ser comparable al de una provincia media española. Y solo 4 de ellos constituyen la mitad de la masa de todos los asteroides juntos; hablo de **Ceres, Palas, Vesta** e **Higia**.

Vesta. Crédito: NASA/JPL/UCAL/MPS/DLR/IDA.

Y aquí un dato interesante: Si los asteroides están a unos 2´77 U.A. del Sol, esto quiere decir que se mueven en una circunferencia cuya longitud es de 2600 millones de kilómetros, es decir: aun yendo todos en fila india, habría un asteroide cada 2600 kilómetros. Como podrás imaginar, las posibilidades de que choquen son bastante escasas. Lo digo para que no te imagines con una nave espacial cruzando el cinturón de asteroides y realizando infinidad de piruetas para esquivarlos... :-)

Su composición, por cierto, es variada. Los hay que son básicamente hielo aunque también pueden contener diversos materiales como silicio, carbono, níquel o hierro. Se separan en 3 grandes grupos: El más numeroso es el de los Carbonáceos (C), luego están los Silicatos (S) y, por último, los Metálicos (M).

12 JULIO. CINTURÓN DE KUIPER Y NUBE DE OORT.

Gerard Kuiper. Crédito: Wikipedia.

El Cinturón de Kuiper es una región del Sistema Solar que se encuentra más allá de la órbita de Neptuno y del que forman parte billones (sí, millones de millones) de cuerpos helados, miles de ellos mayores de 100 kilómetros de diámetro, entre los que se encuentran varios planetas enanos como por ejemplo Plutón.

El cinturón de Kuiper tiene forma de Disco y se encuentra a entre 30 y 55 UAs del Sol.

Su nombre, por cierto, se lo debemos a **Gerard Kuiper**, que es considerado como el padre de las ciencias planetarias modernas.

Recientemente, como sabes, Plutón ha sido descendido a la categoría de Planeta Enano. Pero es que en el Cinturón de Kuiper hay más planetas enanos: **Eris**, **Makemake** o **Haumea** son los más conocidos (los veremos en unos días). También se les conoce como objetos transneptunianos (más allá de Neptuno).

A veces, un cuerpo del cinturón de Kuiper se desvía de su órbita y se acerca al Sol. Ese cuerpo entonces pasamos a llamarlo **cometa**. Al acercarse al Sol, como está formado en gran parte por hielo, el cometa se deshace un poquito y suelta material a su paso, creando un bonito rastro que se conoce como **cola del cometa**.

Es interesante que sepas que los **cometas de corto periodo** (cuyas vueltas alrededor del Sol duran menos de 200 años), provienen casi todos ellos del Cinturón de Kuiper. El **cometa Halley** es el más famoso de ellos (Su periodo ronda los 75 años). Por otro lado, los **cometas de largo periodo** (más de 200 años), provienen de la **Nube de Oort**, que es una nube que envuelve literalmente al sistema Solar y cuyos millones y millones de cuerpos helados se encuentran a una distancia entre 5 y 100.000 UAs del Sol. Es algo más bien teórico, y se lo debemos a **Jan Oort**, que formuló su teoría en 1950.

Jaan Oort. Crédito: Wikipedia/Joop Van Bilsen.

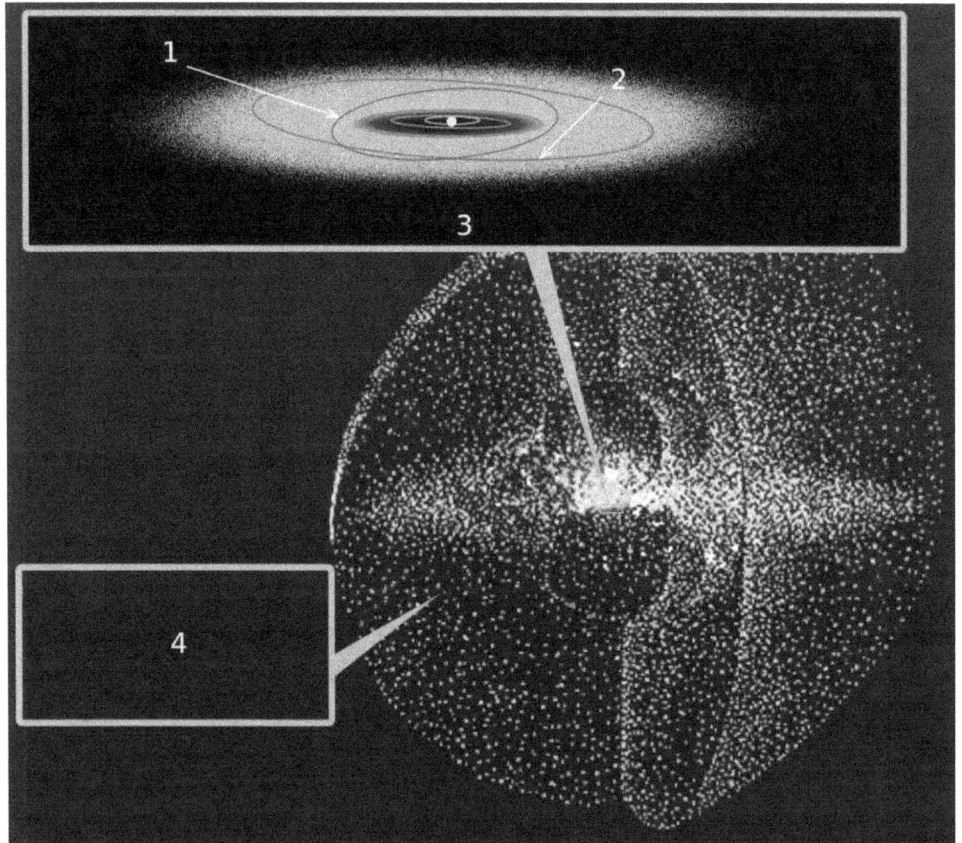

Kuiper Belt (3) y nube de Oort (4). En la parte superior se puede observar la órbita de Plutón (1) y de un objeto cualquiera del cinturón de Kuiper (2). Crédito: NASA.

13 JULIO. PLUTÓN.

Plutón es el planeta más alejado del Sol. Esta frase habría tenido sentido hace años, pero como sabes, ahora ya no es correcta. Primero no es un planeta sino un planeta enano. Segundo, ni siquiera es el planeta enano más alejado del Sol. Cómo cambian las cosas en poco tiempo, ¿eh?

Plutón está tan lejos y es tan pequeño (2300 km de diámetro) que no fue descubierto hasta 1930. El mérito se lo debemos a **Clyde William Tombaugh**.

Plutón tiene 5 satélites orbitando alrededor de él: **Caronte, Nix, Hidra, Cerbero y Estigia**. Casi todos ellos se conocen desde hace muy poco: Nix e Hidra fueron descubiertos en el 2006 (Tienen unos 100 y 150 km de diámetro), Cerbero fue descubierto en el 2011 y Estigia en el 2012 (éstas últimas mucho más pequeñas). El más grande de los 5 es Caronte (con sus casi 2000 km de diámetro). Es tan grande que hasta resulta difícil decidir quién orbita a quién...

Plutón y Caronte. Crédito: NASA/Jhons Hopkins University.

Plutón tarda 249 años en dar una vuelta al Sol. Su órbita es muy excéntrica, es decir, el punto más alejado del Sol es mucho mayor que el más cercano; tanto es así, que Plutón pasa 20 años estando más cerca del Sol que Neptuno. Además de ser la órbita más excéntrica del Sistema Solar, también es la que está más inclinada: 17´2º. También el eje de Plutón está muy inclinado: 120º. Tanto, que Plutón, al igual que pasaba con Venus, por ejemplo, gira al revés, lo cual es un lío. La suma de semejante excentricidad e inclinación, hacen que las estaciones en Plutón sean muy extremas, aunque si vivieras en Plutón, es muy probable que tan solo vivieras una o dos estaciones (son larguísimas). Pasarías mucho frío en cualquier caso, eso sí.

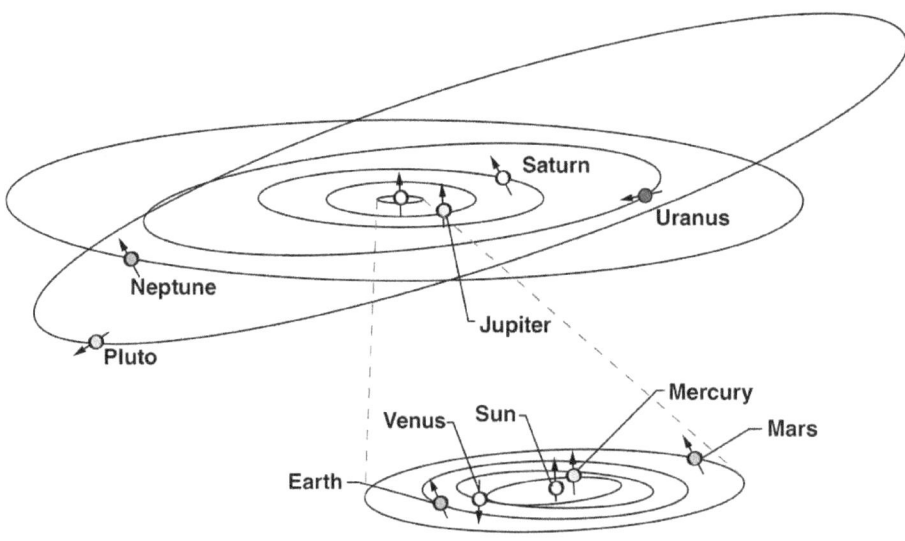

Comparación de la órbita de Plutón con la del resto de planetas. Crédito: NASA.

Y hasta aquí es básicamente lo que sabíamos de este pequeño planeta enano hasta que en el año 2015 llegó a él la sonda **New Horizons** de la NASA. Nos mandó fotografías espectaculares. Piensa que son fotos que nos envían desde una distancia de 5000 millones de kilómetros. Un millón de veces más lejos que la postal que te manda tu tía desde el Caribe.

La zona comúnmente conocida como "el corazón" se llama, en realidad, **Tombaugh Regio**. La mitad izquierda del corazón se llama **Sputnik Planum**, y es un enorme glaciar. Pero el hielo que lo forma es de nitrógeno que, a esa temperatura, tiene una

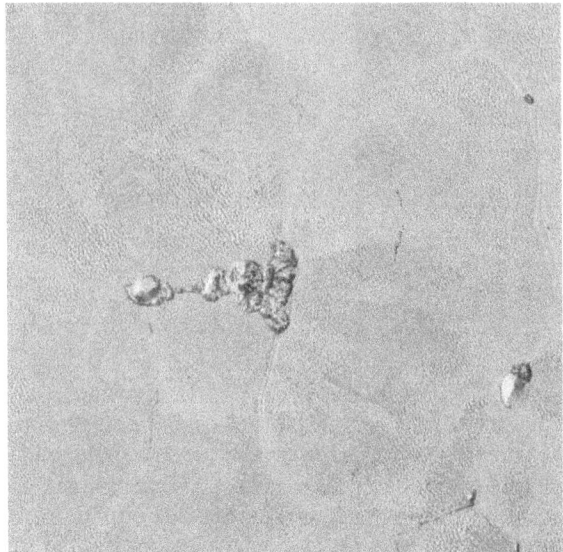

consistencia como la de la pasta de dientes. En esta zona no hay cráteres, ni uno solo, lo que nos da una idea de lo joven que es el corazón de Plutón. Puede ser eso, o simplemente que si cae un meteorito en dicho mar, el cráter desaparece debido a la densidad del nitrógeno helado que lo forma. Rodeando a ese mar de nitrógeno, hay montañas. Se creía que de haber montañas, éstas serían trozos de la corteza que sobresalen por encima del mar de hielo… pero se ha observado que no es así, pues no están conectadas entre sí. Son como icebergs. Enormes icebergs flotando en un denso mar de nitrógeno.

Montaña de hielo flotando en la planicie. Crédito: *NASA/JHUAPL/SWRI*

Imagina estar ahí... junto a montañas de hielo de agua de más de un kilómetro de altura que han sido erosionadas por glaciares de Nitrógeno. Un poco de Nitrógeno líquido se mueve bajo tus pies. El Sol es solo un brillante punto en el cielo... y estás solo...

Si te movieras por el resto de la superficie de Plutón, aparte de pasar frío, también pisarías suelos de hielo de agua (duros como rocas), metano o monóxido de carbono.

La débil atmósfera de Plutón está compuesta, además de por nitrógeno y metano, por **Tolinas**, sustancias orgánicas que le dan a Plutón ese color rojizo (Veremos otro lugar donde existen Tolinas). La atmósfera, por cierto, varía a lo largo de un año de Plutón. Como ya he comentado, las estaciones son muy extremas y, aunque el agua seguirá siendo siempre duro hielo (En la superficie, porque por debajo de ella, muy en profundidad, se baraja la idea de que pueda haber ¡agua líquida!), el nitrógeno funciona diferente y, se cree que en algunos momentos del año plutoniano, pueda fluir en forma de ríos o glaciares y erosionar, con ello, la superficie de Plutón. ¡Plutón empieza a ponerse de un interesante que asusta!

Te dejo también una bonita fotografía de Caronte. La parte oscura de arriba, por cierto, la han bautizado como la región de Mordor. Como lo oyes. :-)

Caronte. Crédito: NASA/JHUAPL/SwRI

En cualquier caso, la sonda no se va a detener en Plutón, sino que seguirá alejándose de nosotros para visitar otros cuerpos del Sistema Solar más alejados todavía. El primer día del año 2019 la sonda tiene previsto llegar a **2014MU69**, un objeto del cinturón de Kuiper. ¡Habrá que estar atento!

16 JULIO. PERSEIDAS.

Las Perseidas son una de las lluvias de estrellas fugaces más conocidas de las que se dan cita a lo largo del año en nuestro querido planeta Tierra. Su máximo esplendor no llegará hasta mediados del mes que viene (Ya te lo recordaré) pero oficialmente empiezan hoy y además creo que es un buen momento para empezar a hablar de ello. Por eso, antes de salir a verlas, tienes que saber un poco de qué trata todo esto.

Las estrellas fugaces, ha de quedar claro, no son estrellas. Tampoco son cometas (aunque tienen más de cometa que de estrella, ya verás).

Lo que vemos en el cielo son, en realidad, meteoros. Según la RAE, un meteorito es el *fragmento de un bólido que cae sobre la Tierra*. Proviene de la palabra meteoro, que es un fenómeno atmosférico.

El caso es que el origen de las estrellas fugaces son los cometas, más concretamente, la cola de los mismos. En el caso de las Perseidas, las vemos gracias a un cometa llamado **Swift-Tuttle.** Es un cometa de unos 26 kilómetros que tiene un periodo de 133 años. En su órbita alrededor del Sol hay un momento en el que está más lejos que Plutón, pero luego se acerca tanto que atraviesa la órbita de la Tierra.

Al acercarse al Sol, como pasa con todos los cometas, empieza a soltar materia al espacio, dejando tras de sí un rastro de polvo, agua y rocas. Ese rastro, como digo, coincide con la trayectoria de la Tierra en el espacio. Todas esas partículas se quedan ahí y la Tierra, al cruzarse con la trayectoria del cometa, "choca" con ellas.

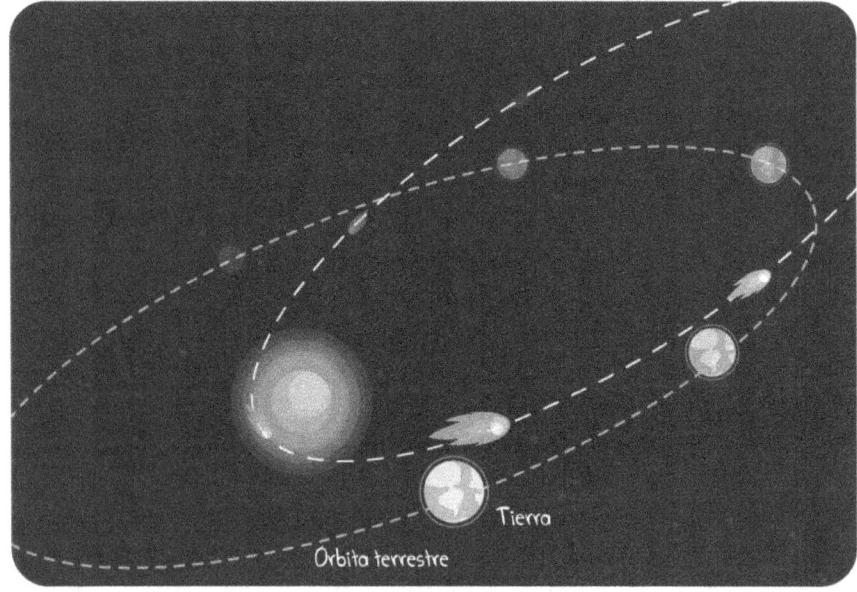

Coincidencia órbitas Tierra y Cometa. Ilustración: Javier Corellano (@CuaCuaStudios)

Ese polvillo entra en nuestra atmósfera. Al hacerlo, empieza a chocar con todas las partículas que hay en ella, y se empieza a calentar. Se quema produciendo un destello que podemos ver desde el suelo. Será tanto mayor el destello cuanto mayores sean las partículas. Es posible, incluso, que el "bólido" no llegue a desintegrarse completamente y acabe en el suelo. (Es entonces cuando lo llamamos meteorito, según la definición de la RAE).

Así que estos días nos estamos cruzando con la trayectoria de un cometa, y toda la materia que ha dejado por el camino se quemará en nuestra atmósfera. Coincide por la noche, además, en la zona de la **constelación de Perseo** (Siento que aún no hayamos tenido tiempo de verla, pero lo haremos). Estas noches la verás hacia el noreste, más o menos entre Casiopea y el Triángulo de Verano. No te preocupes que lo volveré a recordar.

17 JULIO. SONDA ROSETTA.

Supongo que habrás oído hablar del cometa **67P Churyumov-Gerasimenko**... ¿Quién iba a olvidar un nombre así? Se hizo famoso por ser el cometa donde descansa, desde el año 2016, la Sonda Europea Rosetta.

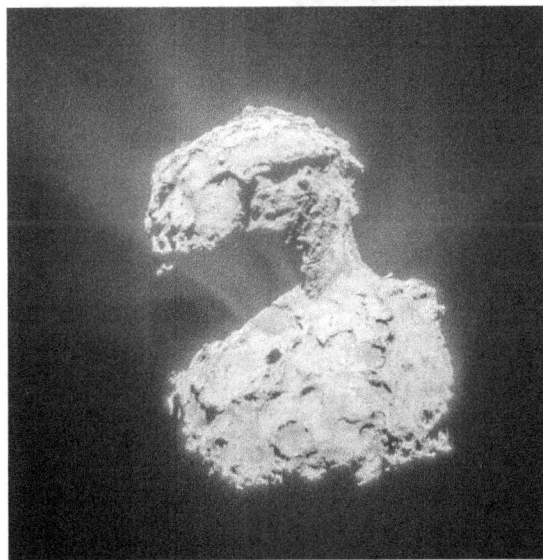

Cometa 67P. Crédito: ESA/Rosetta.

67P es un cometa de forma irregular de un tamaño del orden de unos 4 kilómetros que completa una vuelta alrededor del Sol cada 6 años y medio y lo hace a una distancia de entre 1´3 y 5´7 UAs. Fue descubierto en 1969.

La Sonda Rosetta fue lanzada en el 2004 con el objetivo de obtener información sobre 67P. 10 años después lograría reunirse con su objetivo, aunque por el camino pasó cerca de dos cometas más: **2867 Steins** y **21 Lutecia**.

21 Lutecia. Crédito: ESA/Rosetta.

La **sonda Rosetta** portaba consigo un módulo de descenso, el **Philae**, que se posó sobre 67P en noviembre del 2014. Casi no lo consigue el pobre, porque sus sistemas de anclaje no funcionaron correctamente, así que le faltó poco para salirse del cometa. Gracias a Dios, finalmente cayó en un lugar seguro. El problema que quedó mal orientado y prácticamente a oscuras, con lo que solo pudo funcionar durante 3 días, y a duras penas. Aun así, pudieron tomar muestras del polvo de la superficie del asteroide.

El Philae llevaba consigo hasta 9 instrumentos científicos, incluyendo un taladro para tomar una muestra del suelo y después analizarla allí mismo. Por otro lado la Sonda Rosetta llevaba 11 instrumentos. Lo más importante de la misión es que se pudo observar desde muy poca distancia un cometa mientras se acercaba al Sol, viendo como aumentaba su actividad y empezaba a expulsar material al exterior (hasta una tonelada de polvo por segundo y 300 kg. de vapor de agua por segundo).

El cometa 67P está formado prácticamente por hielo, polvo y rocas (sodio, magnesio, silicio, hierro...). Se han encontrado también muchas sustancias orgánicas, lo cual no deja de ser interesante. La densidad del cometa es muy baja y por ello se entiende que es muy poroso, pudiendo tener huecos vacíos en su interior. Existen zonas en las que se acumulan hasta varios metros de polvo en la superficie (Esto es importante, porque hacen de aislante y preservan el hielo del interior del cometa). A medida que el cometa se aproxima al Sol, se calienta, y parte del agua se evapora, expulsando parte de ese polvo al exterior. Se han llegado incluso a observar algunos chorros de gas y polvo saliendo de 67P.

Imagen del cometa tomada desde una distancia de casi 8 kilómetros. Crédito: ESA/Rosetta.

Mientras Philae seguía en la superficie sin posibilidad de comunicarse con Rossetta, ésta siguió estudiando el cometa a diferentes alturas y desde diferentes ángulos. Finalmente, en septiembre del 2016, se unió a su compañero para pasar allí juntos el resto de sus días. La sonda se estrelló de forma controlada en la superficie (lo hizo a tan solo 3´2 km/h). Poco antes, eso sí, pudo localizar al pequeño Philae. Lo vio cuando se encontraba a 2´7 kilómetros de la superficie del asteroide.

La conclusión final, aunque se seguirán realizando muchos estudios con la cantidad de datos recibida, es que los cometas no son simples bolas de hielo y polvo, sino mundos mucho más complejos que tendremos que seguir estudiando en el futuro.

Recreación artística de la Sonda Roseta soltando a Philae sobre 67P. Crédito: ESA–C. Carreau/ATG medialab.

18 JULIO. HAUMEA, MAKEMAKE, HERIS.

Ya sabes que además de planetas, en nuestro Sistema Solar, hay planetas enanos. Hoy quiero que aprendas algo sobre los más conocidos después de Plutón y Ceres.

Haumea fue descubierto en el 2003, concretamente desde el Observatorio de Sierra Nevada, en Granada. Lo más curioso de Haumea es que se trata del objeto (de un cierto tamaño) que más rápido gira de todo el Sistema Solar, de hecho, gira tan rápido que tiene una forma más parecida a un balón de Rugby que a una esfera.

Los días en Haumea duran 4 horas. Y sus años como 285 años Terrestres. Es un planeta enano de hielo y roca que se encuentra en el cinturón de Kuiper, y que tiene el tamaño aproximado de Plutón.

Consta de varias lunas, seguramente formadas tras recibir Haumea un impacto hace millones de años. Las lunas conocidas de Haumea se llaman **Hi'aka** y **Namaka**. Esos nombres son Hawaianos; son los hijos de Haumea, el Dios de la fertilidad.

Makemake fue descubierto en el 2005. Es un planeta enano que se encuentra en el cinturón de Kuiper. Tiene un diámetro de unos 1430 kilómetros y tarda la friolera de 310 años en dar una vuelta alrededor del Sol. No se sabe mucho sobre Makemake, pero sí se han identificado trazas de nitrógeno, etano y metano en su atmósfera/superficie. Su nombre se lo debe al Dios de la fertilidad de los Rapanui. En el 2015 se descubrió, gracias al Hubble, una luna orbitando alrededor de Makemake. Se llama, de momento, y si no ha cambiado en los últimos meses, **S/2015 (136472)**. Esta luna ayudará a los científicos a conocer, un poquito mejor, a Makemake.

Los planetas enanos más famosos de nuestro Sistema Solar. Crédito: NASA.

En el verano del 2005 se descubrió **Eris**, un planeta enano cuyo tamaño es algo inferior a Plutón (al principio se pensó que era algo mayor), que orbita a unos 67 UAs del Sol y cuya órbita está inclinada respecto al plano del Sistema Solar. A esa distancia, y si nos ponemos tiquismiquis, Eris no pertenece al Cinturón de Kuiper, pero bueno, dejémoslo ahí. Cuando se aleja tanto del Sol, su tenue atmósfera se congela cayendo en forma de nievecilla sobre la superficie del pequeño planeta, haciendo que éste brille con algo más de intensidad. Cuando se acerca al Sol, cosa que pasa cada 557 años, esa nieve se derrite dejando ver su suelo rocoso. Tiene una Luna, llamada **Dysnomia**, que tarda 17 días en dar una vuelta completa a su planeta enano. Eris era el Dios griego de la discordia, y se le puso ese nombre porque fue su descubrimiento lo que inició las discusiones que acabaron quitándole a Plutón la categoría de Planeta para rebajarlo a Planeta Enano. Al menos como compensación por daños morales, a los planetas enanos también se les conoce como Plutoides. Eris, antes de la denominación de "planeta enano", estuvo a punto de ser nombrado el décimo planeta del Sistema Solar.

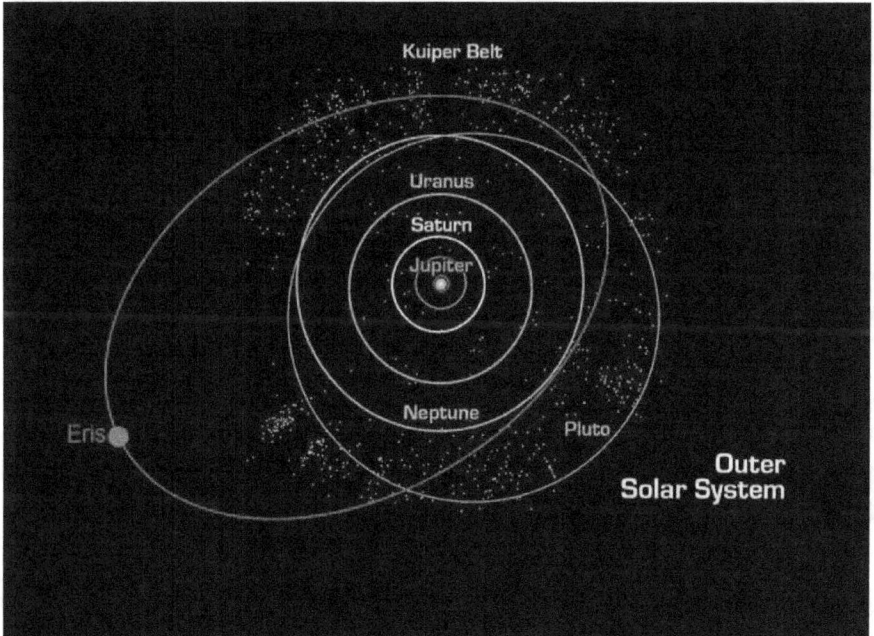

Órbita de Eris en comparación con la de Plutón y los planetas. Crédito: NASA.

Y ¿sabes qué? Que todavía hay más:

En el año 2000 fue descubierto **Varuna**, con un diámetro de entre 900 y 1000 kilómetros.

En el 2002 fue descubierto **Quaoar**, con 1280 kilómetros de diámetro.

Sedna fue descubierto en el 2003, y tiene un tamaño mayor de entre 1300 y 1700 kilómetros de diámetro. Está muuuuy lejos.

En el 2004 fue descubierto **90377 Sedna**, de 1300 km de diámetro.

19 JULIO. ERNEST RUTHERFORD.

Hoy hablaremos un poco sobre otro de los grandes científicos que han habitado en nuestro planeta: **Ernest Rutherford (1871-1937)**. Ya lo mencioné en la entrada, no sé si la recordarás, de J.J. Thomson. Comentaba que Ernest Rutherford fue alumno suyo. Pero es que Ernest fue maestro de otros dos grandes científicos: **Niels Bohr** (Mejorará su modelo atómico añadiendo las teorías cuánticas) de y **Robert Oppenheimer** (El padre de la bomba atómica). ¡Vaya años para la ciencia!

E. Rutherford. Crédito: Dominio Público.

Ernest era Neozelandés, de padres granjeros, pero se mudó a Cambridge (Inglaterra) tras terminar sus estudios de manera brillante (no podía ser de otra manera). Le bastaron 3 años en Inglaterra para hacerse famoso. Tras ello le ofrecieron, con solo 27 años, una cátedra en Montreal. Por aquel entonces se había descubierto la radiactividad (**Henri Becquerel** y el **Sr. y Sra. Curie**) y muchos físicos se pusieron a estudiar qué demonios era aquello tan raro (Tú ya lo sabes y estoy orgulloso de ello).

Le bastó un año a Rutherford para descubrir las partículas alfa y las beta, haciendo diferentes experimentos con átomos de Uranio (La radiación gamma se la debemos a **Paul Villard**).

También descubrió el **periodo de los elementos radiactivos**. Si recuerdas cuando hablaba de la radiación, un elemento inestable se vuelve estable tras emanar esa energía sobrante en forma de radiación un cierto tiempo después... Pues bien, para cada tipo de elemento, se conoce el ritmo al que esto tiene lugar, y ese es, más o menos, el periodo de los elementos radiactivos.

Pero Ernest aún hizo más, pues demostró también el hecho de que los átomos cambian cuando emiten según qué radiaciones. Quiero decir, que si un átomo está definido por el número de protones que tiene y suelta una partícula Alfa (compuesta por dos protones y dos neutrones), el átomo, entonces, no será el mismo; y no es que cambie un poco, es que el elemento ¡será otro completamente nuevo! Bueno, pues esto lo descubrió también este genio. Y para más inri, como complemento a esta teoría, descubrió que los átomos se calentaban al desintegrarse (o lo que es lo mimo, al cambiar de elemento tras emitir una partícula alfa, por ejemplo).

Rutherford volvió a Manchester, y fue allí donde las mismas partículas alfa que él había descubierto y dado nombre le ayudarían a descubrir el núcleo atómico. Recuerda el modelo atómico de Thomson (el del pudin de pasas), pues ahora Rutherford lo revoluciona, porque descubre que existe un núcleo atómico donde está toda la masa, y en el que el resto del átomo es, en su mayor parte, vacío. Las partículas Alfa le ayudan porque las utiliza lanzándolas sobre una fina capa de oro. Muchas de ellas no varían su trayectoria y solo algunas se desvían completamente. Si lanzas unas partículas alfa sobre un pudin de pasas, te aseguro que todas se desvían o se quedan clavadas en la masa del bizcocho, pero si las lanzas contra algo casi vacío, la mayoría ni se inmutan. Solo unas pocas cambiarán su trayectoria: Las que tengan la mala suerte de chocar contra el pequeño pero pesado núcleo del oro.

He de decir, no obstante, que un japonés, **Hantaro Nagaoka**, propuso el modelo atómico parecido al que conocemos hoy en día 7 años antes que Rutherford, pero no le habían hecho ni caso (Aunque Rutherford sí lo nombró en sus exposiciones sobre su modelo atómico).

Nagaoka. Crédito: Wikipedia/朝日新聞社

Rutherford fue uno de esos genios sin igual, y además de eso, era un tío sencillo y generoso. Un excelente profesor, bueno y enormemente respetado y admirado por todo el mundo. (Y por mí).

20 JULIO. COMIENZA EL VERANO.

Supongo que sabes que el verano está a punto de comenzar. Pues bien, hoy voy a intentar explicar lo que eso significa.

Que en España va a hacer calor, eso ya lo tenemos todos claro. Pero, como imaginarás, hay mucho más.

Estos días el Sol alcanzará su máxima elevación sobre el firmamento. El Sol, como ya sabes, va por la **eclíptica** (es el plano del Sistema Solar). La altura de la eclíptica varía a lo largo del año, siendo en verano cuando está más alto.

No es que el Sol se mueva. Los que nos movemos (inclinamos hacia él) somos nosotros.

La máxima elevación del Sol (**el Zénit**) tendría lugar si viviéramos justo en el trópico de Cáncer. En España estamos un poco más al norte, así que lo vemos casi en lo más alto pero sin llegar al Zenit.

En la imagen que muestro a continuación, todo esto se ve bastante bien.

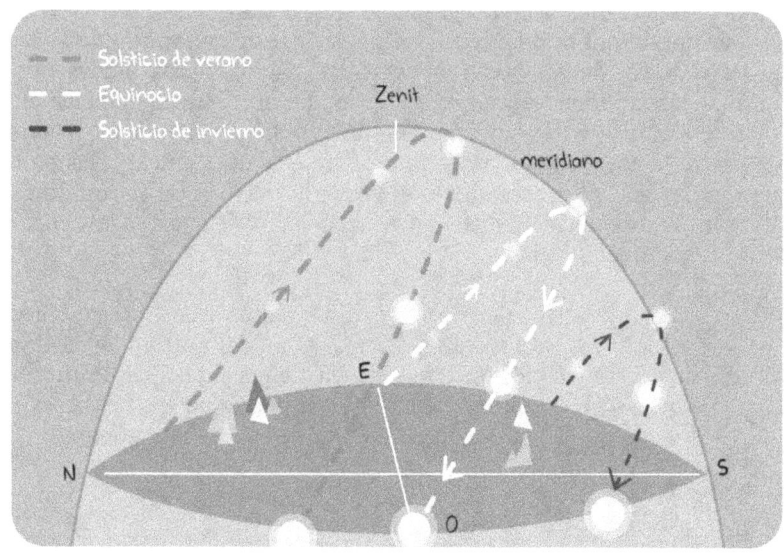

Movimiento del Sol a lo largo del año. Ilustración: Javier Corellano (@CuaCuaStudios)

Igual te suena lo de **solsticio de verano**. Son los días en los que el Sol se eleva hasta esa posición. Se queda ahí varios días sin moverse apenas, y de ahí lo de "Sol-quieto" o como decían los romanos "Sol-Sistere", que ha derivado en "Sol-sticio".

Quiero que tengas clara una cosa: El hecho de que el Sol se encuentre en lo más elevado del firmamento quiere decir que sus rayos inciden directamente sobre nosotros, y es por eso por lo que calientan más. No hace más calor porque estemos más cerca del Sol (Es muy habitual pensar que en verano la Tierra está más cerca del Astro Rey) sino porque estamos inclinados hacia él. Por eso cuando es verano en el hemisferio norte, en el hemisferio sur están pasando frío. Los rayos inciden más directamente en el hemisferio norte y por el hemisferio sur pasan de refilón.

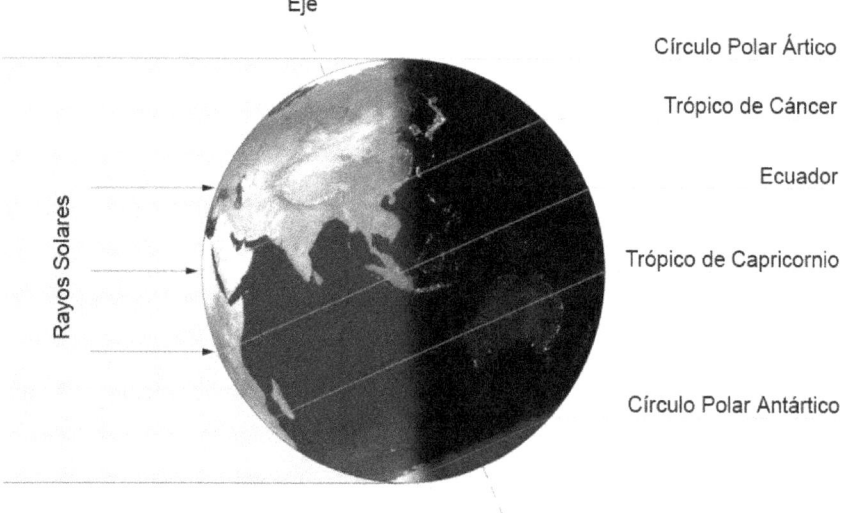

Inclinación de la Tierra e incidencia sobre nosotros de los rayos del Sol. Crédito: Wikipedia.

Imagina la Tierra inclinándose hacia el Sol a lo largo de todo el año, hasta llegar al punto en el que cambiamos a verano; entonces el Sol estará en el punto más alto y luego, la inclinación de la Tierra empieza a cambiar de nuevo, y el Sol va bajando en el firmamento día tras día, hasta que llega el invierno, que es cuando el Sol estará en lo más bajo, calentando poco y haciéndonos pasar frío. (A parte de que los días son más cortos y tiene menos tiempo para calentar). Allí permanece quieto unos días, y por ello se conoce como **Solsticio de invierno**. El Sol ahora incide sobre todo en el **Trópico de Capricornio**.

Sí que hay un momento, por cierto, en el que la Tierra está más cerca del Sol. Como sabes, la órbita de la Tierra alrededor del Sol no es circular, sino elíptica. Bien, pues ese punto más cercano se conoce como **Perihelio**, y es el 3 de enero. El momento en el que la Tierra se encuentra más alejada se llama **Afelio**, y se da el 4 de junio.

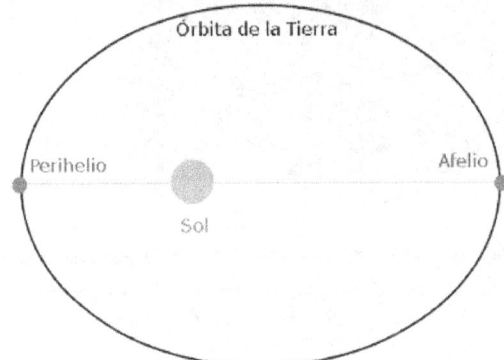

Perihelio y Afelio en la órbita de la Tierra. Crédito: Wikipedia.

23 JULIO. CONSTELACIÓN DEL CISNE.

Ya cité la constelación del cisne cuando hablé del Triángulo de Verano a principios de mes. Hoy toca meternos de lleno con esta hermosa constelación.

La **constelación del Cisne**, o **Cygnus**, también es conocida como la **Cruz del Norte**.

Es muy fácil verla. Esta noche la verás casi en lo más alto del firmamento hacia las 23 horas. Las 5 estrellas que marcan la cruz se ven bastante bien, sobre todo las 4 de la parte superior de la cruz. Además, si alargas la línea que va desde Deneb hasta Rukh, llegarás hasta Vega. Si por el contrario alargas la línea que va desde Deneb hasta Gienah, encontrarás Altair.

Constelación del Cisne. Crédito: Wikipedia.

Se cuenta que el cisne es, en realidad, **Helena de Troya**. El huevo lo puso **Némesis**, la Diosa de la justicia, la venganza y la solidaridad. Némesis quería conservar la virginidad y se disfrazó de una oca para escapar de ¿Adivina quién? Pues quién sino: Zeus. Pero el tío, ya lo conocemos, no perdonaba una, así que se disfrazó de Cisne para engañarla. (No sé si es que pensaba que si perdía la virginidad de gansa no contaría, pero en fin. ¿Vendrá de ahí lo de hacer el ganso?). El caso es que el huevo lo abandonó al enterarse del engaño y más tarde lo recogió un campesino que lo puso en manos del Rey de Esparta, **Tindareos**.

Existe otra versión de la historia, menos enrevesada, en la que **Leda**, la mujer de Tindareos, es la que queda embarazada del cisne Zeus. Se cuenta, además, que puso dos huevos. De uno salió Helena y del otro **Pólux** y **Castor**, que son dos preciosas estrellas que ya conoces (Recuerda lo que aprendiste el 4 de abril).

24 JULIO. DENEV.

Denev o **Deneb (Alfa Cygni)** es otra de esas estrellas que merece que nos detengamos un día solo para ella. Enseguida sabrás porqué digo esto.

Como ves, la imagen siguiente habla por sí misma: Deneb es un monstruo devorador de hidrógeno y helio que en unos pocos millones de años pasará a ser una gigante roja. No nos deberíamos preocupar mucho (creo) pues se encuentra a más de 1400 años luz de nosotros.

Comparación tamaño de Deneb y el Sol. Crédito: Wikipedia.

Es una estrella clasificada como A2 Ia, una supergigante blanco azulada, poco común. Su magnitud absoluta es de -7´2 y brilla como unos 70.000 soles (casi ná).

Es, además, variable. Su magnitud aparente varía entre 1´21 y 1´29.

Su nombre, por cierto, proviene del árabe "dhaneb" que significa "cola", queriendo decir que era la cola del ave.

Ahora sal ahí fuera y mírala directamente a la cara, de humano a estrella supergigante. ¿A que ya no es lo mismo que antes?

25 JULIO. ESTRELLAS DE LA CONSTELACIÓN DEL CISNE.

Como ya he dicho, y probablemente hayas observado in situ, las estrellas que marcan la Cruz del Norte son bastante fácilmente visibles a simple vista (Al menos, aunque la noche no sea de absoluta claridad, no deberías tener problemas en diferenciar las 3 ó 4 más visibles):

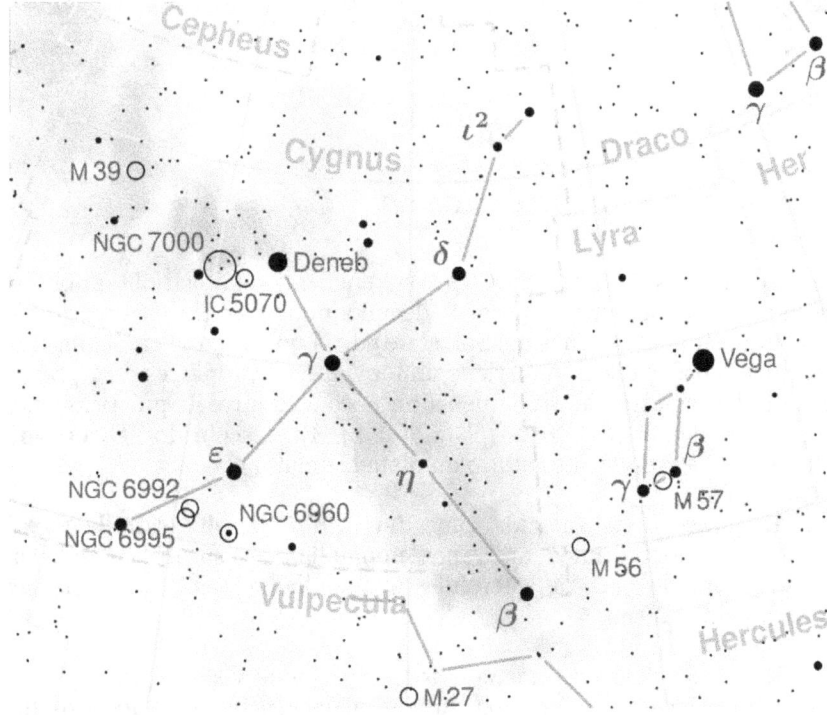

Constelación del Cisne. Crédito: Wikipedia/Torsten Bronger.

Estas estrellas son, a parte de Deneb:

- **Sadr** (pecho) o **Gamma Cygni** es la segunda estrella más brillante de la constelación, con una magnitud aparente de +2´23. Se encuentra a unos 1500 años luz del Sistema Solar. Si está tan lejos, ya sabes lo que eso significa: Es otra estrella de las grandes. De hecho, es otra supergigante blanca: F8 Iab.

- **Gienah** o **Epsilon Cygni** es la tercera estrella más brillante. Es un sistema binario espectacular, porque las dos estrellas son bien distintas, una es una enana roja y la otra una gigante naranja. Están separadas entre sí más de 1700 UA. Se encuentran a 72 años luz de nosotros.

- **Delta Cygni** o **Rukh** tiene una magnitud aparente de +2´86. Es un sistema triple situado a 171 años luz cuya componente principal es una B9´5 V. Una pequeña y muy caliente bola de gas.

- **Beta Cygni** o **Albireo**. La guinda del pastel. La cabeza del cisne y una de las estrellas binarias más espectaculares del firmamento (Una naranja y la otra azul).

Albireo A y Albireo B. Crédito: Wikipedia/Hewholooks.

Albireo es, en realidad, una estrella triple, ya que se descubrió que existe una estrella orbitando a la estrella naranja. La Gigante Naranja es una K3 II y se llama **Albireo A**. Su compañera, **Albireo B** es una enana de un color azul intenso, más pequeña y caliente que su compañera.

26 JULIO. OTRAS CURIOSIDADES DE CYGNUS.

Como curiosidad, en la constelación del Cisne se encuentra la estrella doble **61 Cygni.** Lo curioso de ella es que, aparte de ser la decimoquinta estrella más cercana a nosotros, fue la primera estrella (Después del Sol, claro) de la que se supo su distancia a la Tierra. Y esto se calculó porque la estrella tiene un movimiento propio, es decir, no se mueve al compás de todas las estrellas sino que va un poco a su aire. Es prácticamente imperceptible, pero ya se supo de esto en el año 1804. El descubridor: **Giuseppe Piazzi**. (¿Te acuerdas de que también descubrió un planeta enano?).

También se ha hablado mucho de la conocida como **Estrella de Tabby**, estrella que se ha investigado mucho en los últimos años por anomalías en su brillo, todavía, inexplicables. Será una nube de gas o de asteroides, aunque llame más la atención una posible mega estructura alinenígena.

Y por último, una de las estrellas más lejanas visibles a simple vista: **P Cygni**. Una supergigante azul intenso. Una B1-2, Ia. Una mole situada a más de 5000 años luz (Entre 5000 y 7000, se calcula).

Se cuenta que hacia el año 1600 apareció una estrella bastante brillante donde antes no había nada. A los años dejó de ser visible, pero volvió y se apagó 2 veces más, hasta 1715, que se quedó como está, con una magnitud de +5.

Y ahí sigue, cerca de Sadr, con un brillo entre 500.000 y 900.000 soles y una magnitud absoluta de -8´6 (aunque es difícil de precisar).

Por cierto, hoy hay eclipse de Luna. ¿Recuerdas que lo vimos el día del Padre? Pues hoy, nuestra madre Luna, se ocultará tras la sombra del planeta Tierra. La Luna hoy, si vives en la península Ibérica, podrás verla salir acompañada de Marte a eso de las 22 horas. El eclipse ya habrá empezado, así que cuando salga, la veremos ya más oscurecida. ¡A ver si tienes la suerte de poder verla en la fase umbral del eclipse!

27 JULIO. OTROS OBJETOS DE CYGNUS.

Cygnus, como no podía ser de otra manera, tiene varios elementos muy interesantes en su haber.

- **M39** y **M29** son dos cúmulos estelares.

- También están las nebulosas de **Norteamérica (NGC-7000),** del **Pelícano (IC-5070),** de la **Mariposa,** del **Velo, la nebulosa Creciente,** la recientemente nombrada como **Nebulosa de burbuja de jabón** o la **Tulipán.**

Nebulosa de Norteamérica. NGC-7000. Crédito: NASA/JPL-Caltech.

- Destacar también un objeto peculiar: **Cygnus X-1**. Es un objeto situado a 10.000 años luz que emite gran cantidad de rayos X (Acuérdate que los vimos al hablar de la radiación). Las emisiones de estos rayos tienen unas fluctuaciones rapidísimas, de menos de un milisegundo. Puede ser que algo esté emitiendo rayos X y que esté girando extraordinariamente rápido, con lo cual, tiene que ser algo pequeño y compacto… y no hay nada más pequeño y compacto en el Universo que un agujero negro… así que sí, se cree que Cygnus X-1 puede ser un agujero negro.

El caso es que el agujero negro comparte sitio en el espacio con una estrella, de la cual está absorbiendo material. Dicho material, al caer en el agujero negro es el que emite los rayos X….

Recreación artística de Cygnus X-1. Crédito:NASA/CXC/M.Weiss.

Todo esto es algo que conoce perfectamente un grande de nuestra época: **Stephen Hawking**.

30 JULIO. CONSTELACIÓN DEL ÁGUILA.

La constelación del Águila es la constelación que nos queda para completar el Triángulo de Verano.

No hace falta que te diga que el Triángulo de Verano lo forman Vega, en Lyra, Deneb en la cola del Cisne y Altair, en la cabeza del Águila. Como sabes, el águila y el cisne están enfrentados y la lira queda sobre ellas, en medio. Podrás verlos estas noches en lo más alto del firmamento.

La constelación del Águila (Aquila) es una de las 48 constelaciones de Ptolomeo (De las que llevamos vistas, por cierto, 16).

Se dice que el águila es, en realidad, Zeus, que llevaba al bello de Ganímedes a los cielos, para que éste sirva de copero (camarero) para los Dioses. ¿Te suena algo Ganímedes? (Si no te suena repásate las lunas de Júpiter).

Empezaremos agosto estudiando esta hermosa constelación que, espero, ya hayas identificado en los cielos. No tiene pérdida.

Constelación Aquila. Crédito: Wikipedia/Till Credner.

31 JULIO. DELTA ACUÁRIDAS.

El origen de las Delta Acuáridas es un cometa llamado **96P/Macholz.** Es un cometa de unos 3 kilómetros que tiene un periodo muy corto (de algo más de cinco años).

Como sabes, los cometas son objetos compuestos por, básicamente, hielo y rocas (hierro y plomo, por ejemplo, también son muy comunes), que describen órbitas alrededor del Sol. Es sus repetidos pasos por las cercanías de nuestra estrella, van desgastándose debido al calor que de ella reciben, y dejan, tras de sí, un rastro de partículas. La Tierra cruza, en determinadas fechas, las órbitas de varios cometas, y todas esas partículas se vuelven incandescentes en contacto con la atmósfera, creando unos brillantes y veloces surcos en el cielo. Pero todo esto ya lo sabías, y me alegro.

96P/Macholz en el 2007. Crédito: NASA.

Para ver un cometa como en la imagen superior hace falta un telescopio. El cometa se mueve muy rápido, sí, pero está tan lejos que, desde la Tierra, se ve en un punto fijo. (Los planetas también se mueven muy rápido y, si te has fijado bien, también los vemos, a simple vista, quietos).

Merece la pena salir por la noche a ver un espectáculo como este. Si lo haces, además, con amigos o la familia, tanto mejor. Disfrutar de una buena noche de verano es uno de esos placeres únicos. Te aconsejo que lo hagas. Las estrellas esta noche saldrán de la constelación de Acuario, que lamentablemente no hemos visto aún, pero que esta noche, encima, concretamente cuenta con la presencia de la Luna, así que aunque la ubicación de Acuario será fácil, con la luz de la luna se desmerecerán un poco las estrellas fugaces, pero ¡Esperemos que puedas ver alguna cosa! (Al final, según cómo te lo montes, lo de ver alguna estrella fugaz puede que sea lo de menos).

AGOSTO

1 AGOSTO. ALTAIR.

Altair es otra estrella que merece que le dediquemos un día para ella solita. Forma parte del Triángulo de Verano, como ya sabes, y creo que con eso basta.

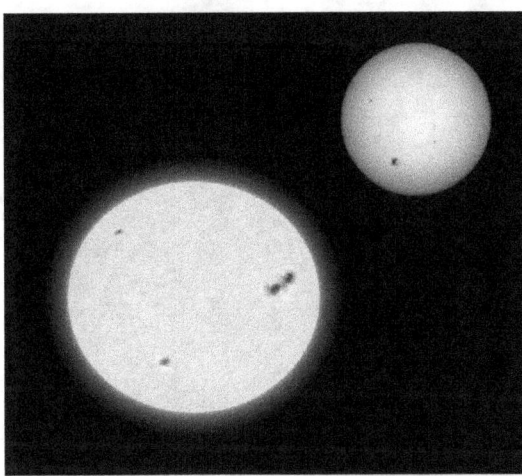

Pero es que además Altair entra en el ranking de estrellas más brillantes del cielo nocturno, y lo hace en el puesto número 12, que no está nada mal.

Su brillo no se lo debemos a su grandeza, sino a su cercanía, pues se encuentra a unos 16´7 años luz de nosotros. En realidad, como digo, la estrella es bastante normalita.... una A7V, ahí la tienes, comparada con nuestro querido Sol:

Comparación Altair y el Sol. Crédito: Dominio Público.

Un tema a destacar sobre esta estrella es que gira muy rápido. Da una vuelta sobre sí misma cada 6 horas. Imagínate la velocidad que eso supone. Bueno, no te lo imagines, que ya te lo explico yo:

Primero la velocidad del Sol... Si sabemos el diámetro del Sol, que redondeando a las bravas es de 1.400.000 kilómetros, la longitud de la circunferencia sería el número Pi por el diámetro, es decir: 3´1416 x 1.400.000 = 4.400.000 km. Bien, pues si te encuentras en la superficie del Sol, lo que quedaría de ti, sabiendo que el Sol da una vuelta sobre sí mismo cada 25 días, recorrería 4.400.000 km en 25 días o, lo que es lo mismo, 120 horas. Eso te da una velocidad de 36.000 km por hora. Nada mal.

Pues imagina Altair. Si contamos con que tiene un diámetro el doble que el del Sol, y da la vuelta en 6 horas. La distancia que recorres en 6 horas serían unos 8.800.000 km, con lo cual, la velocidad es de ¡casi un millón y medio de kilómetros a la hora!

Como te podrás imaginar, por cierto, esa velocidad de giro provoca un achatamiento en la estrella de hasta un 20%.

Ahora sal a buscarla. No tiene pérdida. Además, ahora que estamos en agosto, siempre apetece más salir de noche a mirar las estrellas, ¿no?

2 AGOSTO. ESTRELLAS DE ÁGUILA.

Sal ahí fuera esta semana y échale un vistazo a esta bonita constelación. No destaca tanto como el Cisne o la Lira, pero si la noche es clara, es tanto o más preciosa.

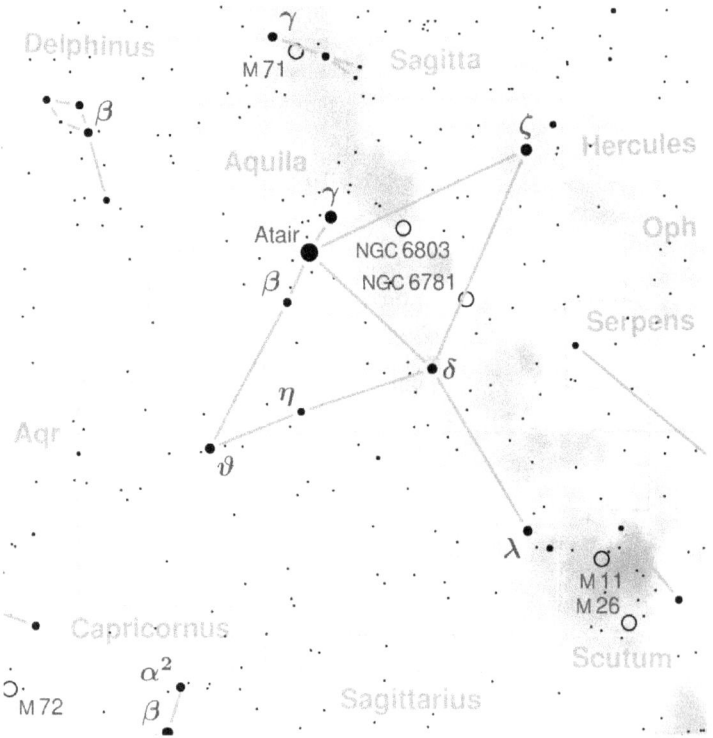

Constelación del Águila. Crédito: Wikipedia/Torsten Bronger.

Después de Altair, la segunda estrella más brillante de esta constelación es **Gamma Aquilae, o Taraced**, de magnitud 2´72. Vista desde la Tierra, está cerquita de Altair, aunque en realidad las separan más de 450 años luz. Es una Gigante Naranja con media U.A. de diámetro. ¡Grande!

La medalla de bronce se la lleva ζ **Zeta Aquilae**, también conocida como **Deneb el Okab** (la cola del halcón), de magnitud aparente 2´99. Es una A0 IV-V.

Por último, simplemente citar las otras estrellas con nombre propio: **Beta Aquilae o Alshain** y **Lambda Aquilae o Althalimain**.

En esta constelación se encuentran, además, **Wolf 1055 o Estrella de Van Biesbroek**, un sistema binario con una de las estrellas más tenues que se conocen (y la conocemos gracias a que se encuentra a 19 años luz). Tiene un radio 10 veces menor que el Sol y brilla a unos 2700ºK.

3 AGOSTO. OBJETOS DE LA CONSTELACIÓN DEL ÁGUILA.

En esta constelación no se encuentra ningún objeto del Catálogo de Messier, pero sí del New General Catalogue, 16 en total.

A la hora de mirarla, destaca mucho más el hecho de que la Vía Láctea cruce por esta región del firmamento.

El objeto más conocido es la llamada **Nebulosa planetaria del Ojo Brillante** o **NGC-6751**.

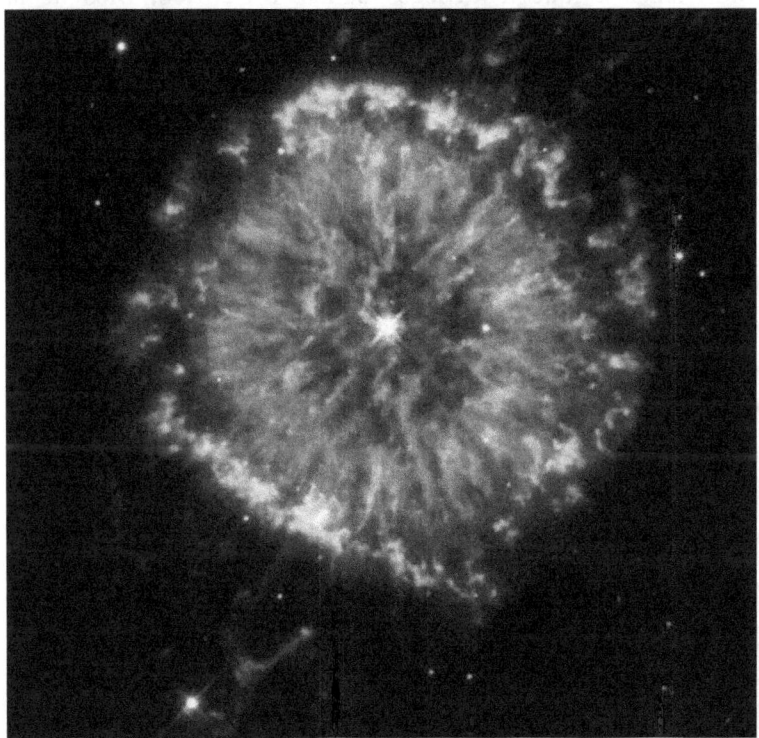

Nebulosa del Ojo Brillante. Crédito: NASA/ESA.

NGC-6803 y **NGC-6781** son otras dos nebulosas planetarias, aunque mucho menos espectaculares.

También puedes encontrar, en esta constelación, un bonito cúmulo estelar, el **NGC-6709**, descubierto por Herschel en 1827 y que se encuentra a unos 3500 años luz de nosotros.

Y con el Águila damos por terminadas las constelaciones que forman el Triángulo de Verano. Lo siguiente que vamos a estudiar es un planeta espectacular. La semana que viene te va a encantar. Sal este fin de semana a buscar a Saturno. También verás a Marte, que se encuentra bien cerca de nosotros y se ve precioso. Échale un vistazo, de paso, a Júpiter a Venus y a Mercurio. Días prefectos para salir a observar el cielo, sin duda (Y sin Luna).

6 AGOSTO. SATURNO.

Saturno es uno de los objetos más visibles del cielo nocturno. Solo le ganan la Luna, Venus, Júpiter y Marte. El brillo de Saturno, además, varía según como estén situados sus anillos; si están de canto, pierde brillo, y si están muy inclinados (con respecto a la Tierra), aumenta su brillo (ahora, por cierto, están bastante inclinados).

Es el sexto planeta del Sistema Solar. Está a más de 9 Unidades Astronómicas del Sol, es decir ¡muy lejos!

Los próximos días estudiaremos al que los griegos llamaban **Kronos**, Dios de la agricultura. Los babilonios **Tammuz** y los Hebreos **Shabbathai**. El nombre de Saturno se lo debemos a los romanos, que lo llamaban *Saturnus*. Todos lo conocían por el mismo motivo del que hablamos que conocían a Júpiter, por ser una "estrella errante". Lo que no se podían imaginar era su belleza:

Saturno fotografiado por el Hubble. Crédito: NASA.

Estos días, podrás ver a Saturno, brillando en la oscuridad de la noche, si miras hacia el sur entre las 22 y las 23 horas. Verás, muy brillante, a Marte, de un color rojizo, pero Marte está un poco más hacia el este (Marte se ve fabuloso pues se encuentra bien cerquita de nosotros en estos momentos. El mes que viene lo estudiaremos). También podrás ver Júpiter, pero un poco más al oeste que Saturno. Y al atardecer verás a Venus. ¡Vaya noches!

Como sabes, los planetas se mueven por la eclíptica e irán desplazándose hacia el oeste a lo largo de la noche hasta desaparecer por el horizonte (en el caso de Saturno) pasadas las 3 de la madrugada.

Saturno fotografiado por la Sonda Cassini. Crédito: NASA/JPL/SSI.

7 AGOSTO. CARACTERÍSTICAS GENERALES DE SATURNO.

Ya dije ayer que Saturno está muy lejos del Sol. Esto quiere decir que el calor que le llega del Astro Rey es minúsculo y, al igual que pasaba con Júpiter, la radiación que recibe del Sol es menor que la que emana de su interior, que no es mucho, por cierto.

Y es que Saturno también es un "gigante gaseoso", que se está comprimiendo muy poco a poco y eso genera calor en su interior (aunque no podemos decir que es una estrella que no llegó a serlo, no es para tanto). Por cierto, recuerda que lo de gigante gaseoso puede llevar a error (hay gente que piensa que es ligero como un globo), pero en su interior hay algo más que solamente gas. Aun así, es el planeta menos denso del sistema solar (Su densidad es un 69% la del agua).

Su tamaño, en cualquier caso, impresiona. Su radio es unas 9 veces el de nuestro planeta por lo que dentro de él caben 763 Tierras. Su forma, al igual que Júpiter (vemos que tiene bastantes similitudes con él), está bastante achatada por los polos, ¿te acuerdas por qué? Supongo que ya sabrás, si has estudiado, que es debido a su composición "gaseosa" y su enorme velocidad de giro.

Comparación tamaño de Saturno y la Tierra. Crédito: NASA.

Saturno, para el ser humano, a lo largo de la historia, ha sido "simplemente un punto en el cielo". El primero en descubrir que tenía algo de especial supongo que imaginarás quien fue: **Galileo**. Estuvo cerca de saber que era eso que se veía alrededor del planeta... pero no supo llegar a darle una explicación. Ten en cuenta que estamos hablando de principios del siglo XVII. Esto es lo que él veía:

Carta escrita por Galileo en 1610. Crédito: Wikipedia.

Durante ese siglo se perfeccionaron los telescopios, con lo que medio siglo después del dibujo de Galileo, **Christian Huygens** sí afirmó que lo que antes Galileo había descrito como "orejas" o "un agregado de 3 estrellas" era, en realidad, un anillo que rodeaba al planeta sin tocarlo. Te maestro a continuación lo que dibujó en 1659.

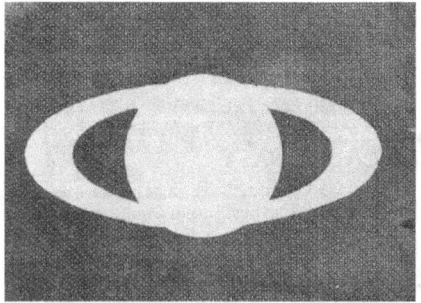

Saturno dibujado por Huygens. Crédito: Wikipedia.

Conforme se fueron mejorando los Telescopios se fue sabiendo más y más sobre Saturno, y desde la Tierra se pudieron diferenciar, por ejemplo, las bandas laterales sobre su superficie y con ello se pudo más o menos calcular su velocidad de rotación. Lo que pasa es que de nuevo, al igual que pasaba con Júpiter, no todas las bandas giran a la misma velocidad, así que:

1.- Eso da a entender que su superficie no es sólida, sino gaseosa.

2.- Al no poseer una superficie sólida, hay que estudiar el campo magnético del planeta para saber su velocidad de giro real.

Sin acercarnos al planeta, pudimos saber, gracias al avance de la ciencia, la composición de su superficie (usando la **espectroscopia**) y su campo magnético (midiendo las ondas electromagnéticas que emite). En cuanto a la composición se observó que la mayor parte de la atmósfera es hidrógeno (96%) y el resto helio y otros elementos menos frecuentes como nitrógeno o azufre (Y repito, esto es solo en la atmósfera). En cambio, en cuanto al campo magnético, no se pudo medir mucho. Al contrario que Júpiter, que emite muchísimas ondas de casi todo tipo, Saturno permanece prácticamente callado.

Hubo que esperar unos años para poder acercarse al apuesto planeta, pero eso ya lo dejo para mañana.

8 AGOSTO. SATURNO, ACERCÁNDONOS AL PLANETA.

La primera sonda que enviamos cerca de Saturno fue la Pioneer 11, en 1979. Dicha sonda midió su campo magnético, (algo que llevaban esperando muchos científicos) y descubrieron que, efectivamente, y al igual que pasa con Teruel: existe. Lo que pasaba era que al ser tan débil, no lo podíamos detectar desde aquí. Es incluso más débil que el de la propia Tierra.

Como en el caso de Júpiter, las siguientes sondas en llegar hasta Saturno fueron las Voyager, que eran básicamente lo mismo pero mejorado: mejores sensores y mejores fotografías. Se consiguió entonces medir perfectamente la duración de un día en Saturno: Unas 10 horas y media, una velocidad bestial, en realidad, para lo grande que es. Aunque para velocidad bestial, la de las tormentas que se dan lugar en su atmósfera, con ráfagas de unos 1800 km/h.

Fotografía de Saturno por Voyager 1 en 1980. Crédito: NASA.

Se observaron perfectamente las bandas de la superficie de Saturno, viendo que eran muy parecidas, en realidad, a las de Júpiter, con lo cual se entiende que su interior debe ser similar, aunque menos extremo.

Y así nos tuvieron hasta 2004. Cuando llegó la sonda Cassini, que ya había pasado cerca de Júpiter, como vimos, pero cuyo destino principal era Saturno. Fotografió en detalle, por ejemplo, el famoso hexágono de Saturno, situado en su polo norte. Desde que lo había fotografiado la sonda Voyager 2, hacía más de 20 años, no se sabía qué podía ser... bueno, de hecho, todavía hoy no está muy claro, pero como su velocidad de giro es la misma que la del campo magnético se entiende que están relacionados. A finales del año 2016 y principios del año pasado se tomaron las imágenes más espectaculares del hexágono y, supongo, seguirá dando para muchos debates científicos.

El hexágono de Saturno fotografiado por Cassini en diciembre del 2016. Crédito: NASA/JPL.

Saturno tiene algo muy especial de lo que merece la pena pararse a hablar: sus anillos. Pero como para sus anillos y sus lunas hacen falta varios días, prefiero dejarlo para más adelante. Espero que puedas soportar la espera.

9 AGOSTO. CONSTELACIÓN DE SAGITARIO.

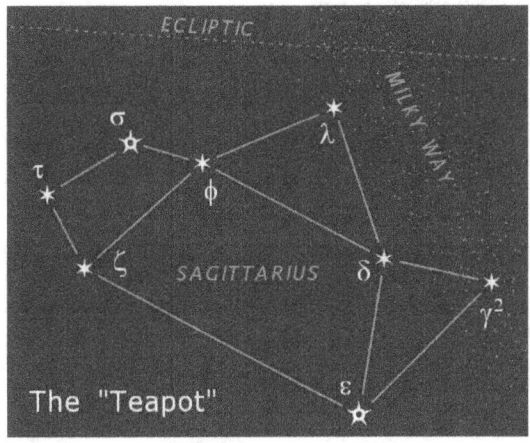

La tetera de Sagitario. Crédito: Dominio Público.

¿Has visto estos días a Saturno? Pues si lo has visto, Saturno está sobre una preciosa constelación zodiacal: Sagitario.

Sagitario es interesante por varias razones: Primero, se reconoce muy bien en el cielo. Segundo, está al lado de una constelación preciosa: Escorpio. Tercero, si miras a Sagitario estás mirando hacia el centro de nuestra galaxia. Y lo mejor de Sagitario es que, gracias a su orientación, es una de las constelaciones con más objetos del catálogo Messier: 15 en total.

Mira esta noche, entre las 22 y las 00, hacia el sur. Si estás en un sitio donde se vea el horizonte mejor (en verano las constelaciones zodiacales no están muy altas). Deberías ver una constelación con forma de tetera; y es que a esta constelación se le conoce como la Tetera, supongo que ya te habrás fijado que un poco se parece.

No es nada fácil ver la constelación como el Centauro que muestro a continuación. Si te fijas, en cualquier caso, la Tetera está entre sus brazos y el arco:

El Centauro de Sagitario. Crédito: Dominio Público.

Kaus Australis está en el extremo derecho inferior de la Tetera y es la estrella más brillante de la constelación, aunque su designación bayer sea **Epsilon Sagittarii**. Es una estrella doble que se encuentra a 120 años luz de nosotros y cuya componente principal es una Gigante Blanco-azulada. Su magnitud aparente es +1´79.

También están **Kaus Medius** y **Kaus Borealis**. Kaus Borealis está en la parte más alta de la Tetera y Kaus Medius, como su nombre indica, entre Kaus Australis y Kaus Borealis. Las dos brillan con una magnitud aparente menor de +3.

Nunki está en el Brazo del arquero, o en el asa de la Tetera. Es la segunda más brillante y la estrella sigma de la constelación. Es una B2´5 V situada a unos 225 años luz de nosotros, lo que le confiere una magnitud aparente de +2´02.

La tercera estrella más brillante de la Constelación es **Askella**, y se encuentra en el extremo inferior izquierdo de la taza. Su nombre significa Axila en latín. Es una binaria que brilla con una magnitud de +2´6.

10 AGOSTO. OTROS OBJETOS CONSTELACIÓN DE SAGITARIO.

Sobre los objetos del cielo profundo de la constelación de Sagitario, ya he dicho que había muchos, y no voy a poder mostrarte todos.

Con un par de ejemplos bastarán. No obstante, con unos simples prismáticos o con unas buenas condiciones atmosféricas podrás ver alguna cosa a simple vista. La **nebulosa de la Laguna** es un muy buen ejemplo de ello. También está el **cúmulo de Ptolomeo**, perteneciente a la constelación de Escorpio y que también puedes llegar a ver a simple vista.

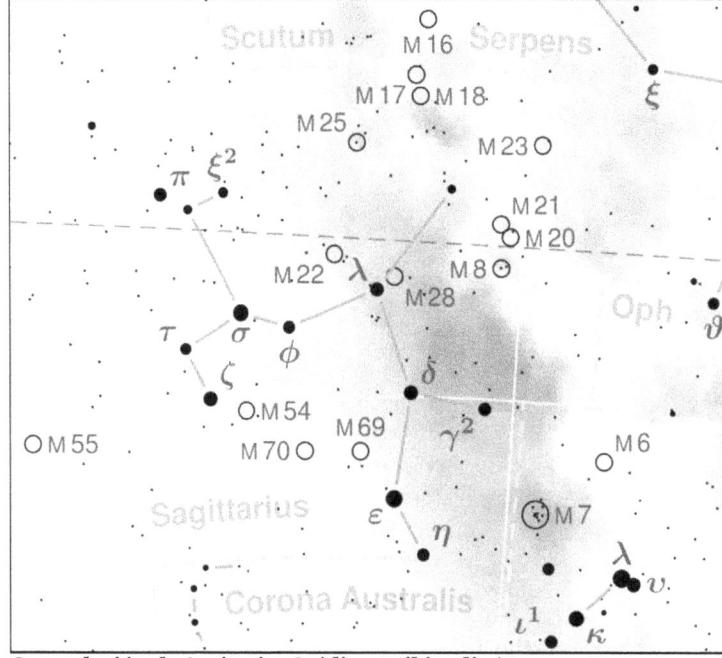

Constelación de Sagitario. Crédito: Wikipedia/Torsten Bronger.

Hay otro cúmulo estelar, no obstante, llamado **M22**, que es interesante por ser uno de los cúmulos estelares más cercanos a la Tierra. Se encuentra a 10.000 años luz.

La **nebulosa de la Laguna,** es el octavo elemento del catálogo de Messier. Es una enorme nube de gas y polvo donde se están formando un montón de estrellas. Es preciosa también si la miras con un gran telescopio:

Nebulosa de la Laguna. Crédito: ESO.

Te muestro también una foto de la **Nebulosa de Omega, M17**, que, en realidad, se puede diferenciar bien con ayuda de unos prismáticos:

Nebulosa Omega. Crédito: ESO.

13 AGOSTO. ESCORPIO.

Si has salido un día de estos a ver las estrellas, y has tenido la suerte de ver Marte, Saturno y Júpiter e incluso la tetera de Sagitario, seguro que has visto escorpio (aunque no supieras lo que era en realidad).

Escorpio es especial. Es preciosa. No sé si recordarás (ya fue hace mucho) que hablé de ella cuando empezaba con la hermosa constelación de Orión.

Antes quiero que tengas claro que cuando miras esta constelación (como cuando miras Sagitario) estás mirando directamente a una de las partes más interesantes de la Galaxia: El mismísimo centro. Acuérdate cuando hablé de "dónde estamos y hacia donde miramos", fue la segunda semana del año.

Además de tener una gran cantidad de estrellas brillantes y bien dispuestas en el cielo, y un muy buen número de objetos del cielo profundo, Escorpio consta de la estrella más cercana que sea casi igualita que el Sol: **18 Escorpii**. Se encuentra a unos 45 años luz de nosotros y su parecido razonable con el Sol, al menos en mi opinión, invita a soñar.

Escorpio es, además, fácilmente reconocible en los cielos pues realmente, y en pocos casos se ve tan claro, las estrellas forman la figura que representa: el escorpión. Hasta los mayas vieron un escorpión, al que llamaron **Zinaan ek** (estrellas del escorpión).

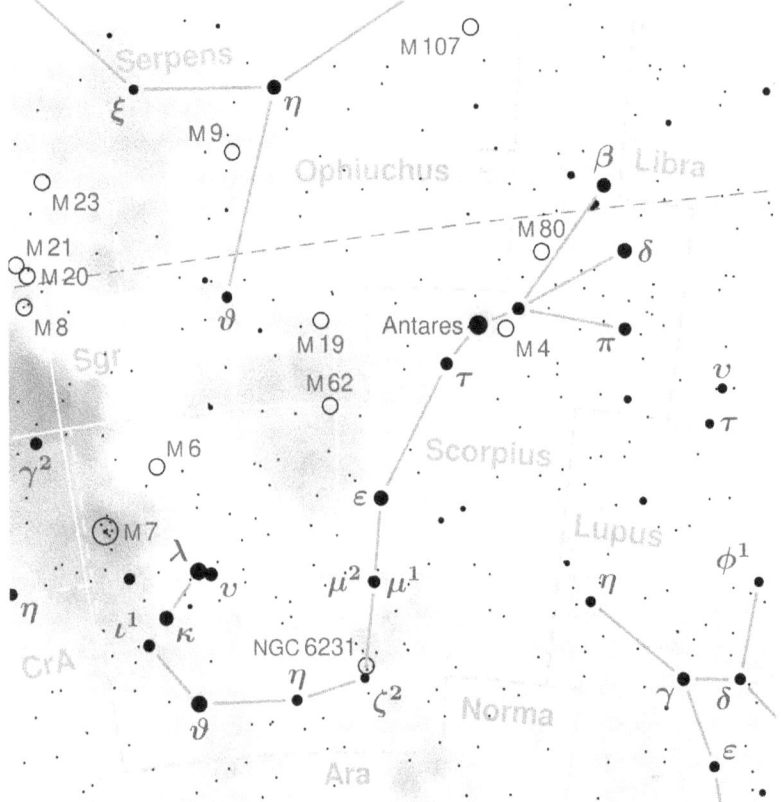

Constelación de Escorpio. Crédito: Wikipedia/Torsten Bronger.

Entre las estrellas de Ecorpio, además, se encuentra una de las estrellas más bonitas del cielo: **Alfa Scorpii**, más conocida como **Antares**. Hablaré de ella, si te parece, mañana.

Antares, junto con las 3 estrellas que estarían en las pinzas del escorpión: **Acrab (β Scorpii)**, **Dschubba (δ Scorpii)** y **Graffias (π Scorpii)** se reconocen muy fácilmente en los cielos. Acrab, por cierto, es un sistema quíntuple, Dschubba es un sistema cuádruple que en el año 2000 aumentó su brillo (¡Toma ya!), superando a su compañera, Pi Scorpii, que es una estrella binaria.

Fíjate también en **Mu Scorpii**, una doble visual preciosa. ¿Puedes diferenciarla? Se encuentran a 0´9 años luz una de la otra.

λ Sco, más conocida como **Shaula** (el aguijón), es la segunda estrella más brillante de la constelación (+1´62), lo cual hace que si la visión de la constelación es buena, se pueda utilizar fácilmente para completar la visión del escorpión entero (aunque no tiene mucha pérdida, la verdad).

Sargas, la tercera estrella más brillante, también está en la cola y la que más abajo está de todas las estrellas de Scorpii. Es una F1 III que se encuentra a unos 270 años luz de nosotros.

14 AGOSTO. ANTARES.

Ya he avisado que Antares es una estrella impresionante. No sé si te acuerdas de cuál es mi estrella favorita en el firmamento... era Betelgeuse. Pues bien, Antares es ¡aún más Grande! (Bueno, y ya sé que después de ver VY Canis Mayoris, cualquier estrella puede parecer una mindundis, pero es que Antares desde la Tierra se ve especialmente bien y por ello nos interesa). Concretamente se ve con una magnitud aparente de +1´09, lo cual la convierte en la decimosexta estrella más brillante del cielo.

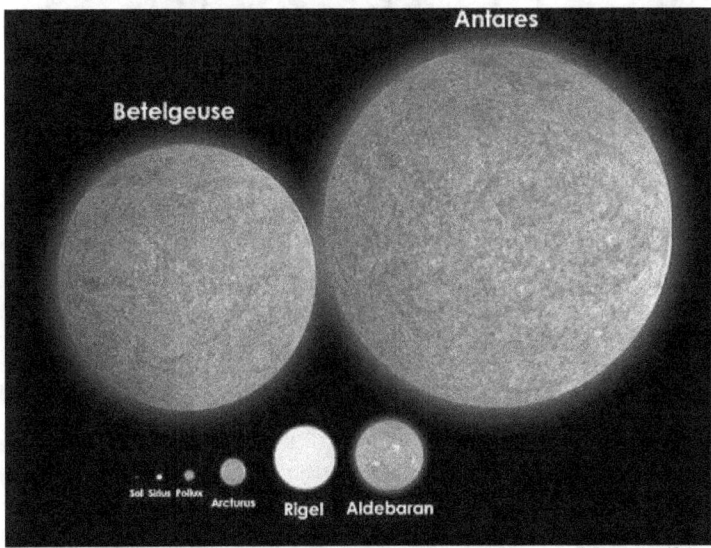

Comparación de tamaño entre diferentes estrellas. Crédito: Wikipedia.

Como ves, es muy grande. El Sol en la imagen prácticamente no se ve y Júpiter sería invisible a esa escala. **Aldebarán**, la tercera estrella más grande de la foto, está en la constelación de Tauro, que veremos más adelante. A Rigel, Arturo, Pollux y Sirio ya las conoces.

Por su tamaño y su color, imagino que sabes de dónde viene y a dónde va. Efectivamente, es una Gigante Roja. De hecho, se puede ver perfectamente su color rojo.

Compárala estos días con Marte (Marte está al Sureste y Antares al Suroeste). A parte del mayor brillo de Marte ¿Te has fijado como Marte no parpadea y Antares sí (y mucho)? Es una buena forma de diferenciarlos. La razón del parpadeo es básicamente la distancia a la que se encuentran y a que Marte refleja la luz del Sol pero Antares genera la suya propia ¡y de qué manera!

Antares está clasificada como una M0´5 Iab. Tiene un radio de unos 700 soles, una temperatura de unos 3500 grados y está a una distancia de unos 600 años luz. Con esto ya casi te lo digo todo, aunque no con mucha exactitud porque Antares, como muchas otras enormes estrellas, se encuentra embutida en una nebulosa que ella misma se ha creado (y eso dificulta los cálculos).

En la imagen siguiente se ve a Antares (sería la estrella más anaranjada y está situada abajo) rodeada de su preciosa nebulosa. A su derecha, **M4**, un precioso cúmulo estelar. Arriba está Ro Ophiuchi (es más azulada), de la vecina constelación del Ofiuco, que ya veremos.

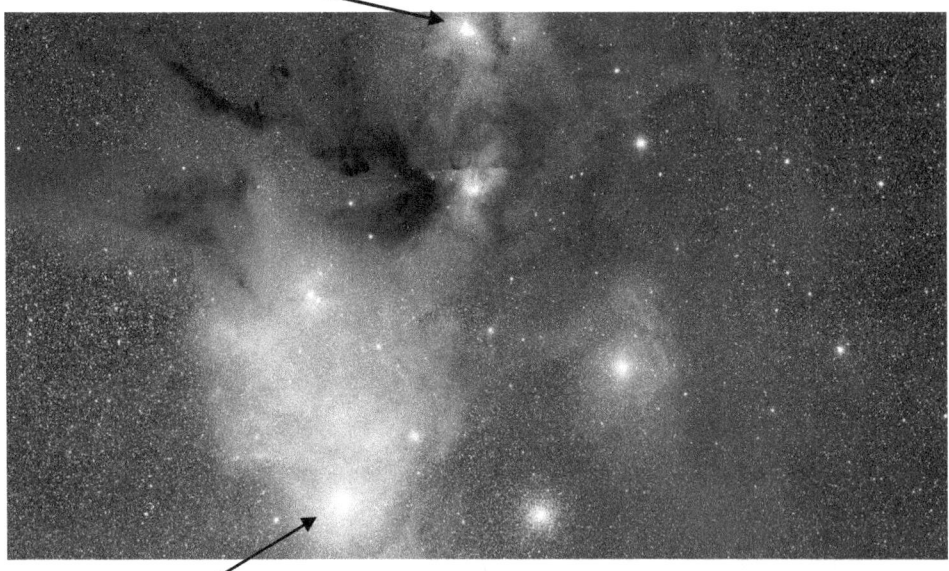

Nebulosa de Antares. Crédito: NASA.

14 AGOSTO. OTROS OBJETOS DE ESCORPIO.

Además de unas fabulosas estrellas, hay varios objetos dentro de los dominios del escorpión, que están incluidos dentro del catálogo de Messier (Y eso, como sabes, es garantía de calidad).

A parte de **M4**, el precioso cúmulo estelar cercano a Antares, en Escorpio también destaca el **Cúmulo de Ptolomeo**, o **M7**, situado cerca del aguijón del escorpión. No tiene pérdida.

M7. Crédito: ESO.

Tampoco puedo dejar pasar una de las nebulosas planetarias más bonitas que existen. Se llama **NGC-6302**, aunque es más conocida como la **nebulosa de la Mariposa**, que se encuentra a unos 4000 años luz de nosotros. Es preciosa.

Nebulosa de la Mariposa. Crédito: NASA/ESA/SM4 ERO Team.

16 AGOSTO. EXOPLANETAS I.

La palabra *exoplaneta* proviene de "**Planeta Extrasolar**" y alude, como quizá podrás imaginar, a todos los planetas que orbitan alrededor de otras estrellas que no sean el Sol.

En el momento de escribir éstas líneas se habían detectado algo más de 3300 exoplanetas, pero la lista va creciendo prácticamente día a día, así que seguro que cuando leas esto seguro que se sabrá de alguno más.

Para localizarlos, se utilizan diferentes técnicas. No es algo fácil, ten en cuenta de que están muy lejos y que son pequeños... y encima, tienen algo muy brillante a su lado que nos deslumbra.

De todas formas, y aun así, se han podido detectar unos pocos exoplanetas viéndolos directamente (en la banda del infrarrojo la mayoría, eso sí). Esto es debido a que algunos planetas son jóvenes y aún están muy calientes, con lo que emiten ondas infrarrojas. Para evitar el deslumbramiento, también hay una técnica con la que se utiliza un sistema que elimina el brillo de la estrella, y así también se han podido encontrar bastantes exoplanetillas.

Planeta caliente junto con su estrella de fondo. Crédito: ESO/L.Calçada.

Otra forma de encontrar exoplanetas, más enrevesada, eso sí, es mirar los efectos que un planeta tendría en la estrella sobre la que orbita. Al final, un planeta orbitando a una estrella también crea un efecto en la misma por la gravedad, lo que hace que la estrella "pendulee" un poco: Es la técnica de la **Astrometría**.

Otra técnica, conocida como la **Técnica Doppler**, lo que hace es medir la velocidad radial de las estrellas y mirar el efecto que puede tener un planeta en la misma (El planeta hace que la estrella se mueva un poco y nosotros, desde aquí, la vemos acercarse y alejarse). Con esta técnica, que en principio se ha usado para detectar planetas muy grandes, se ha llegado a identificar un planeta en la **zona habitable** (Hablaremos de esto mañana) poco más grande que la Tierra en **Alfa Centauri**, la estrella más cercana a la Tierra. Usando esta técnica también se han encontrado tres planetas orbitando la **zona habitable** de la estrella **Gliese 667C**, en la constelación de Escorpión. Esta estrella está, además, a poco más de 22 años luz de nosotros.

Muy utilizada también es la técnica conocida como tránsito. Con ella, lo que se observan son las variaciones de brillo que provoca los planetas en la estrella al pasar entre ella y nosotros. Lo bueno de esta técnica es que con ella, sí es posible determinar el radio del exoplaneta. No solo eso, sino que pueden saber, usando la espectroscopia, la masa y la composición química de la atmósfera del planeta. ¡Lo que avanza la ciencia!

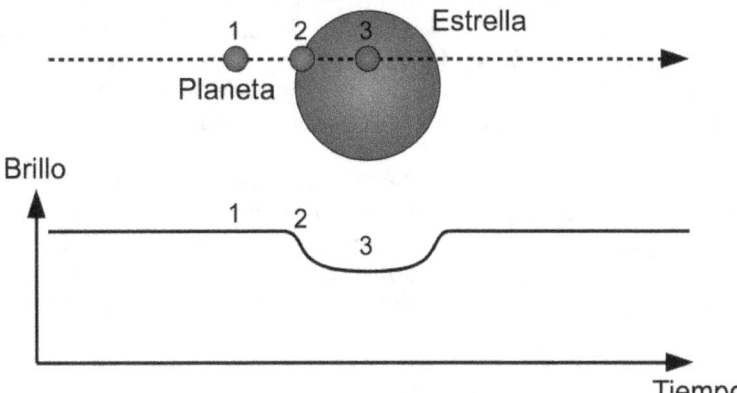

Tránsito de un planeta y disminución del brillo de su estrella. Crédito: Wikipedia/Hans Deeg.

Esta técnica se ha utilizado mucho en planetas que habían sido descubiertos previamente utilizando la técnica Doppler.

Otra técnica utilizada, y ya con esta acabo por hoy, es otra difícil de comprender, ya que tiene que ver con la teoría de la relatividad de Einstein. El caso es que si una estrella pasa por entre la Tierra y otra estrella, la luz que llega de la estrella más lejana la seguimos viendo debido al efecto de la gravedad de la estrella del medio... y de una manera determinada, de hecho. Un planeta orbitando a la estrella del medio altera esta imagen con lo que el planeta queda descubierto. ¿Más o menos claro? Esto era para nota, ¿eh?

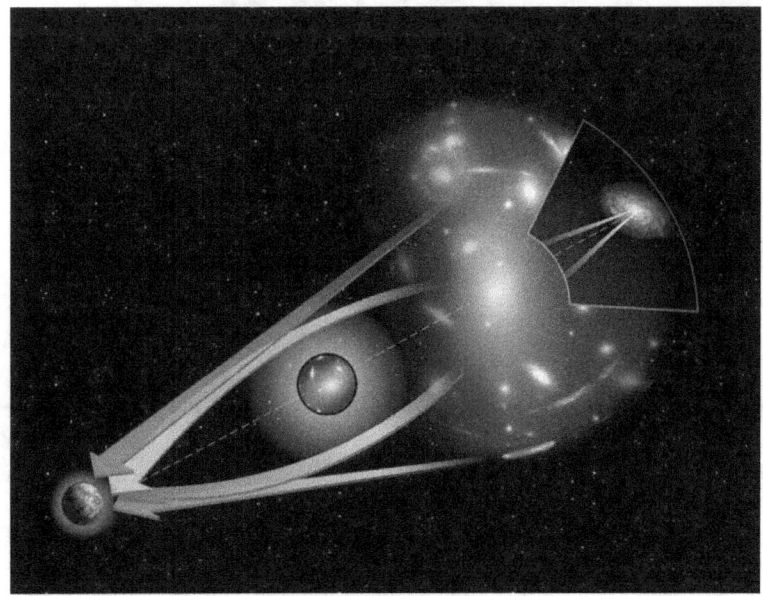

Lentes Gravitacionales. Crédito: NASA.

17 AGOSTO. EXOPLANETAS II.

Tenía pendiente de ayer, lo primero, definir que era aquello de **"zona habitable"** de un sistema estelar.

Pero antes de nada quiero aclarar que cuando hablo de zona habitable me refiero a habitable por vida tal y como la conocemos nosotros, es decir, vida que se ha desarrollado utilizando el ciclo del agua. No se descarta que haya otro tipo de vida, que haya surgido a partir del ciclo del metano, por ejemplo, como sucede en una de las lunas más apasionantes del Sistema Solar: Titán. (Esto ya lo veremos más adelante).

Es por ello, que la "zona habitable" de un sistema estelar es aquella en la que la distancia a la estrella correspondiente es tal, que se pueden dar las características necesarias para que pueda darse el ciclo del agua. Si el planeta está muy alejado de su estrella, toda el agua será hielo y si está demasiado cerca, se habrá evaporado, con lo cual, la zona habitable es aquella franja comprendida en el medio. (Que el planeta no esté ni muy caliente ni muy frío).

En la siguiente imagen se puede observar como las zonas varían en función del tamaño y temperatura de las estrellas (Se debería diferenciar una zona situada a media distancia de cada una de las 3 estrellas que marcaría lo que se denomina "zona habitable". La estrella más caliente es la de arriba y la más fría la de abajo).

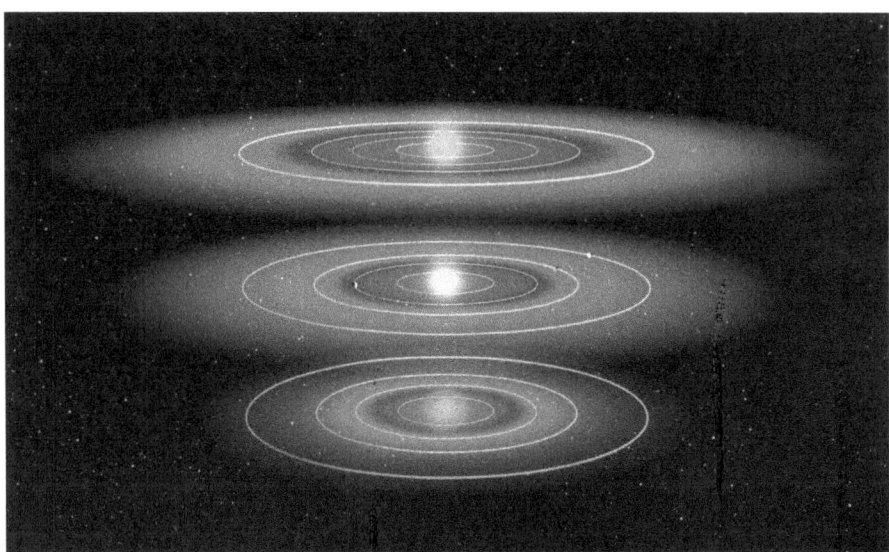

Zonas habitables de diferentes estrellas. Crédito: NASA.

Para descubrir planetas que se encuentren en la zona habitable de sus correspondientes estrellas la NASA puso en órbita a **Kepler**, un satélite preparado para detectar exoplanetas que se encuentren en la zona habitable. El sistema que utiliza para encontrarlos es el de tránsito, que ya expliqué ayer.

Resulta curioso saber que Kepler solo está mirando una pequeña zona del cielo. Seguro que has mirado hacia allí alguno de estos días. La zona se encuentra rodeando a Rukh (Delta Cygni), una de las alas del cisne de los cielos. Sal esta noche que la podrás ver en lo más alto del firmamento. Se eligió esa zona por dos motivos principales: Por ser una zona rica en estrellas y por estar lejos de la eclíptica (y por lo tanto, el Sol no se va a poner en medio en ningún momento).

Satélite Kepler, en la búsqueda de nuevos mundos. Crédito: NASA.

20 AGOSTO. ANILLOS Y LUNAS DE SATURNO I.

Los anillos de Saturno, creo que vas a cansarte de leerlo, son una de las cosas más delicadas, sutiles, bellas y perfectas del Sistema Solar. Salta a la vista:

Saturno. Crédito: NASA/ESA.

Fue **Domenico Cassini** el que vio, gracias a su mejorado telescopio, un hueco en el anillo de Saturno. (Dicho hueco lleva hoy su nombre, como también te habrás fijado que también lo lleva la sonda que fotografió el planeta en el 2004). Fue en 1675, y desde entonces, y durante siglos, se creyó que solo había dos anillos (el A y el B) separados por ese hueco rodeando a Saturno. Pero ya verás como no es así.

Antes de empezar a enumerar los anillos, supongo que debería empezar por lo básico: ¿Qué son realmente los anillos? Pues son una enorme cantidad de partículas de hielo que giran alrededor de Saturno. El tamaño de dichas partículas es variado, pueden ser de varios milímetros o pueden llegar hasta los 10 metros. Como dato curioso, y para hacerte una idea de la cantidad de agua que hay en los anillos, si sumas toda el agua que hay en la Tierra, no llegaría al 4´5% del total del agua que contienen los anillos. De piedra te has quedado, ¿verdad?

Anillo de Saturno. Crédito: NASA/JPL.

Por cierto, hoy en cuanto anochezca, sal a ver a Saturno. Estará precioso, bien cerquita de la Luna. Esta noche, y durante toda la semana, podrás ver a Venus, Júpiter, Saturno y Marte.

21 AGOSTO. ANILLOS Y LUNAS SATURNO II.

Voy a intentar resumir al máximo el tema de los anillos, nombrando solo los principales y poco más, porque es que luego dentro de cada uno de ellos hay sub-anillos y subdivisiones... y no podemos entretenernos tanto con esto. En cualquier caso, presta atención porque es fácil perderse.

Los anillos, de dentro hacia fuera son:

Anillo D, con muy poca densidad de partículas. Comienza a unos 7000 km de las nubes de Saturno. (Aunque antes ya empiezan a verse partículas de hielo). Tiene 7500km de anchura.

Anillo C, algo más fácil de detectar y de unos 17500 km de anchura. Compara esta anchura con los 5 metros de espesor que tiene. Impresionante, ¿verdad?

Anillo B, el más brillante de todos y, por lo tanto, el anillo principal. Tiene una anchura de 25.500 km y una espesura de entre 5 y 15 metros. Dentro del anillo, hay un trozo de hielo que destaca sobre los demás; tanto es así que podríamos llamarlo luna. Tiene unos 400 metros de diámetro. Se llama **S/2009 S1**.

El **Anillo B** y el **Anillo A** están separados, como ya he dicho, por la **División de Cassini**, con sus 4800km de anchura. La división de Cassini no es vacío, sino que también hay rocas e incluso subdivisiones, pero no te quiero aburrir más.

El Anillo A tiene un espesor de entre 10 y 30 metros y 15.000 km de anchura. Contiene en su interior la **División de Encke**, (nombrada en honor a **Johann Encke**, primero en verla). Cerca del borde del anillo y casi en el extremo se encuentra la **División de Keeler**.

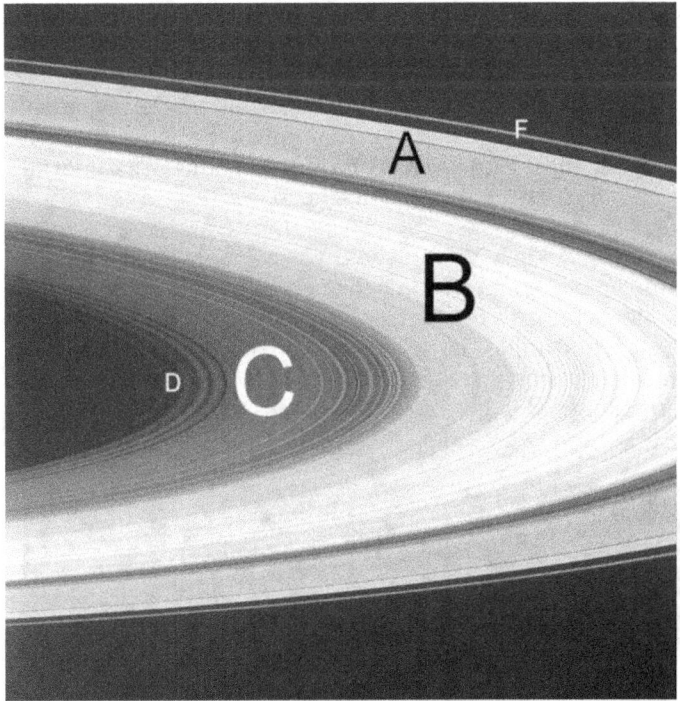

Anillos principales de Saturno. Crédito: Wikipedia.

En la División de Encke se encuentra la luna **Pan**. En la división de Keeler se encuentra la luna **Dafne**.

Luna Pan. Crédito: NASA.

El anillo A finaliza en la **División de Roche**, de 4000 km de anchura. Y ahí habita una Luna que ya tiene un tamaño considerable: **Atlas**.

Y si creías que el tema de los anillos terminaba aquí, lo siento, porque tras la división de Roche empieza el tenue **Anillo F**, con sus menos de 500 km de ancho. Además, entre este anillo se encuentran dos lunas más: **Pandora** y **Prometeo**. Son otras enormes rocas de hielo de 104x81x64 km y 136x80x60 km respectivamente.

Tras el anillo F, hay un vacío de 9000 km y de nuevo empieza a haber partículas de hielo, pero esta vez, hay tan pocas que ya no merece la pena ni nombrarlas como anillo... pero haberlas, hailas. Lo interesante es que hay más lunas. En este caso serían **Jano** y **Epimeteo**, con su tenue anillo. Las dos lunas no solo comparten órbita alrededor de Saturno sino que se parecen mucho entre sí. Jano es algo mayor que Epimeteo, tiene unos 203x185x152km por los 130x114x106km del segundo.

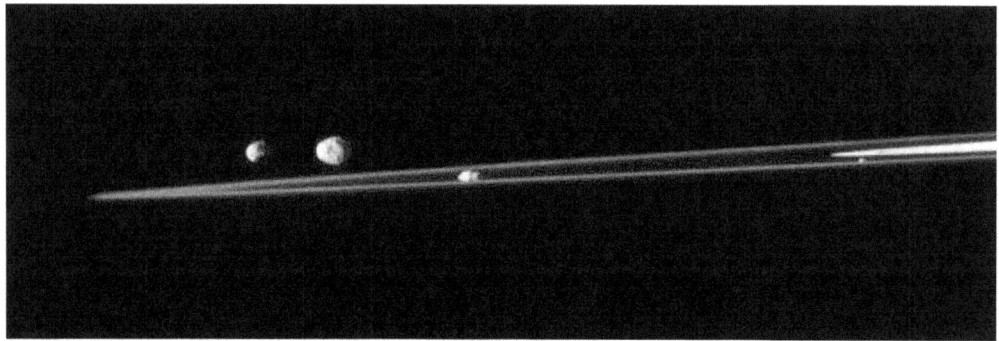

Epimeteo, Jano, Prometeo, Atlas. Crédito: NASA.

Pandora perturbando el anillo F. Foto Cassini. Crédito: NASA/JPL/Space Science Institute.

Tras Jano y Epimeteo se encuentra el **Anillo G**, de unos 9000km de anchura. El origen de dicho anillo es **Egeón**, otra luna de Saturno. Es un pequeño satélite de solo medio kilómetro de diámetro.

Y por fin, el **Anillo E**. De unos 300.000 km de anchura. No es una errata: 300 mil. En él se encuentran el resto de lunas de Saturno. Y es muy tenue y prácticamente todo él está constituido por partículas microscópicas.

Como ves, solo con los anillos podríamos haber estado un mes hablando... ¡y quedarían cosas por contar!

22 AGOSTO. ANILLOS Y LUNAS DE SATURNO III.

Ayer enumeré los principales anillos de Saturno y todos los Satélites que pululan por allí. ¡Apuesto a que sabrás enumerarlos!

S/2009 S1, Pan, Dafne, Atlas, Prometeo, Pandora, Epimeteo, Jano y Egeón no son más que enormes bloques de hielo que ni siquiera tienen la masa suficiente para tener una forma esférica. Orbitando a Saturno hay 7 satélites que sí tienen lo que hay que tener; son estos 7 magníficos (y muchos más) los que nos quedan por ver.

De las 7 lunas principales, 5 se encuentran inmersas dentro del tenue Anillo E. Entre hoy y mañana estudiaremos un poco a las 5 y alguna más (que no es esférica) por el camino.

- **Mimas:**

Lo curioso de esta luna es que es el astro más pequeño conocido con forma esférica. Está en el límite para que la fuerza de gravedad sea suficiente para conferirle esa forma. Su diámetro es de unos 400 km. Es una "pequeña" bola de (prácticamente todo) hielo.

Es lo suficientemente grande, no obstante, para poder ser observado desde la Tierra (con un potente telescopio, claro) y por lo tanto ya fue descubierta en 1789 por Herschel. Fue el séptimo satélite de Saturno en ser descubierto. Haría falta que pasarán muchos años (casi 200) para que supiéramos su aspecto…

Mimas. Crédito: NASA/JPL/Space Science Institute.

Ese inmenso Cráter, llamado **Herschel**, de 139 km de diámetro y 10 km de profundidad (¿Puedes imaginarte un agujero de esa envergadura?) hace a Mimas inconfundible. Imagínate el golpe que produjo semejante cráter… los científicos todavía no se explican cómo es posible que no se rompiera en pedazos.

Mimas tarda 22 horas y media en dar una vuelta alrededor de Saturno. Muy rápido. Su velocidad es de 14 km por segundo.

Antes de pasar a la siguiente luna redonda, simplemente citar a 3 pequeñas lunas: **Metone**, **Antea** y **Palene** que orbitan Saturno más lejos que Mimas. Son unas rocas de entre 1 y 3 kilómetros, así que no me detendré más en ellas.

- **Encélado**:

Encélado también es una luna rápida: tarda 33 horas en dar una vuelta a Saturno. Entiende que tiene que ser así porque de no ser tan veloz, Saturno la devoraría debido a la gran fuerza de atracción que ejerce sobre esta pequeña luna de 500 km de diámetro.

Pero lo más curioso de Encélado es que es la causante del anillo E... adivina porqué... ¡porque tiene volcanes! Sí señor, una bola de hielo con volcanes. Bueno, en realidad, como estos volcanes son de hielo se les llama **Criovolcanes**. Y bueno, tampoco es exactamente una bola de hielo, ya que se cree que puede tener un núcleo interno rocoso. De hecho, recientes estudios realizados a partir de datos obtenidos de la sonda Cassini, parecen desvelar que tiene un océano líquido en su interior, lo cual es una magnífica noticia con la que Encélado gana muchísima importancia.

Lo del criovulcanismo tiene una explicación: Encelado gira en una órbita elíptica alrededor de Saturno, esto provoca unos tirones gravitatorios (como los que vimos en las lunas galileanas de Júpiter), que hacen que la luna se contraiga y se estire calentándose con ello su interior. Fíjate en las cicatrices que eso genera en la pobre Encelado y en como mucha parte de la superficie de la luna no tiene cráteres, ya que la superficie es joven, se va renovando poco a poco.

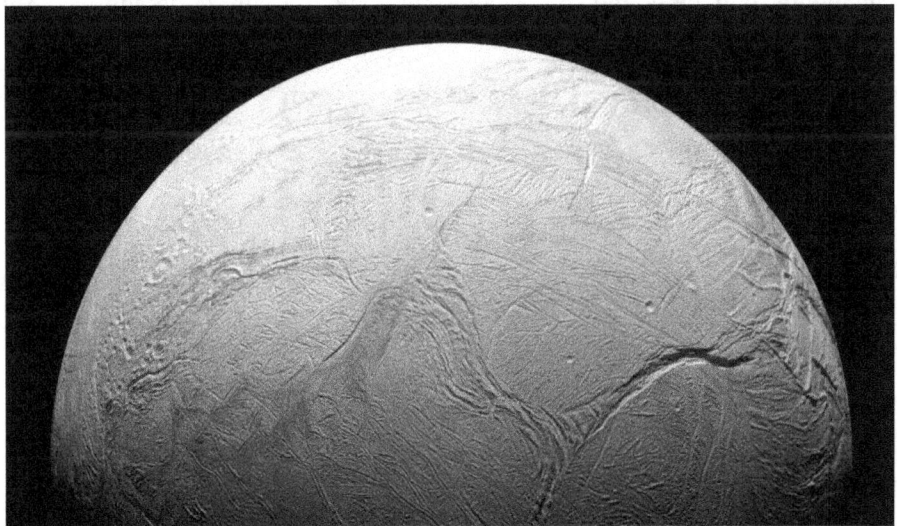

Encélado. Crédito: NASA

Imagina: Vapor de agua junto con otros gases, sales y sustancias orgánicas (lo que confirmaría lo del océano interior) son despedidos de Encélado, que, debido a su pequeña fuerza de gravedad, no es capaz de retenerlos y se quedan formando parte del Anillo E, enfriándose y convirtiéndose en "nieve". Años después, en su rápido movimiento alrededor de Saturno, la pequeña Encélado los atrapa de nuevo. El ciclo del agua alrededor de Saturno.

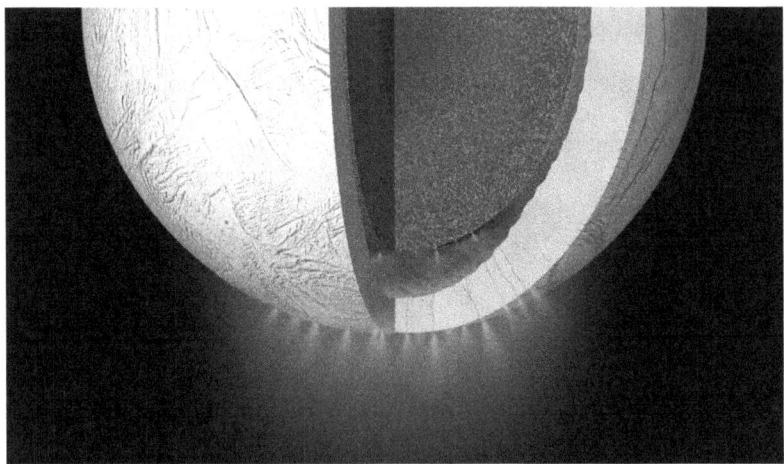

Corte en Encelado. Crédito: NASA.

- **Tetis:**

Tetis es bastante más grande que Mimas y Encélado, y por ello fue descubierta antes. Concretamente rondaba el año 1684 cuando un genio, Cassini, la descubriría. Muchos después, la sonda que lleva su nombre, haría una foto como esta:

Tetis. Crédito: JPL/ NASA.

Tetis, al igual que sus compañeras, gira a una gran velocidad alrededor de Saturno, tardando casi dos días en dar una vuelta completa. Aún está muy cerca del Dios Saturnus.

Su diámetro ronda los 1000 km. También está formada prácticamente de hielo que, en su superficie, alcanza la friolera (nunca mejor dicho) de -190ºC.

Consta de un cráter espectacular, aunque no tanto como el de Mimas (comparativamente hablando). En este caso se llama **Ulises** y tiene 450 km de diámetro. Otra cosa a destacar en Tetis es uno de los valles más grandes del Sistema Solar: **El cañón de Itaca**, de 5 km de profundidad, 100 km de anchura y 2000 km de longitud. Impresionante.

Tetis comparte órbita con dos pequeños satélites: **Calipso y Telesto** (dos Troyanos situados en los puntos langrangianos 4 y 5). Son dos pequeñas lunas patatoides (denominación inventada por mí para describir a rocas de hielo con forma de patata) de unos 20-30 km de tamaño.

- Dione:

Con un diámetro de unos 1100 km, Dione es la luna de Saturno más grande de las que hemos visto hasta ahora. Curiosamente, Dione se encuentra prácticamente a la misma distancia de Saturno que nosotros de la Luna; con la salvedad de que Dione no tarda 28 días, sino 10 veces menos en dar la vuelta a esa mole llamada Saturno. La órbita es prácticamente circular así que tampoco va a constar de criovolcanes como Encelado. Es solo una enorme, rápida y fría bola hielo.

Dione. Crédito: NASA/JPL/Space Science Institute.

Sí que no quiero dejarla sin nombrar sus dos satélites troyanos: **Polideuco**, de 2-3 km de tamaño y **Helena**, bastante más grande, con un tamaño de 43km de largo y 26 de ancho.

- **Rea:**

Por fin, la quinta luna redonda de Saturno. Siento decir que Rea tampoco ofrece muchas sorpresas. Es otra enorme bola de Hielo (1527 km de diámetro) y cráteres de impacto que se mueve muy deprisa a más de medio millón de kilómetros de Saturno.

Rea. Crédito: NASA/JPL/Space Science Institute.

Mañana hablaré de un Satélite que sí merece la pena de verdad, tanto, como que casi te podría asegurar que es el satélite más inquietante de todo el Sistema Solar. ¡Y ahí te quedas hasta mañana! ¿Podrás esperar?

23 AGOSTO. TITÁN.

Ayer prometí que la luna que hoy nos ocupa, Titán, es, casi sin lugar a dudas, la más interesante e inquietante de todo el Sistema Solar. A ver si cuando termines de leer este capítulo también piensas lo mismo.

Para empezar, es la luna más grande del planeta más hermoso del Sistema Solar (y esto último, al menos, asegura unas buenas vistas desde la misma). Su radio es de 2576 km. Con ese tamaño, es lógico que fuera la primera de las lunas de Saturno en ser descubierta. Lo hizo **Christiaan Huygens** en el año 1655. También facilitó, no obstante, el hecho de que orbite a más un millón de km de Saturno (1.220.000, para ser exactos) lo cual hace que el brillo de Saturno no deslumbre al observador. Por cierto, da una vuelta a Saturno cada 16 días.

Comparación de tamaños entre la Tierra, la Luna y Titán. Crédito: NASA.

Pero lo que hace realmente especial a Titán es lo que hay en su superficie. Te muestro una foto y me dices que es lo que ves:

Imagen de la superficie de Titán. Crédito: NASA/JPL/USGS.

Exactamente, ¡¡ríos y mares!! ¿Que cómo es posible? A esa distancia del Sol el agua estaría totalmente congelada, así que tenemos que descartar que sea agua... pero, por otro lado, sabemos que hay elementos que a esas temperaturas y con unas condiciones de presión determinadas sí pueden estar (y de hecho están) en estado líquido y fluyendo colina abajo.

Te estarás preguntando cuál es ese elemento que puede estar líquido en un astro que se encuentra a 9 UAs del Sol: Pues ni más ni menos que metano y etano (que es un derivado del metano). (CH_4 y C_2H_6).

El metano en la Tierra es un gas (El conocido como Gas Natural es prácticamente metano), pero si a presión atmosférica lo enfrías hasta entre -164°C y -182°C lo que obtienes es un líquido. Y esa temperatura es más o menos la que hay por esos lares. ¿No es genial?

Ahora la pregunta es ¿De dónde viene el metano y por qué está ahí?

En un astro que ejerce poca fuerza de gravedad debido a su pequeño tamaño, cualquier gas escaparía rápidamente de su atmósfera, pero Titán tiene una señora atmósfera, ¡más alta incluso que la nuestra! Tanto es así que la presión en su superficie es ¡1´5 veces la que tenemos aquí!

La atmósfera de Titán contiene gran cantidad de nitrógeno (prácticamente casi toda ella) y el resto es metano y derivados. También hay otros compuestos orgánicos más complejos que se crean en un complicado proceso químico que comienza en lo alto de la atmósfera, donde llegan los rayos del Sol, y donde éstos actúan sobre el metano y el nitrógeno descomponiéndolos. Todos esos compuestos se conocen por el nombre de **Tolinas**.

Las nubes de metano están abajo. Sí, hay nubes, y lluvia de metano. Y viento. Y erosión. Es un mundo de hidrocarburos. (El metano y el etano son hidrocarburos, es decir, compuestos orgánicos formados por carbono e hidrógeno). (Siento mucho que la parte de la química sea complicada...). Estas sustancias, por cierto, crean enormes zonas de oscuras dunas de hidrocarburos en Titán. Imagina los gigantescos desiertos de dunas de un material más parecido al plástico que a otra cosa. ¡De locos!

Sé que te gustaría que un objeto fabricado por el ser humano se posara sobre esa superficie para ver lo que pasa por ahí abajo... y te vas a alegrar, porque ha sucedido. En enero del 2005 una pequeña sonda que viajaba con Cassini, la **sonda Huygens**, descendió hasta posarse sobre el terreno en Titán. No fue todo lo bien que se esperaba, pero vio algo como la foto que ves a la izquierda.

Superficie de Titán. Crédito: ESA/NASA.

No es gran cosa, lo sé. Pero bueno, se ven cantos rodados, como los que encontraríamos en la Tierra en el lecho de un río seco o algo así...

Lo peor de todo: Que la atmósfera es tan densa que no se ve Saturno desde el suelo.

24 AGOSTO. LUNAS DE SATURNO MÁS ALLÁ DE TITÁN.

Efectivamente, Saturno tiene lunas más allá de Titán.

La primera en orden de alejamiento se llama **Hiperión** y está situada a nada más y nada menos que 1´5 millones de kilómetros de Saturno. Es una luna de lo más curiosa.

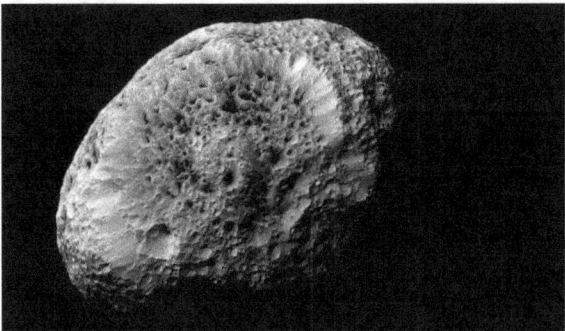

Hiperión. Crédito: NASA.

Como ves, no tiene forma esférica, sus 200-300 y pico kilómetros de tamaño le impiden tener esa forma divina, pero por muy poco. No solo eso, sino que Hiperión no tiene un eje de rotación, gira a lo loco y eso la hace aún más rara y única. Por si ese poroso aspecto que tiene no fuera suficiente…

En cualquier caso, si pensabas que Hiperión estaba lejos del bello Saturno, prepárate, porque la siguiente luna, **Japeto**, se encuentra a más del doble de distancia; concretamente a más de 3´5 millones de kilómetros. Japeto no es más que un enorme Ying-Yang de hielo de unos 1500 kilómetros de diámetro, que gira muy lejos de Saturno y encima con una inclinación de su órbita de 15º, lo que asegura una buena vista de los famosos anillos desde su superficie. Según en qué parte de la luna te encuentres, el hielo está más o menos derretido (y evaporado) y entonces afloran las rocas que había debajo del mismo, dando a Japeto ese toque tan característico.

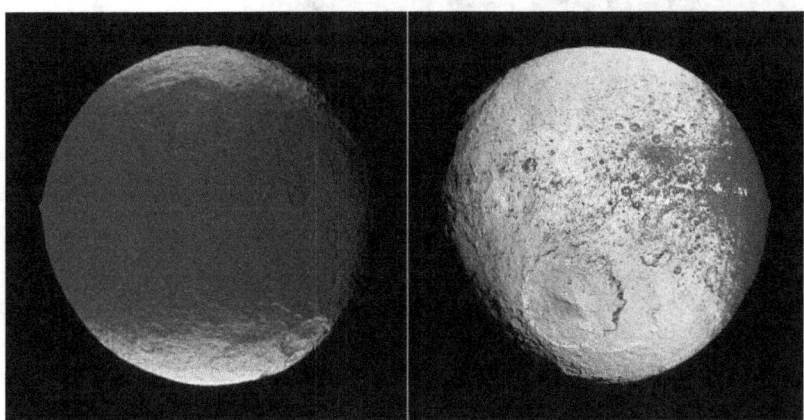

Japeto. Crédito: NASA.

Más allá de Hiperión y Japeto hay mucho más, quizá demasiado para poder explicarlo todo en un solo día.

Concretamente, el resto de Lunas son: **Kiviuq, Ijiraq, Febe, Paaliaq, Skadi, Albiorix, S/2007 S2, Bebhionn, Skoll, Erriapo, Tarqeq, S/2004 S13, Greip, Hyrokkin, Siarnaq, Tarvos, Jarnsaxa, Narvi, Mundilfari, S/2006 S1, S/2004 S17, Bergelmir, Suttungr, Hati, S/2004 S12, Farbauti, Thrymr, Aegir, S/2007 S3, Bestla, S/2004 S/, S/2006 S3, Fenrir, Surtur, Kari, Ymir, Loge y Fornjot.**

Como ves, todas ellas con nombres muy fáciles de recordar. :-)

De estas lunas, la que a mayor distancia se encuentra de Saturno es **Fornjot**, que orbita a unos 24´5 millones de kilómetros del planeta. Impresionante.

La más grande de todas ellas, y con diferencia, es **Febe**, y la segunda más grande **Siarnaq**, pero con sus escasos 20 kilómetros de radio medio, está lejos de los 220 km de diámetro de Febe. Febe es una roca oscura que, se cree, viene de la parte interior del cinturón de Kuiper, y sus características podrían ser muy parecidas a las de los elementos que existían orbitando a un joven Sol durante la formación del Sistema Solar, y de ahí su interés.

Casi todas las lunas exteriores de Saturno orbitan en planos bastante inclinados, lo que da una idea de que sean asteroides que han sido capturados por la enorme fuerza de gravedad de Saturno.

Satélites de Saturno (la órbita más pequeña, en el centro, es la de Titán).
Crédito: Wikipedia/The singing Badger.

27 AGOSTO. SONDAS VOYAGER.

Las Voyager son dos sondas gemelas enviadas al espacio en 1977 (En agosto la Voyager 2 y en Septiembre la Voyager 1).

Voyager 1. Crédito: NASA/JPL.

Dos años después pasaron cerca de Júpiter, enviándonos valiosísima información. La Voyager 1 comenzó entonces su camino hacia los confines del Sistema Solar y la Voyager 2 tuvo tiempo de pasar, en el 82 cerca de Saturno, en el 86 cerca de Urano y en el 89 cerca de Neptuno.

La Voyager 1 entraría en el Espacio Interestelar en Agosto del 2012. Un año después batió el récord que ostentaba la Pioneer 10, con 18700 millones de kilómetros de distancia a la Tierra. Y siguió su camino.

Nada ni nadie (al menos conocido) ha estado nunca tan lejos.

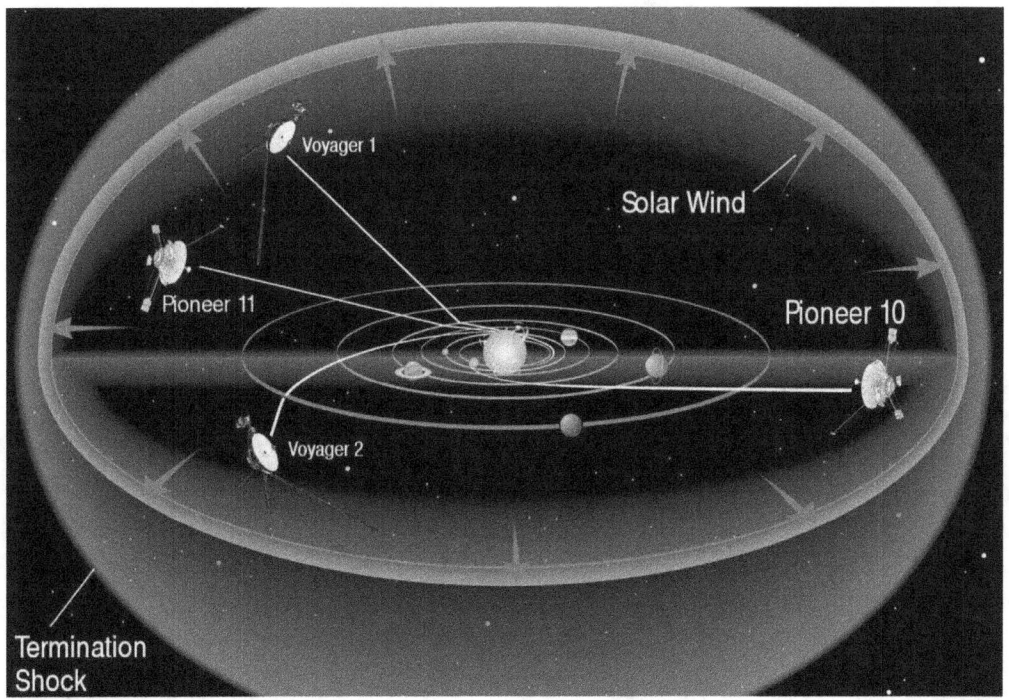

Localización aproximada de las Pioneer y las Voyager. Crédito: NASA.

El hecho de que estén tan lejos y que fueran una fuente de información que marcó un antes y un después en nuestro conocimiento del Sistema Solar está muy bien, pero para soñadores como yo lo mejor es que transportan con ellas una placa de oro con información sobre la especie humana. Quién sabe si le podría interesar a alguien por ahí.

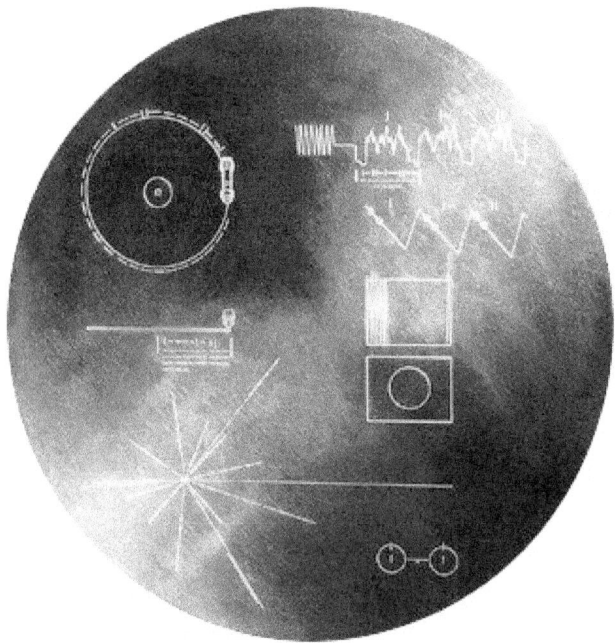

Disco de oro de las Voyager. Crédito: NASA.

La información va en un disco de oro, uno como los que se ponían en los toca-discos de los años 70, con una serie de grabaciones en las que colaboró el gran Carl Sagan. Entre ellas, sonidos de la naturaleza, saludos en 55 idiomas, y música de, por ejemplo, Bach o Beethoven.

También contienen 115 imágenes diferentes mostrando cómo somos y la diversidad de la vida en la Tierra. En el disco de oro vienen grabadas las instrucciones para poder reproducirlo así como la situación de nuestro Sol en el espacio. (La aguja para el tocadiscos, por cierto, va incluida en el paquete).

Te recomiendo que visites la página de la NASA. No puedo poner todas las imágenes que contienen los discos de oro pero me encantaría que las pudieses ver. Te encantará verlas e imaginar lo que podría pensar un alienígena que las viese por primera vez. Empiezan explicando dónde estamos, los números, las distancias (teniendo como base una molécula de hidrógeno), nuestro Sistema Solar, química, nuestro ADN, fotografías del ser humano, dibujos de nuestro interior, fotografías y dibujos de la vida en nuestro planeta... ¡Muy interesante!

28 AGOSTO. CONSTELACIÓN DE DRACO.

Draco, la constelación del Dragón, es una de las 48 constelaciones de Ptolomeo. Solo por estar entre esas 48 afortunadas, ya merece nuestros respetos.

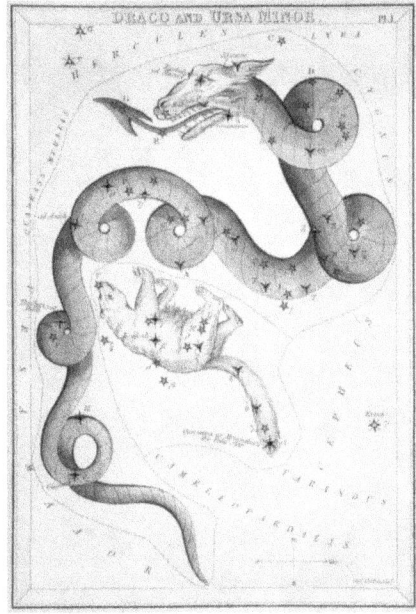

Constelación de Draco. Crédito: Dominio Público.

Como puedes ver, la constelación de Draco es enorme. Es como un largo dragón chino.

Se encuentra situada rodeando la Osa Menor. La cabeza del Dragón está entre el carro de la Osa Menor y Hércules, Lyra y el Águila. La verdad es que si el día es claro, se distingue perfectamente ya que su posición es inconfundible. Vas siguiendo el caminito que hace y no tiene pérdida.

Está cerca de Hércules para recordarnos una de sus 12 Tareas (Ya te comenté que irían saliendo a lo largo del año). La penúltima tarea era la de robar las manzanas del árbol del jardín de las Hespérides. El árbol en cuestión había sido regalado a Hera, y las Hespérides, hijas de Atlas (un joven titán hijo de Japeto así como, al igual que su padre, una de las lunas de Saturno), habían cuidado de él. El Dragón Ladón era el vigilante. Hércules mató al Dragón con una flecha y fue Atlas el que cogió las manzanas.

Además de esto, se cuenta que Atlas había sido condenado a sujetar los pilares de la Tierra, y Hércules, que de fuerza ya sabemos que iba sobrado, se ofreció para sustituirle mientras cogía las manzanas. Atlas se iba a ir con las manzanas dejando a Hércules con todo el peso sobre él, pero éste le dijo que si se lo sujetaba un segundo, se ponía la capa y seguiría sujetando la Tierra. Ingenuo de él, Atlas aceptó y Hércules cogió las manzanas y se fue a llevárselas a Euclides.

Estatua de Atlas en Nueva York. Crédito: Pixabay.

29 AGOSTO. ESTRELLAS Y OBJETOS DE DRACO.

Te presento a la constelación del Dragón en todo su esplendor:

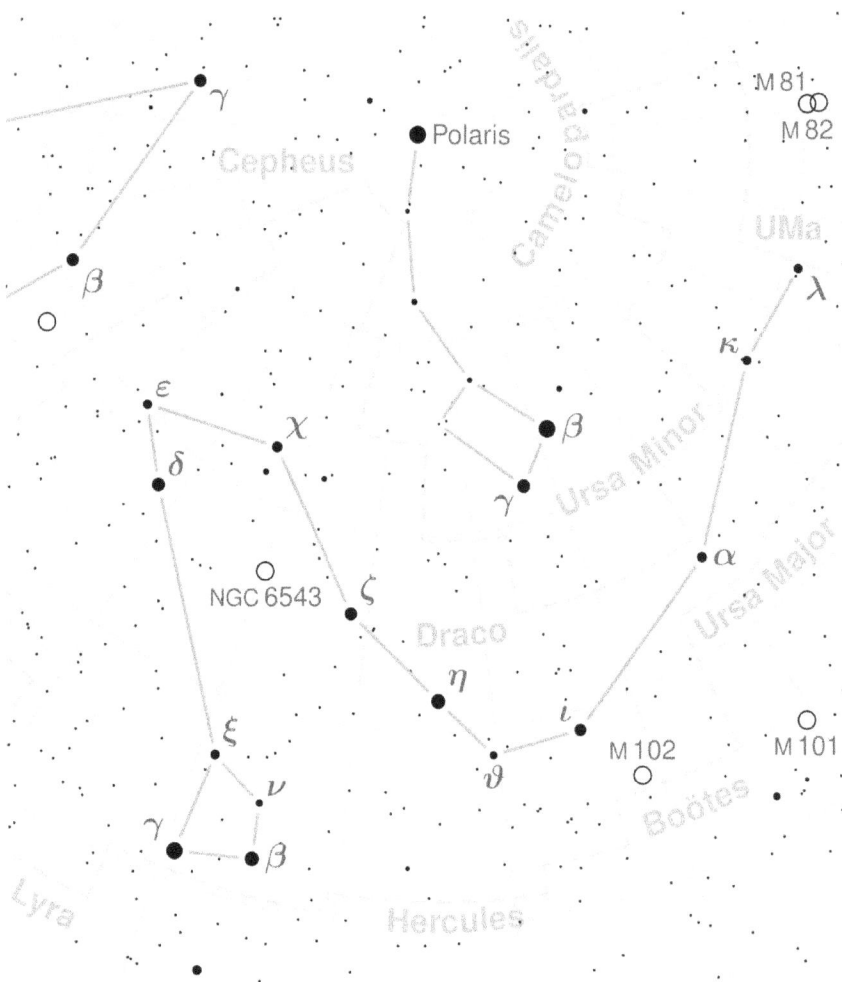

Constelación de Draco. Crédito: Wikipedia/Torsten Bronger.

Como ves, es una constelación grande, con muchas estrellas en las que no me voy a entretener.

La más brillante es **Eltanin (Gamma Draconis)**, una K5 III con una magnitud aparente de +2´23 y que se encuentra a 110 años luz de nosotros. Está en la cabeza del Dragón, que, junto con **Rastaban (Beta Draconis)** y **Grumium (Xi Draconis)**, puede localizarse perfectamente.

Quizá, solo mencionar a **Thuban**, la que hace entre 4000 y 5000 años era la Estrella Polar. Y por eso es la estrella Alfa de la constelación. (Recuerda que hablé de la Precesión en abril, cuando estudiamos a Polaris).

En la constelación de Draco destaca una nebulosa preciosa sobre todo lo demás, hablo de la **Nebulosa del ojo de gato, NGC 6543**, que es, como ves, espectacular:

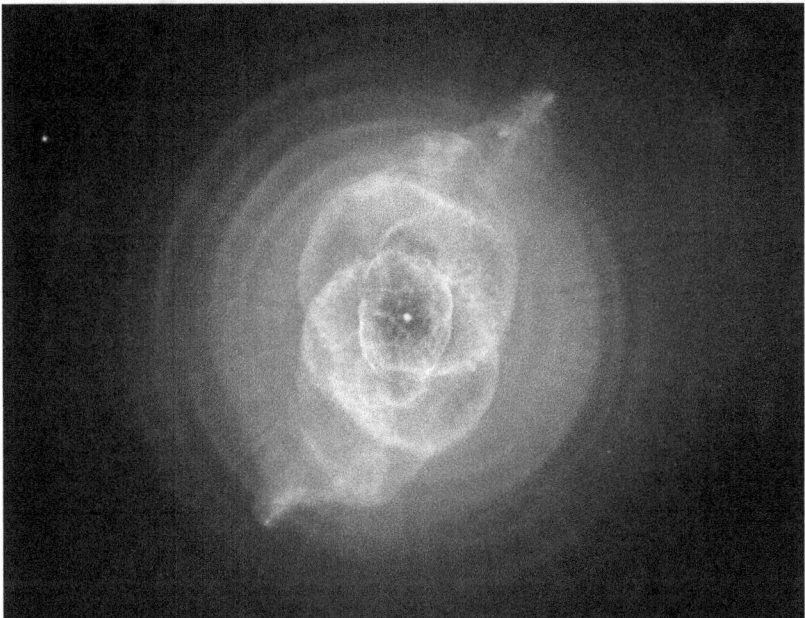

Nebulosa ojo de gato. Crédito: NASA/Goddard Space Flight Center.

Es una **nebulosa planetaria** que se formó hace unos 1000 años, cuando una vieja estrella explotó expulsando toda la materia que había "horneado" al espacio. Sigue haciéndolo...pues esa estrella, que brilla como unos 10.000 soles (aun siendo de un tamaño menor al del Sol) está expulsando unas 20 billones de toneladas de materia al espacio... ¡cada segundo!

Y ahora es cuando hay que poner los valores en perspectiva, porque si no nos perdemos con tantas toneladas de materia.... 20 billones de toneladas por segundo sería lo mismo que decir que cada 70 días expulsa al espacio tanta masa como la de toda la Tierra; o que harán falta cerca de 200 mil años para que expulse una masa igual a la del Sol. Para entonces, quizá ya no brille tanto... será una estrella mucho más fría y, por lo tanto, expulsará muchísima menos materia al espacio.

Se encuentra, por cierto, a 3300 años luz de nosotros.

La siguiente fotografía muestra el débil halo de gas que rodea a la nebulosa del ojo de gato, de un diámetro de unos 3 años luz. Probablemente toda esa materia fue expulsada por la estrella en su fase de Gigante Roja. Impresionante.

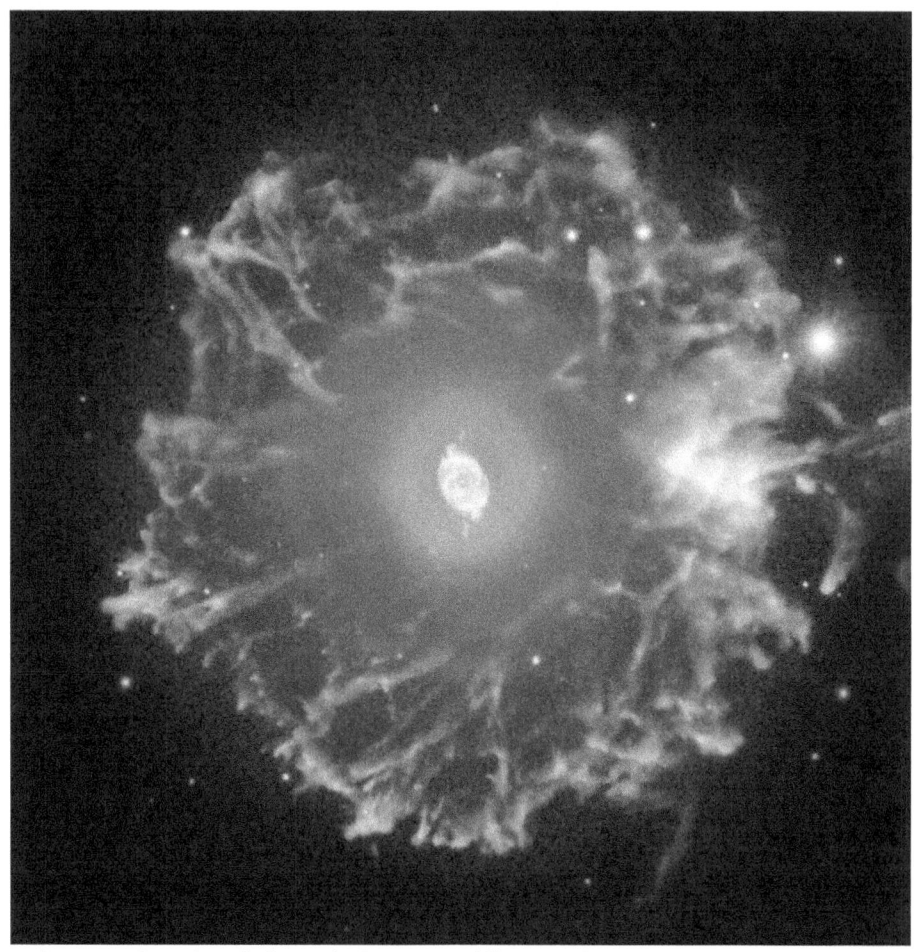
Halo que rodea a la nebulosa ojo de gato. Crédito: Nordic Optical Telescope, Romano Corradi.

30 AGOSTO. ZORRO, FLECHA, DELFÍN Y CABALLITO.

Dentro del Triángulo de Verano existen 4 constelaciones muy poco conocidas pero que ocupan su pequeño lugar en el cielo y, por lo tanto, su pequeñísimo lugar en este libro.

Se trata de unas constelaciones pequeñas con estrellas poco brillantes, así que las condiciones del cielo deben ser muy buenas para que, al menos, tengas la oportunidad de verlas.

Hablo de las Constelaciones del **Zorro o Vulpécula**, la **Flecha o Sagita**, el **Delfín** y el **Caballito o Equuleus** y puedes verlas en la siguiente imagen.

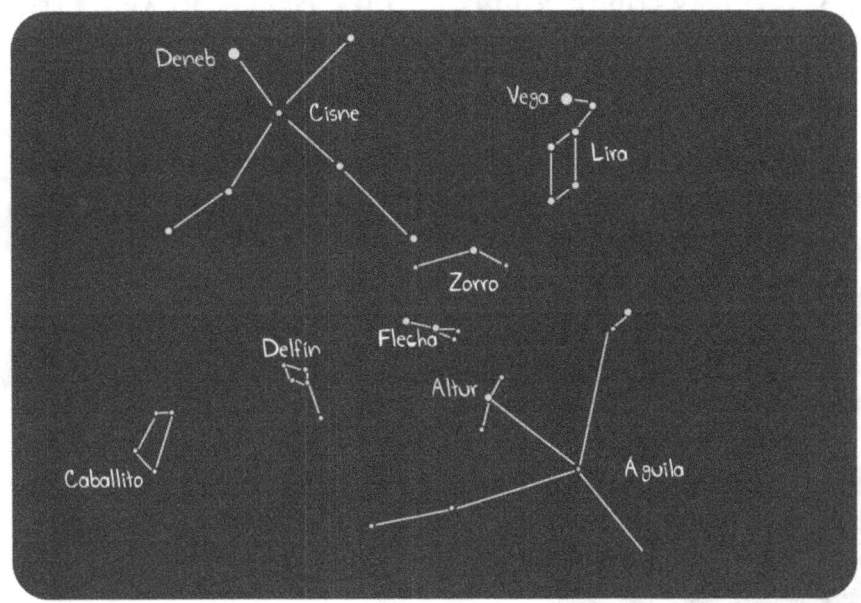

Situación de Zorro, Flecha, delfín, caballito. Ilustración de Javier Corellano (@CuaCuaStudios)

De las 4 constelaciones, solamente la de Vulpécula no está dentro de las 48 constelaciones de Ptolomeo. (Fue "creada" por **Johannes Hevelius**). La estrella más importante de Vulpécula, su estrella Alfa, es también conocida como **Anser**. Es bastante fácil de localizar, si te fijas en la constelación del cisne, eso sí, su magnitud aparente de +4´44 ya sabes lo que significa.

La flecha es la tercera constelación más pequeña del cielo. En la mitología, en una de sus versiones, fue el arma utilizada por Heracles para matar al Águila. **Gamma Sagittae** es la estrella que más brilla (aunque poco) de esta constelación. Es una gigante roja que se encuentra a 275 años luz de nosotros.

Sobre el Delfín, poco que decir también. Ni siquiera tiene algún objeto del catálogo Messier. Su estrella más brillante es la del centro, y se llama **Rotanev, Beta Delphini**.

Sobre Equuleus, solo decir que es la constelación más pequeña que vas a ver desde el hemisferio norte. (La más pequeña de todos los cielos es la cruz del sur). Su estrella más brillante se llama **Kitalpha o Alfa Equulei**.

Es un buen momento para que salgas a buscar estas constelaciones. Tómatelo como un reto. Con buenos cielos y paciencia, ya verás cómo lo consigues.

31 AGOSTO. MÁS COSAS SOBRE ZORRO, FLECHA, DELFÍN Y CABALLITO.

Como seguramente te percataste ayer, las 4 constelaciones que nos ocupan son muy pequeñas, y, por lo tanto, contienen pocos objetos del cielo profundo.

Sagitta contiene entre sus fronteras un fabuloso cúmulo estelar de unos 27 años luz de diámetro y que se encuentra a 13000 años luz de nosotros. **Messier 71** ó **NGC 6838**:

M71. Crédito: NASA/STScI/ESA.

Entre las fronteras de Sagita se encuentra **Messier 27**, una nebulosa planetaria también conocida como la **Nebulosa Dumbbell**. Se encuentra a más de 1300 años luz de nosotros. Es, probablemente, la que mejor se puede ver desde la Tierra, incluso con un pequeño telescopio, y, de hecho, fue la primera nebulosa planetaria en ser descubierta.

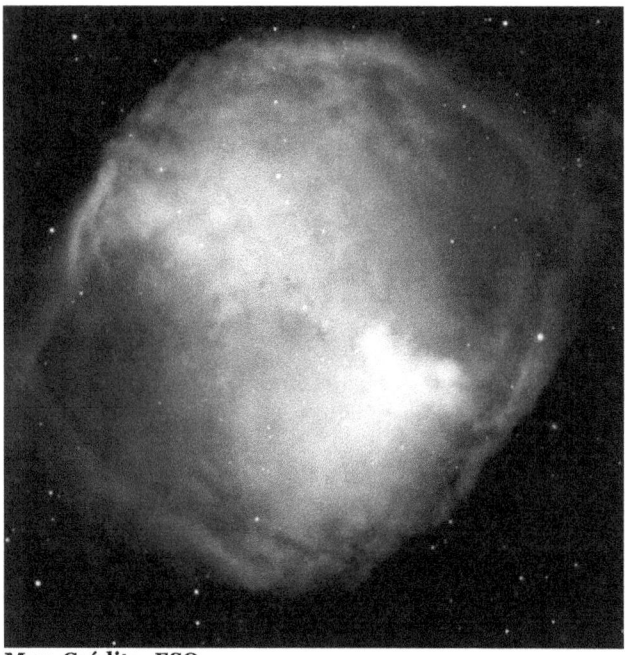

M27. Crédito: ESO.

SEPTIEMBRE

3 SEPTIEMBRE. AGUJEROS NEGROS Y ESTRELLAS DE NEUTRONES.

Recuerda cuando allá por enero y febrero hablábamos sobre la vida de las estrellas. (Parece una eternidad, ¿verdad?). Diferenciamos, por aquel entonces, tres tipos de estrellas cuyos finales eran muy diferentes, y lo eran principalmente en función del tamaño de las mismas.

En el caso en el que las estrellas fueran pequeñas, acabarían siendo una enana marrón.

Si eran un poco más grandes, acabarían siendo una gigante Roja y al final, como en el caso anterior, una enana marrón pero con una nebulosa a su alrededor. (¿Recuerdas que ya he hablado de alguna nebulosa planetaria, y hace bien poco?)

El tercer caso era el más impresionante, porque la estrella llegaba a "fabricar" incluso hierro en su interior, y llegaba a explotar brillando más incluso que una galaxia entera. También podía acabar convirtiéndose en una estrella de neutrones o en un agujero negro (si la masa era aún mayor).

Así que un agujero negro o una estrella de neutrones es, en definitiva, el cadáver de una inmensa estrella. Esa estrella, desde su nacimiento, ha sido enorme, con una masa mayor de unos 30 Soles. Ha agotado sus reservas de hidrógeno en poco tiempo (2-3 millones de años), ha fusionado helio, carbono, neón, oxígeno, silicio...Hasta que finalmente la fuerza de la gravedad le gana la batalla a la fuerza de expansión provocada por las reacciones nucleares (que se terminan cuando hay demasiado hierro que no puede fusionarse). Al final, como digo, la victoriosa gravedad hace que toda la masa de la estrella se comprima. Y lo hace hasta niveles increíbles. Incluso se irán uniendo átomos formando elementos más pesados todavía. Llega un momento en que el colapso de la estrella provoca una onda de choque enorme y la estrella explota, formándose una **supernova**.

Para que se forme una estrella de neutrones, tras la explosión de las capas exteriores, los átomos de lo que antes era el núcleo llegan a estar comprimidos hasta tal punto que sus núcleos casi pueden tocarse. (No te imaginas lo que es eso). Los electrones se fusionan con los protones, sus cargas eléctricas se anulan y al final solo quedan neutrones. Una enorme bola de neutrones.

Ahora piensa en la densidad de una Estrella de neutrones de esas. Piensa en la cosa más densa que te puedas imaginar.... y ahora multiplica su densidad por 100000000. Ni siquiera te has acercado.

Para que se forme un agujero negro, la masa de la estrella debía ser aún mayor. Más incluso que una masa de 30 Soles.

Se comenta por allí que ni siquiera la luz puede escapar de la influencia de un agujero negro (aunque sí de una estrella de neutrones)... pero, si la luz es una onda sin masa ¿cómo puede ser?

Seguiríamos con la duda si no fuera por **Albert Einstein** y su teoría de la relatividad, que modificó la forma en la que entendíamos el espacio y el tiempo. Y es que la fuerza de la gravedad no solo afecta a la luz sino también al tiempo.

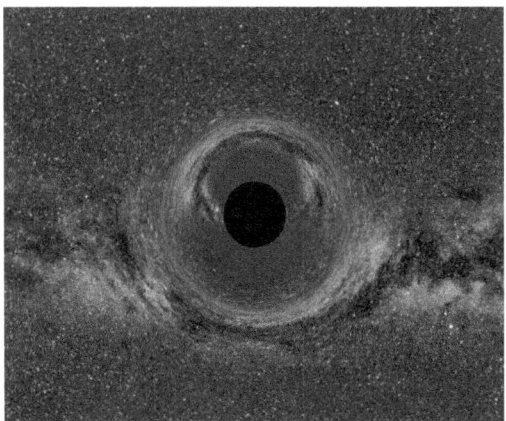

¿Te acuerdas de cuando hablé sobre Cygnus X-1? Es un maravilloso ejemplo de los secretos que esconde el Universo.

Versión artística de un agujero negro. Crédito: Wikipedia/Ute Kraus.

4 SEPTIEMBRE. RETOMANDO LA ECUACIÓN DE DRAKE.

Hace ya un tiempo expliqué lo que era la Ecuación de Drake. Hoy toca volver a hablar de ella. (Recomiendo encarecidamente que repases lo que leíste el 10 de mayo).

Ahora ya sabes mucho más de astronomía y creo que es un tema lo suficientemente interesante como para dejarlo pasar. Supongo que coincidimos en esto, ¿no?

Te vuelvo a presentar la ecuación:

$$N = R^* + fp + ne + fl + fi + fc + L$$

Recuerda que lo que pretende es calcular el número de civilizaciones con las que podríamos llegar a interaccionar (no tiene que ser físicamente, claro) en la Vía Láctea. (Imposible pensar en comunicarse con otras Galaxias).

Y ahora, resumimos lo que Drake calculó que daba cada uno de los factores de la ecuación:

 - (R^*). 10 estrellas/año nacen en nuestra galaxia.
 - (fp). 1/2 de las estrellas tienen planetas.
 - (ne). 2 planetas por cada una de esas estrellas podrían contener vida (zona habitable).
 - (fl). En todos esos planetas podría surgir vida, con lo cual = 1.
 - (fi). 1% de los planetas donde surge vida, surge vida inteligente. (0.01).
 - (fc). 1% de los seres inteligentes cumplen estas condiciones (tener la inquietud de querer comunicarse con otros). (0.01).
 - (L). (10.000 años de duración de cada civilización avanzada).

Así que: N= 10*0.5*2*1*0.01*0.01*10000 = 10 Sistemas Solares con una civilización con ganas de marcha.

Pero como dije, es una visión más optimista de la que se tiene ahora. Son muy discutibles casi todos los factores de la ecuación. Eso, por no decir que la Vía Láctea es tan enorme que ni siquiera se puede plantear el hecho de comunicarse con civilizaciones que no estén relativamente cerca de nosotros (Sería imposible comunicarse con una civilización que estuviese en el otro extremo de la Galaxia) aunque eso no quita para que no existan... simplemente, que nunca los conoceremos.

Según la NASA, el primer término sería una media de 7. Podríamos redondear a 10, pero bueno.

(fp), (ne) y (fl) también podrían variar bastante. Es posible que casi todas las estrellas tengan planetas pero que en menos de las que creía Drake puedan realmente contener vida. Y además, no en todos los planetas en los que podría haber vida, realmente la hay. (Aunque también hay lugares que están fuera de la zona habitable pero que podrían contener vida: Europa o Titán, por ejemplo). Vamos a dejarlo en 1, igual que Drake. (Aunque, como digo, muy posiblemente sea menor).

Sí que es muy optimista, según cálculos actuales, el (fi) del señor Drake. Que nosotros hayamos salido listos (y hasta eso es discutible) no quiere decir que en todos los sitios pase lo mismo. Por ejemplo, la mayoría de las estrellas que tienen planetas donde podría haber vida son enanas rojas, y éstas emiten muy poca radiación, con lo que las mutaciones son mucho menores y por lo tanto la evolución mucho más lenta. Así que al final, el valor que se le da actualmente es de 0.0000001. A mí personalmente me entristece que sea tan pequeño... Me gustaría pensar que es algo mayor, pero bueno, todo esto no son más que conjeturas.

El valor de 1% para (fc) se entiende que podría ser correcto.

Por último, la duración de una civilización inteligente. Nosotros llevamos unos 70 años cumpliendo las características requeridas. Pero ¿tú crees que al ritmo que vamos conseguiremos sobrevivir 10.000 años más? Yo la verdad, y me gustaría pensar lo contrario, lo dudo bastante. Vamos a considerar unos 5000 años (y creo que siendo muy optimista).

Así que el resultado sería: 7*1*0.0000001*0.01*5000 = 0,000035. Eso significa que existe una posibilidad entre 28.000 de encontrar una civilización que quiera comunicarse con nosotros. Nada alentador, muy a nuestro pesar.

Todo cambiaría, no obstante, si un día encontrásemos vida en otro lugar del Sistema Solar. Eso significaría que la vida es abundante, y el resultado de la ecuación de Drake ¡se multiplicaría enormemente!

5 SEPTIEMBRE. SETI.

Ayer vimos las escasas posibilidades que tenemos de encontrar una civilización que quiera/pueda comunicarse con otras (nosotros). Los resultados no son nada alentadores.

Sin embargo, hay gente que se niega a aceptarlo e insisten en la búsqueda de vida inteligente más allá de los confines de nuestro Sistema Solar. Hablo del proyecto **SETI**,

Search for ExTraterrestian Inteligence. El instituto SETI se dedica a la búsqueda de vida inteligente en la galaxia, por un lado, y por otro, a estudiar el fenómeno de la vida, es decir, estudiar qué es eso que hace falta para que se inicie la vida y dónde y cómo podría, por lo tanto, encontrarse.

El proyecto SETI comenzó en 1959, cuando 3 astrofísicos: **Giuseppi Cocconi**, **Phillip Morison** y **Frank Drake** escribieron un artículo describiendo la mejor manera para encontrar vida extraterrestre: Usando ondas microondas.

Han colaborado con la Unión Soviética y con la NASA, aunque ahora SETI se nutre de fondos privados (Dejaron de patrocinarlos en los 90 debido a sus pobres resultados).

Y es que no es fácil pretender escuchar lo que llega del espacio. En muy pocas ocasiones han creído escuchar algo para luego determinar que realmente eran señales que venían de nuestro propio planeta. Si lo piensas, las señales de radio o televisión van perdiendo potencia con la distancia. Una civilización extraterrestre tendría que usar un sistema muy específico para enviar una señal desde otro planeta y que realmente nos llegara a la Tierra. Es poco probable, desde luego, pero no por ello hay que dejar de intentarlo.

En la actualidad están centrados, entre otras cosas, en el **ATA** (Allen Telescope Array), una serie de Telescopios que, juntos, hacen mucho más que los enormes y caros telescopios que se habían construido hasta ahora. Empezaron las pruebas en el 2007 con 42 telescopios y se quiere llegar hasta los 350. Los usos son bastante variados, porque estudian muchas otras cosas a parte de señales lanzadas al espacio por extraterrestres.

Otra fórmula para lograr sus objetivos, es el SETI@Home. Es un programa de ordenador que cualquiera puede descargarse y así unir la potencia de miles de ordenadores en un proyecto común.

Radio satélites. Crédito: Wikipedia.

Como digo, están buscando vida inteligente fuera del Sistema Solar. Ya dije que pensar que estamos solos me parece algo egocéntrico. Nunca fuimos el centro del Universo y tampoco tenemos que ser las únicas criaturas inteligentes que haya creado Dios. Pero solo es una opinión personal.

Hemos visto documentales en los que se dice que se han encontrado extraterrestres y que el gobierno los tiene ocultos en búnkeres y experimenta con ellos y mucha gente se lo cree. Hay casos de gente que dice haber visto OVNIs, también fantasmas e incluso a la mismísima Virgen María. Yo no soy nadie para decirte que no te creas lo que quieras creerte. Nadie puede meterse en la cabeza de otro, y nadie puede hacerle cambiar de opinión cuando se trata de la fe. Pero bueno, de momento, solo es eso: fe.

La fe es algo diferente a la ciencia. Está fuera de ella, y en ese campo no me puedo meter.

6 SEPTIEMBRE. LA PARADOJA DE FERMI.

La pregunta ¿Dónde están? se la planteó **Enrico Fermi** hace ya unos cuantos años. Fermi fue un físico de talla mundial, que de hecho ganó el premio Nobel de física en 1938 por su trabajo sobre la radiactividad inducida (radiactividad artificial), aunque se le conoce más por ser el padre del primer reactor nuclear (Como los de las centrales nucleares) y por sus estudios sobre física cuántica. Lo que nos interesa ahora es la conocida como **Paradoja de Fermi.**

Enrico Fermi. Crédito: Dominio Público.

La paradoja de Fermi pretende contestar a la pregunta ¿Dónde están? No puede ser, que habiendo unas 100.000 millones de estrellas en nuestra galaxia, estemos solos. Estamos seguros, entonces, de que existe vida extraterrestre. La paradoja es que por un lado damos eso por hecho pero, por otro, no podemos encontrar ningún atisbo de vida en nuestra galaxia.

La respuesta podría ser simple: Tiempo y Distancia.

De momento, somos un suspiro. El Universo tiene varios miles de millones de años. Nosotros llevamos una ínfima porción de ese tiempo rondando por aquí, y encima, al ritmo que vamos, es posible que no vayamos a durar mucho... nadie lo sabe. Un pequeño suspiro, como digo, en el espacio.

Por otro lado, las distancias en la Vía Láctea son enormes. ¿Qué posibilidades hay entonces de un encuentro entre dos suspiros dentro de una línea de millones de años de tiempo y de un espacio tan gigantesco como el que nos rodea? Francamente pocas.

Estamos seguros de que hay alguien ahí fuera. ¿Vale la pena intentar averiguarlo?

Si lo piensas, tan solo acabamos de iniciar nuestra exploración espacial. Estamos muy lejos de tener una tecnología digna... hemos mandado "cuatro" sonditas a investigar lo que hay ahí fuera, y estamos muy lejos de saber realmente lo que sucede, aunque nos vamos, poco a poco, enterando.

Neil deGrasse, un astrofísico estadounidense y un divulgador científico excepcional, dijo hace poco en una entrevista que decir hoy en día que no hay vida ahí fuera, con lo que sabemos, es como acercarse al océano con una taza de té, llenarla con agua de la orilla y concluir: "No hay ballenas en la taza, por lo tanto, puedo asegurar que no hay ballenas en el océano".

Yo me pregunto... ¿Por qué no seguir soñando?

7 SEPTIEMBRE. MENSAJE DE ARECIBO.

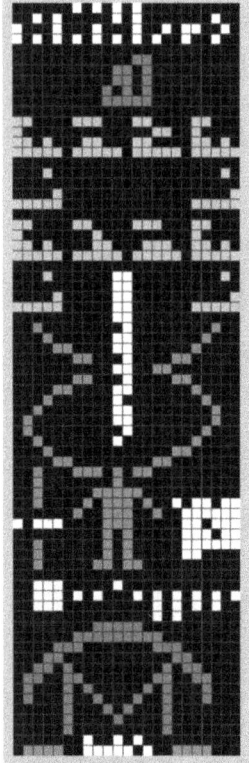

Mensaje de Arecibo. Crédito: Dominio Público.

Espero que haya quedado clara mi opinión: Hay alguien ahí afuera.

Por supuesto es una opinión. No quiero con ello decir, ni mucho menos, que sea la verdad absoluta. (Me sirve de consuelo al menos pensar que la mayoría de científicos piensan igual que yo, o mejor dicho, yo igual que ellos).

Por las dudas, el ser humano ha enviado al espacio exterior información sobre nosotros mismos por si alguien es capaz de recibirla. Sería emocionante que así fuera, aunque nunca lo sepamos, ¿verdad? Hay científicos, de todas formas, que no están de acuerdo con esto; no hablo de uno cualquiera, sino de **Stephen Hawking**, que dice que antes de enviar esa información, deberíamos saber a quién se la mandamos. Porque de haber vida ahí fuera, nos lleva mucha ventaja. Nuestro Sistema Solar es joven y es posible que haya civilizaciones miles de años más sabias que la nuestra y, además, con más mala leche. Parafraseando a **Arthur Clarke**: "Sólo hay dos posibilidades, que estemos solos o que no. Y no sé cuál de las dos es más aterradora".

Sobre los mensajes que se han enviado al exterior, es muy conocido el Mensaje de Arecibo. (Otro mensaje es el que viaja en las sondas Pioneer o las Voyager). El mensaje de Arecibo fue enviado desde el espectacular telescopio de Arecibo en 1974 dirigido hacia el cúmulo estelar M13, que, como recordarás, está en la constelación de Hércules, a 25000 años luz.

El mensaje es más complicado de lo que parece. Está formado por 1679 "unos" y "ceros". Este número solo se puede descomponer en 73 filas y 23 columnas. Contiene información sobre nuestro ADN, el Sistema Solar o la figura del ser humano, entre otras cosas.

De contestarnos, tardaríamos 50.000 años en recibir la respuesta, así que paciencia.

En cualquier caso, los seres humanos llevamos algo más de 100 años enviando señales de radio al espacio, aunque sin querer. Es decir, si hay alguien a una distancia de hasta unos 100 años luz, entonces ¡es posible que nos estén escuchando ya! (¿No te llena eso de emoción?).

Observatorio de Arecibo, en Puerto Rico. Crédito: Wikipedia.

10 SEPTIEMBRE. POSIBILIDADES DE VIDA EN EL SISTEMA SOLAR.

Para que exista vida se necesitan, aparentemente, 3 cosas: Agua líquida, energía y elementos químicos esenciales para la vida como carbono, nitrógeno, oxígeno, hidrógeno, fósforo o azufre.

Pero eso solo son los ingredientes. La elaboración es mucho más complicada de lo que parece.

Tanto es así, que aún no se ha logrado entender del todo cómo es posible que cadenas de aminoácidos (moléculas compuestas por carbono, oxígeno, nitrógeno e hidrógeno) se junten de una manera determinada creando las proteínas (esenciales para la vida), para después asociarse con una cadena de ADN (que lo único que sabe hacer es reproducirse a sí misma) y meterse dentro de una membrana celular que los mantenga unidos y protegidos. (Como dijo **Fred Hoyle**, las mismas posibilidades de que un torbellino pase por una zona llena de chatarra y la una formando el motor de un reactor jumbo totalmente montado).

Nadie se explica cómo pudo ser, pero fue. Y además, esto pasó en los primeros años en los que podía suceder. Es decir, en los 1000 primeros millones de años desde la formación de la Tierra. (Recuerda cuando estudiamos la historia del Universo, en junio). Es curioso que esto se diera casi al principio de todo... Quizá sea más probable de lo que parece (es mi opinión).

Existen varios lugares en el Sistema Solar donde se dan esos 3 factores que he comentado al principio. Recuerda cuando hablamos de Encélado, Europa o Ganímedes. Son unas enormes bolas de hielo pero con una peculiaridad: la posibilidad de que exista agua líquida en su interior. El agua líquida, allá donde esté, es algo esperanzador. El agua es vida, ya sabes. En el fondo de los océanos de éstas lunas quizá existan fumarolas, como las que existen en los océanos de la Tierra. Esas fumarolas son una perfecta fuente de energía y quizá, alrededor de ellas, existan unos diminutos seres vivos... La cosa no es fácil, lo sé, pero quién sabe. La energía en Europa, por ejemplo, también puede llegar al mar en forma de átomos de azufre despedidos, principalmente, por Io. Éstos pasarían al interior de Europa a través de los géiseres o las enormes grietas del hielo. Nadie quiere descartar estas opciones y, como ya he dicho alguna vez, soñar es gratis.

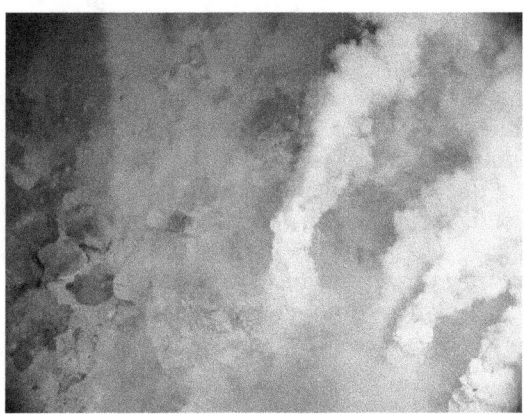

Fumarolas del fondo del océano. Crédito: Wikipedia.

Varios factores hacen pensar a los científicos que pueda existir vida también en Titán. Es la luna más emocionante del Sistema Solar en gran medida porque consta de una serie de factores que hacen pensar que pueda existir vida allí.

Primero, su atmósfera. Aunque lo comenté muy por encima, en la misma se forman diferentes compuestos derivados del carbono que pueden llegar a ser muy complejos. (El carbono tiene la propiedad de que se asocia casi con cualquier cosa y así va formando largas cadenas de compuestos orgánicos (lo de "orgánico" es porque tiene carbono)). Estos compuestos, en Titán, se forman debido a la descomposición de las moléculas de la parte alta de la atmósfera a las que les llegan los rayos del Sol.

Y segundo, recuerda que en Titán había mares de metano y etano. Incluso se cree que puede existir agua líquida mezclada con metano bajo la superficie. Así que tenemos agua líquida (o al menos un líquido) y suficientes elementos esenciales para la vida.

Pues bien, dichos elementos esenciales son las moléculas orgánicas que he dicho que se forman en la atmósfera de Titán. Al crearse, ganan peso y caen al líquido de la superficie... y ¡BINGO! Solo falta la energía.

Aunque a los mares de Titán casi no llegue luz Solar, los seres vivos podrían conseguir la energía con procesos químicos asociados a los hidrocarburos. Se sabe que juntando hidrógeno con acetileno se forma etileno y energía. Si los microorganismos que viven en Titán hicieran eso, tendrían energía para vivir. Pues bien, he aquí la buena noticia: se han medido concentraciones por debajo de las normales de hidrógeno y acetileno por la zona baja de la atmósfera y eso hace pensar que quizá haya algo que lo esté consumiendo... ¡Sigue soñando!

Imagen artística de un lago de Titán. Crédito: NASA/JPL.

Y otra cosa. Porque encima no está muy claro de dónde viene el metano de Titán. El metano se forma, bien por la descomposición de ciertos materiales en el centro de la Tierra o bien por la descomposición de la materia orgánica o los procesos químicos de ciertas bacterias, como las de la flora intestinal (Sí, tus flatulencias seguramente contengan metano). La hipótesis más razonable es que el metano provenga del suelo, pero no se ha llegado a ver ningún signo de que exista vulcanismo en Titán... así que existe una pequeña posibilidad de que ese metano provenga de microorganismos.

Otro lugar del Sistema Solar donde no se descarta que pueda existir vida es Marte. Lo malo es que aún no hemos estudiado todavía el planeta Rojo. Pero tranquilo, porque lo haremos más adelante y merecerá la pena, ya verás.

11 SEPTIEMBRE. CONSTELACIÓN DE ACUARIO.

La constelación de Acuario es la que se alinea con la Tierra y el Sol entre el 20 de enero y el 17 de febrero.

El mito de la constelación de Acuario perdura desde los babilonios. Ellos vieron una urna que se desbordaba. Los egipcios también la identificaron con agua, y vieron en ella a Hapi, el Dios del Nilo. La historia de Acuario, ya en nuestra era, se ve relacionada con Ganímedes, el chico al que Zeus raptó para servirle de copero.

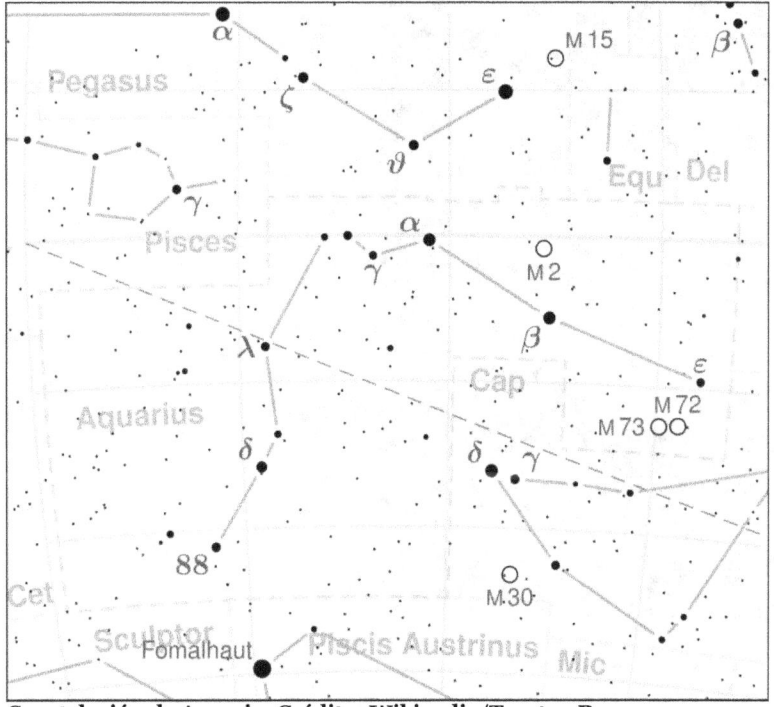

Constelación de Acuario. Crédito: Wikipedia/Torsten Bronger.

La constelación de Acuario podrás verla estas noches, a eso de las 22-23 horas, si miras hacia el sureste. No se ve fácilmente. Existe un truco para encontrarla en el que se utiliza la constelación de Pegaso, que ya veremos. Otro truco es usando el Triángulo de Verano. Las alas del Cisne y el Águila te llevan hasta Acuario si las alargas en dirección opuesta a Vega.

No es una constelación que destaque especialmente por el brillo de sus estrellas. Su estrella más brillante, **Sadalsuud** o **Beta Aquarii**, tiene una magnitud aparente de +2´9. Es una G0 Ib. Una enorme estrella amarilla-blanquecina. Su magnitud absoluta es de -3´3.

La segunda en Brillo, **Sadalmelik**, la estrella Alfa de la constelación es aún más impresionante que Sadalsuud. Se encuentra a más de 750 años luz de nosotros y, aun así, podemos verla con una magnitud aparente de +2´95. (Magnitud absoluta -3´88). Es una G2 Ib, sí, ligeramente más fría que su compañera pero algo más grande, ¡tiene un radio de 60 Soles!

12 SEPTIEMBRE. OTROS OBJETOS DE ACUARIO.

Con dos fotos creo que me basto y me sobro para explicarte porque esta constelación merece la pena.

La famosa **NGC-7296** ó **Nebulosa de Hélice o Helix**. Una de las nebulosas planetarias más cercanas a la Tierra. Se encuentra a solo 690 años luz.

Nebulosa de la Hélice. Crédito: NASA/ESA-Hubble.

M2 ó **NGC-7089**, un precioso y compacto cúmulo estelar:

Messier 2. Crédito: NASA/STScl/ESA.

13 SEPTIEMBRE. CONSTELACIÓN DE CAPRICORNIO.

La constelación de Capricornio puede verse estos días en el firmamento, junto a Acuario. La podrás ver más hacia el sur, con la suerte de encontrarse Marte junto a ella. Fíjate bien en ese hermoso planeta rojo porque la semana que viene empezaremos a estudiar todos sus secretos.

Ahora centrémonos en esa especie de cabra con cuerpo de pez llamada Capricornio.

Constelación de Capricornio. Crédito: Dominio Público.

Tampoco es que sea una constelación muy brillante, pues ninguna de sus estrellas tiene una magnitud aparente por debajo de 3, pero ahí está, por si tienes la suerte de vivir en un lugar donde es posible ver estas estrellas o te vas un día a hacer una excursión al campo.

Si tienes esa suerte, entonces localizarla no es difícil, si usas como referencia las constelaciones del Águila y Lyra. Si trazas una línea desde Vega hasta Altair y haces que esa línea imaginaria llegue hasta el suelo, habrás cruzado la constelación de Capricornio.

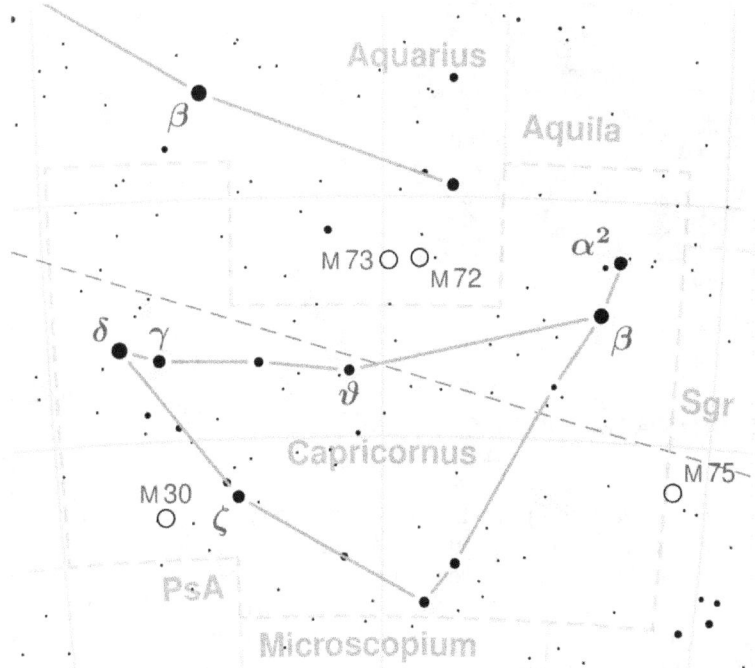

Constelación de Capricornio. Crédito: Wikipedia/Torsten Bronger.

La estrella que más merece la pena, y de lejos, es la estrella Alfa de esta constelación, que representa a los cuernos de la cabra. De hecho, he dicho cuernos en plural, porque la estrella Alfa, en realidad, son dos. No es una estrella binaria sino dos estrellas que visualmente vemos muy juntitas, Alfa 1 y Alfa 2. **Prima Giedi y Al Giedi** respectivamente. Búscalas, en serio, que si las ves, habrás triunfado.

La estrella Beta es la segunda más brillante y se la conoce como **Dabih**, y es un sistema Múltiple formado por 5 estrellas.

También tiene nombre propio **Gamma Capricorni**, y es **Nashira**.

Y por si te has fijado, en la imagen anterior, el objeto del cielo profundo más espectacular de esta constelación es un precioso cúmulo estelar, **M30**. ¿Es algún cúmulo de éstos feo? La respuesta es, obviamente, no.

Messier 30. Crédito: ESA/Hubble.

14 SEPTIEMBRE. PRESIÓN ATMOSFÉRICA.

La presión atmosférica es la fuerza que ejerce la atmósfera sobre cualquier superficie situada en un objeto celeste. La verdad es que cuando se habla de presión atmosférica siempre solemos referirnos a la Tierra, pero en realidad cualquier objeto con atmósfera puede servir. En un asteroide de 4 kilómetros, la presión atmosférica es nula porque la atmósfera del mismo también lo es. Por contra, en la Tierra ya tiene un cierto nivel porque la atmósfera en la Tierra así lo permite.

La atmósfera pesa, tanto más, cuanto mayor masa y densidad tengan las partículas que la componen y cuanto mayor (más alta) sea la misma.

La presión atmosférica en la Tierra es de **una atmósfera**, que es 1 kg / cm2 aproximadamente. Esto quiere decir que ahora mismo estás soportando, más o menos, un kilogramo en cada centímetro cuadrado de tu cuerpo. Hemos evolucionado con eso y no nos molesta. Pero si te has sumergido unos metros bajo el agua lo habrás notado, ¿verdad? Y es que si aumentamos ese kilogramo entonces sí que nos molesta. Debajo del agua, a 10 metros, la presión que soporta tu cuerpo es de dos atmósferas. Tus oídos pueden sufrir daños irreparables si no haces nada para evitarlo. Así que 10 metros de agua sobre ti pesan lo mismo que los más de 100 kilómetros de aire que tienes encima.

Por otro lado, tampoco es lo mismo estar en Valencia que en lo alto del Everest. Lógicamente, en Valencia la presión atmosférica es mayor porque tienes 8808 metros más de atmósfera que si te encontraras sobre la imponente cumbre. La presión es mayor y los átomos del aire que respiras están más juntos (debido a que la atmósfera es más densa a nivel del mar, y poco a poco va perdiendo densidad con la altura... hasta que desaparece). Esto también explica lo del mal de altura. Cuando te encuentras a entre 4000 y 8000 metros de altitud te fatigas porque a esas alturas el aire es poco denso y por lo tanto al respirar entran menos átomos de oxígeno en tus pulmones.

Recuerda las espesas atmósferas de Saturno, Júpiter o Venus. En cualquiera de ellas morirías sin remedio (con mayor o menor dolor).

Recuerda, por otro lado, las tenues atmósferas de las lunas de todos ellos (sobre todo las de Venus), con la excepción de Titán. También eran tenues las atmosferillas de Ceres, Plutón, Marte (que veremos muy prontito) o Mercurio (que también tenemos pendiente).

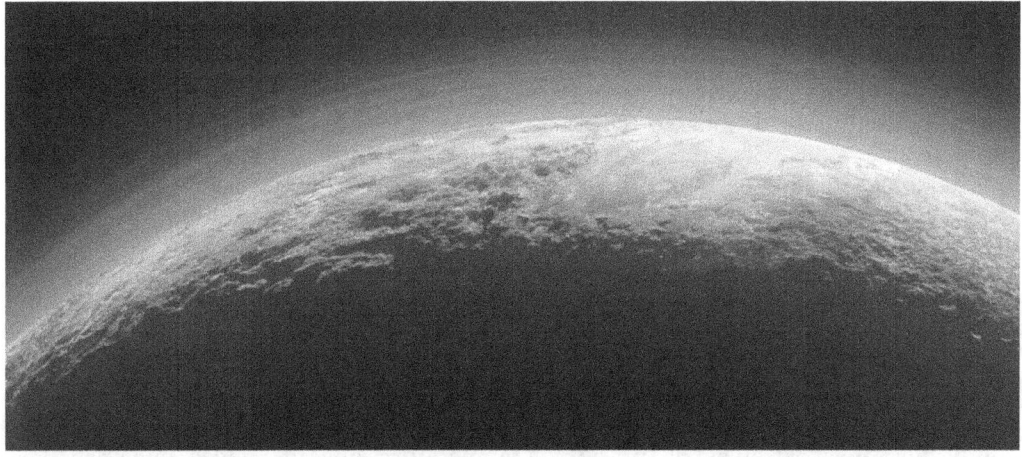

Fotografía de la New Horizons en la que se puede observar la tenue atmósfera de Plutón. Crédito: NASA/JHUAPL/SwRI.

17 SEPTIEMBRE. LÍQUIDO-SÓLIDO-GASEOSO.

La presión atmosférica es un aspecto importante que nos sirve para saber cómo está la cosa en la superficie de un cuerpo celeste. La temperatura, por supuesto, también es muy importante, pero no menos. Ambos factores determinarán en qué estado (líquido, sólido o gaseoso) se encuentran los componentes de la superficie del planeta, luna o lo que sea.

Por supuesto, hay más estados: el plasma (la materia supercalentada de las estrellas, en la que los electrones se separan de los núcleos quedando libres), los superconductores, superfluidos, materia degenerada o la gelatina* :-).

Un material es, como digo, líquido, sólido o gaseoso dependiendo de la temperatura y la presión a la que se encuentre. Seguro que lo de la temperatura lo sabías... y puede que lo de la presión te suene raro, ¿no? Me explico, a presión atmosférica, el agua hierve a 100 grados centígrados. Si la presión es mayor (tapando la olla y no dejando salir el vapor, como en una olla a presión), la temperatura de ebullición (temperatura a la que hierve) también será mayor. Así, podríamos tener agua líquida a, por ejemplo, 300 grados, aunque para ello tiene que estar a mucha presión.

Por el contrario, si la presión es baja (en la cima del Everest), el agua en estado gaseoso pasa más fácilmente a líquido. Así, a bajas presiones atmosféricas (borrascas), es más fácil que haya nubes. Porque, querido lector, las nubes son agua. Pequeñísimas gotitas de agua, pero agua líquida al fin y al cabo. El agua en estado gaseoso no la ves, pero está siempre ahí, alrededor tuyo. (En una habitación con un 40% de humedad, cosa bastante común, tu no ves el agua en el ambiente, pero estar, está).

Sobre lo del agua a menores presiones, piensa en la Luna también, donde no hay agua líquida. La presión es muy muy baja, con lo que el agua se evapora muy fácilmente. O es hielo bien frío y está donde no le dé nunca el Sol, o en cuanto le da un poquito el Sol, el agua pasa a ser gaseosa y se pierde en el espacio.

Hemos visto que en otros lugares del Sistema Solar existen elementos en estados diferentes a lo que nos tienen acostumbrados en la Tierra. Un claro ejemplo es Titán, donde existen mares de metano (CH_4). En la Tierra, a -165ºC, el metano lo tienes de forma líquida. Unos pocos grados más y pasará a ser gaseoso (tan gaseoso como el que sale de tu interior, a 36´5ºC). En Titán, como sabes, se dan las condiciones de presión y temperatura perfectas para que el metano sea líquido. Y eso es apasionante.

En Júpiter las presiones son bestiales, y los materiales no se comportan de una manera claramente líquida, sólida o gaseosa, sino más bien de todas ellas a la vez. En el interior de Júpiter, muy por debajo de esas nubes llenas de cristales de amoniaco (que en la Tierra es un gas) algunos científicos hablan de que existe un "mar" de unos 40.000 kilómetros de profundidad de algo llamado **hidrógeno metálico**. En la Tierra, solo se ha conseguido tener hidrógeno metálico unos nanosegundos, en laboratorio y en las condiciones más extremas de presión y temperatura que te puedas imaginar. Los átomos, en esas condiciones están tan apretujados que se comportan de manera diferente a lo que podemos llegar a entender.

Así que a partir de ahora, cuando pienses en las condiciones climáticas en un planeta, piensa en su atmósfera, en su temperatura y en sus elementos, porque todo cuenta.

La gelatina no es un estado de la materia, sino la mezcla de dos: líquido y sólido.

18 SEPTIEMBRE. UN PASEO POR EL ESPACIO, MUERTE SEGURA.

Ya hemos visto lo que era la presión atmosférica y el vacío y como afecta esto a los materiales. Si estos conceptos los tienes claros, a partir de este momento no recomiendo que sigas leyendo si eres una persona extremadamente sensible o con serios problemas del corazón, porque voy a explicarte lo que te pasaría si, de repente, te encontraras solo en el espacio, con la misma protección que tienes ahora: ninguna (doy por hecho de que nadie lee este libro embutido en un traje espacial).

Bueno, si eso te pasa ya sabes que morirías, pero... ¿Cómo?

Antes de empezar, solo comentarte que los astronautas llevan un traje porque éste los mantiene a una presión y a una temperatura adecuadas. Pero ya sabes, tú no dispondrás de uno de esos salvavidas espaciales.

Selfie de un astronauta. Crédito: Tripulación de la 32 expedición de la ISS, NASA.

Ahí arriba te vas a encontrar con varios problemas: Primero la falta de aire. ¿Cuánto crees que aguantarías? Menos de lo que te piensas, de hecho. Si vas a salir al espacio y antes de hacerlo coges aire porque te crees capaz de aguantar al menos dos minutos la respiración, estás equivocado. No vas a poder disfrutar tanto tiempo de las buenas vistas que te brindaría el estar a miles de kilómetros de altitud. Si coges aire, tus pulmones, literalmente, reventarán. Tal cual. Los alveolos de tus pulmones, que son los que están llenitos de aire, son extremadamente delicados y al encontrarse con una diferencia tan grande de presión con el exterior, si están llenos, simplemente explotarán. Creo que será bastante doloroso, así que mejor suelta todo el aire antes de subir tan alto o, por lo menos, no abras la boca y tápate la nariz.

Suponiendo que no tienes aire en los pulmones, lo que quería comentar es que ahí arriba no vas a respirar mucho. El vacío es lo que tiene. En el espacio hay átomos, pero pocos. Posiblemente unos cuantos átomos de hidrógeno por cada metro cúbico. Por mucho que lo intentases, nada va a entrar a tus pulmones.

Pero tranquilo, porque la falta de oxígeno o los pulmones rotos no te matarán. Antes morirás de un fallo cardiaco (mientras te ahogas, claro). Tu corazón se parará con esa baja presión... o al menos, eso dicen. Pero antes te desmayarás así que todo bien. Al final no va a ser tan malo como parecía, ¿eh?

Lo que está claro es que no va a ser como en las películas, es decir, que ni te van a estallar los globos oculares (aunque el líquido de los mismos sí que hervirá), ni te vas a congelar, ni te va a hervir toda la sangre.

Lo de los ojos es una exageración. Lo de la congelación requiere pensar un poco: Si en la Tierra pierdes calor corporal es porque ese calor es transferido a otro medio. El aire es muy buen aislante y pierdes poco calor normalmente. Si hace viento, el aire pasa más rápidamente quitándote más calor. Por otro lado, si te metes en el agua, por ejemplo, vas a perder mucho más calor porque el agua no es tan buen aislante (todo lo contrario, de hecho) y por eso lo de la temida hipotermia. Pero ahora bien, si hay vacío, no hay nada que te quite ese calor... ¡Genial! (o no, porque es más fácil que te sofoques). Y lo de que te hierva la sangre, bueno, la presión sanguínea se mantiene en tu interior así que sería, en todo caso, un proceso lento. Tu cuerpo acabará hinchándose como una pelota debido al vapor de sangre de tu interior, pero tranquilo, que ya estarás muerto cuando eso pase.

Así que no lo tengo claro... pero es posible que no merezca tanto la pena ir a disfrutar unos segundos de unas vistas como esta:

Fotografía tomada desde la ISS. Crédito: NASA.

19 SEPTIEMBRE. MARTE.

Creo que no hay planeta en el Universo del que se hable, o incluso del que se sepa tanto como de Marte (sin contar el planeta Tierra, claro). Y posiblemente de Júpiter o Venus no sabías casi nada antes de leer sus correspondientes entradas pero de Marte algo habías oído, ¿no?

En cualquier caso, Marte es un viejo conocido por la humanidad. Es especial, porque para empezar, y como cualquier otro planeta, se mueve en el cielo un poco a su aire. Con esto quiero decir que cuando aparece, no lo hace siempre en una constelación determinada, como cualquier estrella, sino que va cambiando de unas a otras a lo largo del tiempo. (Supongo que ya sabes que se mueve siempre por las constelaciones zodiacales o, lo que viene a ser lo mismo: la eclíptica). Pero es que además de ese movimiento alegre, su color, el rojo, le da un toque aún más especial. Fue debido a ese color sangre por lo que los romanos le asignaron el nombre de Marte, Dios de la guerra. Y no solo los romanos: los babilonios lo llamaban **Nirgal**, los griegos **Ares** y los hinúes **Mangala**, todos Dioses de la guerra y de la muerte.

Este verano ha sido un momento excelente para ver Marte, puesto que se encuentra cerquita de la Tierra (cosa que pasa cada 780 días). Si has mirado por la noche (entre las 22 y las 23 horas) estos días, lo habrás visto hacia el sur. No tiene ninguna pérdida porque se ve bien brillante. Luego poco a poco se va yendo hacia el oeste hasta desaparecer por el horizonte a eso de las 2 de la madrugada.

Los próximos días estudiaremos este interesante planeta. Nos interesa por varios motivos. Primero, porque desde la Tierra, cuando se ve bien, es precioso. Espero que puedas comprobarlo en persona. Segundo, es muy parecido a la Tierra y todo indica que en el pasado lo fue aún más, con todas las consecuencias. Y por último, y relacionado con la segunda razón, quizá sea un futuro hogar para los seres humanos… quién sabe.

Marte, fotografía del Hubble. Crédito: NASA.

20 SEPTIEMBRE. CARACTERÍSTICAS PRINCIPALES DE MARTE.

Como sabes, hay un especial interés en saber cosas sobre Marte. Ahora mismo, (probablemente hayas oído algo) hay unos cochecillos teledirigidos en la superficie del planeta marciano. Están a unos 230 millones de kilómetros del Sol, y sus años duran casi el doble que en la Tierra. Nos han enviado información valiosísima sobre Marte y unas fotos preciosas para que te hagas una idea de lo que están viviendo.

Fotografía tomada desde el Curiosity. Crédito: NASA/JPL

En cualquier caso, les dedicaré próximamente una entrada solo para ellos.

Antes de mandar estos vehículos a Marte, ya se sabía mucho del Dios de la guerra. Es más, antes incluso de poder siquiera soñar con enviar algo hasta allí, ya sabíamos bastante sobre el planeta.

Ya en el siglo XIX, los astrónomos se podían hacer una idea de cómo serían las cosas por allí. Cuando la Tierra y Marte están cerca, los telescopios de entonces eran lo suficientemente potentes como para realizar algún que otro mapa marciano. El primero que lo hizo fue **Giovanni Schiaparelli**.

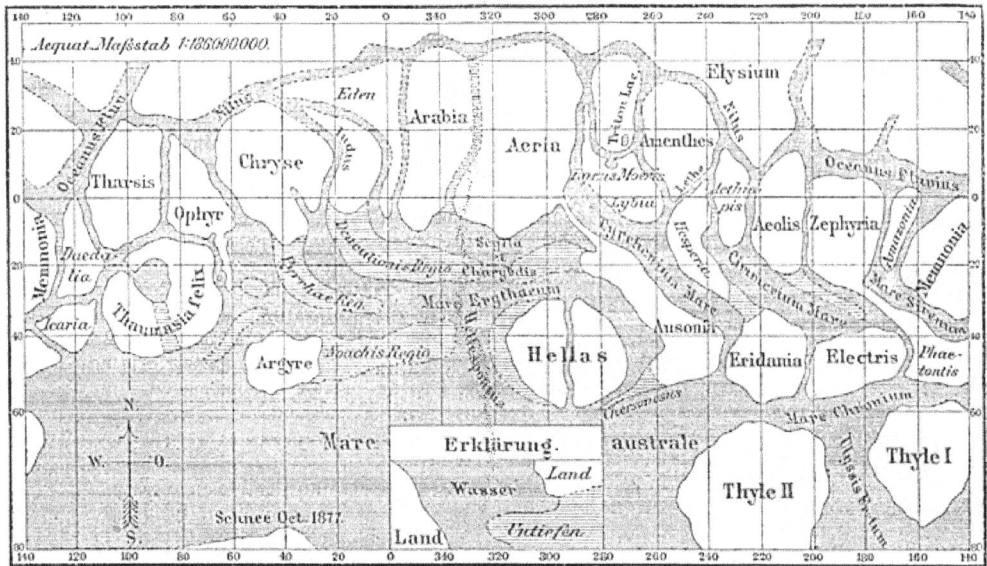

Mapa de Marte de Schiaparelli. Crédito: Dominio Público.

Como ves, para esa época, estos mapas eran para emocionarse... Y tanto se emocionó con esos ríos y mares el millonario **Percival Lovell** que se fue a Arizona a construir el mayor telescopio de la época. Con él, incluso dijo ver signos de vida inteligente en Marte. Imagínate lo que debió ser eso para la época. Un tío influyente como Lovell, con el telescopio más potente del mundo, diciendo que veía marcianos inteligentes poblando nuestro planeta vecino. El hecho de que haya gente hoy en día que aún crea en los marcianos creo que se lo debemos, fundamentalmente, a Percival.

El caso es que si te paras a pensar, el hecho de que pueda hacerse un mapa de la superficie marciana quiere decir que, al menos, las nubes no cubren al planeta, como recordarás que pasa con Venus. La atmósfera de Marte es muy débil, casi toda ella compuesta de CO_2. La presión atmosférica es menor del 1% de la terrestre. La razón de esta delicada atmósfera es que Marte no tiene un campo magnético tan potente como el que tenemos en la Tierra, con lo cual, la atmósfera queda a merced del viento Solar (Ya veremos qué es eso) que barre la poca atmósfera que podría tener.

Por otro lado, si puedes ver la superficie del planeta también puedes calcular la duración de sus días y sus noches, así que con ello, se supo que un día en Marte dura 24 horas y 40 minutos. Vamos, que a los que siempre nos anda faltando tiempo nos vendrían de lujo esos 40 minutos extra al día.

Desde la Tierra también se pudo calcular su tamaño, y utilizando las ecuaciones de Newton, su masa. Tiene un radio poco mayor que la mitad del terrestre y una masa del 10%. De esos datos se puede deducir la densidad, mucho menor que la de nuestro planeta y también la aceleración de la gravedad en su superficie: un 38% de la que tenemos por aquí.

Comparación entre la Tierra y Marte. Crédito: NASA.

Para saber más sobre el planeta rojo, ya sabes, tuvimos que esperar al avance tecnológico que trajo el siglo XX y empezar a mandar sondas para verlo más de cerca. Pero eso ya, si te parece, lo dejamos para mañana.

21 SEPTIEMBRE. ACERCÁNDONOS MÁS A MARTE.

En 1965 llegó a Marte la primera sonda: **Mariner 4**. Nos envió mucha información y alguna imagen como la siguiente:

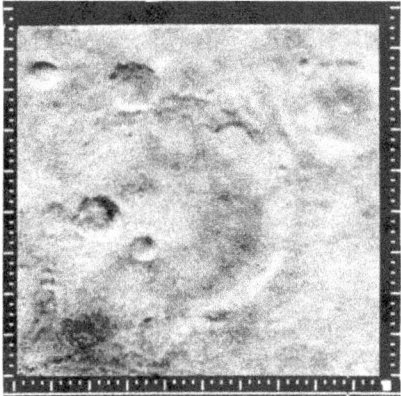

Fotografía de Marte tomada por la Mariner 4. Crédito: NASA/JPL.

En los años 60 se enviaron varias sondas más a orbitar el planeta (**Mariner 6, 7 y 9** por ejemplo) pero todavía faltaba tocarlo. Ya fue a principios de los 70 cuando los rusos enviaron la sonda **Marsnik 2**. La primera sonda en tocar el planeta… lo malo es que se destruyó en su aterrizaje. Volvieron a intentarlo con la siguiente: **Marsnik 3**, y aunque no se destruyó como su hermana, solo estuvo funcionando durante unos cortísimos 20 segundos, que no sirvieron ni para terminar de mandar a la Tierra la primera fotografía tomada desde la superficie marciana.

La primera imagen completa que recibimos desde la superficie de marte tendría que esperar unos pocos años, cuando las sondas **Viking 1 y 2** se posaron con éxito sobre la superficie de este pequeño pero gran planeta. Además de fotos, mandaron, por ejemplo, información sobre la composición de la atmósfera: 95% de CO_2, 3% de nitrógeno, 1´5% de argón y el resto otros gases como oxígeno o vapor de agua. Además de eso, un montón de motas de polvo de óxido de hierro revolotean por la atmósfera, y son precisamente ellas (y todas las del suelo) las que le dan ese aspecto rojizo característico. Es como un desierto rojizo. Con sus tormentas de arena y todo; unas bestiales tormentas cuyos vientos pueden llegar a alcanzar unas velocidades de 400km/h.

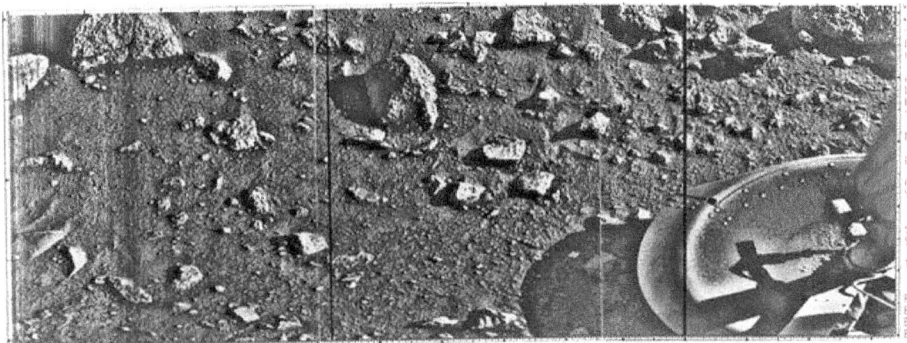

Primera fotografía tomada por la Viking 1 en Julio de 1976. Crédito: NASA.

Además de las tormentas, lo que hace que Marte se parezca a un desierto es la ausencia de agua. Ayer comenté que Marte tenía una atmósfera muy tenue. Ya deberías saber lo que eso significa respecto a la presión atmosférica y respecto a la ebullición del agua en su superficie. El agua, a esa pequeña presión, no puede estar en estado líquido ni a 20ºC, con lo cual se evapora y se "pierde". Se cree, en cualquier caso, que sí puede haber agua líquida, pero subterránea. En la superficie, solo en las zonas más frías del planeta hay agua, pero en estas zonas se encuentra en forma de hielo. Así es, por ejemplo, en los casquetes polares:

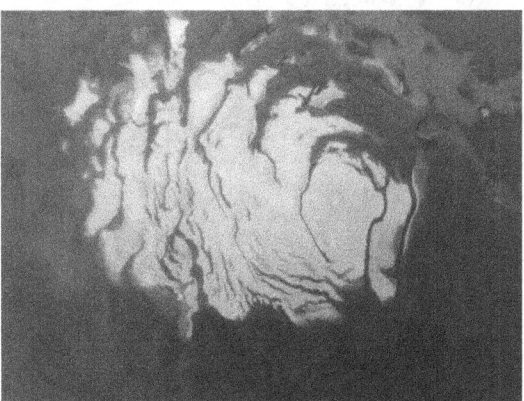

Polo sur marciano. Crédito: NASA/JPL/MSSS.

El CO_2 (dióxido de carbono) se hiela a -100ºC con lo que en las zonas frías o en los inviernos, nieva CO_2 en grandes cantidades. Hay inviernos porque el eje de Marte está inclinado un 25%. El invierno no lo marca la distancia al Sol, sino la inclinación del eje y por lo tanto la dirección de los rayos Solares, ya sabes.

20 años después de las Viking, la sonda **Mars Global Surveyor** orbitaría marte desde 1997 hasta el 2006.

La siguiente misión fue la sonda **Mars Pathfinder**, que llevaba consigo al pequeño Rover **Sojourner**, del que hablaremos más adelante. Se han enviado más sondas a Orbitar Marte. Por ejemplo la europea **Mars Express**, en el 2003.

Hoy en día se puede afirmar que Marte consta de antiguas cuencas de ríos, es decir, zonas por donde en un lejano pasado ha fluido agua en estado líquido. Incluso se han descubierto recientemente zonas que, en ciertos momentos, fluye algo de agua líquida. Si hubo océanos y ríos en un Marte del pasado, es posible que se creara vida del mismo modo que lo hizo en la Tierra. Mucha de esa vida se fue con el agua, pero existe una pequeña posibilidad de que alguna forma de vida sobreviviera y esté aún allí, esperando a ser descubierta. En cualquier caso, aunque esto último no sucediera y no haya más vida en Marte, es posible que si la hubo en un pasado quede algún resto de ella. Piensa en lo importante que sería un descubrimiento así, y lo que aumentaría el resultado de la Ecuación de Drake, por ejemplo.

Ese agua creó cuencas de ríos, como he dicho. Pero también hubo lava y se crearon volcanes. También han caído meteoritos, que crearon cráteres y movimientos de tierras, que crearon montañas. Todo eso lo veremos un poco la semana que viene.

24 SEPTIEMBRE. GEOGRAFÍA DE MARTE.

Marte es un planeta que, al menos turísticamente, sería muy interesante, pues consta de unas espectaculares maravillas naturales. Si te parece, hoy lo vamos a dedicar a ver algunas de ellas.

1.- **Olympus Mons**. La montaña más alta del Sistema Solar. 26.000 metros de altura tienen la culpa (El Everest no llega a 9.000).

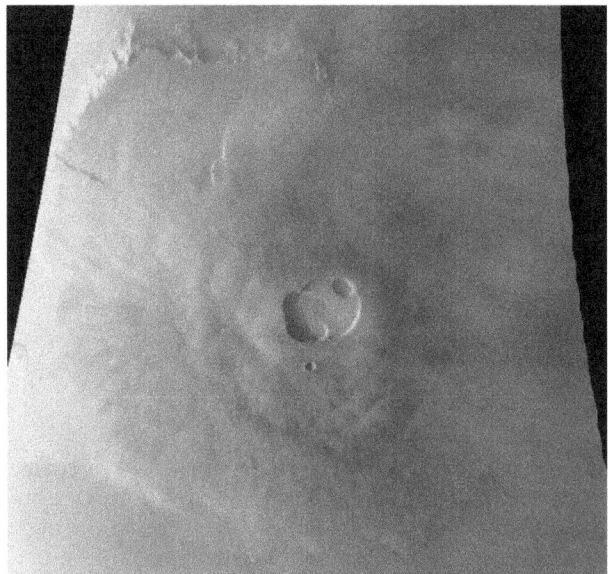

Olympus Mons. Crédito: NASA/JPL-Caltech.

2.- **Alba Mons**. También conocido como Alba Patera. Es el volcán más grande del Sistema Solar, con un diámetro de 1600 kilómetros (Aunque no llega ni a los 7000 metros de altura). Sus ríos de lava, eso sí, se extienden hasta los 3000 kilómetros.

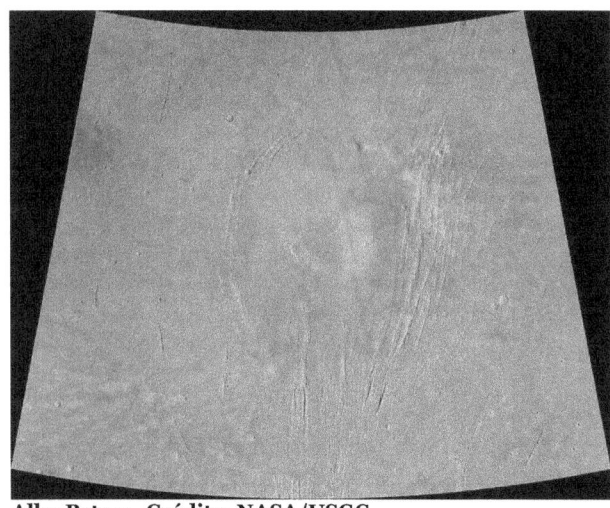

Alba Patera. Crédito: NASA/USGC.

3.- **Hellas Planitia**: Es el cráter más grande del planeta. Tiene una profundidad de 9 km y un diámetro de casi 2300. El impacto del meteorito que lo provocó debió de ser descomunal.

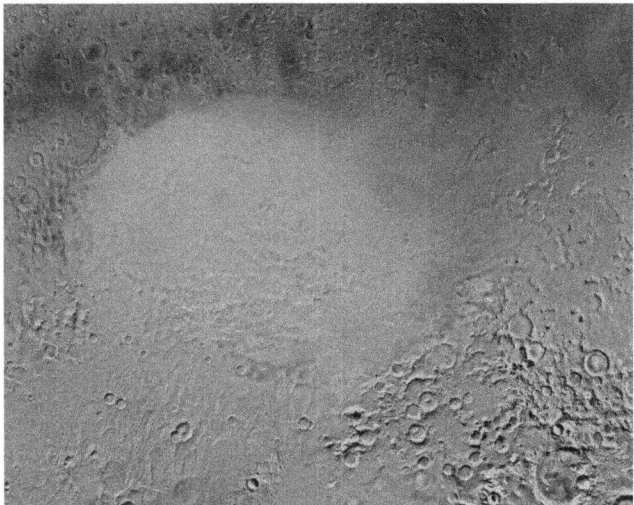
Hellas Planitia. Crédito: Wikipedia.

4.-**Valles Marineris**. Es uno de los cañones más grandes del Sistema Solar. Tiene más de 4000 km de longitud, hasta 200 km de anchura y llega hasta una profundidad de 7 kilómetros. Sin palabras.

Marte. Se puede ver perfectamente en el centro el Valles Marineris. Crédito: NASA/USGS.

5.- **Elysium Mons**. Un verdadero monstruo de Volcán de 14 km de altura y 14 km de cráter.

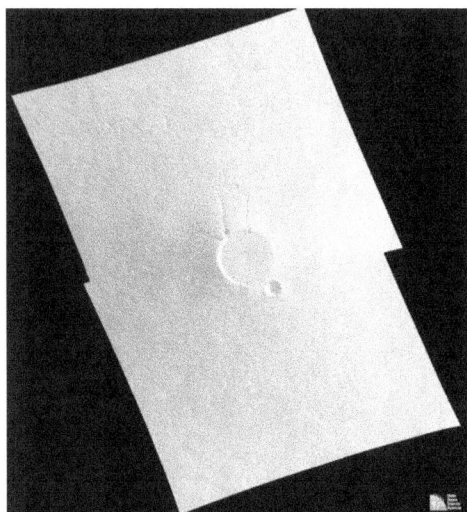

Elysium Mons. Crédito: NASA.

6.- Cadena montañosa formada por **Arsia Mons, Pavonis Mons** y **Ascraeus Mons**, cercanos, además, a Olympus Mons y Valles Marineris. No verás cosa igual en otro lugar.

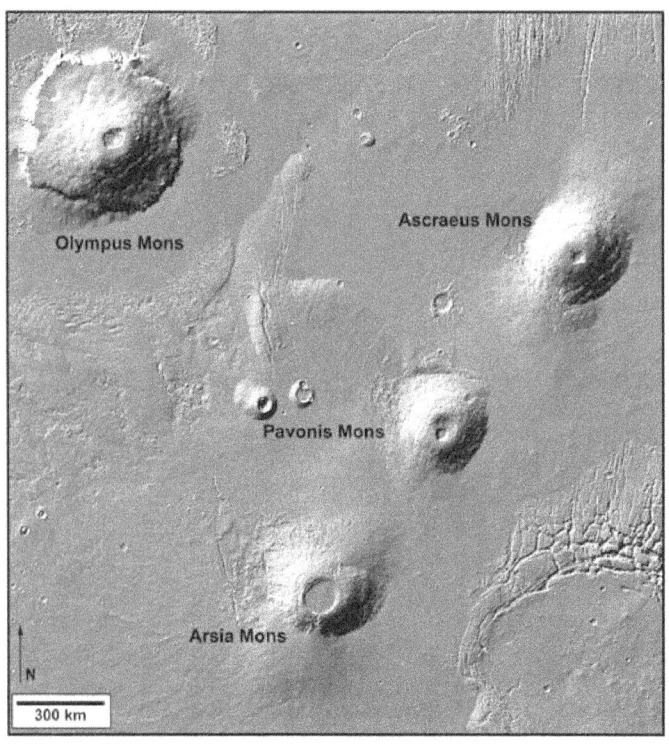

La gran cadena montañosa. Crédito: NASA/JPL.

25 SEPTIEMBRE. MISIONES TELEDIRIGIDAS A MARTE.

Las misiones de los Rovers que se han enviado a Marte, he de decirlo, son de lo mejorcito que se ha mandado nunca a ningún sitio. Bueno vale, es verdad que la Sonda Cassini o las Voyager, por ejemplo, nos han aportado más (aunque todo es relativo), pero eso de saber que unos cochecitos teledirigidos están recorriendo el planeta rojo es, simplemente, genial.

Corría el verano del año 1996 cuando una pequeña cápsula se lanzaba hacia Marte. La sonda, después de un largo viaje, entró a Marte a 8500 km/segundo. La idea era primero reducir su velocidad al contacto con la atmósfera marciana y desplegar después un paracaídas para reducir la velocidad aún más. De la sonda saldría la cápsula (**Lander**) que transporta el **Rover Sojouner**. Dicha cápsula hincharía unos airbags que la protegerían del impacto final. Pero poco antes de producirse el *amartizaje*, la sonda aún se frenaría más con el encendido de unos cohetes, tras lo cual, y a 30 metros del suelo, soltaría la cápsula con el Rover para que ésta, tras varios revotes de sus airbags contra el suelo, se abriera como una flor dejando salir al pequeño Sojouner.

Y funcionó.

El Rover Sojouner tras salir de la cápsula. Crédito: NASA/JPL

El Pequeño Sojouner estuvo funcionando durante algo más de un año recorriendo una pequeña zona alrededor de la plataforma de amartizaje. Ésta disponía también de una cámara y una estación meteorológica. El Rover podía investigar sobre la composición y propiedades del suelo y la atmósfera. Mandó mucha información sobre las rocas de carácter volcánico de alrededor, pero sobretodo demostró que las misiones baratas y eficientes eran posibles.

6 años tardaron en enviar otro cochecito a Marte. Esta vez, la NASA envió dos Rovers gemelos al planeta rojo en la que se conoce como la **MER (Mars Exploration Rover)**. Fueron dos sondas diferentes con los conocidos **Spirit** y **Opportunity**. El concepto de la misión era el mismo, pero mucho más potente tecnológicamente. Tanto es así que el Opportunity seguía funcionando al menos hasta diciembre del 2016. (Con el Spirit se perdió la comunicación en el 2010, seguramente tras no poder cargar sus baterías con los paneles solares llenos de polvo).

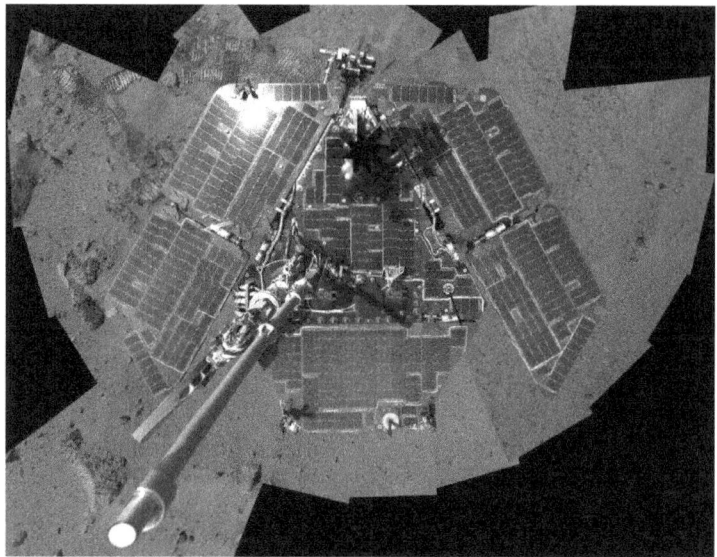
El Spirit, con sus paneles cubiertos de polvo. Crédito: NASA.

Los Rovers llevan consigo un par de cámaras panorámicas, 6 cámaras más para la circulación del Rover, un microscopio, una cámara térmica, una de rayos X y una detectora de metales, también lleva una herramienta de abrasión de rocas (una trituradora) y unos imanes para detectar las partículas magnéticas de la superficie.

Por cierto, para comunicarse con los Rovers, la NASA utilizan 3 antenas situadas en diferentes puntos del mundo. Una en California, una en Australia y la otra cerca de Madrid.

Hasta la fecha, han realizado muchos descubrimientos. Aunque no son realmente espectaculares. La mayoría de ellos simplemente confirman cosas que ya se sabían, como por ejemplo la existencia de un pasado con agua líquida y con buena temperatura. Han encontrado muchas rocas que solo se forman en dichas condiciones.

Puedes visitar la página de la NASA y encontrar muchísima información sobre los Rovers. Van actualizando la información y puedes ver dónde se encuentra el Opportunity en estos momentos (en el caso de que siga vivo) con imágenes de lo que está viendo, como la siguiente, realizada cuando alcanzó el valle Marathon, llamado así porque llegó a él tras recorrer sus primeros 42 km, la distancia de una maratón.

Marathon Valley. Crédito: NASA.

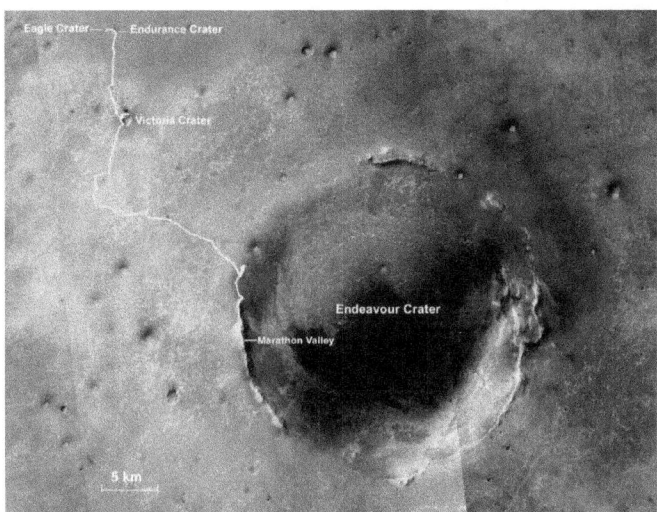

Recorrido del Opportunity. Crédito: NASA.

La imagen superior muestra el recorrido del Rover Opportunity hasta llegar al Marathon Valley. Aterrizó en la parte superior izquierda de la imagen y, pasó un precioso cráter llamado Cráter Victoria. Después, llego al cráter Endeavour donde alcanzó la distancia de una maratón. Hasta enero del 2017, el Rover seguía circulando por el borde de este majestuoso cráter.

26 SEPTIEMBRE. VIDA EN MARTE.

Que exista vida ahora en Marte no es nada fácil. No tiene un campo magnético y tampoco hay agua líquida de manera permanente (al menos en su superficie). Pero si existe vida microbiana en lugares totalmente inhóspitos en nuestro planeta, porqué no, podría existir también en Marte, sobre todo si tenemos en cuenta que tuvo agua líquida en el pasado.

Las teorías actuales afirman que de haber vida en Marte hoy en día, ésta existiría, si acaso, bajo la superficie marciana. Estaría allí por dos motivos: el agua líquida y la inexistencia de radiación. Pero de momento no podemos saberlo, ya que hasta ahora solo se ha buscado indicios de vida en la superficie del planeta.

La primera misión que se envió a Marte fueron las **Viking**. Las Viking realizaron varios experimentos, buscaron restos de compuestos orgánicos en el suelo marciano e intentaron interactuar con posibles formas de vida microbiana diferentes, para detectar su actividad, pero no hubo suerte.

Por otro lado, otro tema que aumenta la posibilidad de que exista vida allí es la presencia de metano en la atmósfera. Existe más metano de lo que en realidad debería, y, aunque como ya sabes, el metano puede formarse por procesos puramente geológicos, algunos no dejan de pensar en la idea de que quizá, solo quizá, algún ser vivo lo esté generando. En cualquier caso, se ha observado el metano en Marte y casualmente existe más metano donde más vapor de agua hay... ¿Casualidad? ¿Realmente algún proceso geológico genera ambos? ¿Es realmente vida? Habrá que seguir investigando.

Por suerte, no hace falta ir hasta Marte para elucubrar sobre si existe vida o no allí. En nuestro planeta se han encontrado meteoritos procedentes de Marte (Se sabe que provienen de allí por la composición de los mismos). Bueno, pues tres de ellos contienen indicios de vida microbiana. Claro, lo lógico sería pensar que una vez en la Tierra, se hayan "contaminado"; aunque también es cierto que si se han encontrado más de 30, lo normal sería haber tenido indicios de vida microscópica en todos ellos, y no ha sido así.

Estamos muy lejos de saberlo a ciencia cierta... con 4 sondas que se han enviado allí, la verdad, y para un planeta entero, es muy muy poca cosa. Todavía estamos en la edad de piedra de la era Espacial, así que tendremos que esperar.

Ya seguiremos con este tema y veremos algunas fotografías de la **MRO (Mars Reconaisance Orbiter)** que quitan el hipo, y además, algunas de ellas no hacen sino aumentar las sospechas que se tienen sobre que exista vida en Marte.

27 SEPTIEMBRE. LUNAS DE MARTE.

Marte tiene dos lunas: **Fobos y Deimos**. Son dos satélites pequeñitos que ni siquiera tienen la masa suficiente para conferirles una forma esférica. Puedes comprobar por ti mismo su forma irregular:

Phobos. Crédito: NASA/JPL/University of Arizona.

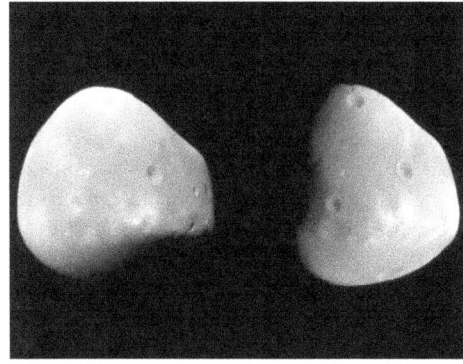
Deimos. Crédito: NASA/JPL/University of Arizona.

Debido a su pequeño tamaño, ambas lunas marcianas no fueron descubiertas hasta el año 1877. Se les dio el nombre de Fobos y Deimos puesto que éstos eran los hijos de Ares (el Dios de la Guerra de los griegos).

Fobos tiene un tamaño de 26x24x18 kilómetros y Deimos es bastante menor: 15x12x4 kilómetros.

Así que si pensabas que iba a ser un espectáculo ver dos lunas en el cielo desde la cima del Olympus Mons las próximas vacaciones, lamento decirte que no va ser tan espectacular como parece. Aunque hay una noticia buena y otra mala:

La buena es que están muy cerca de Marte, con lo cual, aunque sean pequeñas, el hecho de estar tan cerca facilita su visión. Fobos orbita a 9400 km de Marte y Deimos lo hace a 23500. (La Luna, por si no te acuerdas, está a 384000 kilómetros de nosotros). A la distancia que se encuentran, por cierto, tardan 7h 30min y algo más de un día respectivamente en dar una vuelta a nuestro planeta vecino.

La mala noticia es que brillan poco. Es lo que se conoce como **albedo**. Piensa que no es lo mismo la luz que refleja del Sol una patata blanca que una negra. Cuanto más oscura sea, menos brillo. Y lamentablemente Fobos y Deimos son bastante oscuritas, así que reflejan menos luz solar de la que nos gustaría a los futuros turistas de Marte. Fobos se vería como menos de una cuarta parte que nuestra Luna y más oscuro y a Deimos resultaría incluso difícil verlo a simple vista. Una pena.

Así que si algún día vas a Marte, podrás ver a sus dos lunas, pero la vista no será, ni mucho menos, tan espectacular como la de nuestra propia Luna.

Lo de que Fobos tarde menos en dar una vuelta alrededor de Marte que lo que tarda Marte en girar sobre sí mismo, es muy curioso, ya que al ser así, en lugar de ir de este a oeste, ¡va al revés! ¿Entiendes por qué? Voy a intentar explicarlo lo mejor que pueda... A estas alturas ya sabes que si la Luna se mueve de este a oeste es porque ella está ahí prácticamente quieta y los que nos movemos durante la noche somos nosotros; pero si la Luna se moviera rápido, la veríamos ir más lenta. Si se moviera rapidísimo, podría llegar incluso a retroceder, y si diera dos vueltas a la Tierra en una noche, por la noche la veríamos aparecer por el Oeste y desaparecer por el Este ¡dos veces! Bueno, pues eso es casi casi lo que pasa con Fobos.

Sobre las características físicas de las lunas, ambas tienen un importante porcentaje de agua helada en su estructura. (Deimos tiene algo más). Esa estructura hace pensar a muchos científicos (aunque aún no se tenga muy claro) que ambas lunas sean asteroides atraídos por Marte. Y los atrae hasta el punto de que Fobos va acercándose cada vez más al planeta rojo y dentro de varios millones de años acabará estrellándose contra él. (Seguramente se rompa en pedazos antes y quizá incluso se forme un anillo alrededor de Marte). ¡Eso sí será un buen espectáculo! Otra teoría que está cogiendo fuerza es que Fobos y Deimos sean el resultado de un choque entre Marte y otro planeta más pequeño. Se ha sugerido porque las dos lunas tienen una gran similitud, de composición, con Marte. Semejante choque hizo que se soltara mucha materia al espacio y que, de ella, surgieran estas dos pequeñas lunas.

28 SEPTIEMBRE. MRO Y SUS FOTOS.

La MRO (Mars Reconnaissance Orbiter) es un satélite que está orbitando Marte y que es muy interesante por varios motivos:

Primero, lleva una cámara espectacular. La más grande que se ha enviado lejos de la Tierra. Ahora te mostraré alguna impresionante fotografía que ha tomado. Incluso el Spirit y el Opportunity han sido capturados por esta cámara.

Esa potente cámara, junto con instrumentos científicos para medir la composición del suelo o la atmósfera, para observar el clima (temperaturas o humedad) y un radar para ver que hay debajo de la superficie hacen de la MRO una sonda muy completita. El sueño de todas las sondas, vamos. ¡Imagina lo que sería tener una sonda de esas en cada uno de los planetas del Sistema Solar!

Pero es que además está capacitada para comunicarse perfectamente con la Tierra y ayudar a otras misiones a hacerlo a través de su antena de radio. Hasta lleva una cámara para observar y guiar a futuras naves hasta Marte.

Pero, ahora sí, quiero enseñarte alguna foto de esas que realmente conmueven. Desde la MRO de la **NASA**, Marte lo vemos con otros ojos. Recomiendo que las busques en la página de la NASA para disfrutarlas a todo color y resolución.

La siguiente fotografía muestra unas extrañas manchas oscuras que aparecen bajo el hielo. Estas manchas aparecen en primavera, cuando, en las zonas altas, se empieza a derretir el hielo. Hay quien dice que incluso podría ser algún tipo de organismo, que al recibir la luz solar empieza a multiplicarse, derritiendo más aún el hielo a su alrededor y así se desarrolla, para luego morir dejando alguna semilla o algo para volver a empezar la próxima generación.

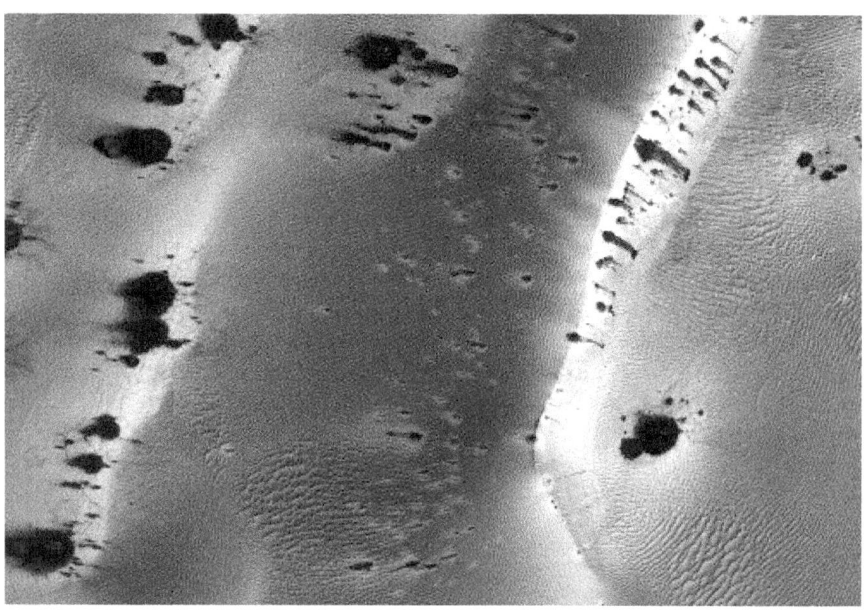

Mundo de CO_2 helado. Cuando llega el invierno, en latitudes altas, nieva CO_2, pero cuando llega la primavera, éste se evapora, dejando fisuras en el hielo:

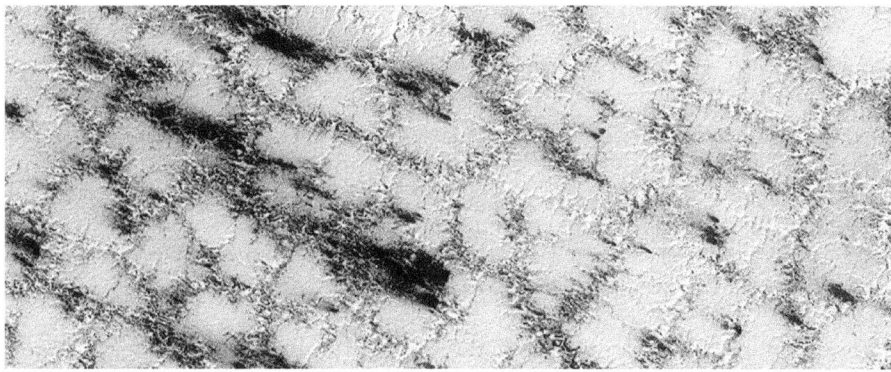

Dunas en Marte. Es un desierto y, como tal, contiene dunas que se van moviendo rápidamente:

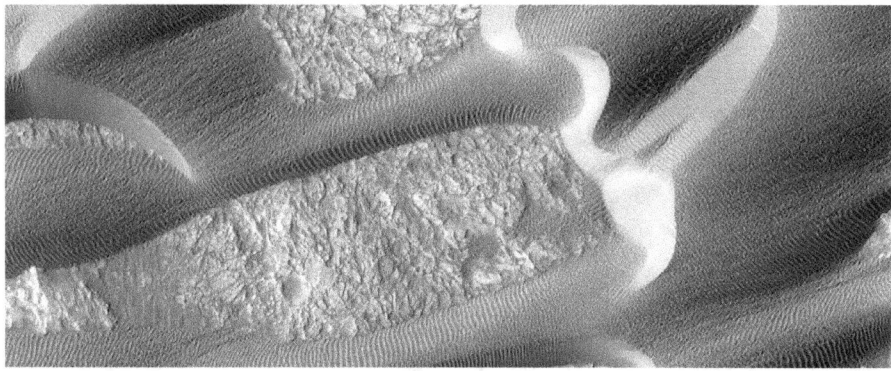

Impacto recibido en la superficie marciana entre el 2012 y el 2014. Impresionante:

OCTUBRE

1 OCTUBRE. CONSTELACIÓN DE OFIUCO.

Lo más curioso de la constelación de Ofiuco es su situación: Se encuentra en la eclíptica (aunque un poco de refilón). Como sabes, la eclíptica es un lugar donde, en teoría, solo están las constelaciones del zodiaco. Y supongo que no conoces a nadie cuyo signo del zodiaco sea Ofiuco. Esta constelación se encuentra concretamente entre Escorpio y Sagitario. Así que sí, si has nacido por esas fechas (más o menos por el 21 de noviembre), es posible que no seas ni Escorpio ni Sagitario... y realmente seas Ofiuco.

La constelación, por cierto, representa a **Asclepio**, que fue instruido en el arte de la medicina por un centauro llamado Quirón. Asclepio estuvo a punto de morir (es posible que muriera) por la picadura de una serpiente, pero sobrevivió (o resucitó) gracias a otra serpiente que le puso unas hierbecillas en la boca. Es, de hecho, el símbolo de la medicina en los cielos. La serpiente, Serpens, la veremos mañana.

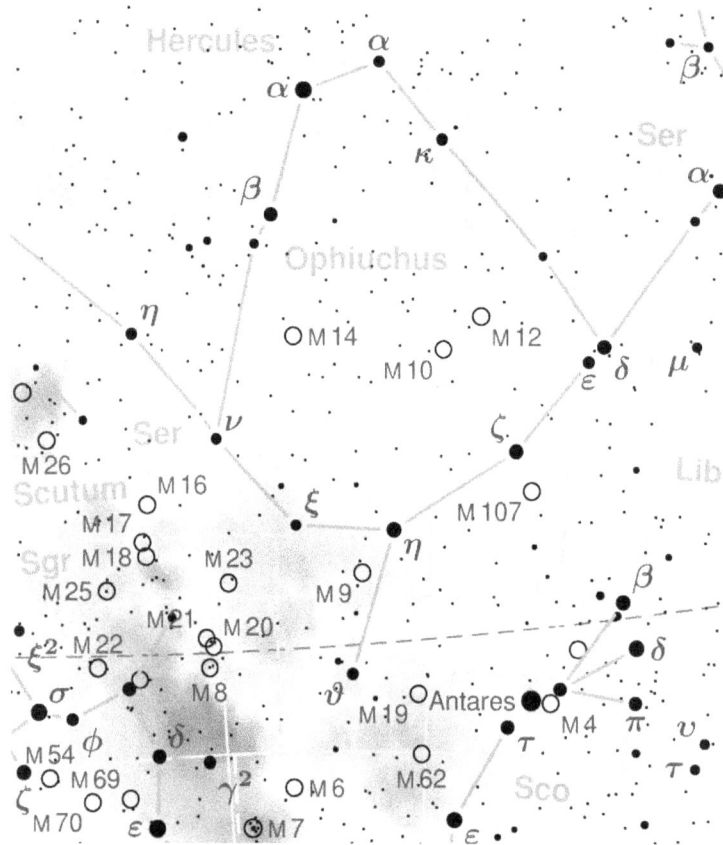

Ofiuco. Crédito: Wikipedia/Torsten Bronger.

Ofiuco puede distinguirse gracias a Escorpio, que es muy fácil de diferenciar en los cielos. Fíjate en la imagen anterior dónde se encuentra Antares. Si Escorpio está muy baja, como ocurrirá estas noches, puesto que a eso de las 22 ya casi se ha escondido por el oeste, entonces es más fácil guiarse por la constelación de Hércules, que se encuentra al Norte de Ofiuco. Aunque como estas noches tenemos la suerte de tener a Saturno cerca, también podrías buscar por ahí. A Saturno lo verás al este de Ofiuco, en la constelación de sagitario.

Lo malo de Ofiuco es que sus estrellas no son muy brillantes. En cualquier caso, para encontrarlo, es mejor que primero busques a **Alfa Ophiuchi**, también conocida como **Rasalhague**, la cabeza del encantador de serpientes.

Rasalhague es una A5III C. Esa "C" significa "Estrella de Carbono", lo que viene a significar que la Estrella tiene un núcleo de helio y está generando carbono. Tiene una magnitud aparente de +2´08 y está situada a 48 años luz de nosotros. Se encuentra cerca de **Beta Ophiuchi**, que tiene una magnitud aparente de +2´7, con lo que se pueden diferenciar bastante bien, ahí debajo de Hércules.

En Ofiuco se encuentra una estrella de la que, aunque no te lo creas, ya he hablado. Se trata de una de las estrellas más cercanas a nosotros. La cité precisamente por su nombre: **La estrella de Barnard**. Se encuentra a 5´96 años luz de nosotros. Es una pequeña y fría estrella en la que no se han descubierto planetas. Mira la comparación de tamaño con el Sol y Júpiter:

Comparación tamaños Sol, Estrella de Barnard y Júpiter. Crédito: Wikipedia/Poppy Marskell.

Su descubridor, por cierto, fue **Edward Emerson Barnard**, y lo hizo en 1916. Como curiosidad, decir que también descubrió a Amaltea, una pequeña luna de Júpiter.

2 OCTUBRE. CONSTELACIÓN DE SERPENS.

La constelación de Serpens es la única constelación que está dividida en dos partes separadas entre sí: **Serpens Gauda (la cola)** y **Serpens Caput (la cabeza)**.

Como puedes ver, se encuentran a uno y a otro lado de su amigo Ofiuco.

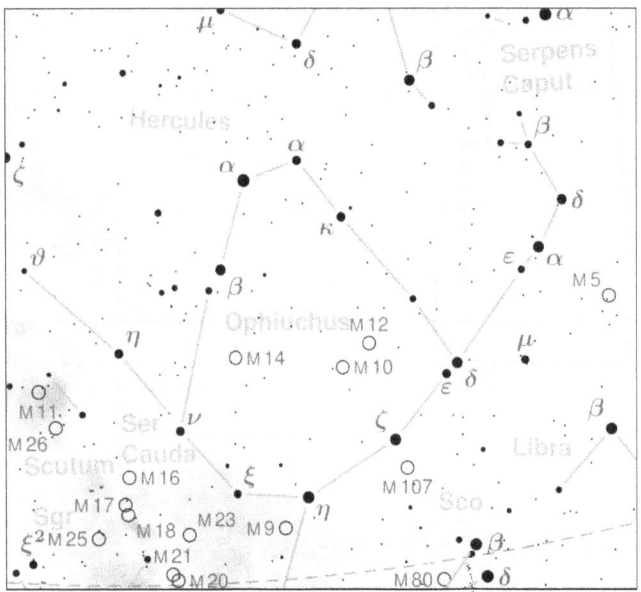

Serpens Cauda y Serpens Caput junto con Ofiuco. Crédito: Wikipedia/Torsten Bronger.

La estrella más brillante es **Alfa Serpens, Unukalhai**, de magnitud +2´65. Es una gigante naranja que se encuentra a unos 70 años luz de nosotros.

Y ahora sí, ha llegao el momento de que conozcas los **Pilares de la Creación**, una de las estructuras más famosas del Universo. Te muestro una foto y me dices si te sonaba haberla visto antes o no.

Los Pilares de la Creación. Crédito: NASA/ESA/Jeff Hester/Paul Scowen.

Los Pilares de la Creación forman parte de la conocida **nebulosa del Águila** o **M16**. Esas columnas, para que te hagas una idea, miden varios años luz de longitud, y se están contrayendo. En ese proceso, se formarán nuevas estrellas, planetas y quien sabe, quizá seres. Lo malo es que no los veremos jamás, pues se encuentran a 7000 años luz.

Observa en la imagen del principio, como la zona donde se encuentra M16 es una zona muy interesante y rica en nebulosas.

Para terminar, una imagen de la Nebulosa del Águila al completo. ¿Ves en el centro los Pilares?

Nebulosa del Águila. Crédito: ESO.

3 OCTUBRE. ISS. INTERNATIONAL SPACE STATION.

Es bastante improbable, si no sabes cuándo va a pasar, pero es posible que algún día hayas visto la ISS sobrevolar el cielo. Se ve como una estrella brillante que cruza el cielo en un par de minutos. Quizá la hayas confundido con un avión... pero vuela mucho más alto y rápido.

Ese punto que atraviesa el cielo es un enorme laboratorio en microgravedad, viajando a unos 29.000 km/h y donde llevan trabajando en continuo 6 astronautas durante 17 años, realizando todo tipo de experimentos que sería imposible realizar en la Tierra.

ISS. Crédito: NASA/Crew of STS-132.

Cuando digo que llevan en continuo 6 astronautas, me refiero a que van cambiando, pero que siempre hay entre 3 y 6 más o menos. Han pasado más de 200 astronautas (más 7 turistas) de 15 países diferentes, incluido España, cuyo astronauta imagino que conoces: **Pedro Duque**.

Sobre los experimentos que se han llevado a cabo en la ISS, hay de todo, como podrás imaginar. Se ha aprendido, y se sigue aprendiendo mucho sobre casi todo: Desde la biología, realizando experimentos con células, invertebrados o proteínas, hasta del propio cuerpo humano con importantes aplicaciones para la medicina (nuevos medicamentos). También se han realizado importantísimas observaciones de la Tierra como los glaciares o los arrecifes de Coral. Se han realizado muchos ensayos sobre equipos que podrán usarse en el futuro de la tecnología espacial y sobre nuevos materiales en general. Estudian constantemente el espacio exterior. Avanzan en nuestro conocimiento de la física, realizando multitud de experimentos. También cultivan alimentos, y aprenden como debe hacerse en el espacio, en vistas a una futura colonización de un planeta. Trabajan prácticamente todo el tiempo en el mantenimiento de la ISS, de sus equipos y de los experimentos que tienen que realizar. Es un no parar ahí arriba.

Todo empezó, por cierto, en 1998, cuando empezaron a construir la ISS. Fueron 13 años de construcción, donde se han ido añadiendo módulos, hasta ser lo que es hoy: Una de las mayores obras realizadas por el ser humano.

El caso es que alegra saber que la ciencia no conoce fronteras (no debería, al menos). Podemos trabajar juntos en algo grande, por el bien de todos. Vivimos en este planeta muchos seres humanos y debemos trabajar juntos para hacer de la Tierra un mundo mejor. La ISS es una pequeña muestra de ello. Las cosas no andan tan bien últimamente, pero la ciencia debería quedar separada de la política. Veremos si es posible.

Sobrevolando Madagascar en el 2016. Crédito: NASA/ESA/Tim Peake.

4 OCTUBRE. JOHANNES KEPLER.

Kepler fue un matemático y astrónomo alemán que vivió en una de las mejores épocas para la astronomía moderna. Entre Galileo y él (puede que con permiso de Copérnico y alguno más), casi se podría decir que iniciaron una carrera que nos ha llevado hasta dónde estamos y nadie sabe con certeza hasta dónde nos llevará (pero muy lejos).

Johannes nació concretamente en Weil der Stadt, cerca de Stuttgart, en el año 1571. Lo hizo en el seno de una familia humilde y no tuvo una infancia fácil, aunque eso no le impidió ir a la Universidad.

Estudiaba teología, pero una plaza libre de profesor de matemáticas en Graz hizo que abandonase la carrera religiosa. Ya te puedes hacer una idea de lo mezcladas que estaban las cosas por entonces... Y es que en esa época todavía mucha gente pensaba que la Tierra era el centro del Universo y los Astros se movían por acción divina (Bueno, que se lo digan al pobre Galileo).

En palabras de Kepler: *"Deseaba ser teólogo; pero ahora me doy cuenta de que gracias a mi esfuerzo, Dios puede ser celebrado también por la astronomía"*. Eran otros tiempos, desde luego.

Kepler. Crédito: Dominio Público.

Defendió, desde entonces, la teoría de Copérnico, en la que la Tierra no es el centro del Universo. Sus **Tres Leyes**, basadas en hechos experimentales, describen la órbita y la velocidad de los planetas y se usaban para predecir su posición en cualquier momento. Años más tarde Newton lo demostraría todo con su Ley de Gravitación Universal.

He de decir, no obstante, que todo esto no lo hubiera conseguido si en el año 1600 **Tycho Brahe** no lo hubiera invitado a Praga para estudiar con él y continuar con su trabajo. Hasta entonces, Kepler insistía en que las órbitas de los planetas eran circulares y no elípticas como más adelante quedaría demostrado (y es que no había nada más perfecto y divino que una circunferencia).

Además de eso, realizó importantes avances en el campo de las matemáticas, la geometría y la óptica.

Su vida no fue fácil, su delicada salud, su madre acusada de brujería, sus deudas... aun así, sus trabajos siguen valorándose hoy en día. Sus *Tabulae Rudolphine* se usaron durante más de un siglo para calcular la posición de los planetas.

Ahí fuera hay estrellas, satélites, exoplanetas, montañas o cráteres nombrados en su honor. Que menos, para alguien que con tanto esfuerzo logró ver lo que los demás no vieron.

Murió a los 58 años.

5 OCTUBRE. LA NASA.

En 1958 nacía la **Nacional Aeronautics and Space Administration**. La fundó **Dwight David Eisenhower**, militar (comandante supremo de las tropas de los aliados en la II Guerra Mundial) y político, que llegó a presidente de los Estados Unidos, con Nixon de Vicepresidente.

Eisenhower hablando con paracaidistas en 1944, el día anterior al D-Day. Dominio Público.

No es casualidad que fuera en 1958. La Guerra Fría tuvo mucho que ver. Los soviéticos lanzaron al espacio la famosa Sonda **Sputnik I** en 1957, así que era de esperar que los estadounidenses no quisieran quedarse atrás, así que crearon el Programa Espacial Estadounidense y la NASA en 1958. (Ya llevaban muchos años investigando con cohetes y haciendo pruebas. El **JPL, Jet Propulsory Laboratory** se creó en 1930).

Es aburrido cuando simplemente miras las estrellas y reconoces las constelaciones... lo mejor es saber qué, cómo, porqué o cuándo de todo lo que estás mirando. Gran parte de nuestras respuestas a todo son gracias a la NASA, que además, altruistamente nos cede a los curiosos una enorme cantidad de información y unas fotos preciosas. Es de agradecer.

Así que simplemente desde aquí quería agradecerles esa labor y desearles lo mejor para el futuro: Nuevas y exitosas misiones.

Te recomiendo que visites su página, pues contiene muchísima información. Echa un vistazo a todas las fotografías. Entérate de lo que pasará en el futuro. Cuando hayas terminado este libro la página de la NASA puede ser esencial para que sigas ampliando tus conocimientos. ¡Ánimo!

8 OCTUBRE. EL TELESCOPIO.

Hace muchos años, los fabricantes de vidrio y todo aquel a cuyas manos llegara una esfera de este material, podían observar como los objetos aumentan de tamaño cuando se observan a través de estos pequeños y delicados cristales. Pero a alguien se le ocurrió ensamblar dos lentes (algo similar) en el interior de un tubo y mirar a través de ellas. Fue el 2 de octubre de 1608 cuando un alemán residente en Holanda, **Hans Lippershey**, patentó un instrumento en Bélgica llamado **Kijker** (mirador). Este es considerado como el primer telescopio.

Crédito: Dominio Público.

Pero como ya sabes, el primero en apuntar al cielo con un telescopio fue italiano: Galileo. Lo hizo en 1609. Kepler mejoró su diseño. Newton lo revolucionó. Sir Isaac, en lugar de lentes, utilizó espejos, lo cual mejoró mucho la imagen obtenida. Aunque la auténtica revolución para la ciencia moderna llegó en los años 70, cuando el astrónomo **Jerry Earl Nelson** concluyó que la mejor forma de fabricar un gran telescopio era fraccionando los espejos.

Hasta ahora, has salido ahí fuera a ver las estrellas utilizando solo un instrumento: La vista. Así puedes llegar a ver hasta unas 6000 estrellas o más, pero también galaxias o nebulosas (verlas se ven, diferenciarlas es otra cosa). A simple vista también puedes ver 5 planetas (que seguro sabes cuáles son).

Lo bueno y lo malo del ser humano es que siempre quiere más. Para ello, y en este caso en concreto, lo mejor es utilizar un instrumento: El telescopio.

El principio de funcionamiento de un telescopio es simple: Un **objetivo** dirige toda la luz hasta un punto más pequeño: **El foco**. Luego, una **lente** aumenta la imagen para hacerla visible al ojo humano.

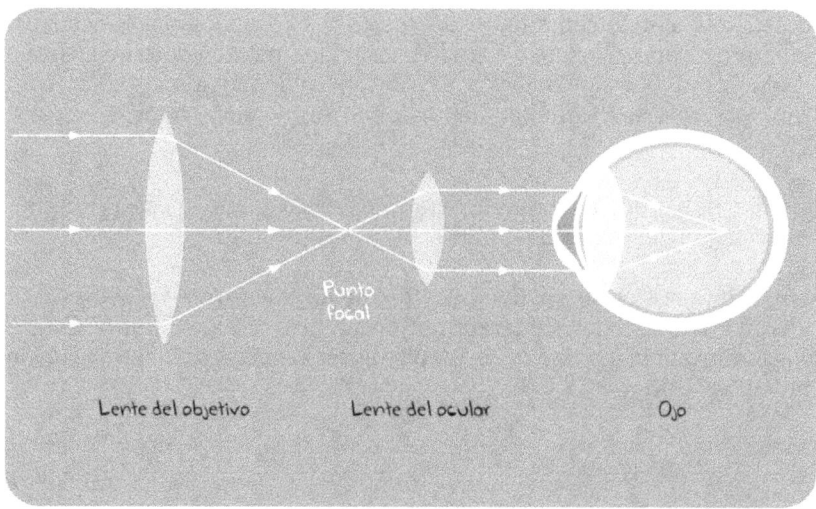

Principio de funcionamiento del telescopio. Ilustración: Javier Corellano (@CuaCuaStudios)

El Telescopio no solo aumenta el tamaño de los objetos sino que también aumenta la luz recibida. Cuanta más distancia haya entre el foco y el objetivo el aumento de la imagen será mayor. Además, cuanto más sea grande sea el objetivo, la luz recibida también será mayor. Fácil, ¿no?

9 OCTUBRE. TELESCOPIO, LO BÁSICO.

Existen dos grandes tipos de Telescopios, los **refractores** y los **reflectores**. Los primeros son como el que mostré ayer, fabricados con lentes a través de las cuales pasa la luz. Los segundos son como el de Newton, hechos con espejos en los que la luz se refleja. Como el de la siguiente imagen, vamos:

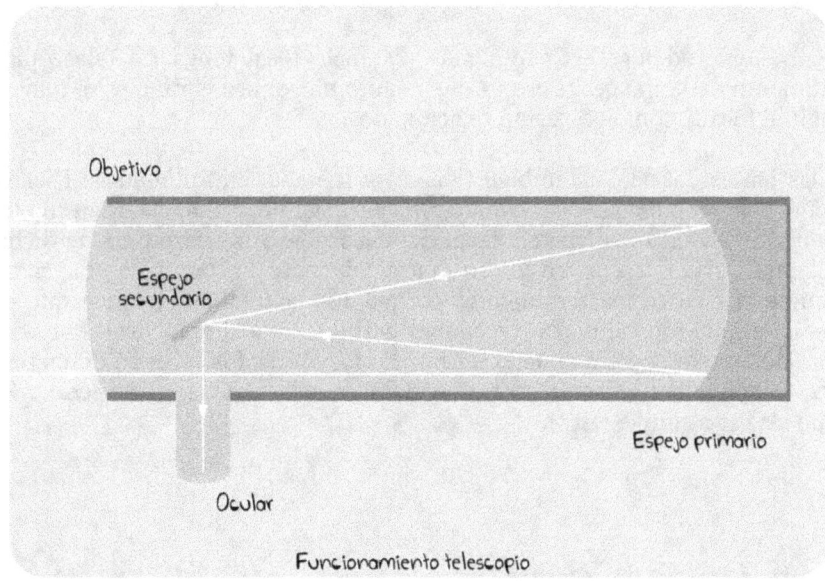

Ilustración: Javier Corellano (@CuaCuaStudios).

Como ves, el principio es el mismo. Entra mucha luz y ésta se concentra toda ella en un foco. Así de simple.

Claro, lo difícil no es la teoría, sino la práctica... Los espejos o las lentes tienen que ser perfectos. Cualquier imprecisión a la hora de hacerlos, resultará en una degradación de la imagen tremenda. Un montaje indebido, y olvídate de ver las lunas Galileanas para siempre.

Hoy en día, un buen telescopio es como todo: Buenos materiales y buen montaje. Y luego, añádele todos los extras que quieras. Hay telescopios que llevan incluso un motorcillo que dirige al telescopio exactamente hacia el objeto al quieres mirar, pues llevan programas de la localización de miles de estrellas y otros objetos del cielo (a estos sistemas, por cierto, se les llama normalmente **GoTo**, del inglés "ir a").

Como dije ayer, las dos principales características que tienen los telescopios son: **Diámetro y Distancia focal**.

- Diámetro. (Abertura). La cantidad de luz recogida por un telescopio aumenta según el cuadrado del diámetro del objetivo. Para que te hagas una idea, el diámetro del telescopio de Newton no superaba los 37mm. Con uno de 250mm podrías incluso ver Plutón. Los grandes telescopios que utilizan los astrónomos ya se miden en metros, tienen unos diámetros la mayoría de entre 2 y 10 metros, por ejemplo. (El del Hubble tiene 2´4m).

Si quieres saber, de manera muy aproximada, la relación entre el Diámetro (D) de un telescopio y la magnitud aparente de los elementos que puedes distinguir, puedes utilizar la **fórmula de Pogson**, que es así:

$$Mlim = 12´1 - \log D.$$

(Donde *Mlim* es la magnitud aparente límite que vas a ver con un diámetro *D*).

- Distancia Focal. (Longitud focal). Cuanta más distancia focal tenga un telescopio, mayor será el aumento de la imagen. Pero es que cuanto mayor sea el diámetro, mayor podrá ser la longitud focal... como ves, están relacionados.

Generalmente, las lentes del ocular también tienen un tamaño, en milímetros. Dichas lentes, en muchos telescopios pueden cambiarse, para ampliar más la imagen. El aumento se calcula dividiendo la distancia focal del telescopio entre la propia de dicha lente. Así, por ejemplo, si el telescopio es de 1000 mm y la lente de 10 mm, la imagen se verá con 100 aumentos (100x). Literalmente, porque 100 aumentos significa que el objeto al que estás mirando lo verás 100 veces más grande que a simple vista. Por otra parte, el aumento de un telescopio no puede ser mucho mayor de dos veces su diámetro. (Si tienes un telescopio de 100 milímetros, olvídate de ver objetos 230 veces más grandes de lo que los ves a simple vista).

10 OCTUBRE. SEGUNDOS DE ARCO.

Cuando miras al cielo, si te encuentras en una enorme llanura, lo que ves es un espacio que abarca 180º (180 grados). 90º, que es la mitad, van desde el horizonte hasta el punto más alto en el cielo. Una circunferencia sería lo que ves desde esa llanura más lo que vería uno que esté en Nueva Zelanda, sumarían 360º.

Pues bien, cada uno de esos 360º se puede dividir, a su vez, en 60 minutos, y cada minuto en 60 segundos de arco. Esto significa que sobre tu cabeza, la línea que va del Norte al Sur o del Este al Oeste, la puedes dividir en 648.000 segundos de arco.

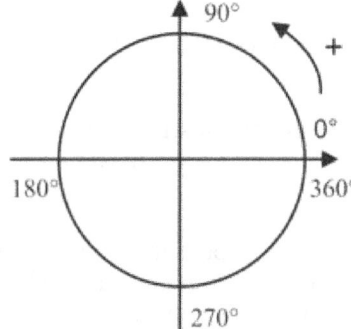

360 grados. Crédito: Wikipedia.

Para que te hagas una idea, si extiendes tu brazo hacia el cielo, un dedo es más o menos un grado. Tu puño serán 10 grados y un palmo será equivalente a 20-25 grados (mira la siguiente figura).

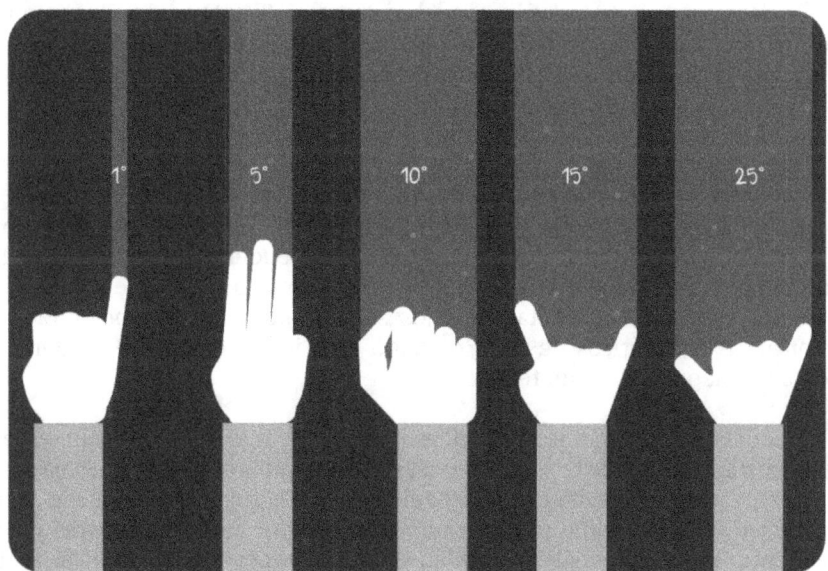

Ilustración: Javier Corellano (@CuaCuaStudios).

La Luna o el Sol miden medio grado (30 minutos). Venus mide poco más de un minuto. Y mi estrella favorita, que como sabes, es Betelgeuse, mide 0'0058 segundos de arco. (Ten en cuenta que una cosa es como se ve por el brillo y otra lo que realmente mide la estrella). El cuadrilátero principal de la constelación de Orión mide unos 20x15 grados y Cassiopea (que veremos en detalle dentro de poco) mide cerca de 30 grados a lo largo.

11 OCTUBRE. CONSEJOS A LA HORA DE COMPRAR UN TELESCOPIO.

Para comprar un telescopio uno tiene que pensárselo bien. No son instrumentos baratos y muchas veces quedarán guardados en un armario para el resto de sus días. Lo cual es una pena.

Si tienes claro que quieres tener un telescopio, también hay que pensar si lo vas a usar solo de vez en cuando para mirar algún planeta o la Luna o si lo quieres para estudiar el cielo en profundidad. Lógicamente, en este aspecto, el presupuesto también tiene mucho que decir.

Como podrás imaginar, hay muchísimos tipos diferentes. Hay que mirárselo bien ya que, por ejemplo, algunos de ellos precisan de un reglaje de vez en cuando. Si quieres evitarte esto, la mejor opción es un telescopio refractor, aunque son más caros.

Es como lo de elegir un telescopio con el sistema GoTo, te evitas tener que andar buscando estrellas y demás, pero también se paga, y tampoco es bueno comprarse uno así el primero, porque aunque las estrellas en principio te las busca solo, hay que posicionarlo bien, buscando a mano un par de estrellas o tres. Hay que hacerlo muy bien o estás perdido. No es un sistema sencillo de utilizar, es caro, y por ello no conviene comprarlo para la primera vez.

Lo mejor es ir poco a poco. Primero, leer y aprender qué es lo que hay ahí fuera. Después, pasarte horas mirando al cielo a simple vista e identificar todos los astros que veas. Más adelante, puedes ayudarte con unos prismáticos e intentar encontrar estrellas dobles, cráteres en la Luna, planetas, nebulosas... como digo, poco a poco. Empieza por ejemplo con unos prismáticos de 7x50 ó 10x50 y ya irás mejorando. Y además, así te darás cuenta de cuánto deseas un telescopio.

Así que más adelante, si finalmente decides comprarte algo, es mejor que vayas a una tienda especializada en la que te sepan aconsejar. También puedes buscar una asociación astronómica cercana e irte con ellos; quizá encuentres a alguien que te pueda aconsejar y enseñar. Incluso es posible que te dejen uno para que aprendas, compares y veas si te gusta realmente. En muchos sitios alquilan telescopios por días y también dan cursos prácticos. Empieza por algo así. Repito: poco a poco.

15 OCTUBRE. INCLINACIÓN DE LA TIERRA.

Observa la siguiente imagen realizada por **Javier Corellano (@CuaCuaStudios)**:

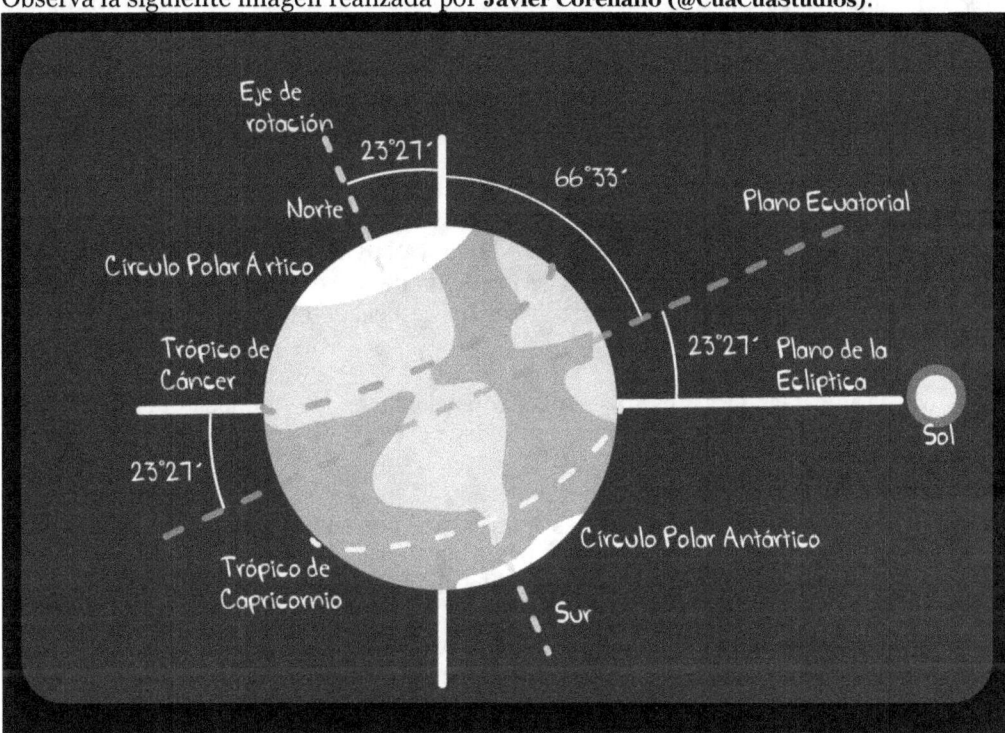

En ella podemos observar bastantes cosas interesantes.

Lo primero, ya sabes que la Tierra gira sobre su eje. Lo que quizá no sabías es que dicho eje está inclinado 23 grados y 27 minutos.

Estando como está ahora la Tierra en esa figura, es verano en el Hemisferio Sur. El Sol apunta directamente al **Trópico de Capricornio**, y no pasará de allí (Nunca apunta directamente más abajo). Es precisamente la noche más larga en España, donde es invierno. Las noches se irán acortando porque el norte se irá inclinando hacia el Sol de nuevo, hasta incidir directamente en el **Trópico de Cáncer** (Y nunca por encima de ahí).

En el ecuador, el Sol siempre pega con mucha fuerza. Ahora, en esa imagen, el Sol se encuentra a 23 grados de altura. Más adelante, sí llegará a estar como lo está en el Trópico de Capricornio de la imagen, a 90º. Eso significa que alguien situado justo en el Trópico de Capricornio en ese momento (cuando el Sol esté en lo más alto, a 90º), no proyectará ninguna sombra. Lo mismo pasa cuando es verano en el Hemisferio Norte, pero con el Trópico de Cáncer. España está situada más al norte del Trópico de Cáncer, por lo que aquí nunca veremos el Sol a una altura de 90º.

Otra cosa que puedes ver en la imagen es el norte geográfico, que es donde realmente hace mucho frío, a 23 grados del eje de giro de la Tierra.

El Norte Magnético, por otro lado, es allá a donde señala cualquier brújula. El caso es que la orientación del Campo Magnético no coincide con la orientación del eje de la Tierra (aunque por poco). Se dice que el Norte Geográfico, por lo tanto, no coincide con el Norte Magnético, y esa desviación es conocida como **Declinación Magnética**, que suele medirse en grados.

16 OCTUBRE. CONSTELACIÓN DE CASSIOPEA.

La constelación de Cassiopea, no sé si recordarás, ya la vimos el 13 de marzo. Supongo que la habrás salido a mirar y te habrás dado cuenta de que es, sin duda, una de las más bonitas constelaciones del cielo nocturno. Por fin ha llegado el día en el que la vamos a estudiar.

Junto con Orión y las Osas, es una de las constelaciones más famosas del hemisferio norte. Eso es debido a su forma característica de "M" o "W" (según se mire) y el brillo de sus estrellas.

En cualquier caso, Casiopea no solo es interesante por sus estrellas principales. Esta constelación está inmersa de lleno en el brazo de Perseo, en la Vía Láctea, con lo que tiene una gran cantidad de estrellas y objetos del cielo profundo.

Se encuentra entre las constelaciones de Cefeo, Andrómeda y Pegaso. Y bastante cerca de la Estrella Polar. De hecho, Cassiopea es una **constelación circumpolar**, es decir, de las que dan vueltas alrededor de la Estrella Polar (Como la Osa Mayor).

Cassiopea, la mujer del rey Cefeo y madre de Andrómeda (Ya veremos qué pasa con ellos) era la más hermosa y presumida damisela del planeta. Siempre andaba mirándose en el espejo y gustándose mucho. Y eso les trajo problemas a ella, a su familia y a sus ciudadanos etíopes. Cassiopea llegó a decir que era más hermosa incluso que las Nereidas, que eran las ninfas del Mediterráneo, lo más bonico y lo mejorcito de los mares... y Poseidón (esposo de una de ellas) no pudo con eso, así que mandó a Cetus, la bestia marina, a destruir Etiopía. Y es que las Nereidas eran muy hermosas.

Las Nereidas de Gaston Bussiere. Crédito: Wikipedia

Perseo, del que ya hablaremos, salvó a los Etíopes, pero Cassiopea fue castigada. Quedó allá, en los cielos, sentada en una silla para siempre, estando además la mitad del tiempo boca abajo.

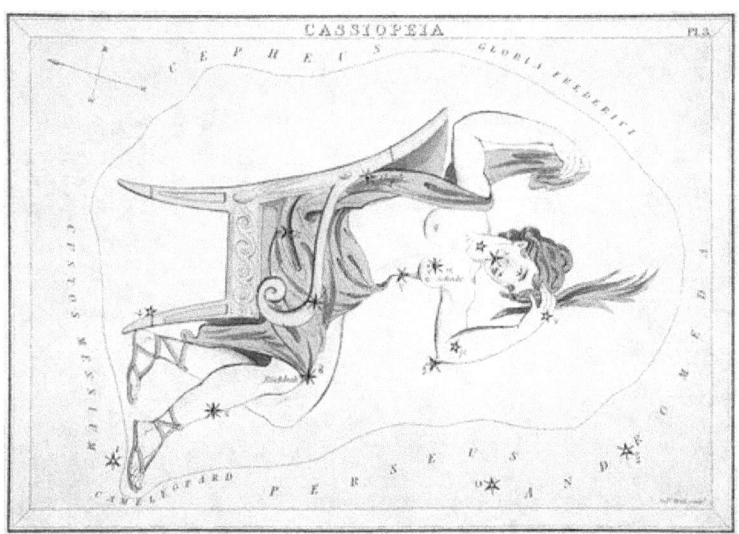
Cassiopeia. Crédito: Dominio Público.

17 OCTUBRE. ESTRELLAS DE CASSIOPEA.

Tycho Brave era un genio del que hablaremos próximamente. Se hizo famoso por su estrella: La estrella de Tycho, que se encuentra en la constelación de Casiopea. La llamó **supernova**. Nueva estrella.

Y es que, cuando una enorme estrella muere, como sabes, su final puede ser muy explosivo. La estrella, durante un instante, puede llegar a brillar más incluso que una galaxia. Sus fragmentos son desperdigados por todo el espacio y pasarán a formar parte de generaciones posteriores de estrellas, planetas y seres.

En cada galaxia, aproximadamente cada 50 años se crea una supernova. Lo que pasa es que, que esto suceda, no quiere decir que sean fáciles de ver.

El 11 de septiembre de 1572 se encendió una estrella en Casiopea. Y Tycho estaba allí para verla. Dudó incluso de sus ojos, como él mismo dijo. En marzo de ese mismo año, esa estrella se apagó para siempre.

La constelación, por cierto, se encuentra a 60º al norte del Ecuador Celeste, lo cual, si atendiste bien en la entrada del otro día, sabrás que eso es bastante al norte y que, por lo tanto, difícilmente van a poder verla en el hemisferio sur. ¡Si es que ya sabes un montón!

Por cierto, que en los esquemas de las constelaciones, las finas líneas verticales (si se ven) marcan las horas y las horizontales los grados. Las horas suelen ir de una en una (y cada una equivale a 15 grados) y las verticales, por lo general, van de 10 en 10 grados. Esto lo veremos con más detalle el viernes, pero lo comento solo por si quieres ir echando un vistazo.

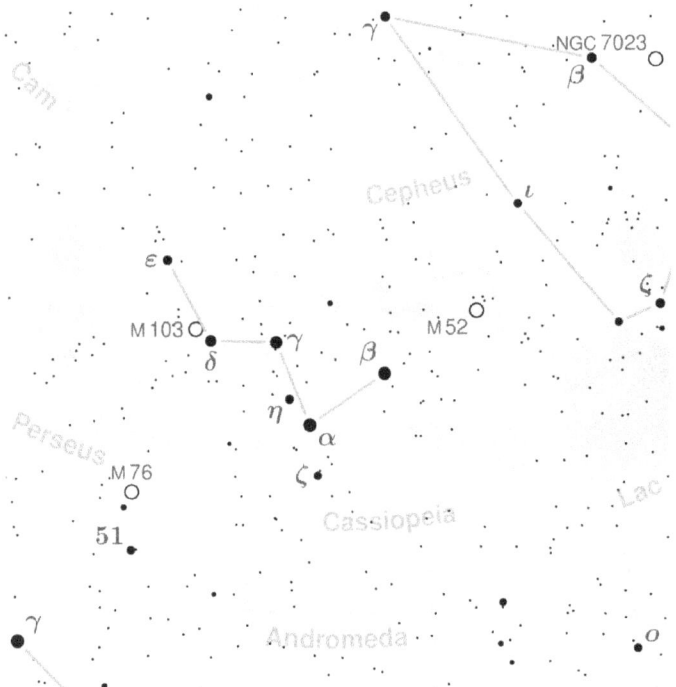

Constelación de Casiopea. Crédito: Wikipedia/Torsten Bronger.

Y estas son sus estrellas principales, en orden de brillo:

Schedar, la estrella **Alfa**, una KoIIIa. Es el pecho de Cassiopea. Se ve con una Magnitud Aparente de +2´25.

Caph, **Beta Cass**. Un poquito menos brillante que Schedar. Es una binaria cuya componente principal es una F2 III.

Cih. Es la estrella central. **Gamma Cassiopeiae**. Es una Estrella variable que está expulsando al espacio enormes cantidades de material estelar, tanto, que ha creado dos nebulosas a su alrededor.

Cih. Crédito: Wikipedia/Neil Michael/Wyatt

Ruchbah, Delta Cass. Es una A5 III-IV que se encuentra a unos 100 años luz.

Segin. Se encuentra a una distancia de más de 400 años luz, y de las 5, es la que menos brilla. Es una B3 III. Una gigante azulada. La estrella **Epsilon** de Cassiopea.

Y ahora una curiosidad. En la Constelación de Cassiopeia se encuentra una de las estrellas más lejanas visibles a simple vista. Hablo de **Ro Cass**. Se encuentra a la friolera de entre 8000 y 11000 años luz. Sí, sé que muy precisa la distancia no es... Pero es que según el método utilizado es una cosa u otra. (Parece estar más cerca de 8000 que de 11000, pero en cualquier caso, es una distancia bestial). Es una estrella rara, una hipergigante amarilla que además, se cree, explotará en una supernova más pronto que tarde. ¡Esperemos estar aquí para verlo!

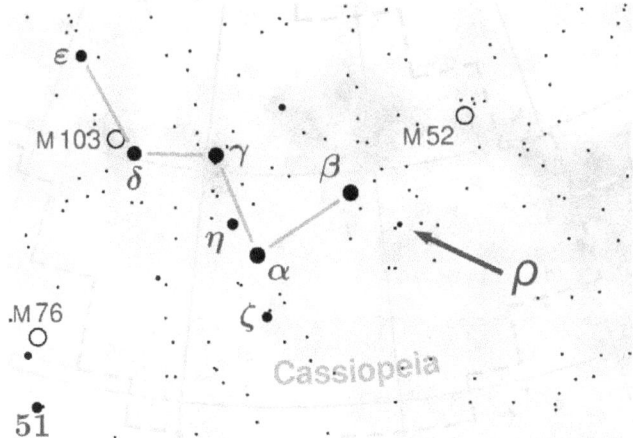

Situación de Rho Cassiopeiae. Crédito: Wikipedia/Torsten Bronger

28 OCTUBRE. OTROS OBJETOS DE CASIOPEA.

En la imagen que puse ayer de Cassiopea aparecían dos objetos del catálogo de Messier: **M52** y **M103**. Son dos preciosos cúmulos estelares:

M52. Crédito: Wikipedia/Martin Baessgen

M103. Crédito: Wikipedia.

Pero Cassiopea tiene mucho más que ofrecer, la **Nebulosa de la Burbuja** y la **Nebulosa del Corazón**, están ahí para demostrarlo. Creo que no tendría que decirte cuál es cuál:

Nebulosa de la burbuja. Crédito: NASA/Goddard Space Flight Center.

Nebulosa del corazón. Crédito: Flickr/S58y.

19 OCTUBRE. ASCENSIÓN Y DECLINACIÓN. COORDENADAS ESTELARES.

Si quieres saber dónde está una estrella concreta, lo mejor es que te digan sus coordenadas en el cielo. Claro, que es más fácil, para la mayoría de estrellas (y para lo que nos interesa, de momento), que te muestren un dibujito como hemos hecho hasta ahora y compararlo con lo que vemos en el cielo... pero por lo general, esto no funciona así. Se suele utilizar el conocido **Sistema de coordenadas ecuatorial**. En este sistema se utiliza generalmente el **RA (right ascention, ascensión recta, AR)** y el **DEC (declinación)**.

Sobre la declinación, es fácil si te digo que la Estrella Polar está a casi 90º. (0º es el horizonte y 90º es la parte más alta de los cielos, que es donde verías la Estrella Polar si te encontrases en el mismísimo polo norte). La declinación es, en definitiva, la altura a la que se encuentra cualquier estrella midiéndola desde el ecuador celeste.

La Ascensión recta es un poco más complicada, pero no es para tanto, tranquilidad. Solo tienes que saber que se mide en horas, que 1 hora equivale a 15 grados y que el punto de origen es el **Punto Aries**. ¿Y qué narices es el punto Aries?

El Punto Aries (También conocido como Punto Vernal) es el punto donde se cruzan el ecuador y la eclíptica. Pero en el horizonte, claro. Dicho de otra forma, es el punto donde se encuentra el Sol cuando pasa por el ecuador (esto pasa en dos momentos del año: Cuando empieza la primavera y cuando empieza el otoño).

La Ascensión se mide en grados y abarca los 360º (24 horas).

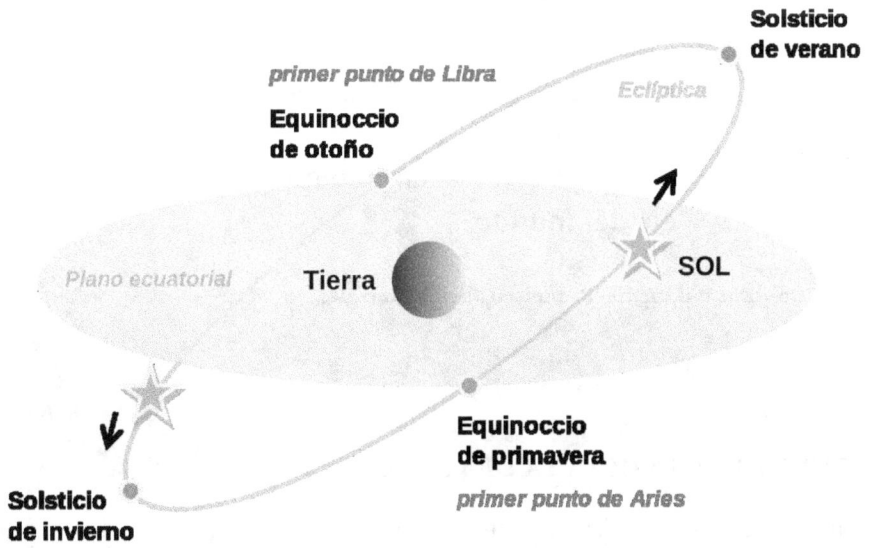

Punto de Aries. Crédito: Wikipedia/Cavalier.

Cuando se calculó por primera vez el Punto Aries, éste estaba en la constelación de Aries, pero ahora se encuentra en Piscis (justo al lado). Si prefieres llamarlo Punto Piscis, adelante, los astrónomos es que son unos clasicones. :-)

Por lo tanto, podemos deducir que en Piscis (Allí, en el Punto Piscis) hay estrellas cuya ascensión recta se encuentra a 0 horas. (El punto opuesto, el de las 24 horas, está en la constelación de Virgo).

Y ahora observa la siguiente imagen y comprueba si lo has entendido todo. Sé que no es fácil, pero nadie dijo que fuera a serlo... Hay que pensar un poquito, solo eso.

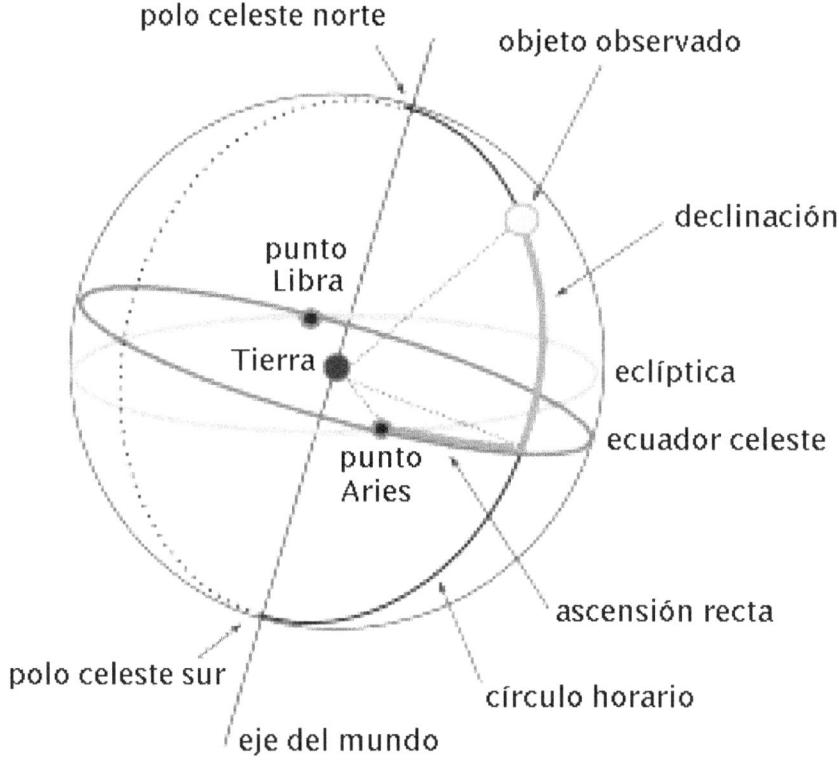

Coordenadas. Crédito: Wikipedia/Francisco Javier González.

22 OCTUBRE. LA CARA OCULTA DE LA LUNA.

Esta semana la vamos a dedicar a estudiar un poco más en profundidad a nuestro querido satélite. Si tienes unos prismáticos o un viejo telescopio, es el momento perfecto para utilizarlos, así podrás diferenciar la gran cantidad de elementos que tiene la Luna.

La cara de la Luna que vamos a estudiar es la que ésta siempre nos ofrece. Porque ya sabes que la Luna siempre nos muestra la misma cara, ¿verdad? Y si lo hace así es porque tarda lo mismo en girar sobre sí misma que lo que tarda en dar una vuelta alrededor de la Tierra.

La Luna tarda 27´3 días en dar una vuelta alrededor de la Tierra. (Pasan 29´5 días en dos fases idénticas de la Luna, y esto se debe a que la Tierra, en esos días, avanza en su órbita alrededor del Sol, con lo que la Luna 27´3 días después, ya no está con el mismo ángulo respecto al Astro Rey). Seguramente al principio de los tiempos no era así, y la Luna giraba más lentamente alrededor de la Tierra y mucho más rápido sobre sí misma, pero claro, la influencia de la Tierra es tremenda. Las mareas en la Tierra se producen por la influencia de la Luna (y ojo, que no dependen de si hay Luna llena o no). Es simplemente que la Luna atrae al océano hacia ella. Pero lo mejor es que en la Luna también se producen mareas, ¡por supuesto! Esas mareas, en ausencia de agua, lo que provocan es un ligero achatamiento en la superficie de la Luna. Ese achatamiento hace que una zona de la Luna esté más estirada hacia la Tierra, la cual es atraída más fuertemente y la cual, poco a poco, va frenando el giro de la Luna. Finalmente el giro frenó del todo y una cara de la Luna quedó oculta para los terrícolas, para siempre.

Cara oculta de la Luna. Crédito: NASA/EPIC.

Por cierto, que si la Luna ahora gira más rápido alrededor de la Tierra, se puede entender que, entonces, ¡se aleja cada vez más! (recuerda el ejemplo de la pelota atada a una cuerda elástica). De hecho, se aleja entre 3 y 4 centímetros ¡al año! Esto también tiene que ver con que la órbita de la Luna sea elíptica. El hecho de que haya momentos en los que la Luna se encuentre más cerca de nosotros provoca que su velocidad se acelere (mayor atracción), y, al hacerlo, sus movimientos de marea se ven modificados, pues en esos momentos se mueve más rápido de lo que rota, así que nos muestra una pequeñísima parte de su cara oculta. Esto hace, por otro lado, que esa pequeña parte se estire y la Luna adelante un poco en su movimiento de mareas... ¡un baile que no para! Y un lío, lo sé. C'est la vie.

23 OCTUBRE. LUNA MARES Y CONTINENTES.

Durante unos 700 millones de años, hace ya unos 4000, la Luna, como todos los cuerpos del Sistema Solar, recibió una gran cantidad de impactos de meteoros que, primero derritió su superficie y, después, cuando ya se había enfriado un poco, la llenó de cráteres. Al final de ese periodo, el manto basáltico (silicatos, magnesio, hierro) aún calentito de la Luna emergió a la superficie, llenando unas zonas que ahora llamamos **Mares** (por ser más oscuras y confundirlas los primeros astrónomos que las observaron) y alisándolas ligeramente. Estas zonas no tienen tantos cráteres como los **Continentes**.

En la Tierra, por cierto, los cráteres, a lo largo de los años, se han ido erosionando o transformando gracias a que aquí tenemos una atmósfera que permite que haga viento o llueva, por ejemplo.

Así, en la Luna, se pueden diferenciar varios tipos de formaciones:

1.- Cráteres: Se pueden clasificar, así mismo, en: **Llanuras amuralladas**, **Circos** o **Cráteres Menores**.

Cráter Platón, Llanura amurallada junto a la cordillera de los Alpes. Crédito: NASA.

Cráter Copérnico, Circo. Crédito: NASA.

2.- <u>Cadenas Montañosas.</u> Sírvanse de ejemplo los Alpes Lunares, con altitudes de hasta 2000 metros.

3.- <u>Grietas o ríos de lava.</u> Las grietas en la Luna se conocen por el nombre de Rimas.

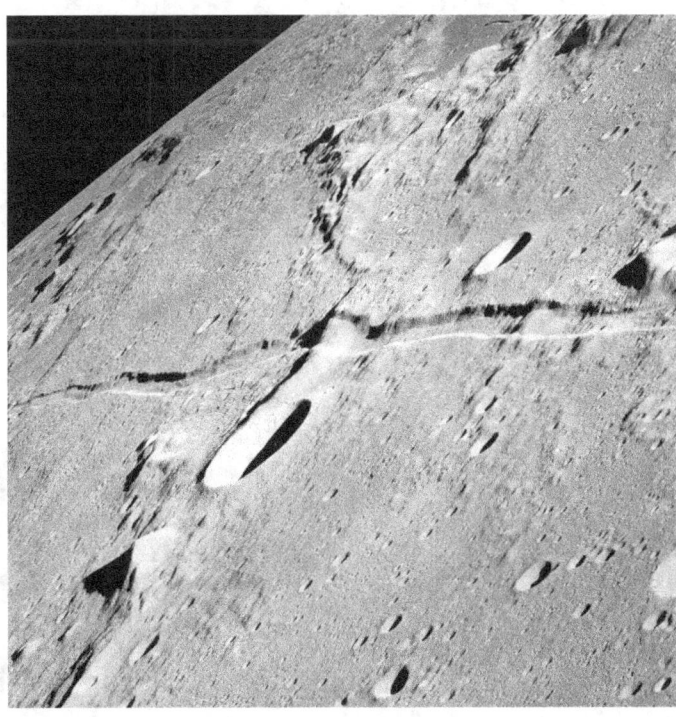
Rima Ariadaeus. Crédito: NASA/Apollo 10.

24 OCTUBRE. LUNA MAPA LUNAR.

Vuelve al capítulo del 1 de febrero y quédate con el mapa lunar que hay allí. Lo vamos a usar para movernos por la Luna.

Si has salido algún día a verla, con ese mapa más o menos en la cabeza, sabrás que al menos los mares importantes puedes reconocerlos a simple vista. Con unos prismáticos, puedes empezar a reconocer más cosas. Vamos a ver unos ejemplos.

De la Mitad norte, destacan, entre el Mar Imbrium (Mar de las lluvias) y el Mar Serenidad (Serenitatis), los **Montes Apeninos Lunares**, que se elevan hasta una altitud de 5000 metros. Los **Alpes**, que nombré ayer, se encuentran en la parte superior derecha del Mar Imbrium. Y los **Cárpatos** se encuentran en la parte sur del mismo mar, justo encima del Cráter Copérnico.

Aquí puedes ver una foto más en detalle del Mar Imbrium y las cadenas montañosas que he nombrado:

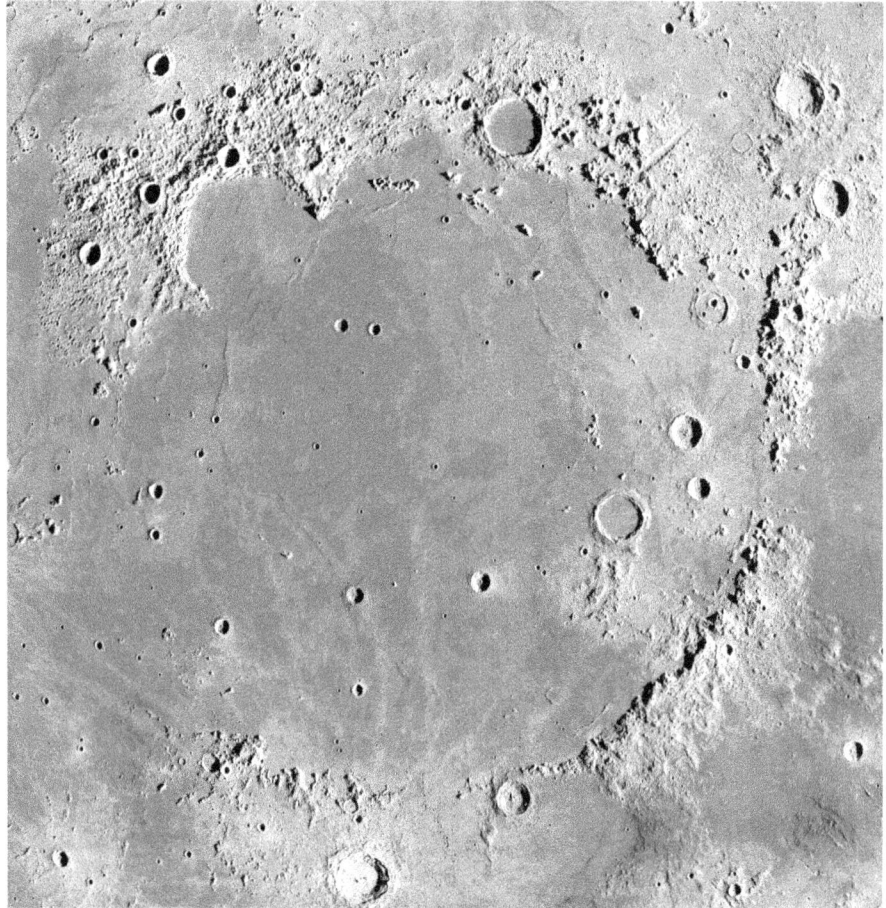

Mare Imbrium. Crédito: NASA.

Destacan sobretodo 4 cráteres en la imagen: Arriba, el Cráter de tipo Llanura amurallada, **Platón** (que vimos ayer). El Cráter **Arquímedes**, muy parecido al Platón, más o menos en el centro derecha de la imagen y el cráter **Aristillus**, por encima de éste. El Cráter **Eratóstenes**, en la parte inferior de la imagen y más abajo todavía el **Copérnico**.

El cráter Platón es el más grande de ellos con un diámetro de 100 kilómetros.

Destaca especialmente Copérnico, con sus 93 km de diámetro y casi 4 km de profundidad, con unas preciosas emanaciones luminosas que hacen que tu mirada se dirija a él.

Como ves, en el centro del Cráter Copérnico existen unas curiosas montañas. Esto pasa también con otros cráteres, como quizá ya te hayas fijado. Estas montañas no son más que el resto de lo que en su día fue el meteorito que impactó sobre la Luna. Curioso e interesante al mismo tiempo, ¿verdad?

25 OCTUBRE. MAPA LUNAR II.

Del cráter Copérnico, como verías ayer, surgen unas brillantes emanaciones luminosas preciosas. A este tipo de cráteres se les llama **Cráteres radiales**. El más conocido y espectacular de todos es, sin duda, el **Cráter Tycho**, al sur de la Luna. Se ve perfectamente las líneas más claras que emanan de Tycho en casi cualquier fotografía de la Luna:

La Luna. Crédito: Wikipedia.

El cráter Tycho tiene un diámetro de 85 km y una profundidad de 4850 metros. En el centro del cráter se encuentra un macizo montañoso de 1600 metros de altura, nada más y nada menos. Es un cráter joven, de tan solo unos 100 millones de años.

Los cráteres **Aristarco** y **Kepler** (a la izquierda de Copérnico) también son famosos por sus emanaciones luminosas. Aristarco es especialmente brillante.

Cráter Aristarco. Foto tomada desde el Apolo 15. Crédito: NASA.

Otra cosa que te puede interesar, para cuando mires a la Luna, es saber que la mayoría de las expediciones Tripuladas han tenido lugar en el Mare Tranquilitatis. De las no tripuladas hay en diferentes lugares, como por ejemplo al norte del cráter Copérnico, donde se posó la **Sonda Surveyor 7**, la última de su especie y con las que se realizaron experimentos y pruebas para las posteriores misiones tripuladas.

Una de esas misiones tripuladas, por cierto, la Apollo 12, se encontró con la Surveyor 3. Imagina lo que debieron de sentir al ver una vieja Nave posada allí desde hacía más de dos años. A mí, desde luego, se me erizan los pelillos de la nuca.

Conrad junto a la Surveyor 3. Crédito: NASA/Alan L. Bean.

26 OCTUBRE. TYCHO BRAHE.

Tyge Ottesen Brahe nació en Knudstrup, en la actual Suecia (entonces Dinamarca) en 1546.

Estudió derecho, pues su familia quería encaminarlo a la carrera política, pero cambió de parecer tras el eclipse de 1560 (sí, a sus 14 años dejó de estudiar derecho). Bendito el eclipse, por cierto, porque nació con ello uno de los mejores observadores del cielo de todos los tiempos. Y encima si no hubiera sido por Brahe, no conoceríamos a Kepler.

Otro grande que siguió los pasos de Brahe, por cierto, fue **Johannes Hevelius** (contemporáneo de Halley y de Cassini), un Polaco dotado de una capacidad visual excepcional que mejoró los instrumentos de Brahe y catalogó multitud de estrellas con una precisión extraordinaria para la época.

Aunque sus padres eran de buena familia y al pequeño Tyge no le faltó de nada, fue criado por uno de sus tíos, que lo raptó. Literalmente, sí. Su tío le educó, eso sí, curiosidades de la época, con el consentimiento de su padre.

Tycho se dedicó a viajar de aquí para allá estudiando muchísimo en diferentes lugares entre Alemania y Dinamarca.

Su fama y prestigio crecieron hasta el punto de que el mismísimo Rey, Federico II, le regaló una pequeña isla (puedes buscar el castillo de Uraniborg en Google maps) y una paga para que se quedara en Dinamarca. Con ello, construyó un observatorio, equipado con lo mejor de lo mejor en aquellos tiempos.

Diseño del propio Tycho de su palacio-observatorio. 1598. Crédito: Wikipedia.

Su tenacidad y detallismo en recoger tantísima información desde el observatorio y la inestimable ayuda de los aparatos de medida que el mismo ideó, le permitieron recoger datos sobre la posición de las estrellas con una precisión impensable para aquella época. Cuando heredó el trono Cristian IV, éste empezó con los tan temidos recortes (sobre todo en materia de investigación) y Tycho recogió todo su material y acabó en Praga, que por aquel entonces era un centro cultural sin igual. Bueno, el emperador le dejó un castillo a Tycho y una buena nómina (no se fue de vacío). Así que por suerte pudo dedicarse plenamente a la astronomía. Brahe conoció entonces a un brillante matemático, Kepler, que podría ser el mejor candidato en heredar todos los datos que había acumulado en tantos años de trabajo.

En 1601 Kepler se traslada a Praga. Ese mismo año Brahe moriría, y antes de hacerlo le encomendó a Kepler continuar con su trabajo... pero esa historia supongo que ya te la sabes.

Brahe y Kepler, en Praga. Crédito: Dominio Público.

29 OCTUBRE. CONSTELACIÓN DE ANDRÓMEDA.

Andrómeda, como sabes, era la hija de Casiopea y Cefeo. Era bella, como casi todas las damiselas que aparecen en los mitos... Y sus padres la fueron a sacrificar por una buena causa: Salvar a los etíopes de la destrucción por parte de Cetus, un enorme monstruo marino. Todo esto imagino que te lo sabes, solo lo comento para recordártelo. Después de eso, se casó con su héroe salvador: Perseo, de quien ya hablaremos. (De Cetus y Cefeo también hablaremos).

Todos ellos siguen en los cielos desde aquellos tiempos.

Andrómeda, por Johannes Hevelius. Crédito: Wikipedia.

Lo más destacable de la constelación de Andrómeda es, precisamente, la **Galaxia de Andrómeda**. Ya vimos donde se encuentra en el Universo cuando hablé del grupo de galaxias locales. Mañana estudiaremos esta impresionante y cercana galaxia.

Es el cuerpo celeste más alejado que puede verse a simple vista.

De momento, a ver si puedes ver la constelación esta semana. Te advierto que fácil no va a ser. Pero de momento conoces Casiopea así que puedes usarla como referencia. Antes de las 22 horas, estos días, estará hacia el este, aunque estará casi en lo más alto del firmamento. En ese momento todavía no habrá salido la Luna, así que puedes aprovechar a mirar las estrellas.

Con estas cosas, como con todo, es cuestión de dedicarle tiempo y ganas. Las constelaciones irán apareciendo, ya verás.

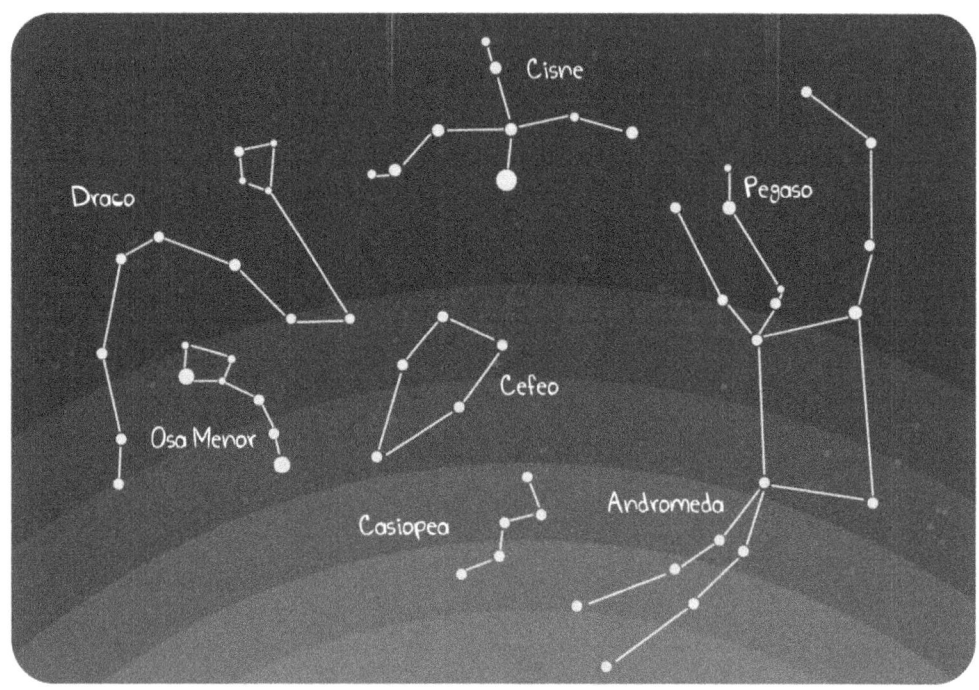

Localización de Andrómeda. Ilustración: Javier Corellano (@CuaCuaStudios)

30 OCTUBRE. GALAXIA DE ANDRÓMEDA.

Como pudiste leer ayer, la Galaxia de Andrómeda es el cuerpo más lejano que puedes observar a simple vista. Es espectacular. Y que se pueda ver a simple vista, si lo piensas, doblemente espectacular.

Piensa en la imagen que te muestro a continuación. Son un billón de estrellas (un millón de millones). Un millón de millones de mundos que jamás llegaremos a conocer... piensa en la cantidad de cosas que están pasando allí en estos mismos momentos. Piensa en todo lo que nos estamos perdiendo. Piensa en la cantidad de seres que jamás veremos. O mejor déjalo, porque por mucho que lo intentemos, no llegaremos a aproximarnos lo más mínimo a entender todo lo que está sucediendo allí.

Lo mejor es disfrutar de la belleza que nos brinda la naturaleza.

Galaxia de Andrómeda, M31. Crédito: NASA/MSFC/Meteoroid Environment Office/Bill Cooke

La galaxia de Andrómeda la vemos de canto, y es por ello por lo que no es fácil calcular su masa/tamaño. Lo que está claro es que es enorme. Posiblemente bastante más grande que la Vía Láctea, al menos en cuanto a tamaño (con sus 260.000 años luz de longitud).

Hasta hace poco también se creía que la Vía Láctea era más masiva, pero según unos recientes estudios, la masa de la Vía Láctea estaría en torno al 80% de la de Andrómeda.

Se encuentra a unos dos millones y medio de años luz de nosotros. Piensa en esa distancia. La Andrómeda que vemos ahora es la galaxia que existía antes de que existieran humanos sobre la faz de la Tierra. Además, se acerca a una velocidad de unos 200-300 kilómetros por segundo. Esto quiere decir que si esperas algo más de 3000 millones de años, la galaxia de Andrómeda la podrás ver casi como en la foto anterior, pero a simple vista, y si esperas unos 2000 millones de años más, las galaxias colisionarán. Esto no quiere decir que todo saldrá volando por los aires ya que hay mucho espacio entre las estrellas como para que eso suceda. Las Galaxias simplemente se unirán formando una mayor.

Dentro de entre 3000 y 4000 millones de años. Crédito: Wikipedia.

31 OCTUBRE. ESTRELLAS Y OBJETOS DE ANDRÓMEDA.

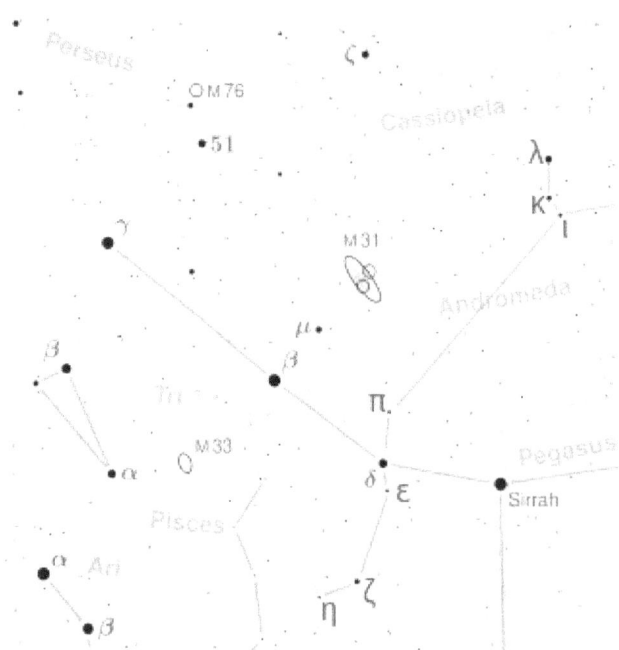
Constelación de Andrómeda. Crédito: Wikipedia/Torsten Bronger.

Con esta imagen te haces una idea de la constelación aunque piensa que, lo normal, es que la veas orientada de manera que Cassiopea quede a la izquierda.

Destaca, en esta constelación, por supuesto, La Galaxia de Andrómeda, M31, junto con sus dos mayores galaxias orbitales **M32** y **M110**.

De sus estrellas principales, destaca sobre todo su estrella Alfa, más conocida como **Alpheratz** o **Sirrah**, estrella que comparte con Pegaso (Aunque es más de Andrómeda). Es una subgigante de un color azul intenso, lo cual, como sabes, significa que está muy calentita. Se encuentra a casi 100 años luz. Es una estrella binaria de alta metalicidad, es decir, con alto contenido en materiales pesados.

También tienes que fijarte en **Mirach** y **Almaak (Beta y Gamma)**. Las dos de un color rojo/naranja y con un brillo bastante similar. Solo que Mirach es un poco más grande y fría y Almaak es un sistema cuádruple.

A simple vista también podrás ver, debajo de Almaak, y si tienes buena vista y las condiciones son óptimas, el cúmulo abierto **NGC-752**. Es un cúmulo formado por unas 60 estrellas y se encuentran a unos 1300 años luz.

También es digna de ser mencionada **NGC-7662**, o la **Nebulosa Bola de nieve (snowball)**. ¿Te puedes imaginar qué habrá pasado para que se forme una burbuja así? Te doy una pista: Hay una estrella en su interior.

Snowball nebula. Nebulosa Copo de Nieve. Crédito: Wikipedia/Gianluca Pollastri.

NOVIEMBRE

2 NOVIEMBRE. CONSTELACIÓN DEL TRIÁNGULO.

No hace falta que diga la forma de la constelación del Triángulo. Estoy convencido que de todas las constelaciones, es la que en mayor medida la situación de sus estrellas reflejan el nombre de la constelación. Lo malo es que si te pones a buscar triángulos en el cielo, verás miles. :-)

¿Recuerdas el Triángulo de Verano, por ejemplo?

Bueno, la constelación del Triángulo es un triangulito mucho más modestito.

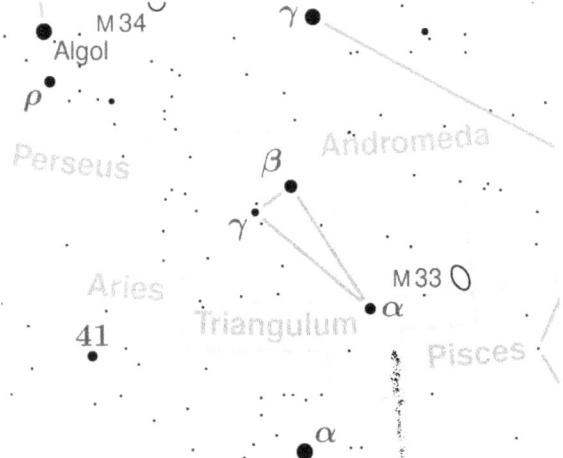

Constelación del Triángulo. Crédito: Wikipedia/Torsten Bronger.

Está situado, como ya hemos visto, junto a la constelación de Andrómeda. (También entre las constelaciones de Perseo y Aries, que veremos en este mismo mes).

El escaso brillo de sus estrellas hace que esta constelación pase desapercibida, pero no fue así para Ptolomeo, que la incluyó dentro de las 48 constelaciones del Almagesto. Y eso, como sabes, le da un poco más de caché.

De sus estrellas tampoco merece la pena detenerse a hablar. **Beta Trianguli** es la estrella que más brilla, con una magnitud aparente de +3.

En lo que sí merece la pena detenerse es en la **Galaxia del Triángulo** o **M33**. Es el segundo objeto más lejano que puede verse (algunos dicen poder verlo) a simple vista. Es una galaxia preciosa que está en lo que llamamos Grupo de Galaxias Local. Es una galaxia espiral que se encuentra a casi 3 millones de años luz de nosotros. Tiene un diámetro de 50.000 años luz y una masa que ronda el 10% de la Vía Láctea.

Galaxia del Triángulo. M-33. Crédito: European Southern Observatory (ESO).

Ahora fíjate en esa manchita brillante que se encuentra en la parte inferior de la Galaxia. Bueno, ese objeto se llama **NGC-604** y es una de las mayores nebulosas de emisión de hidrógeno que existen. (Aún nos dará tiempo de dedicar un día a ver nebulosas, y los tipos que existen y todo eso). Imagina una nube de hidrógeno de unos 1500 años luz de diámetro, en cuyo interior se están formando estrellas... y ya brillan, al menos, unas 200 de ellas (algunas 50 ó 60 veces más masivas que el Sol).

El Universo es apasionante.

Y ahora te dejo con una foto de la nebulosa en cuestión tomada por el Hubble:

NGC-604. Crédito: NASA.

5 NOVIEMBRE. MERCURIO.

Como sabes, Mercurio es el planeta más cercano al Sol, pero lo curioso es que, a pesar de lo que te podría parecer, no es el más caliente. El planeta más caliente, debido al efecto invernadero, es Venus. Aun así, la temperatura en Mercurio puede alcanzar los 425°C, lo cual no es poco... pero no siempre está tan caliente, ya veremos cómo podrías incluso congelarte en algunos sitios.

Mercurio. Crédito: NASA.

Mercurio se encuentra entre la Tierra y el Sol, y eso hace que no podamos verlo muy a menudo y que, cuando lo veamos, esté muy bajo en el firmamento, bien al este o bien al oeste. Es como lo que pasaba con Venus pero más extremo, y además se ve con mucho menos brillo. (Es más pequeño y está más lejos). También puede verse, con instrumentos especiales, cuando pasa entre el Sol y la Tierra. Eso se llama **tránsito** y ocurre 13 veces cada siglo.

Al verse en unas ocasiones al atardecer y en otras al amanecer, podríamos pensar que son dos planetas diferentes... y de hecho, hasta los listos de los griegos se dejaron engañar. Así, el planeta Mercurio tenía entonces dos nombres: **Apolo** y **Hermes**. El gran Pitágoras se dio cuenta del error y Mercurio pasó a ser simplemente Hermes. Mercurio es el equivalente Dios Romano.

Un día en Mercurio debe de ser muy raro. Primero, el Sol se verá bastante más grande que desde aquí puesto que cuando Mercurio se encuentra en el Perihelio tan solo está a 46 millones de kilómetros y cuando se encuentra en el Afelio a 70, lo cual es, además, una gran diferencia de distancias entre ambos puntos. Segundo, durando un día allí como 59 días Terrestres y un año 88 días, si estuvieras en la superficie, a parte de una insolación (según donde te encuentres), los días y las noches serían larguísimos y durante el día el Sol, en ocasiones, podrías llegar a verlo detenerse o incluso retroceder en su camino por el firmamento. Lo de "según donde te encuentres" verás que tiene mucha importancia, porque, puedes llegar a encontrarte con temperaturas tan dispares como -170ºC o hasta 425ºC. Esto se debe a tres factores: La ausencia de atmósfera (razón principal), la larga duración de los días y las noches y el hecho de que el eje de Mercurio no esté inclinado como el de la Tierra.

6 NOVIEMBRE. ACERCÁNDONOS A MERCURIO.

Ayer vimos un poco las características del planeta más cercano a nuestro Sol de toda la galaxia. Hoy viajaremos hasta allí para tocarlo.

Mercurio es el segundo planeta más denso del Sistema Solar (siendo casi casi tan denso como la Tierra). No es tan denso como la Tierra porque a pesar de que está formado por materiales más pesados, éstos no están tan comprimidos en su interior debido a la menor fuerza de gravedad que ejerce Mercurio, que es poco más grande que nuestra Luna.

Los metales del interior de este pequeño planeta, al igual que en la Tierra, están fundidos, y es por ello por lo que tiene un campo magnético bastante razonable. Siendo un experto planetólogo, como ya eres, y si entendiste bien la entrada de ayer, quizá imagines porqué se da este hecho: La fuerza gravitatoria que ejerce el Sol sobre este pequeño planeta y el hecho de que la órbita sea tan excéntrica, hace que el planeta se caliente por dentro.

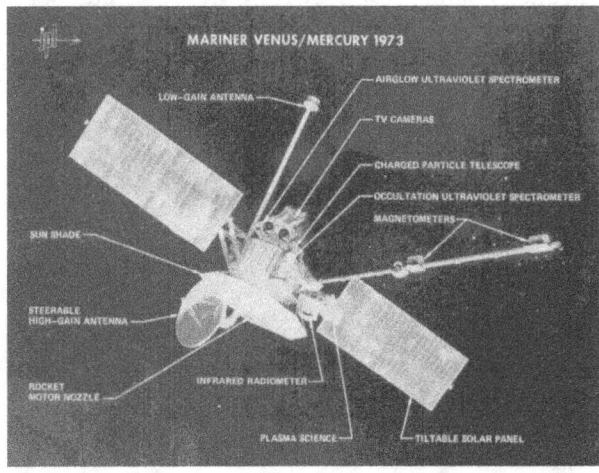

La primera sonda que visitó Mercurio fue la **Mariner 10**, que lo hizo en los años 70. Lamentablemente solo fotografió, y de aquellas maneras, el 45% de su superficie, con lo que tuvimos que esperar hasta el 2008, cuando llegó la **sonda Messenger** para, esta vez sí, tomar unas fotos de las que quitan el hipo.

Mariner 10. Crédito: JPL/NASA.

Pero como sabes, aunque a muchos aficionados lo que nos gusten sean las fotos, estas sondas hacen más cosas. La Mariner 10 midió el notable campo magnético, su tenue atmósfera y su densidad, por ejemplo.

La Messenger era ya otro nivel: Espectómetro de rayos gamma, neutrones, rayos X, partículas energéticas o plasma (viento solar), magnetómetro, altímetro láser, espectrómetro para medir la atmósfera y la composición de la superficie, y radio. La misión de la Messenger terminó el 30 de abril del 2015, impactando la sonda contra la superficie del planeta.

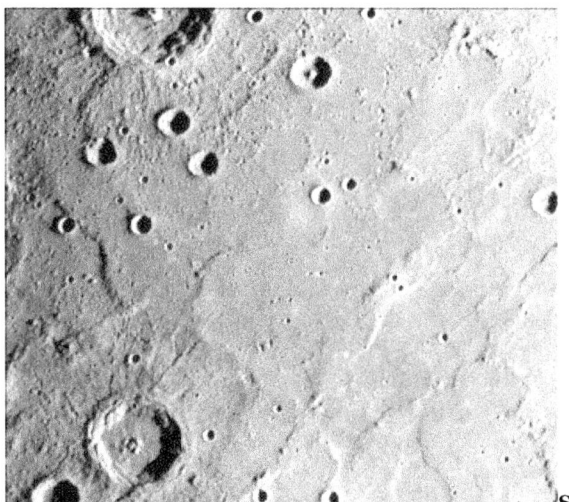
Superficie de Mercurio. Crédito: NASA.

Antes de ese catastrófico final, la Messenger nos mandó mucha información sobre el planeta. Por ejemplo, es muy interesante el hecho de que tenga hielo en sus polos, así como su extraño campo magnético, mucho más fuerte en el sur pero con una parte desprotegida, lo cual inunda el sur de partículas energéticas que bombardean continuamente este hemisferio.

Y así hasta el 2024, cuando llegue al pequeño planeta **BepiColombo**, construida por la ESA Europea y la JAXA Japonesa. Se lanzó, si todo fue bien, el año pasado. Consta de dos sondas, una para medir el campo magnético y otra que orbitará el planeta tomando, espero, espectaculares fotografías.

Última fotografía de la Messenger. 30 abril del 2015. Crédito: NASA.

7 NOVIEMBRE. CONSTELACIÓN DE PEGASO.

Pegaso fue el primer caballo que estuvo entre los Dioses. Y no me extraña, porque es una auténtica pasada de caballo. Si los caballos de por sí son bonitos, imagínate a Pegaso, que además tenía alas y volaba. Aunque como casi todo, tenía un "pero": era indomable.

La historia de su nacimiento te la contaré en un par de días, solo te adelanto que nació a partir de la sangre que emanó de Medusa, cuando ésta fue decapitada por Perseo. Lo entenderás mejor muy pronto, tranquilo.

Pegaso se dice que es el caballo de Zeus. Aunque el usufructo, al menos durante un tiempo, lo disfrutó Belerofonte, que lo capturó y domó gracias a las bridas de oro que le dio la Diosa Atenea. Belerofonte, gracias a Pegaso, mató a la Quimera (un bicho con cabeza de león, cuerpo de cabra y cola de serpiente) y a las amazonas (que aparecen en varios mitos, por ejemplo, en uno de los 12 trabajos de Hércules, en el que éste tenía que robarle el cinturón a Hipólita, que era por aquel entonces la Reina de las amazonas).

Belerofonte y Pegaso. Crédito: Wikipedia.

A Belerofonte se le conocía porque siempre quería más. Había capturado a Pegaso, y no contento con eso decide volar hasta el Monte Olimpo. Zeus vio que se pasaba de la raya así que envió un pequeño bicho para que picara a Pegaso, tras lo cual, se revolvió de tal manera, que Belerofonte se precipitó al vacío quedando, con ello, lisiado para siempre. Es entonces cuando Pegaso vuelve al mundo de los Dioses.

La distinguirás estos días en los cielos si miras, a eso de las 22 horas hacia casi lo más alto. A lo largo de la noche, se desplazará hacia el oeste. Se ve claramente un enorme cuadrado. Creo que no tendrás problemas en identificar esta impresionante constelación.

Fíjate en la siguiente imagen, y como espero sabes distinguir donde se encuentran la bella Andrómeda o Casiopea, no tendrás problemas para localizar esta constelación.

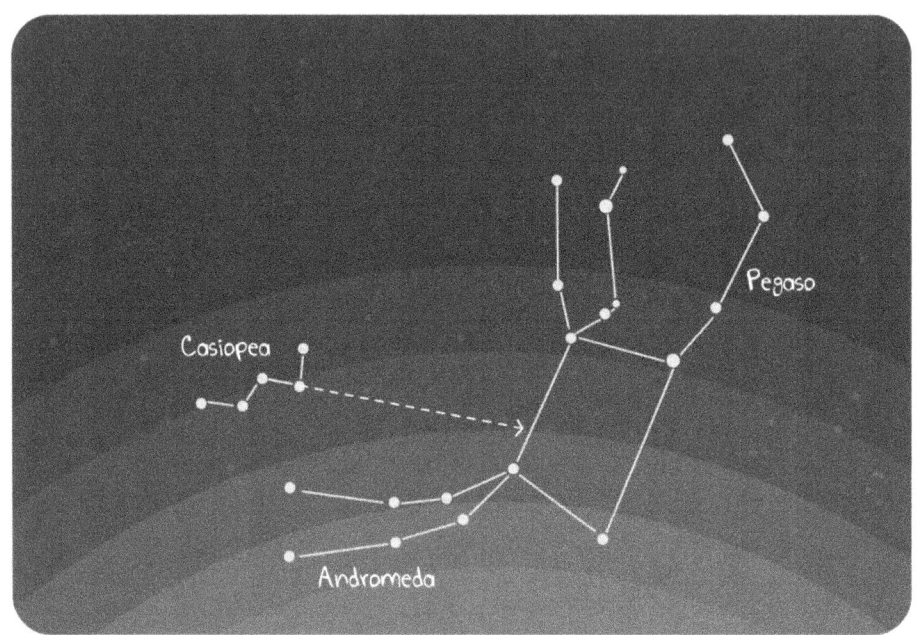

Localización de Pegaso. Ilustración de Javier Corellano (@CuaCuaStudios).

8 NOVIEMBRE. ESTRELLAS Y OBJETOS DE PEGASO.

Ahí la tienes, la constelación de Pegaso, en lo alto del firmamento, compartiendo a **Sirrah**, también conocida como **Alpheratz**, con Andrómeda.

Sirrah es la estrella más brillante de la constelación con una magnitud aparente de +2´01. Aunque ahora pertenezca a Andrómeda, Johan Bayer en su día la incluyó dentro de Pegaso (Tiene sentido, porque completa el famoso cuadrado). Así, las 4 estrellas más notables de la constelación, las 4 del cuadrilátero, son la **Alfa, Beta, Gamma, y Delta Pegasi**, a pesar de que la segunda que más brilla de la constelación es, en realidad, **Epsilon Pegasi** o **Enif**, una supergigante anaranjada que se encuentra a 670 años luz.

Alfa Pegasi se llama también **Markab**, y su magnitud aparente es de +2´5.

Beta Pegasi se llama también **Scheat**, y es una supergigante roja.

Gamma Pegasi se llama también **Algenib**, y brilla a +2´83.

Bueno, ahora que ya conoces las estrellas de Pegaso, si te acuerdas, alarga la línea imaginaria que une Sirrah con Markab y llegarás hasta la estrella Alfa de Acuario.

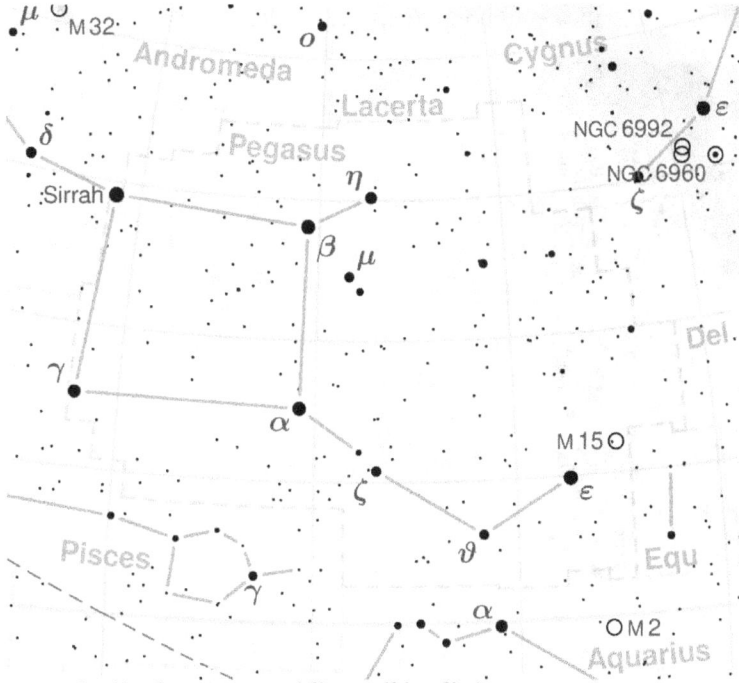
Constelación de Pegaso. Crédito: Wikipedia/Torsten Bronger.

Más o menos entre Markab y Scheat, (y a 42 años luz de nosotros) hay una estrella muy interesante: **51 Pegasi**. Lo es, primero, porque es muy parecida al Sol (va a ser difícil que la veas, porque su magnitud aparente es de +5´49).

Solo el hecho de que sea parecida al Sol, ya hace que mi imaginación se eche a volar.... ¿La tuya no?

Bueno, en 1995, **Michael Mayor** observó orbitando a 51 Pegasi el primer planeta extrasolar conocido. ¡Imagínate el momentazo que fue aquello! Lo mejor, su nombre: Belerofonte. Lo peor, que es un gigante gaseoso, que está, además, muy cerca de su estrella, lo cual hace que disminuyan mucho, muchísimo, las esperanzas de que haya vida por allí.

Recreación artística de 51 Pegasi y Belerofonte. Crédito: Wikipedia/Devibort.

Destaca en Perseo un objeto, **M-15**, que es un bonito cúmulo estelar.

Messier 15. Crédito: NASA/ESA.

Es un cúmulo con un centro super-denso, como puedes observar. Tanto es así que se cree que en su interior existe un enorme agujero negro que está atrayendo estrellas hacia sí. (Yo también estoy flipando). Tranquilo, se encuentra a 35.000 años luz de nosotros.

A parte de esto, destacar los dos primeros objetos del catálogo New General Catalogue: **NGC-1 y NGC-2**:

NGC-1 y NGC-2. Crédito: Wikipedia.

9 NOVIEMBRE. CONSTELACIÓN DE PERSEO.

Ya hemos visto a sus suegros: Cassiopea y Cefeo. A su mujer: Andrómeda y a su preciado caballo: Pegaso. Por fin, toca hablar del héroe: Perseo.

Perseo de Cellini, en Florencia. Crédito: Flickr.

Aquí entra en escena Acrisio, Rey de Argos. El oráculo predijo que su nieto lo acabaría matando. Tú y yo sabemos que no se puede luchar contra lo que dice el oráculo, pero Acrisio no, así que hizo todo lo posible por evitarlo. ¿Cómo? Enjaulando a su única hija (Dánae) en una cámara subterránea de cobre. Nadie podría acceder a ella que, por cierto, y para no variar, era hermosa. Si su hija se quedaba allí, jamás le daría nietos.

Pero adivina quién fue el listo que se disfrazó de agua de lluvia y la dejó embarazada... Pues el de siempre: Zeus. (Es el Julio Iglesias de la mitología) (Y lo sabes). Zeus y Dánae serán los futuros padres de Perseo.

Pero cuando su abuelo se enteró, lo dejó a él y a su madre en una pequeña y frágil embarcación en el mar, a merced de las olas. Zeus, que como marido dejaba mucho que desear pero era un buen padre, hizo soplar una brisa que llevó a los náufragos hasta la isla de Sérifos, donde los cuidó Dictis.

Dictis era el hermano del rey de la isla: Polidectes, quien se enamoró perdidamente de Dánae. No se sabe si fueron amenazas del rey o la arrogancia de un ya crecidito Perseo, lo que llevó al héroe a llevar, como presente, la cabeza de Medusa a Polidectes. Se fue a por su objetivo con armas que le regalaron los Dioses: Un casco con el que se hacía invisible, alas en los pies, una espada indestructible y un escudo, con el que evitó transformarse en piedra al mirar a Medusa a través de éste y no directamente a los ojos. Si es que además era listo.

Cabeza de Medusa en Mármol, de Bernini. Crédito: Wikipedia.

De la sangre que emanó del cuerpo sin vida (y sin cabeza) de medusa, salió su caballo: Pegaso.

Y volando en su caballo se marchó, y fue entonces cuando desde los cielos vio a la hermosa Andrómeda atada a una roca a punto de ser devorada por una bestia marina llamada Cetus. Pero todo esto ya te lo sabes, ¿verdad?

Lo que no sabes es que sorprendentemente Perseo y Andrómeda vivieron felices… en la tierra natal de Perseo, donde sí, acaba matando a su abuelo. Lo hace sin querer, por supuesto. En los juegos olímpicos lanza el disco con demasiada fuerza y le da en la cabeza a un pobre hombre que pasaba por allí…

Moraleja: Haz siempre caso a lo que te diga el oráculo.

12 NOVIEMBRE. LOCALIZACIÓN Y ESTRELLAS DE PERSEO.

La constelación de Perseo es fácilmente localizable si sabes (como sé que sabes) localizar las constelaciones de Casiopea y Andrómeda.

Estos días no tendrás problemas en encontrarlas, pues a las 22-23 horas, se encontrarán justo en lo más alto del firmamento.

Hay como una especie de continuidad entre las estrellas de Perseo y las de Andrómeda. (Las de Perseo dibujan como una especie de línea en el cielo). Luego está el imponente cuadrado de Pegaso. Y siempre, de todas formas, puedes llegar a ellas gracias a Casiopea. Mira, no tiene pérdida:

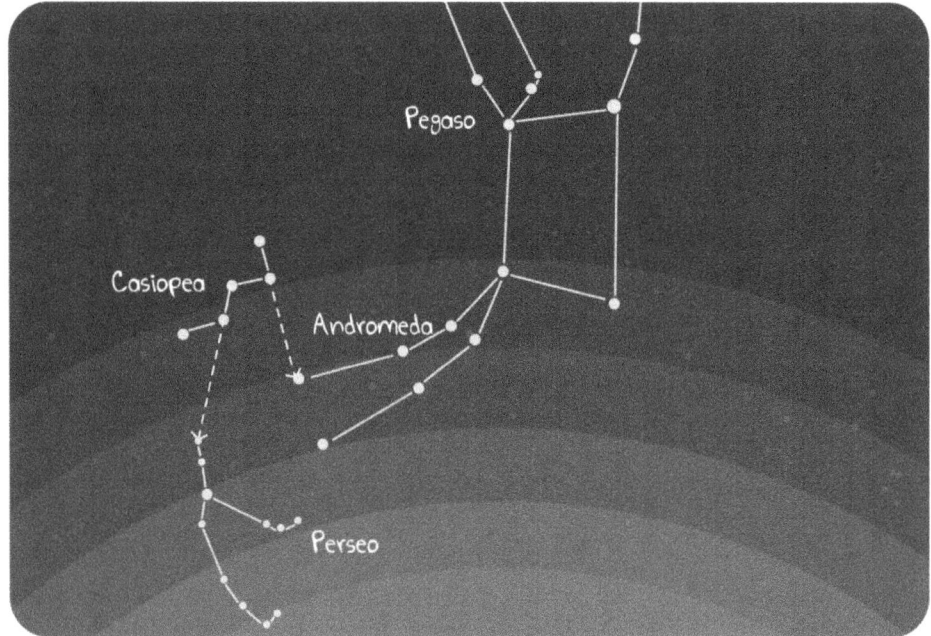

Localización de Andrómeda y Perseo. Ilustración: Javier Corellano (@CuaCuaStudios)

Sobre sus estrellas, bueno, destaca sobre todo una: **Alfa Persei** o **Mirfak**, que es la estrella central:

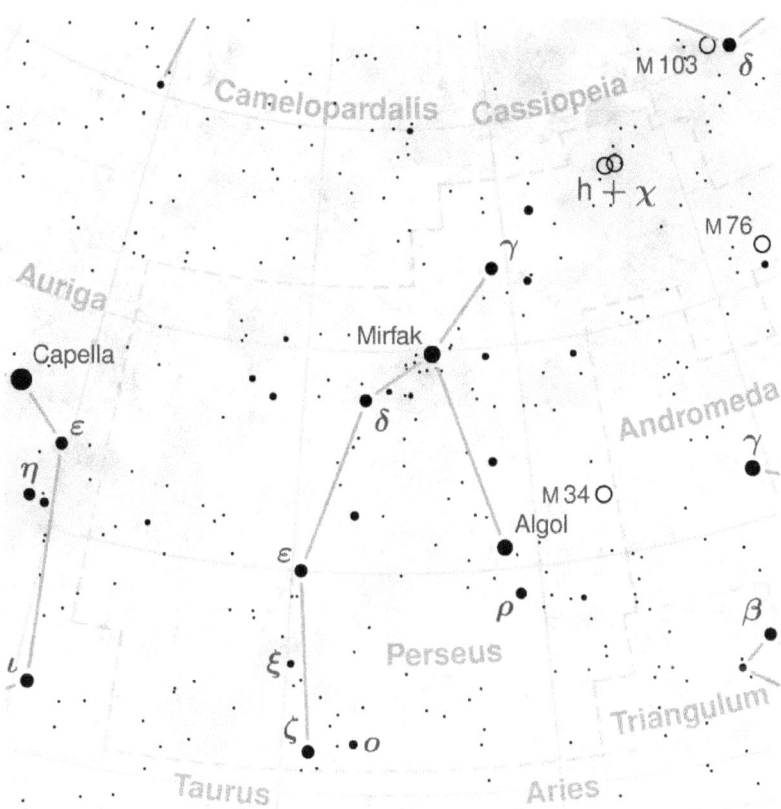

Constelación de Perseo. Crédito: Wikipedia/Torsten Bronger.

Mirfak además es la estrella principal de un cúmulo estelar conocido como **Cúmulo Alpha Persei**. Es una F5 Ib que se encuentra a unos 600 años luz lo que le confiere una magnitud aparente de +1´79, lo cual, como sabes, está bastante bien.

La segunda estrella más brillante es **Algol, (Beta Persei)**, que representa el ojo de la Medusa. Es una binaria eclipsante que varía bastante su brillo aparente, de entre +2´12 y +3´39 en un ciclo de casi tres días.

13 NOVIEMBRE. OBJETOS DE PERSEO.

A unos 5 grados a la derecha de Algol se sitúa **M-34**, un pequeño cúmulo estelar compuesto por unas 100 estrellas situadas a unos 1400 años luz.

A la izquierda de Algol encontramos el cúmulo de **Galaxias de Perseo** o **Abell 426**. Es un cúmulo de más de 1000 Galaxias inmersas en una nube de polvo intergaláctico muy caliente. Se encuentra a unos 250 millones de años luz. Es lo más extraordinariamente grande que vas a poder ver desde la Tierra. Y solo le he dedicado un párrafo. ¡Toma ya! Tómate unos minutos para disfrutar de esta extraordinaria fotografía de 15 millones de años luz de longitud (Te prometo que a todo color la imagen gana mucho):

Cúmulo de Galaxias de Perseo. Crédito: Bob Franke / Focal Pointe Observatory.

Al norte de la constelación, se sitúa el famoso **doble cúmulo de Perseo** o **h+X Persei**, que te muestro a continuación:

Doble cúmulo de Perseo. Crédito: Wikipedia/Andrew Cooper.

14 NOVIEMBRE. CONSTELACIÓN DE ARIES.

La constelación de Aries también es conocida como el Carnero. Concretamente el carnero del codiciadísimo vellocino de oro.

El vellocino de oro, o toisón de oro, era un símbolo de la ciudad de Brujas. Inspiró a Felipe el Bueno, Duque de Borgoña y Flandes, que fundó la orden del toisón de oro para propagar el catolicismo. Esa orden estuvo muy ligada a las coronas de España y de Austria. Siempre mostraba a una oveja de la raza Merina, raza lanera por excelencia y una de las bases de la monarquía europea y del esplendor del Imperio Español.

Escudo de la orden del toisón de oro. Fotografía: Carlos Sañudo.

Es una pequeña constelación zodiacal. Si eres Aries, siento decepcionarte por esto... Pero anímate, porque está en un lugar privilegiado. Además, aunque sea pequeñita, sus dos estrellas principales se reconocen perfectísimamente.

Tiene a su alrededor a algunas de las constelaciones más bonitas de los cielos. (Tauro, Perseo, Andrómeda, Orión o Casiopea).

Su estrella principal es **Hamal** (carnero, en árabe), con una magnitud aparente de +2. Es una bonita y gigante estrella naranja. Junto con **Sharatan** (una A5V que se encuentra a unos 60 años luz de nosotros lo que le da una magnitud de +2´6) forma una pareja de estrellas que se ven muy bien y que hasta podrían servirte de referencia en los cielos para encontrar Perseo y Andrómeda. (Tienes que salir ahí fuera a buscarlas, pero ya verás cómo cuando las encuentres, no tendrán pérdida). También puedes buscar la constelación Triangulum, que está ahí cerquita y con Aries puedes encontrarla perfectamente.

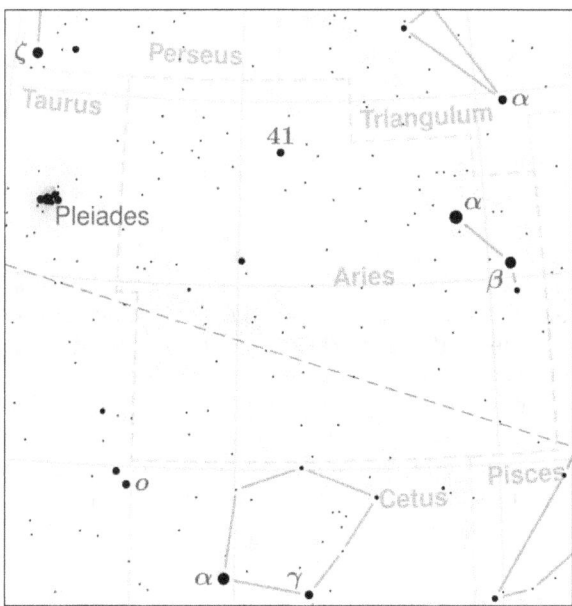

Constelación de Aries. Crédito: Wikipedia/Torsten Bronger.

15 NOVIEMBRE. CONSTELACIÓN DE TAURO.

Si has nacido entre el 21 de abril y el 20 de mayo eres Tauro. Supongo que sabes lo que eso significa; y por favor, no describas las características más destacables de tu personalidad. :-)

La constelación de Tauro se encuentra fácilmente. A 20 grados del cinturón de Orión, en línea recta, en dirección a Perseo o Aries, se llega hasta **Aldebarán**, la estrella más importante de la constelación de Tauro. Aunque para mí lo más fácil es guiarme por las Pleyades. Esa maravilla del cielo nocturno que veremos próximamente. Una vez las identificas, ya no tiene pérdida. Aldebarán, destaca en el cielo, así que creo que no tiene pérdida.

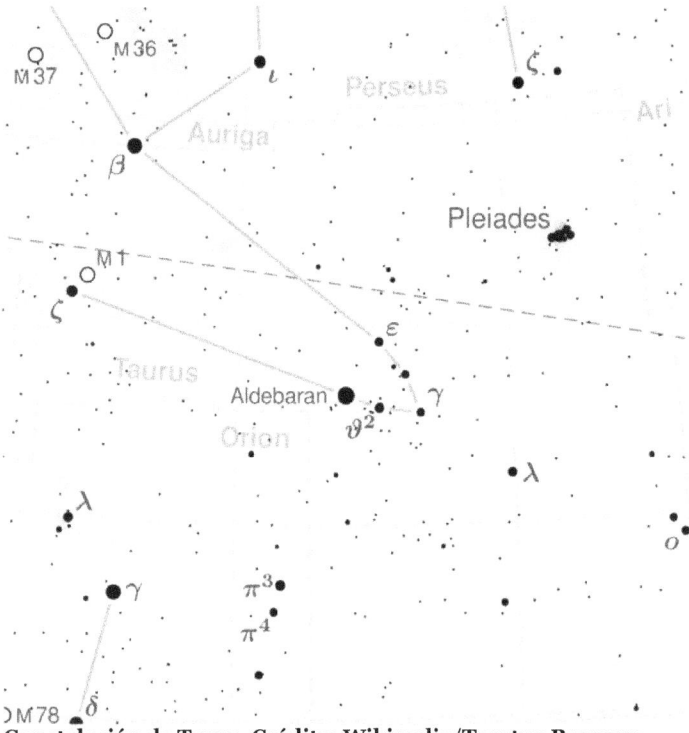

Constelación de Tauro. Crédito: Wikipedia/Torsten Bronger.

Tauro, como habrás podido imaginar, es un toro. Existen tantas historias sobre toros en la antigüedad, que no se sabe muy bien a cual representa. Quizá a todos. Ha sido representado como un toro desde la prehistoria. Podría ser el Toro de Osiris, cuya alma contenía un gran Dios. Aunque muy probablemente fuera Zeus, que otra vez se disfrazó para engañar a una bella damisela. Esta vez le tocó el turno a Europa, una princesa fenicia que se encaprichó con el torito, se subió a lomos del mismo y lo paseo por la playa. Pero fue entonces cuando Zeus, de repente, dio un brusco giro y se metió al mar, donde empezó a nadar sin parar y llegó hasta Creta, donde tuvieron 3 hijos. Sea como fuere, ahí sigue... y pronto descubriremos sus secretos. Es una fabulosa constelación.

16 NOVIEMBRE. ALDEBARÁN.

Aldebarán es otra de esas estrellas que se merece que le dediquemos un día entero.

Es la más espectacular estrella de Tauro, que es una de las más espectaculares constelaciones de los cielos nocturnos de nuestro planeta.

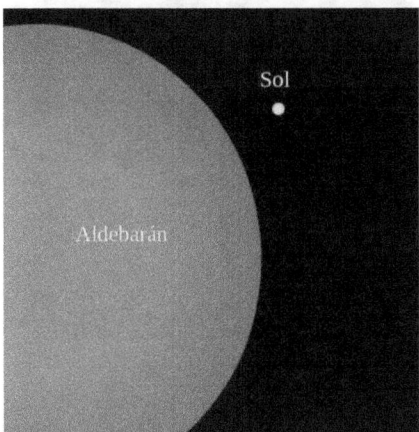

Comparación entre Aldebarán y el Sol. Dominio público.

Se encuentra a 65 años luz de nosotros, y eso, unido a su tamaño y a sus 4000 grados de temperatura en superficie, le confieren una magnitud aparente de +0´85, con lo que se convierte en la decimotercera estrella más brillante de los cielos (La duodécima, si no contamos el Sol). Es una variable pulsante, es decir, que varía un poquito su brillo, algo imperceptible para el ojo humano pero no para nuestros queridos astrónomos.

Además, como pasa en muchas ocasiones, no viaja sola. Lo hace, al menos, con una pequeña estrella que vemos desde la Tierra con una magnitud aparente de +13.

Con los datos que te he dado, es posible que ya sepas que se trata de una gigante naranja, una K5 III.

Ya salía una comparación de tamaños de diferentes estrellas el 14 de agosto, cuando hablamos de Antares.

Su nombre, y ya con esto terminamos por hoy, proviene del árabe, y significa "la que sigue" debido a que es la estrella que sigue a las Pleyades por los cielos.

Tienes que salir ahí fuera este fin de semana y buscar las preciosas Pleyades. Se ven como una manchita blanca cerca de Tauro. Las Hyades, por el contrario, es el cúmulo estelar que rodea a esta preciosa estrella. El cielo esta noche será precioso, con Orión apareciendo por el este y la Luna, junto a Marte, desapareciendo por el oeste (A las 21 horas no deberías tener problemas en ver la conjunción de la Luna y Marte sobre la constelación de Acuario).

Espero que tengas buen tiempo y puedas disfrutar de esos espectáculos que nos brinda el Universo a todos.

Orión y Tauro. Las Pleyades y las Híades. Crédito: Flickr.

19 NOVIEMBRE. ESTRELLAS Y OBJETOS DE TAURO.

Hay más estrellas en Tauro aparte de Aldebarán. Échale un vistazo a la imagen del jueves pasado).

Merece la pena fijarse en **Elnath (Beta Tauri)**. Una B7 III C que comparte con la constelación de Auriga, otra de esas bonitas constelaciones que nos quedan por ver en lo poco que queda para que acabe el año. Se encuentra a 130 años luz de nosotros.

La siguiente estrella a destacar es **Zeta Tauri**. Destaca por ser el segundo cuerno del toro (el primero es Elnath) y porque tiene junto a ella el primer objeto del catálogo de Mesier, **M1**, más comúnmente conocida como la **Nebulosa del Cangrejo**.

M1 es una nebulosa planetaria que fue creada a partir de una supernova que pudo observarse en el año 1054. Es historia viva del Universo. Fue registrada por árabes y chinos. Dijeron que la estrella podía verse ¡incluso de día! La explosión pudo verse durante casi 2 años, (a plena luz del día durante "solo" 23 días) y casi 700 años después, la nebulosa fue descubierta por **John Bevis**. (Descubierta independientemente también por Charles Messier, pero unos años más tarde, con lo que el mérito, espero que no le importara a Charles, se lo cederemos a John).

Ahora mismo la nebulosa tiene un tamaño de unos 10 años luz y se expande a la nada desdeñable velocidad de unos 1500 kilómetros por segundo. Tranquilo, se encuentra a unos 6200 años luz de nosotros.

En el centro de esta curiosa nube de gas existe un púlsar que gira a una velocidad de 30 veces por segundo y que contiene la masa del Sol, pero que en realidad es del tamaño de una ciudad. Su descubrimiento fue la evidencia de que los púlsares se forman tras una supernova.

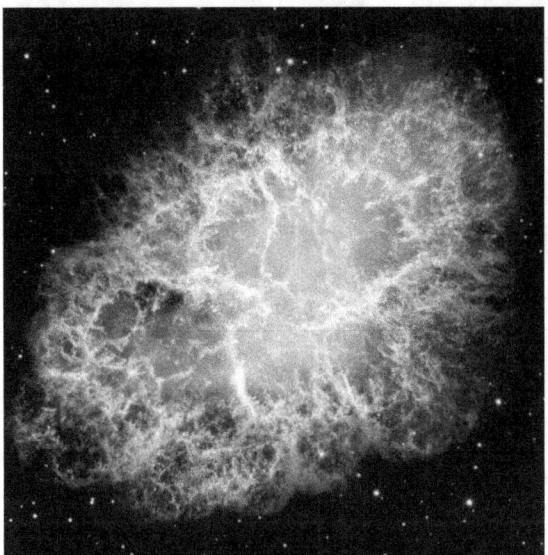

Nebulosa del Cangrejo. Crédito: NASA/ESA/J.Hester/A.Loll.

20 NOVIEMBRE. LAS PLEYADES.

No encontrarás en el cielo otra cosa igual.

Conocidas desde que el hombre es hombre, las Pleyades es el cúmulo abierto más hermoso y brillante que existe. Podrás verlo cerca de la constelación de Tauro. Se ve perfectamente a simple vista y te aseguro que, una vez lo hayas encontrado la primera vez, las siguientes veces aparecerá ante tus ojos como por arte de magia. Es una manchita azul muy tenue y muy característica.

Al verse tan bien, y como es lógico, en todas las culturas de la antigüedad se hace referencia a las Pleyades. Su nombre se lo debemos a los griegos, que decían que las Pleyades eran las hijas de Atlas y Pléione, y hermanas a su vez de las Hyades. Fueron perseguidas durante años por Orión, pero Zeus les ayudó convirtiéndolas en 7 palomas, después de lo cual se posaron en el lomo de Tauro, que las protegió orgulloso para el resto de la eternidad.

Las Pleiades. Crédito: NASA/ESA/AURA/Palomar Observatory.

También llamadas **Messier 45, M45, las siete cabritas, las siete hermanas o las palomas** (pues esta es su traducción literal del griego), las Pleyades son un grupo de unas 500 estrellas que se encuentran a unos 400 años luz de nosotros. Son estrellas jóvenes, que se han formado recientemente, hace unos 100 millones de años (lo que quiere decir que los dinosaurios no pudieron disfrutar de ellas) a partir de una enorme nube de gas y polvo interestelar de unos 30 años luz de diámetro. Quedan restos de esa nube, con lo que las Pleyades se ven envueltas en una fantástica nebulosa.

Las estrellas que forman este cúmulo único, como digo, son jóvenes y calientes estrellas que tienen un tamaño aproximado de unas 5 veces nuestro Sol. La más brillante de ellas, **Alcione**, la podemos observar con una magnitud aparente de +2´85. Además, está en el centro de las Pleyades, con lo que se distingue con bastante facilidad. Su magnitud absoluta es -2´41 y es una B7 III.

Del resto, las más brillantes son: **Atlas, Electra, Maia, Merope, Taygeta, Celione** y **Celaeno**.

Ahora imagina lo que debe ser una noche estrellada en un planeta de alguna de estas estrellas. 500 estrellas en 30 años luz cuadrados y algunas de ellas con magnitudes absolutas de -2´41. ¡Vaya cielo! (En realidad muchas de las estrellas son enanas marrones... tampoco sería para tanto pero bueno, sí que es verdad que ¡no estaría nada mal!).

21 NOVIEMBRE. LAS HÍADES.

Hyades y Pleyades. Crédito: Hunterwisson.devianart.

Las Híades son otro cúmulo abierto precioso. No es tan espectacular como las Pleyades pero es lo suficientemente importante como para que le dediquemos un día entero.

Es un grupo de estrellas, que, al igual que las Pleyades, están situadas bastante cerca unas de otras, pues tienen un origen común. Son más viejas que las Pleyades, y por eso se puede observar alguna gigante roja. También se ven más dispersas que las Pleyades, pero hay que tener en cuenta que esto es también porque están mucho más cerca, 3 veces más cerca, de hecho; y esto lo convierte en el cúmulo abierto más cercano a la Tierra. :-)

El cúmulo tiene un diámetro de unos 75 años luz y está formado por 80 estrellas. El conjunto crea una V alrededor de Aldebarán, aunque esta preciosa estrella no forma parte del grupo pues se encuentra mucho más cerca de nosotros. Su situación visual es simplemente una bonita coincidencia.

De todas ellas, los griegos contaron 12, pues 12 eran las hermanas Hyadas, hijas de Atlas, a cuyo único hermano mató un león, Leo. Las Hyades lloraron mucho y pasaron por ello a pertenecer al mundo de los cielos. (Y siguen llorando todos los años, con la lluvia de **las Hiadas**).

22 NOVIEMBRE. TIPOS DE ESTRELLAS.

Ya sabes mucho sobre las Estrellas. Hemos hablado de su funcionamiento y clasificación. Las hemos clasificado, como sabes, por su tipo espectral y su tamaño.

Pero las cosas nunca son tan sencillas, como podrás imaginar. El Universo es enorme y las posibilidades de que existan diferentes tipos de estrellas que no hemos explicado también, así que, aunque esa clasificación que hemos hecho es perfectamente válida y con ella podemos funcionar sin problemas, existen muchos tipos diferentes de estrellas y la cosa es más complicada de lo que parece.

Por ejemplo, y para que sepas de lo que estoy hablando, échale un vistazo, si puedes, a la página web de SIMBAD. Allí tienen un índice con todas las abreviaciones que usan, la última parte consta de todos los tipos de estrellas. Como ves, y si no lo ves ya te lo digo yo, la lista es inmensa y es imposible abarcarla.

Otro enlace muy interesante, y un poco más claro, es el del blog del escritor y astrónomo David Darling. A mí me encanta esa página. Siento el hecho de que estén en inglés, pero bueno, por un lado, esto ya es para un mayor nivel y, por otro, siempre está el google translator para los que lo necesiten.

Por ejemplo, ¿Recuerdas cómo se llamaba la estrella más importante de las 7 palomas que formaban las Pleyades? Bueno, por si acaso, te lo digo: era Alcione. Pues bien, Alcione es una estrella de tipo B7III. Eso ya sabes lo que significa (espero). Lo que pasa que en muchos sitios es posible que la veas como una B7IIIe, también llamada como una Be Star o simplemente una be*. Es una estrella de emisión, normalmente de tipo B, que muestra, en sus líneas de emisión, trazas de hidrógeno. Normalmente lo que pasa es que alrededor de la estrella hay una nube de hidrógeno, creada a partir de la pérdida de material de la estrella.

También existen otros tipos espectrales muy raros y, por lo general, muy poco conocidos, diferentes a los que vimos en su día. Son, por ejemplo, el **tipo C**, perteneciente a las estrellas ricas en carbono. Las de **tipo L o T**, más frías incluso que las de tipo espectral M. Las de **tipo S**, muy parecidas a las M. También las estrellas de **tipo W**, también llamadas de Wolf-Rayet, similares a las de tipo O.

Y luego otra cosa: las estrellas variables. Son estrellas que varían su brillo, a veces a ojos vista, a veces (casi siempre) es una variación solo visible para profesionales.

Bueno, pues de estrellas variables también existen diferentes tipos. De ellos, creo, el más conocido son las variables de tipo **Cefeidas** (Cepheids). Las Cefeidas son estrellas muy regulares, cuyo periodo está entre 1 y 70 días y cuya relación luminosidad-periodo está muy relacionada. Eso es muy importante, porque se usan para medir distancias en el espacio. Pronto estudiaremos la constelación de Cefeo y lo entenderás todo.

Solo por no dejar lo de las estrellas variables a medias, comentar que existen dos tipos:

Las **intrínsecas** y las **extrínsecas**.

Las primeras son las que varían su brillo debido a fenómenos que tienen que ver con la naturaleza de la propia estrella (por ejemplo pueden ser **pulsantes, eruptivas, cataclísmicas** o **de rayos X**). Las segundas, las extrínsecas, son aquellas estrellas que varían su brillo debido a fenómenos ajenos a la estrella, como por ejemplo, el hecho de que sea una binaria eclipsante o que la estrella rote de alguna forma que reduzca su brillo al hacerlo.

23 NOVIEMBRE. CONSTELACIÓN DE PISCIS.

Si has nacido entre el 19 de febrero y el 20 de marzo eres Piscis. Eso ya sabes que significa que por esas fechas, el Sol se alinea con la Tierra y con esta constelación. Ya no haría falta ni que lo recordara porque con Piscis podemos dar por terminadas las constelaciones del Zodiaco. ¡Bravo!

Piscis forma parte de la llamada zona de agua del Cielo. Se encuentra junto a Acuario y la constelación de la Ballena. Además, tiene a un lado a Pegaso y a Andrómeda, que, si recuerdas, quedó encadenada junto al mar hasta que su héroe, Perseo, vino a rescatarla sobre su hermoso caballo. Al otro lado de Acuario está la constelación del pez Austral. Y por allí andan también Eridanus (el río) y el barco Argo Navis, así que realmente el mundo del agua ocupa una buena parte del cielo nocturno.

Pero hoy nos toca ver Piscis. Ya tendrías los suficientes conocimientos como para buscar la constelación en un catálogo, estudiar y entender sus estrellas y salir ahí fuera a buscarla. Te adelanto que no va a ser fácil: Las estrellas de Piscis no se caracterizan precisamente por su brillo. De todas formas, conociendo Andrómeda y Pegaso, en teoría, no deberías tener problemas, si la noche es clara.

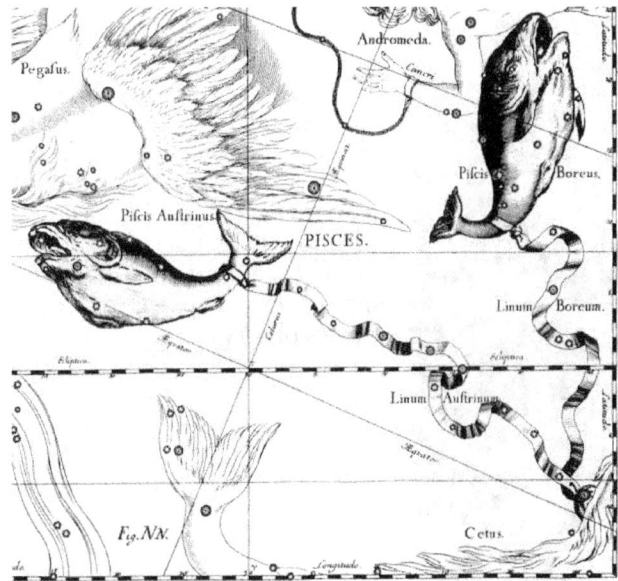

Constelación de Piscis por Hevelius. Crédito: Wikipedia.

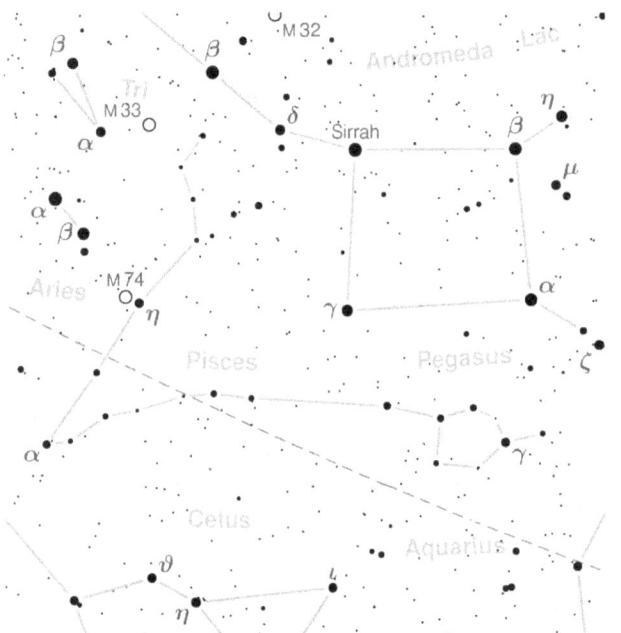

Constelación de Piscis. Crédito: Wikipedia/Torsten Bronger.

Sobre sus estrellas, poca cosa. Como ves, son bastantes, pero ninguna de ellas con una magnitud aparente menor de +3. La más brillante, **Eta Piscium**, lo hace con una magnitud de +3´6. A ella se llega muy fácilmente utilizando las dos estrellas principales de Aries. Por otro lado, las dos estrellas de Piscis que tienen nombre propio son la Alfa y la Beta, la cuerda y el hocico del Pez, **Alrisha** y **Fum al Samakah** respectivamente. Y es que Piscis representa a dos peces (Venus y Cupido disfrazados de peces) atados por una cuerda, para no perderse en las turbias aguas del Nilo, donde se escondieron para huir de un enorme monstruo que les perseguía.

Junto a Eta Piscium se encuentra **M74**, también conocida como la **Galaxia Fantasma**. Es una Galaxia Espiral que podemos ver desde la Tierra con una magnitud aparente de +10. Es casi del tamaño de la Vía Láctea y se encuentra a unos 30 millones de años luz. Es preciosa, como puedes observar.

M74. Crédito: NASA/ESA.

26 NOVIEMBRE. LA TIERRA.

Ya hemos estudiado 5 de los 6 planetas que puedes ver a simple vista: Mercurio, Venus, Marte, Júpiter y Saturno. Falta el más fácil: La Tierra, el hermoso y delicado planeta en el que vivimos.

Ya sabes mucho de la Tierra: sabes las condiciones atmosféricas, temperatura, geografía e incluso tamaño aproximado. También intuyes más o menos que la Tierra es el único planeta que conocemos donde hay vida. E incluso algunos dicen haber encontrado vida inteligente. Pero yo quiero contarte alguna cosa del planeta más hermoso de la galaxia que quizá no sepas, así que vamos allá.

La Tierra es redonda. Supongo que esto sí que lo sabías, de hecho, es algo que sabemos desde antes de Cristo. Los griegos fueron, que sorpresa, los primeros en argumentar con hechos que la Tierra era una esfera. Tanto es así, que fueron los primeros (el mérito fue de **Eratóstenes**) en calcular su tamaño aproximado. Ahora no nos andamos con aproximaciones, ya que sabemos que el radio exacto de la Tierra es de 6371 kilómetros.

6371 kilómetros de roca, cada vez más caliente, más densa y formada con materiales más pesados, conforme nos vamos acercando al centro del planeta. Debajo de la corteza terrestre (a unos 50 km de profundidad), se encuentra el manto, y 3000 kilómetros más allá, el núcleo. El núcleo es una enorme bola de, en su mayoría, hierro fundido, a más de un millón de veces la presión que estás soportando en estos momentos y a, por lo menos, 4000°C (de ahí para arriba). Pero si no fuera por esa enorme cantidad de hierro, ahora mismo ni tú ni yo estaríamos aquí. Gracias a ese metal fundido, la Tierra consta de una magnetosfera, que creo que ya sabes que nos mantiene a salvo del viento Solar (aprenderás sobre ello mañana). Ahora bien, llega un momento en el que el hierro fundido deja de moverse; quiero decir que dentro del núcleo, conforme te acercas más y más al centro de la Tierra, la temperatura es muuucho mayor, la presión aún más, y la enorme masa de hierro se vuelve sólida. La presión es tan bestial que no puede ni existir en estado líquido.

Y ahora mira hacia arriba. Tienes una atmósfera sobre ti. La presión que soportas, ya lo sabes, es de una atmósfera, que son 1´033 kilogramos por cada centímetro cuadrado de tu cuerpo. 1´01 bares, 76 centímetros de columna de mercurio ó 101325 pascales. Da igual con qué unidad lo midas... te encuentras a gusto a esa presión y eso es lo que cuenta.

Pero ahora empieza a subir más alto. La presión conforme vas subiendo disminuye, y a 100 km de altura es de 1 pascal más o menos (101000 veces menos a la que soportas ahora mismo). Por encima de eso, sigue habiendo atmósfera, por supuesto, aunque ya se considera el espacio exterior. La exosfera, que es la capa más exterior de nuestra atmósfera, fácilmente llega hasta los 1000 kilómetros de altura, y más. A unos 400-500 kilómetros, abundan las partículas de alta energía, y los choques entre ellas producen temperaturas de hasta 1500 grados.

Por cierto, que conforme vas subiendo, el cielo se irá oscureciendo poco a poco, y cuando salgas de la estratosfera, a 50 kilómetros de altura, ya será azul oscuro. Un poco más arriba se tornará definitivamente negro. Más arriba, la Tierra será "solo un punto azul en el espacio".

"Desde este lejano punto de vista, la Tierra puede no parecer muy interesante. Pero para nosotros es diferente. Considera de nuevo ese punto. Eso es aquí. Eso es nuestra casa. Eso somos nosotros. Todas las personas que has amado, conocido, de las que alguna vez oíste hablar, todos los seres humanos que han existido, han vivido en él.

La suma de todas nuestras alegrías y sufrimientos, miles de ideologías, doctrinas económicas y religiones seguras de sí mismas, cada cazador y recolector, cada héroe y cobarde, cada creador y destructor de civilizaciones, cada rey y campesino, cada joven pareja enamorada, cada madre y padre, cada niño esperanzado, cada inventor y explorador, cada profesor de moral, cada político corrupto, cada "superestrella", cada "líder supremo", cada santo y pecador en la historia de nuestra especie ha vivido ahí, en una mota de polvo suspendida en un rayo de Sol.

La Tierra es un escenario muy pequeño en la vasta arena cósmica. Piensa en los ríos de sangre vertida por todos esos generales y emperadores, para que, en gloria y triunfo, pudieran convertirse en amos momentáneos de una fracción de un punto. Piensa en las interminables crueldades cometidas por los habitantes de una esquina de este píxel sobre los apenas distinguibles habitantes de alguna otra esquina. Cuán frecuentes sus malentendidos, cuán ávidos están de matarse los unos a los otros, cómo de fervientes son sus odios. Nuestras posturas, nuestra importancia imaginaria, la ilusión de que ocupamos una posición privilegiada en el Universo... Todo eso es desafiado por este punto de luz pálida. Nuestro planeta es un solitario grano en la gran y envolvente penumbra cósmica. En nuestra oscuridad, no hay ni un indicio de que vaya a llegar ayuda desde algún otro lugar para salvarnos de nosotros mismos.

La Tierra es el único mundo conocido hasta ahora que alberga vida. No hay ningún otro lugar, al menos en el futuro próximo, al cual nuestra especie pudiera migrar. Visitar, sí. Colonizar, aún no. Nos guste o no, por el momento la Tierra es donde tenemos que quedarnos. Se ha dicho que la astronomía es una experiencia de humildad, y formadora del carácter. Tal vez no hay mejor demostración de la locura de la soberbia humana que esta distante imagen de nuestro minúsculo mundo. Para mí, subraya nuestra responsabilidad de tratarnos los unos a los otros más amable y compasivamente, y de preservar y querer ese punto azul pálido, el único hogar que siempre hemos conocido".

Carl Sagan.

27 NOVIEMBRE. EL SOL.

Estoy seguro de que a estas alturas ya sabes mucho más sobre el Sol de lo que te crees.

Primero, ya he comentado alguna vez que es una estrella clasificada como G2V. Esto es, su diámetro es unas 100 veces mayor al de la Tierra (109, para ser exactos) y su temperatura superficial (la de la **Fotosfera**) es de unos 5000-6000°C. (En su núcleo puede superar los 14-15 millones de grados).

La energía del Sol, como sabes, es producida por una serie de reacciones nucleares en las cuales el hidrógeno se convierte en helio (cada segundo lo hacen 400 millones de toneladas de hidrógeno, si es que alguien es capaz de imaginar eso). La energía generada en el núcleo se propaga hasta la superficie a través de la **Zona Radiactiva** mediante unos mecanismos que no están del todo claros todavía. Lo que sí se sabe es que en las capas inmediatamente inferiores a la Fotosfera, se producen una serie de movimientos de convección. Estos movimientos son originados por las diferencias de temperatura superficie-interior. También se dan en el manto de nuestro planeta, o en la olla cuando calientas agua, por ejemplo (El agua caliente sube, se enfría, y la fría baja).

Por encima de la Fotosfera está la **Cromosfera**. La Cromosfera tiene un espesor de unos 10.000 kilómetros. Es lo que se ve en un eclipse solar. Es como una zona llena de llamaradas super-calientes formadas por hidrógeno y helio (algún que otro material también) sobre las que se encuentra la **Corona** o la Atmósfera Solar, que llega hasta el millón de kilómetros y los 2.000ºC. Como brilla menos que la Cromosfera (que por cierto, se le llama precisamente Cromosfera por su color), solo puede observarse durante los eclipses o con la utilización de telescopios especiales.

Eclipse Solar. Crédito: Wikipedia/Luc Viatour.

No ha de confundirse la Corona Solar con las **Erupciones Cromosféricas**, que son estas llamaradas enormes (De hasta unos 40.000 kilómetros de altura) que liberan grandes cantidades de energía y que, se dice, pueden llegar a afectar a la Tierra. Nuestra vida no corre peligro, pero sí que se nota que llega más actividad desde el Sol y por ejemplo las **Auroras Boreales** son mucho mejores. :-)

Las auroras boreales, por cierto, son producidas por la radiación que llega desde el Sol: El conocido como **Viento Solar**. El viento solar son una enorme cantidad de partículas (protones, electrones o iones e incluso partículas alfa) que salen de la Corona del Sol. Están cargadas eléctricamente y, por lo tanto, tienen un campo magnético asociado (una cosa siempre va con la otra). Están tan calientes que la gravedad Solar no puede atraparlas (Se está estudiando cómo puede ser eso). No es cualquier tontería, la atmósfera de Marte fue arrastrada por, precisamente, el viento Solar (La sonda MAVEN de la NASA está estudiando precisamente esto muy en detalle desde el año 2014). En el caso de nuestra atmósfera, y debido a la forma de nuestro Campo Magnético, de momento nos brinda la oportunidad de ver cosas como la que te muestro a continuación.

Aurora boreal. Fotografía realizada por Alfonso Laín cerca de Kiruna (Suecia). La imagen a color es preciosa, con las líneas verdes de las auroras.

Las **manchas solares** son de un tamaño mayor incluso que el de la Tierra. No es que sean realmente oscuras, sino que brillan mucho menos que lo de alrededor, y por ese contraste de brillo las vemos oscuras. Es muy curioso, pero si solo mirases la mancha solar tapando lo de alrededor, la verías brillar. Brillan menos por estar más frías (unos 4000ºC) y se producen por la aparición de líneas de campos magnéticos.

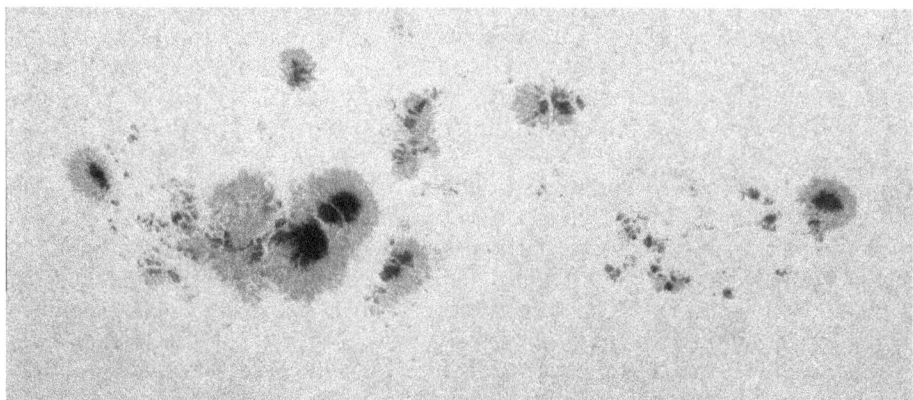

Manchas Solares. El fondo es color anaranjado y las manchas se ven mucho más oscuras. Crédito: NASA/Goddard Space Flight Center.

28 NOVIEMBRE. CONSTELACIÓN DE CETUS.

Hemos visto Acuario y Piscis. Junto a ellos, la Ballena y el Pez Austral ocupan un lugar importante en el cielo.

La Ballena es también conocida como Cetus, el monstruo marino que estuvo a puntito de acabar con la vida de la hermosa Andrómeda.

Cetus está justo debajo de Piscis, y el Pez Austral o Piscis Austrinos, que veremos mañana, más abajo todavía. Eso quiere decir que son constelaciones que suelen estar bastante bajas en el firmamento, con lo que, aunque están, no es fácil verlas (al menos desde la península Ibérica).

Al igual que pasaba con Piscis, Cetus no destaca por el brillo de sus estrellas, pero las dos constelaciones ocupan un gran espacio en el firmamento.

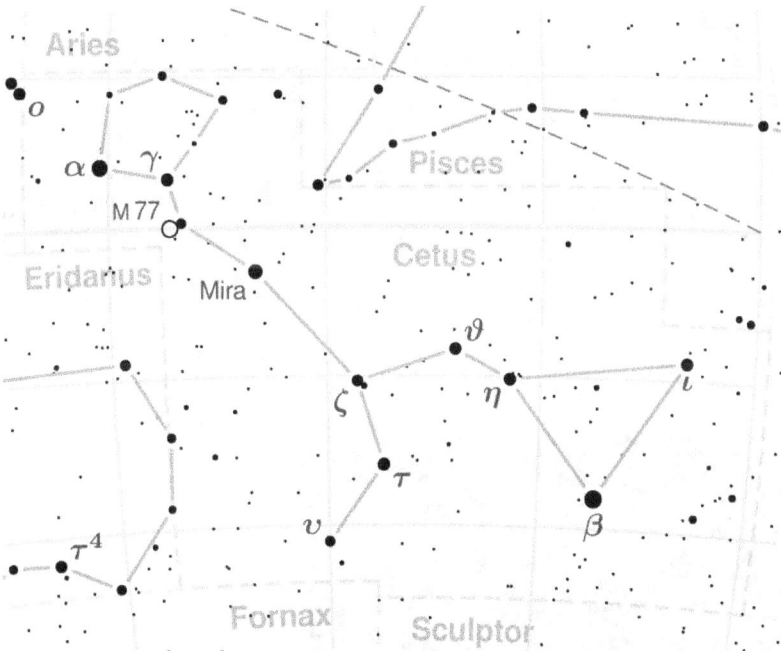

Constelación de Cetus. Crédito: Wikipedia/Torsten Bronger.

En Cetus encontramos a **Diphda, Beta Ceti**, que tiene una magnitud aparente de +2´04, con lo que se ve bastante bien. Puedes llegar hasta ella alargando hacia abajo la línea del lado del cuadrado de Pegaso que más cerca está de Andrómeda. La otra estrella destacable de Cetus es **Alfa Ceti** o **Menkar**, que está en la esquina superior izquierda de la constelación y que se ve con una magnitud de dos y medio.

Pero la estrella más interesante de la constelación es, sin duda, **Mira, O Ceti**. Es interesante porque fue la primera estrella variable en ser descubierta. Su diámetro varía en cada pulsación, variando su brillo cada 332 días. Agárrate, porque su brillo pasa de Magnitud +2 a +10. Es decir, que según cuando la mires, o no la ves a simple vista ni de lejos, o es la estrella más brillante de la constelación.

29 NOVIEMBRE. CONSTELACIÓN DE PISCIS AUSTRINUS.

La constelación del Pez Austral, o Piscis Austrinus, como ya te dije ayer, la vemos siempre bastante baja en el cielo (de ahí su nombre). Se sitúa, concretamente, justo debajo de Acuario. Será difícil que la veas estos días porque a las 22 horas ya empieza a desaparecer por el Oeste. (Al menos podrás ver a Marte por esa zona).

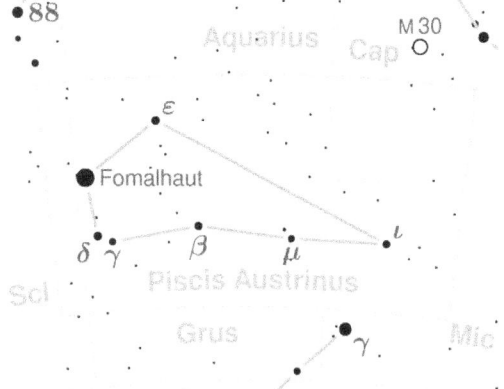

Constelación Piscis Austrinus. Crédito: Wikipedia/Torsten Bronger.

Pero Piscis Austrinus cuenta con un As debajo de la manga, pues consta de **Fomalhault**, una de las 20 estrellas más brillantes del cielo nocturno. Tiene una magnitud aparente de +1´06. Así que cuando puede verse, se distingue perfectamente.

Pero es que además el Hubble fotografió, por primera vez en la historia, y en el espectro de luz visible, un exoplaneta. Se le llamó **Fomalhault b**. Se da el caso de que el planeta es casi 3 veces más grande que Júpiter (enorme) y que la estrella se encuentra a "tan solo" 25 años luz de nosotros. Ahora disfruta unos momentos de la siguiente imagen:

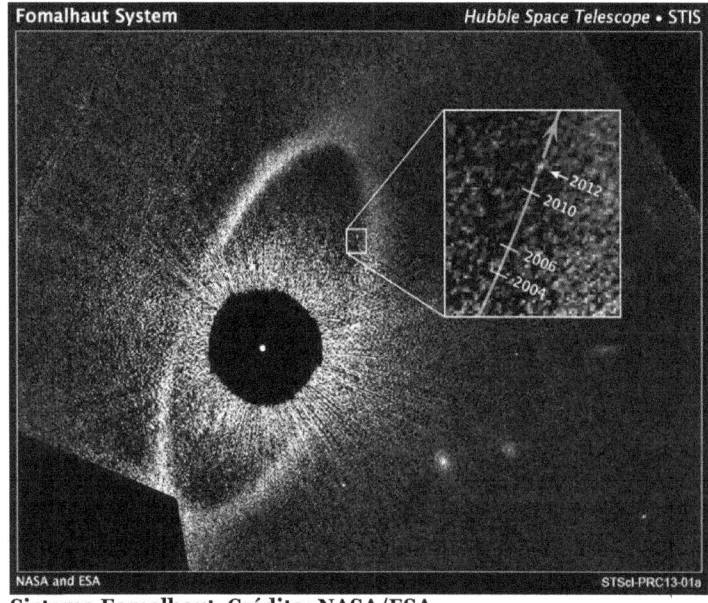

Sistema Fomalhaut. Crédito: NASA/ESA.

30 NOVIEMBRE. CONSTELACIÓN DEL LAGARTO.

Entre las constelaciones de la Osa Menor, el Cisne, Pegaso, Andrómeda y Cassiopea, existen dos constelaciones: una llamada la Constelación del Lagarto y la otra Constelación de Cefeo.

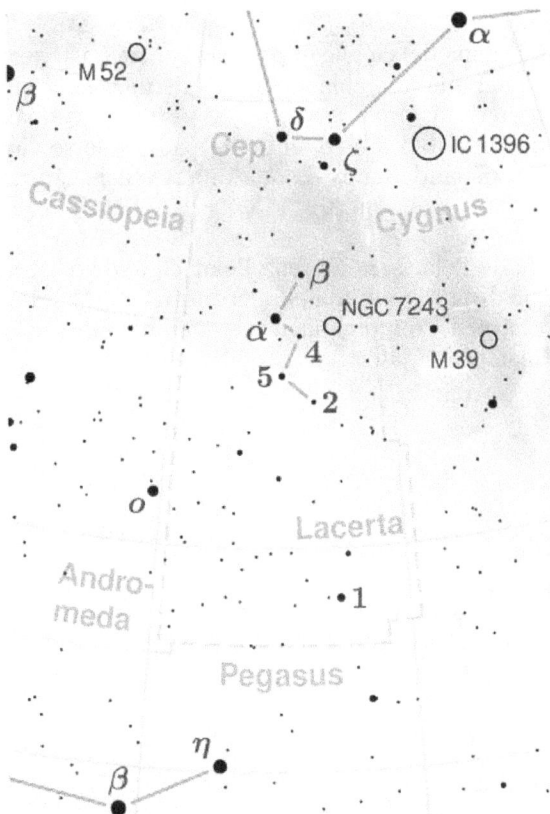

Constelación del Lagarto. Crédito: Wikipedia/Torsten Bronger.

El Lagarto es una pequeña constelación, y no va a ser fácil distinguirla, pues su estrella más brillante, **Alfa Lacertae**, solo tiene una magnitud aparente de 3´8, lo cual, como sabes, no es mucho. Alfa Lacertae es una A1V que se encuentra a 100 años luz de nosotros.

También consta de dos bonitos cúmulos estelares, **NGC-7209** y **NGC-7243** que se encuentran a unos 2900 años luz del Sistema Solar y Galaxias, siendo **NGC-7265** y **BL Lacertae** las más brillantes.

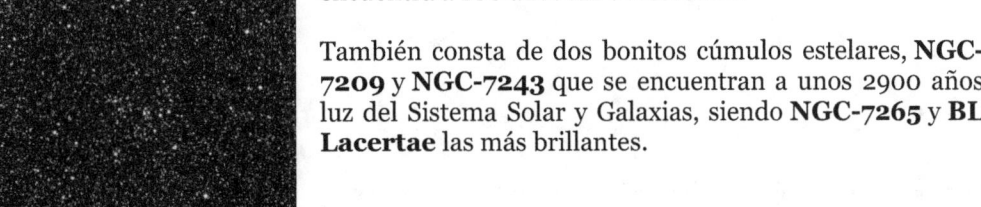

NGC-7243. Crédito: Wikipedia/Egres73.

Sobre su mitología poca cosa también: Se dice que el lagarto es el hijo de Misme, una mujer que dio de beber a la Diosa Demeter. La Diosa bebió a toda prisa lo que provocó la risa del pobre niño, que fue transformado en Lagarto por ello.

DICIEMBRE

3 DICIEMBRE. CONSTELACIÓN DE CEFEO.

Nos queda una importante constelación en la zona del cielo comprendida entre Casiopea y las Osas. Es un personaje de la mitología del que he hablado en más de una ocasión, pues ya hemos hablado de su presumida mujer: Casiopea, así como de su hermosa hija: Andrómeda. Supongo que ya sabes de quién te hablo: Cefeo, el pobre padre que se vio obligado a sacrificar a su hija para salvar a sus ciudadanos de una muerte casi segura. (Menos mal que Perseo pasaba por allí).

La constelación de Cefeo se encuentra cerca de Polaris, la Estrella Polar. Si te digo esto, imagino que ya sabes hacia donde tienes que dirigir la mirada para encontrarla: al norte. Su estrella principal, **Alfa Cephei,** o **Alderamin**, con una magnitud aparente inferior a 3, se localiza muy fácilmente utilizando a Casiopea. Fíjate:

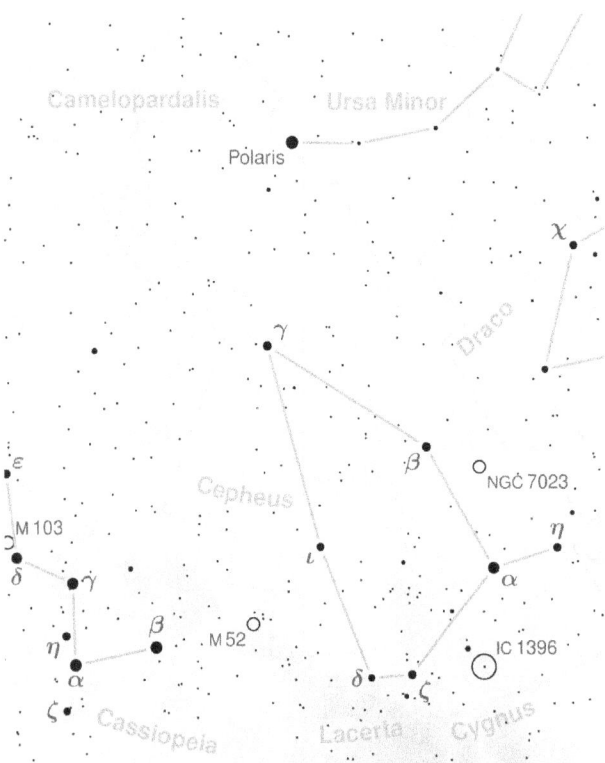

Constelación de Cefeo. Crédito: Wikipedia/Torsten Bronger.

Para encontrar otra estrella importante de Cefeo utiliza el truco que te sirve para encontrar a Polaris y alarga más aún la línea que te lleva hasta ella desde la Osa Mayor. Si lo consigues, habrás encontrado a **Alrai, Er Rai** o **Gamma Cephei**; una K1 III situada a unos 45 años-luz de nosotros. Lo interesante de ella es que, si tienes paciencia y esperas algo más de mil años, la verás como la próxima Estrella Polar. Sí, el eje de la

Tierra pandea un poquito así que en 1000 años se habrá movido hasta Alrai. Por otro lado, esta estrella es, en realidad, un Sistema Binario, y fue el primero de su especie en el que se descubrió un exoplaneta.

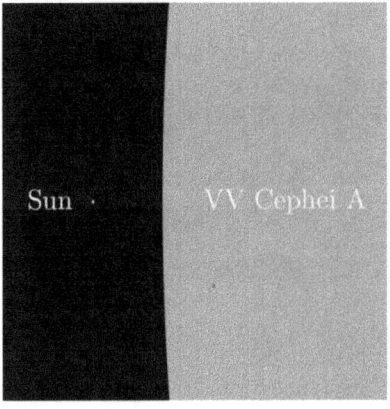

Pero en ocasiones, las estrellas más importantes, no son las que vemos a simple vista. Cefeo es una constelación que consta de algunas de las más grandes estrellas de la galaxia. **VV Cephei** y **Mu Cephei** se llevan la palma. ¡VV Cephei, si estuviera donde está ahora el Sol, alcanzaría más allá de la órbita de Júpiter!

Comparación VV Cephei y el Sol. Dominio Público.

Y por supuesto **Delta Cephei**, la famosa estrella variable que dio nombre a todas las estrellas que, como ella, varían su brillo y que pasaron a formar parte del grupo llamado **"Las Cefeidas"**. Lo característico de todas ellas es que varían de una forma muy regular, con un periodo directamente relacionado con su luminosidad.

Como objetos del cielo profundo destaca una bonita nebulosa, la **IC-1396**, y otra belleza, esta vez en forma de galaxia, conocida como **NGC-6946** o **galaxia de los Fuegos Artificiales**. Es una galaxia en la que continuamente se están creando estrellas y en la que se han llegado a ver hasta 8 explosiones de supernovas (de ahí su nombre). Se encuentra a 16 millones de años luz de nosotros, en la dirección cerca de Eta Cephei.

NGC-6946. Crédito: Wikipedia/Renseb.

4 DICIEMBRE. NEBULOSAS.

Durante todo el año he ido hablando de diferentes nebulosas. Creo que ha llegado el momento de estudiarlas un poco más detenidamente, aunque estoy seguro de que a estas alturas sabes mucho más de lo que te imaginas.

Creo que unas de las nebulosas más conocidas son las de la constelación de Orión. Ya hace mucho que hablamos de ella... Recuerda que el 20 de febrero hablamos en exclusiva de sus nebulosas.

Entre las nebulosas de Orión, encontramos una buena muestra de los tipos de nebulosas que existen. Principalmente se pueden dividir en:

- **Nebulosas de Reflexión.**
- **Nebulosas de Emisión.**
- **Nebulosas de absorción.**

Como nebulosa de reflexión, que es el tipo de nebulosa que refleja la luz de una estrella, sin llegar a emitir ella ningún tipo de luz, tenemos, en Orión, el ejemplo de **NGC-1999**.

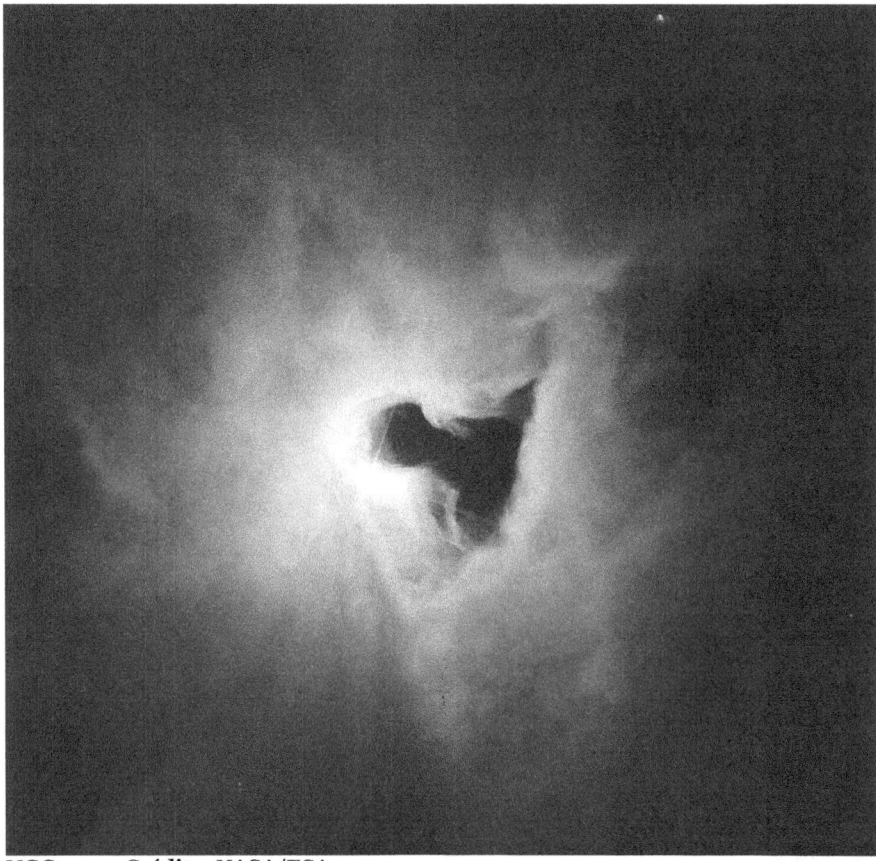

NGC-1999. Crédito: NASA/ESA.

Otra cosa es una nebulosa de emisión, en la que la materia que forma la nebulosa sí llega a emitir. Los átomos que la componen se han podido ionizar (es algo parecido a lo que hace el gas de un tubo fluorescente). Bueno, en Orión hay otro ejemplo que deberías reconocer. Es la Nebulosa de la Flama, NGC-2024. Y a la derecha de la imagen, Alnitak.

Y sin ir más lejos, ayer precisamente también hablé de otra nebulosa de reflexión, la IC-1396.

Nebulosa de la Flama. Crédito: ESO.

Nos queda, entonces, la nebulosa de absorción. También tenemos un ejemplo en la constelación de Orión. Estas nebulosas no brillan, pero sí lo hace lo que está por detrás. Seguro que te acuerdas de la Nebulosa Cabeza de Caballo. Es una de las imágenes más famosas del cielo:

Nebulosa Cabeza de Caballo. Crédito: Flickr/Marc Van Norden.

Y como siempre suele pasar cuando hablas del Universo… hay más. Pero seguro que ya sabes de lo que hablo: Las **nebulosas planetarias**. Orión, como no, también tiene la suya. Se llama, en este caso, NGC-2022 y tiene esta pinta:

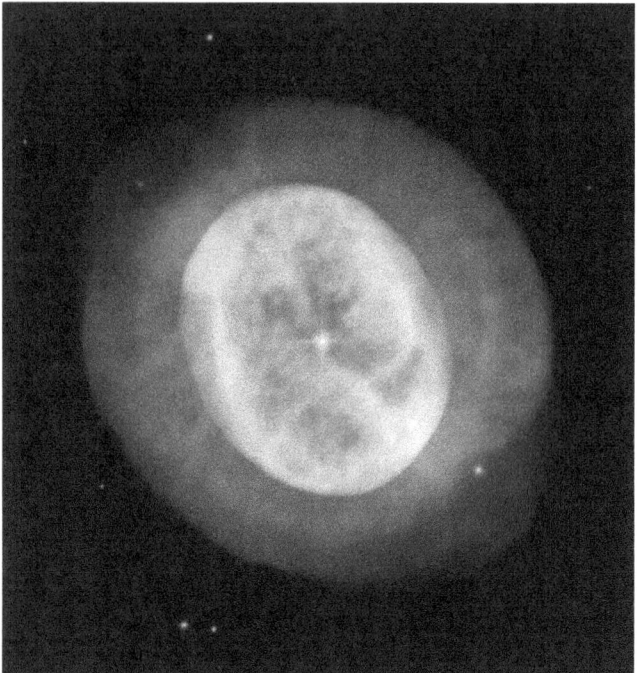

NGC-2022. Crédito: Wikipedia/Judy Schmidt.

5 DICIEMBRE. CONSTELACIÓN DE ERIDANUS.

La constelación que quiero que busques esta noche en los cielos es **Eridanus (o Erídano), el río**.

La verdad es que en principio, por tamaño, no deberías tener problemas, porque Eridanus es enorme. El problema supongo que te lo imaginas: El poco brillo de sus estrellas. Destaca una de ellas, eso sí: **Achernar (Alfa Eridani)**. Pero dudo mucho que puedas llegar a verla, porque está muy al sur. La constelación completa solo puede verse si vives por debajo de los 32° norte. Y España, para bien o para mal, se encuentra situada entre los 36 y los 43 grados. Si tienes la suerte de vivir en las Canarias, entonces sí podrás ver a Achernar, la octava estrella más brillante del cielo. (Recuerda que el trópico de Cáncer se encuentra a 23° norte y las Canarias se encuentran 4° por encima del mismo).

Constelación del río. Crédito: Wikipedia/Torsten Bronger.

Eridanus, como puedes ver, es una larguísima constelación cuya estrella Beta se sitúa muy cerquita de Rigel, en Orión. **Beta Eridani**, también conocida como **Cursa**, es la primera estrella de una fila que se prolonga hasta el horizonte y más allá, terminando en Achernar.

Achernar está situada a 177 años luz de nosotros, y tiene una magnitud aparente de +0´45. Es una B6V que destaca, sobretodo, por su forma achatada debido a su rápido giro.

Recreación artística de Achernar. Crédito: Wikipedia.

También es interesante **Epsilon Eridani**, situada tan solo a 10 años luz de nosotros. Visualmente se localiza cerca de Delta Eridani. Es una estrella similar al Sol (un poquito más pequeña), y donde en el año 2000 se descubrió un planeta (un gigante gaseoso). Años más tarde se descubrieron un par de cinturones de asteroides y dos gigantes gaseosos más. Eso hace pensar que pueda ser un sistema parecido al nuestro y quizá puede haber algún planeta rocoso de características similares a la Tierra.

Aprovecha que mañana es festivo y sal esta noche a verla… Además es una buena noche para salir porque no estará la Luna presente. Orión se encontrará, a eso de las 22 horas, hacia el sureste. Entre ella y el sur, Erídanus y quién sabe, quizá unos vecinos que posiblemente nunca lleguemos a conocer…

7 DICIEMBRE. CONSTELACIÓN ARGO NAVIS.

La constelación que vamos a ver hoy no es una, sino 3. Y eso es así porque actualmente no existe la constelación Argo Navis como tal. Sí fue así en tiempos de Ptolomeo, que la enumeró dentro de sus 48 famosas constelaciones, pero que, como digo, actualmente ha quedado dividida en 3. Y esto es así porque es una constelación enorme (Unos 1800 grados cuadrados). La más grande, de hecho. Así que era más práctico dividirla en las constelaciones de **la Quilla, la Vela y la Popa**. Al final, son tres partes importantes de un barco: Argo Navis.

Se encuentran junto al Can Mayor. Concretamente Puppis o la Popa se encuentra justo al lado. El resto quedan más abajo con lo que será difícil verlas por encima del horizonte. De hecho, esta noche, desde la península Ibérica será imposible ver Puppis antes de medianoche. Luego sí, aparece, pero quizá demasiado baja en el firmamento.

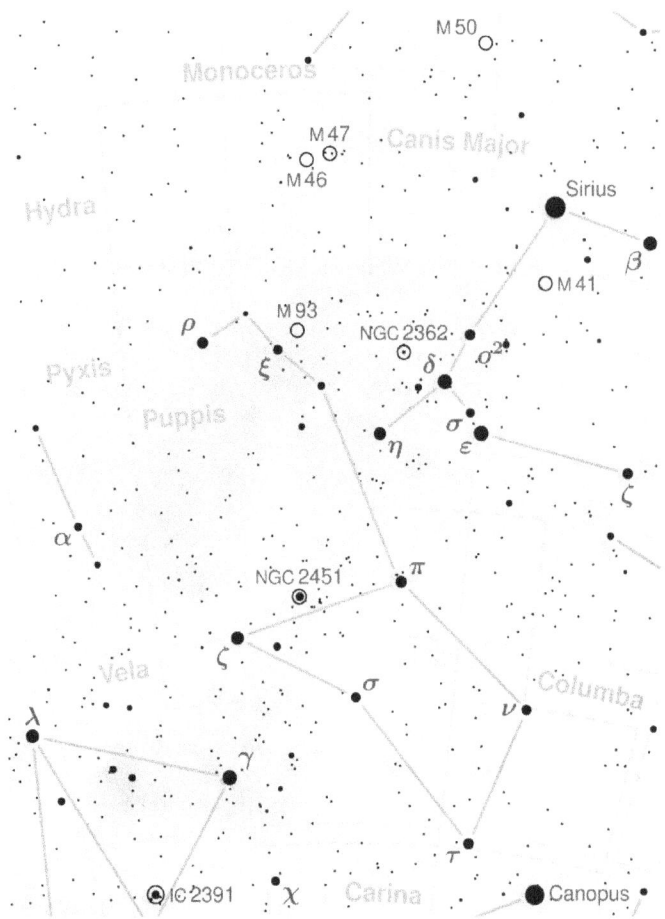

Constelación de Puppis. Crédito: Wikipedia/Torsten Bronger.

Las otras dos, te las muestro a continuación. Pero vamos, que no salgas a intentar buscarlas desde la península porque no vas a tener suerte, me temo. Si las estudiamos, y de esas maneras, es por recomendación de nuestro amigo Ptolomeo.

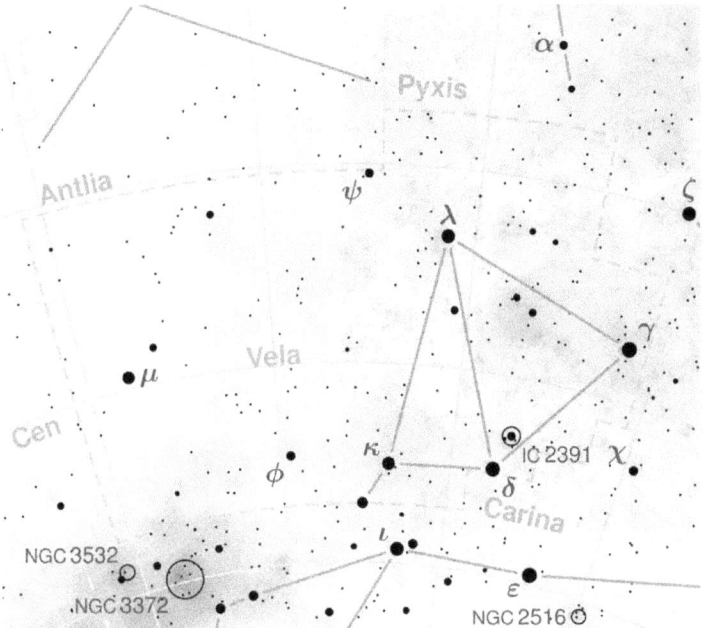
Constelación de la Vela. Crédito: Wikipedia/Torsten Bronger.

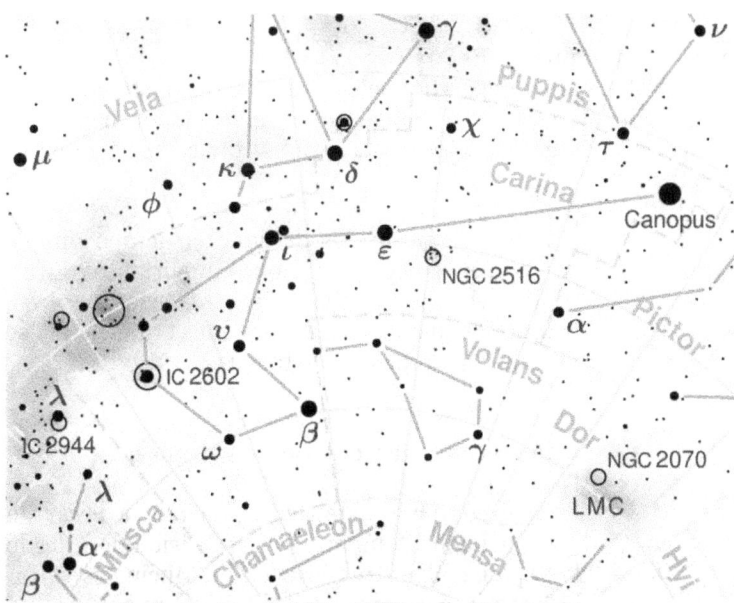
Constelación de Carina. Crédito: Wikipedia/Torsten Bronger.

Por último, dejarte una preciosa fotografía del Cúmulo de Messier número 46 (está cerca de Sirio). ¿Ves algo extraño en el interior de este cúmulo estelar?

M-46. Crédito: Wikipedia. (Fotografía de José Luis Martínez)

10 DICIEMBRE. ALTAR, CENTAURO, CORONA, LUPUS.

Son constelaciones que se encuentran junto a Escorpio, con lo que no vas a poder verlas ahora más que, si acaso, muy malamente y dependiendo de donde vivas, justo antes del amanecer. Si te pegas el madrugón, al menos, creo que merecerá la pena, porque podrás ver, hacia el este, Venus, Júpiter y Mercurio (éstos dos ya solo si tienes suerte, que se encontrarán muy abajo en el firmamento).

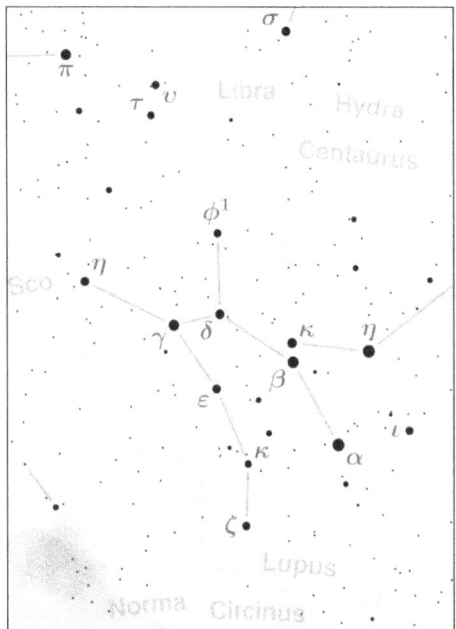

Pero aunque no les dedique el tiempo que se merecen, son constelaciones importantes. Entre ellas está la estrella más cercana a nosotros, también una de las estrellas más grandes que se conocen y preciosas nebulosas…

Como cualquier constelación tienen cosas interesantes, así que vamos con ellas:

Lobo es una constelación preciosa, a pesar de su pequeño tamaño y escasa visibilidad desde España. Sus tres estrellas principales, **Alfa, Beta y Gamma Lupi** tienen una magnitud aparente por debajo de 3, lo cual está bastante bien. Se encuentra entre Escorpio, Libra y Centauro. Si los cielos son claros, no deberías tener problemas en encontrarla.

Lupus. Crédito: Wikipedia/Torsten Bronger.

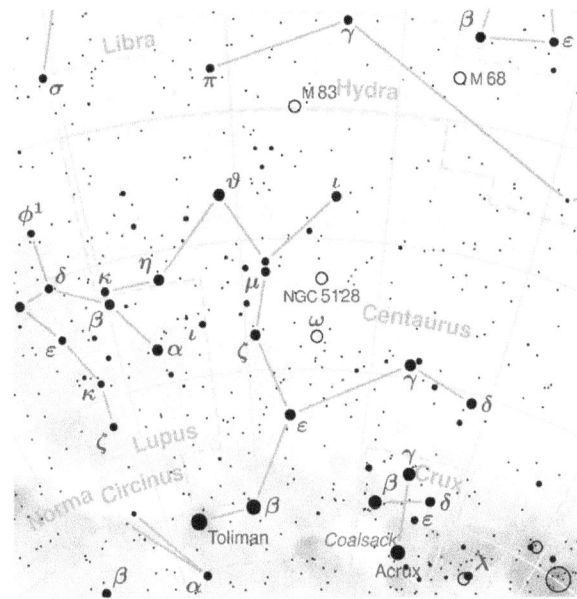

Centauro es una constelación importante sobre todo por una cosa: **Alfa Centauri**. La estrella más cercana a la Tierra y la tercera más brillante del cielo nocturno. Y además, es que no es una estrella, sino tres. Y si eso te parece poco, en alguna de ellas hay un exoplaneta ¡donde podría existir vida! Pero como resulta demasiado interesante como para no dedicarles un día entero, ya lo estudiaremos la semana que viene. La mala noticia es que no, no las vemos desde España.

Constelación de Centauro. Crédito: Wikipedia/Torsten Bronger.

Beta Centauri, también conocida como **Hadar** es la onceava estrella más brillante del cielo sin contar el Sol, así que entra directamente en el top ten. Pero Beta Centauri, al contrario que Alfa Centauri, se encuentra muy lejos de nosotros, concretamente a unos 400 años luz. Alfa Centauri y Beta Centauri son muy conocidas en el Sur porque además de verse muy bien, señalan a la Cruz del Sur.

Alfa y Beta Centauri señalando a la Cruz del Sur. Crédito: Wikipedia/Roberto Mura.

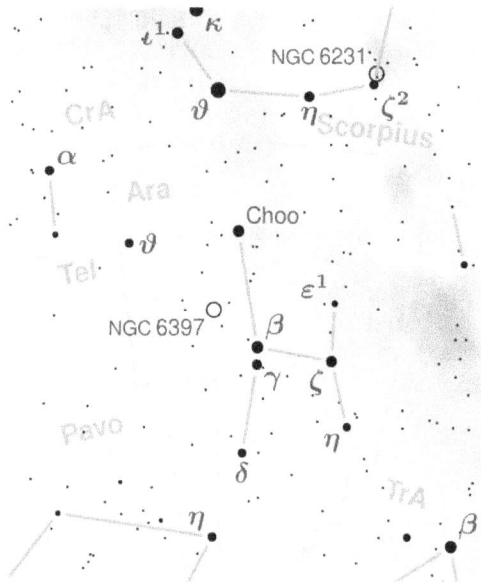

La constelación de Altar no se queda atrás. En tamaño sí, claro, pues es una de las constelaciones más pequeñitas. Aun así, entre sus filas se encuentra **Westerlund-1**, uno de los cúmulos estelares más importantes del cielo, pues contiene enormes estrellas, algunas de ellas están entre las más grandes que conocemos. Una concretamente, la **Westerlund 1-26** se lleva la palma… ¿Imaginas lo que debe ser el vivir en un planeta dentro de ese cúmulo estelar?

Constelación del Altar. Crédito: Wikipedia/Torsten Bronger.

Dentro de la constelación, también se encuentra la **estrella Cervantes**, **Mu Arae**, la cual nos interesa por su nombre y el de sus 4 planetas, ya que desde el 2016 se llaman **Quijote**, **Dulcinea**, **Rocinante** y **Sancho**. (Gracias al Planetario de Pamplona y la Sociedad Española de astronomía, por cierto).

Y por último, una maravilla de esta constelación: **La Nebulosa de la Mantarraya (stingray)**:

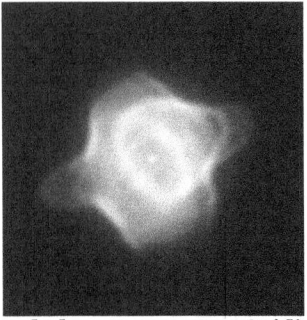

Nebulosa Mantarraya. Crédito: NASA/Matt Brobowsky.

Y no, no me olvidaba de Corona Australis. Su forma se parece mucho a Corona Borealis, pero claro, lo de *Australis* quiere decir que está muy al sur. Demasiado para los que vivimos en España. Aquí la tienes. Como verás en la siguiente imagen, está justo debajo de Sagittarius.

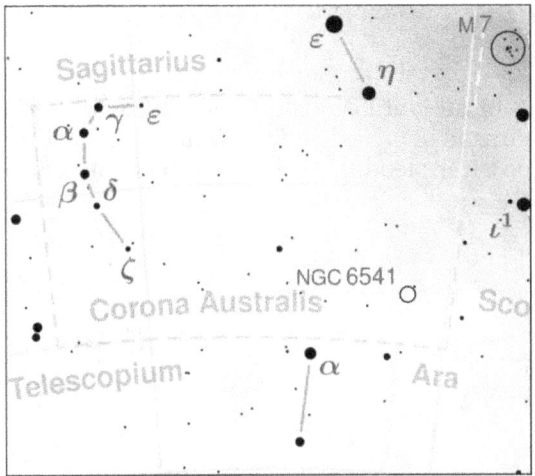

Constelación Corona Australis. Crédito: Wikipedia/Torsten Bronger.

Merece la pena dedicarle un pequeño espacio aunque solo por la siguiente foto, que muestra la preciosa nebulosa que se encuentra entre las **estrellas Gamma y Epsilon** de la constelación. En la foto también aparece el cúmulo estelar **NGC-6723**, ya en la constelación de Sagitario:

Estrellas, Nebulosa, Cúmulo en Corona Australis. Crédito: Ceravolo Optical Systems.

11 DICIEMBRE. HIDRA, CUERVO, CRÁTER.

Hidra, Crater (la Copa) y el Cuervo se encuentran juntitas, justo debajo de Leo y Virgo. Esta noche, Hidra y Leo saldrán de madrugada, precediendo a Venus. Así que si madrugas estos días, podrás verlas en todo su esplendor. (Y lo de "esplendor" entre comillas).

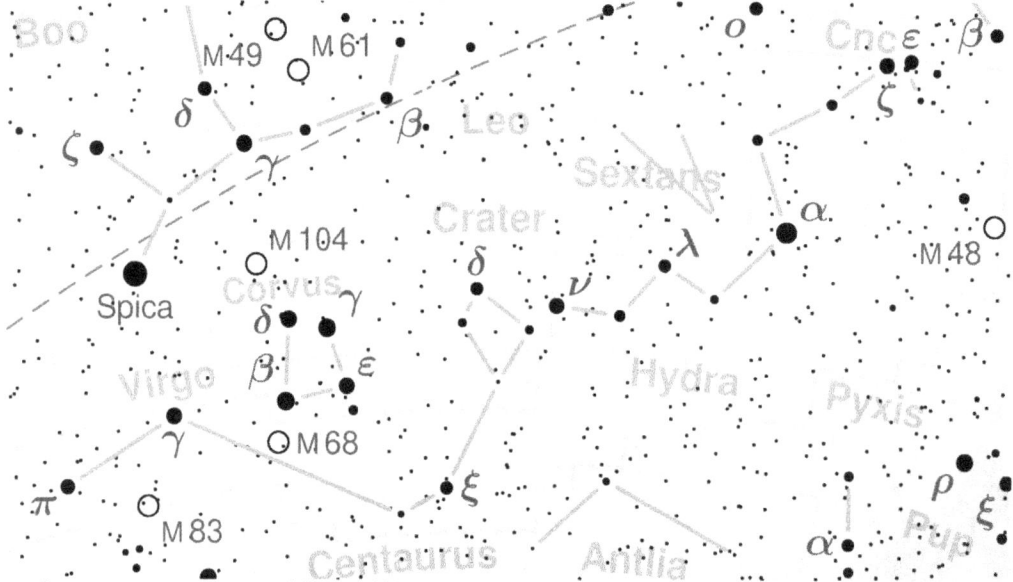

Hydra, Crater y Corvus. Crédito: Wikipedia/Torsten Bronger.

Hidra, la serpiente de mar, es una constelación larga y grande. No se caracteriza por el brillo de sus estrellas y para verla en el cielo, lo mejor es buscar su cabeza, formada por 6 estrellas, justo debajo de Leo. La estrella más brillante de la constelación se llama **Alphard (Alfa Hydrae)**, es una gigante naranja que brilla con una magnitud aparente de +2. La más espectacular del grupo, sin duda.

Aunque la verdad es que yo me quedo con el bonito cuarteto de Corvus. De sus 4 estrellas más brillantes, solo una, **Epsilon Corvi** o **Minkar**, brilla por encima de +3, y por muy poco (+3´02). La verdad es que se ven muy bien. Además, la cercanía de Spica y de la eclíptica es una buena garantía de éxito.

La leyenda cuenta que el cuervo se fue a por agua con la copa (Cráter) de Apolo. Por el camino se encontró una higuera y se quedó allí para comerse todos los higos. Por haber tardado tanto, el cuervo temía la ira de Apolo, así que volvió con una serpiente y la copa vacía diciendo que había estado peleando con la serpiente y que ese era el motivo de su tardanza. Lógicamente, Apolo no se creyó nada y los envió a todos a los cielos. La **Hidra de Lerna** también aparece en uno de los 12 trabajos de Hércules.

El sextante o **Sextans**, que puedes ver en la imagen, es una constelación moderna, introducida en el siglo XVII por **Johannes Hevelius**.

Para terminar, las **galaxias Antennae**. Dos galaxias que chocaron (aún están chocando) hace varios cientos de millones de años. Nos sirven para hacernos una idea de lo que les pasará a la Vía Láctea y a la Galaxia de Andrómeda cuando choquen, dentro de mucho, mucho tiempo:

Galaxias Antennae. Crédito: Hubble/ESA.

12 DICIEMBRE. CONSTELACIÓN DE AURIGA.

La constelación de Auriga también puede llamarse la del Cochero. Es muy fácil encontrarla en el cielo, pues es un pentágono que se ve perfectamente encima de Orión. Ayuda mucho, por cierto, su estrella principal, Capella, una de las más brillantes del cielo nocturno. Por supuesto, Auriga es una de las 48 constelaciones agrupadas por el genial Ptolomeo. Aunque no te lo creas, con esta, ya hemos estudiado las 48. Sí, todas ellas. ¡Enhorabuena!

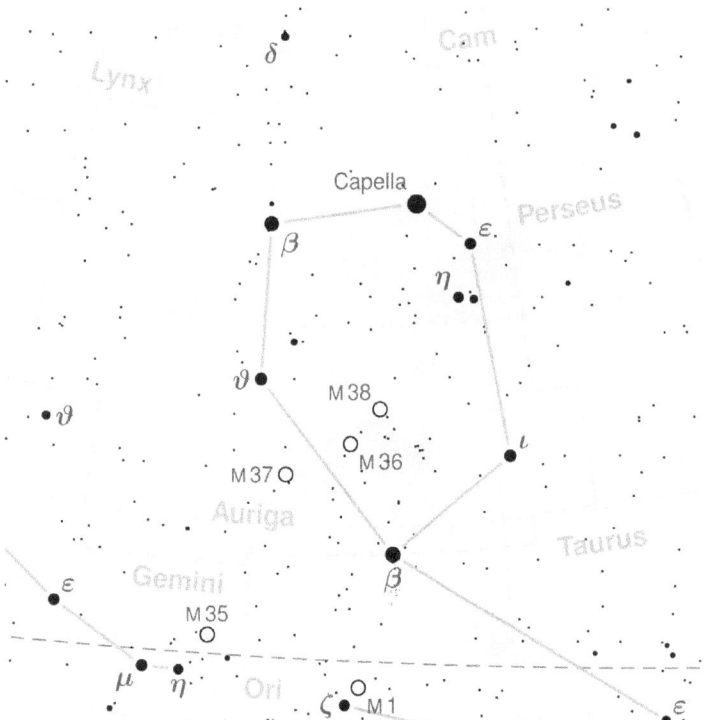

Constelación de Auriga. Crédito: Wikipedia/Torsten Bronger.

Representa a una figura humana con una cabra en sus manos. La estrella Capella representa a la cabra. La cabra, en teoría, está ahí en el cielo, y además en la Vía Láctea, en honor a que fue la cabra de la que se obtuvo la leche para amamantar a Zeus.

Aunque en realidad no se sabe muy bien de donde viene esa imagen, porque, y no me preguntes cómo, los griegos veían en Auriga una cuadriga (carro tirado por cuatro caballos) que habría inventado Erictonio, un héroe hijo de Atenea y Hefesto.

Además de Capella, destaca **Menkalinan (Beta Aurigae)** es una binaria eclipsante situada a 82 años luz de nosotros y formada por dos estrellas del tipo A1 IV-V que están muy juntas entre sí; a solamente una distancia igual a la quinta parte de la que hay entre Mercurio y el Sol.

Mucho más lejos que ellas, 1820 años luz más lejos, de hecho, destaca **Almaaz**, **Epsilon Aurigae**, otra estrella (A9 Ia) eclipsante muy curiosa. Su período es de 27´1 años y el eclipse dura 18 meses (el último entre 2009 y 2011)... y agárrate, porque la teoría es que el eclipse está provocado por un disco de polvo con una estrella azul de unas 6 masas solares en el centro. ¿A que ya no vas a poder dormir igual?

Recreación artística de Epsilon Aurigae. Crédito: NASA/JPL-Caltech.

13 DICIEMBRE. CAPELLA.

Capella es la sexta estrella más brillante del cielo. Su magnitud aparente es de +0´08. Y eso es así porque se encuentra relativamente cerca, a 42 años luz de nosotros. Lo que ves allí son, en realidad, dos estrellas de más o menos la misma temperatura que el Sol y de un tamaño mayor (10 veces) que éste (G8 III y G1 III), que se encuentran separadas entre sí unos 100 millones de kilómetros, una distancia menor a la que se encuentra la Tierra del Sol. Además, a un año luz de ellas, se encuentra otra pareja de estrellas, pero en este caso son 2 estrellas enanas rojas. Aquí las tienes todas:

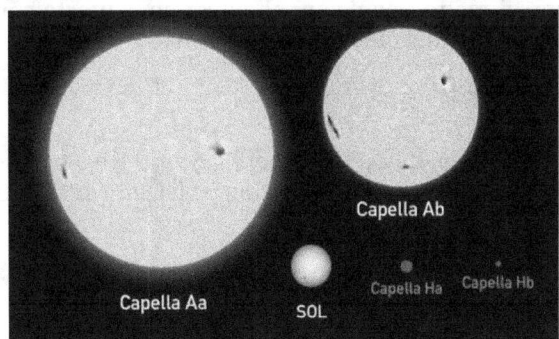

Comparación Capella con nuestro Sol. Crédito: Wikipedia.

Para terminar con esta preciosa constelación, simplemente resaltar 3 cúmulos abiertos: **M36, M37** y **M38**, que se resuelven fácilmente con unos prismáticos.

Y por último te dejo una imagen del **Hexágono de Invierno**, ¿Lo tienes identificado?

Hexágono de invierno. Crédito: Wikipedia/JA Galán Baho.

Si sales esta noche a buscar este precioso hexágono, no dejes de buscar a Géminis, de donde quizá veas alguna **Gemínida** (Lluvia de estrellas creadas por el rastro del asteroide **Phaeton**).

14 DICIEMBRE. ¿QUÉ PUEDES VER EN EL CIELO?

Si me has hecho caso durante este año y has salido ahí fuera a ver las estrellas, entonces seguro que habrás visto algo más que estrellas... Pero ¿el qué?

Hemos hablado de que pueden verse (a simple vista, claro) desde aquí hasta 5 planetas del Sistema Solar. También he hablado de la Luna, que es un satélite y también te comenté, no hace mucho, que puedes ver incluso galaxias, la de Andrómeda es el mejor ejemplo de ello. Pero por supuesto, hay más. Ya sabes que también hay cometas merodeando por el Sistema Solar, y en ocasiones, si la trayectoria de éstos se cruza con la de la Tierra, el rastro que dejan, al entrar en contacto con la atmósfera, nos brinda un espectáculo precioso: Las Lluvias de Meteoros.

Por supuesto, aún podemos ver más cosas.

Verás aviones, que supongo distinguirás fácilmente porque suelen tener luces rojas, verdes y/o intermitentes. Además, en muchas ocasiones, hacen ruido o directamente se ve claramente su forma de avión.

Pero los aviones no son el único objeto fabricado por el hombre que puede verse a simple vista.

Si has pasado horas mirando al cielo, es posible que hayas visto sobre tu cabeza una lucecita brillante como una estrella de segunda o tercera magnitud y pasando a la velocidad aproximada (o un poco más rápido) a la que verías pasar un avión. Pero sabes que no es un avión... porque se nota. A mí me encanta cuando veo uno. Me refiero a un **satélite**. Generalmente van provistos de paneles solares y por ello los ves brillar, porque además, y estando como están a varios cientos de kilómetros, allí puede darles el Sol cuando aquí abajo es de noche (suelen verse a primeras horas de la noche o antes del amanecer).

También puedes tener mucha suerte, o buscarla, y ver algo como uno de esos satélites pero con un brillo mucho mayor. Entonces puede que estemos hablando de la ISS. La famosa **International Space Station**. Es enorme y da unas 15 vueltas a la Tierra al día (el cielo lo cruzará en 3-4 minutos), así que, aunque no es fácil verla por casualidad, puedes saber cuándo va a pasar, por ejemplo, en la siguiente página web:

http://www.heavens-above.com/.

También puedes apuntarte en la página de la NASA, y ellos te avisan un día antes de que vaya a pasar por encima de tu casa. Son geniales.

De los satélites que puedes ver, por cierto, son especialmente llamativos los **satélites de Iridium**. Éstos pueden provocar un resplandor ya que sus paneles, al reflejar la luz del Sol, en cierto momento pueden apuntar hacia nosotros y vemos como un destello.

Bueno, y a parte de todo esto, también te digo que en ocasiones podrás ver cosas raras, que no se adapten a nada de lo que he descrito. Tranquilo, todo tiene una explicación. Puedes ver efectos atmosféricos extraños, causados por tormentas eléctricas o electricidad en el aire. Puede ser una bolsa de plástico arrastrada a varios metros de altura, un pájaro, un bicho... cualquier cosa. No estás loco y no es un extraterrestre. Todo tiene una explicación lógica, aunque a veces, como es normal, nos cueste entenderlo.

17 DICIEMBRE. URANO.

Urano es el séptimo planeta del Sistema Solar en orden de alejamiento del Sol. En tamaño solo es superado por Júpiter y Saturno. Su diámetro es 4 veces el de la Tierra, lo cual quiere decir que dentro de Urano caben 67 Tierras.

A pesar de su tamaño, este gigante fue desconocido para la humanidad hasta 1781, cuando **William Herschel** lo vio por primera vez a través de su telescopio.

Cuando pudimos verlo más de cerca, observamos lo bonito que es, de un color azul claro.

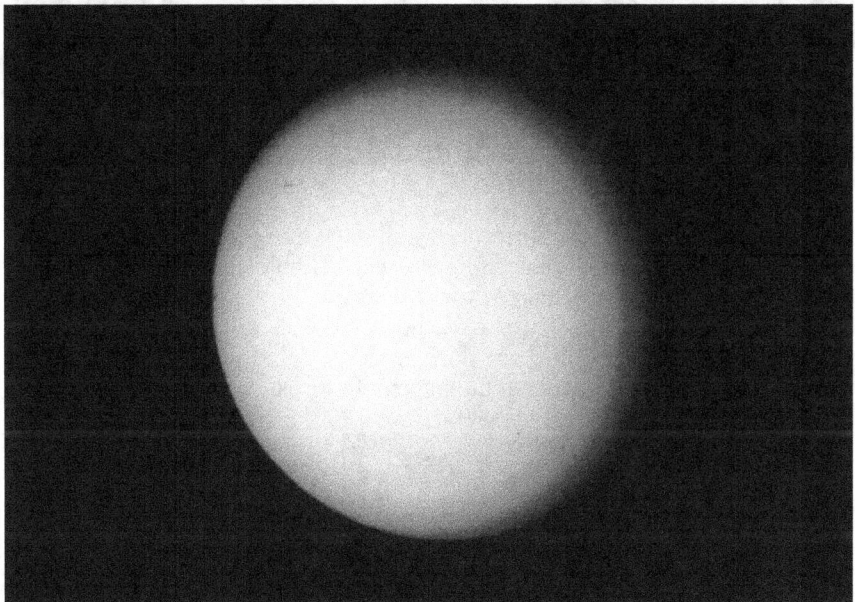

Urano, fotografiado por la Voyager 2. Crédito: NASA/JPL.

Como digo, destaca su color azul. Su atmósfera está formada por hidrógeno y helio y una pequeña proporción de metano que le da ese bonito color azulado y verdoso, ya que absorbe la luz roja. (Recuerda cuando hablé de reflexión, refracción...).

Dentro de la atmósfera nos encontramos con un mundo helado... Se dice que es un gigante de hielo, pero su superficie no es de fría roca de agua helada, sino una densa y fluida sustancia compuesta de agua, metano y amoniaco asentada sobre un enorme núcleo rocoso.

Lo más curioso de Urano es la gran inclinación de su eje: 98 grados. Eso significa que su eje está prácticamente horizontal. La consecuencia de esa inclinación es que uno de sus polos, en ocasiones, está encarado al Sol y por lo tanto pasa a ser la parte más caliente... si bien es cierto que está tan lejos del Sol (19´19 UAs) que el calor que le llega es más bien poco. La razón de esta extraña característica quizá fuera el choque del planeta con otro más pequeño, se estima que del tamaño de la Tierra, hace ya muuucho tiempo.

Tarda 84 años en dar una vuelta alrededor del Sol, y casi 18 horas en darla sobre sí mismo.

Urano, aunque está muy lejos del Sol, no viaja solo. Goza de la compañía de 27 Lunas, muchas de las cuales no sobrepasan los 100 kilómetros de radio. "Solo" 5 de ellas son lo suficientemente grandes como para poder tener una forma redonda: Son **Oberón, Titania, Umbriel, Ariel y Miranda**. Oberón es la mayor, y tiene un diámetro de 761 kilómetros y Miranda, la más pequeña de las cinco, de 235. Son todas ellas enormes bolas de hielo y roca llenas de cicatrices y de las que, desafortunadamente, no sabemos mucho. Las Lunas más exteriores, aunque se desconoce su composición, se cree que son asteroides atrapados en el campo_gravitatorio de Urano (Al igual que pasaba con las lunas exteriores de Saturno o Júpiter).

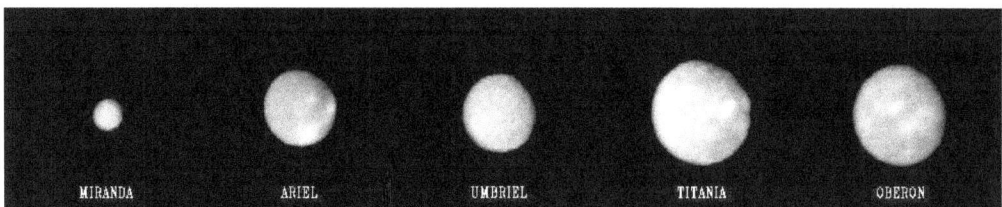

Lunas fotografiadas por la Voyager 2. Crédito: NASA/JPL.

Pero Urano tiene más... En el 77 se descubrieron 9 anillos, y en 1986, con la Voyager 2, se descubrieron dos más. Más tarde, el Telescopio espacial Hubble aún descubriría otros dos. Los anillos se llaman, de dentro hacia afuera: **Zeta, 6, 5, 4, Alfa, Beta, Eta, Gamma, Delta, Lambda, Epsilon, Nu y Mu**. Los anillos están formados no tanto por hielo, como en el caso de Saturno, sino por polvo y rocas, debido mayoritariamente a los restos de los choques producidos entre las Lunas y meteoritos.

Anillos de Urano. Crédito: NASA/JPL.

El sistema de lunas y anillos de Urano es muy dinámico, y en los últimos años incluso se ha observado el cambio de la órbita de algunas de las lunas... habrá que seguir estudiándolo porque de momento, mucho más no sabemos. ¡Ojalá manden una misión allí pronto! ¡Hay tanto por explorar!

18 DICIEMBRE. NEPTUNO.

Neptuno es el planeta más alejado del Sol, y es la principal razón por la que sabemos muy poco de él. Eso sí, es muy parecido a Urano en cuanto a tamaño y composición.

Las mayores diferencias entre ellos es que Neptuno no tiene el eje inclinado, sus anillos son mucho más tenues y su superficie mucho más dinámica; tiene manchas que recuerdan a las de Júpiter (Desde que llegaron las Voyager hasta ahora han aparecido y desaparecido varias, y no se tiene nada claro su naturaleza) y vientos de hasta 2400 km/h, los más fuertes del Sistema Solar.

La composición es similar a la de Urano, así que no me voy a repetir. Eso sí, es mucho más azul, un azul más oscuro. Ese color es debido al metano. Pasa como en Neptuno, pero el tono más azulado se cree que debe ser debido a otro componente que no se ha descubierto aún. Habrá que esperar.

Neptuno. Crédito: NASA/JPL.

Neptuno es algo más pequeño que Urano, pero no mucho. Gira alrededor del Sol a una distancia de 30 U.A, y tarda la friolera de casi 165 años en dar una vuelta alrededor del mismo.

Fue descubierto, por cierto, en 1846. Lo vio por primera vez **Johann Gottfried**, desde el observatorio de Berlín, pero fue **Urbain Joseph Le Verrier** quien predijo que estaría allí. Calculó su órbita aproximada y su masa a partir del estudio de la órbita de Urano, que no era exactamente como se había esperado. 17 días más tarde descubrirían su mayor Luna: **Tritón**.

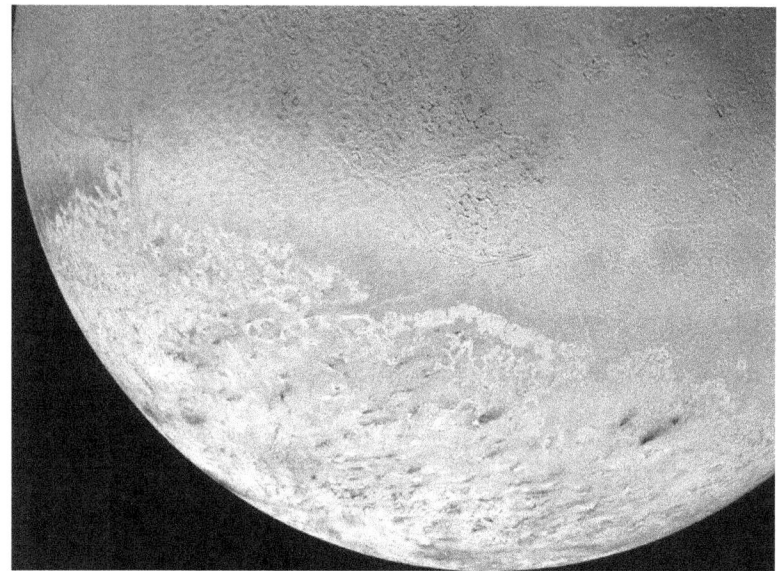

Tritón. Crédito: NASA/JPL/USGS

En 1989 la sonda Voyager 2 se acercó a Neptuno y descubrió 6 de sus 13 lunas (13, más una en camino, todavía pendiente de confirmación).

También comprobó la existencia de 4 finos anillos de partículas de polvo. Ahora sabemos que tiene 6 anillos.

Anillos de Neptuno. Crédito: NASA/JPL.

Sobre sus Lunas, la más grande es Tritón, con sus 1350 kilómetros de radio. Las demás son poquita cosa, **Proteo**, 200 kilómetros y **Nereida** 170. El resto no llegan a 100, son las 5 lunas interiores: **Náyade, Thalassa, Despina, Galatea** y **Larisa**. Las que quedan se llaman **Halimede, Sao, Laomedeia, Psámate, Neso** y **S/2004 N1**, que es la que queda por confirmar y nombrar.

Como curiosidad, Tritón es el único satélite grande que gira en dirección contraria a la rotación de su planeta y es el cuerpo más frío del Sistema Solar (que sepamos): 235°C bajo cero. Es, de hecho, la única luna del Sistema Solar de la que se sabe que tiene una superficie formada mayormente de nitrógeno líquido.

Imagina estar allí, sobre ese suelo de nitrógeno líquido, tan frío, tan lejos... el Sol solo es un punto en el cielo. En el oscuro cielo un enorme planeta azul con tormentas de 2000 kilómetros por hora. Es un mundo helado con cráteres de hasta 200 kilómetros, enormes cañones y géiseres que expulsan nitrógeno líquido vaporizado a la superficie.

19 DICIEMBRE. CONSTELACIONES DE PTOLOMEO.

Llevo todo el año hablando de las constelaciones de Ptolomeo y aún no las hemos enumerado. Bueno, ahí van. Parece mentira, ¿verdad? ¿Podrías reconocerlas a todas?

1.- Acuario (11 Septiembre)
2.- Andrómeda (29 Octubre)
3.- Águila (30 Julio)
4.- Altar (10 Diciembre)
5.- Argo Navis (7 Diciembre)
6.- Aries (14 Noviembre)
7.- Auriga (12 Diciembre)
8.- Boyero (26 Abril)
9.- Cáncer (5 Abril)
10.- Can Minor (9 Marzo)
11.- Can Mayor (22 Febrero)
12.- Capricornio (13 Septiembre)
13.- Casiopea (16 Octubre)
14.- Centauro (10 Diciembre)
15.- Cefeo (3 Diciembre)
16.- Cetus (28 Noviembre)
17.- Cisne (23 Julio)
18.- Corona Austral (10 Diciembre)
19.- Corona Boreal (18 Mayo)
20.- Crater (11 Diciembre)
21.- Cuervo (11 Diciembre)
22.- Delfín (30 Agosto)
23.- Draco (28 Agosto)
24.- Equuleus o Caballito (30 Agosto)
25.- Eridanus (5 Diciembre)
26.- Escorpio (13 Agosto)
27.- Géminis (3 Abril)
28.- Hércules (18 Junio)
29.- Hidra (11 Diciembre)
30.- Leo (22 Marzo)
31.- Lepus (8 Marzo)
32.- Libra (29 Mayo)
33.- Lira (2 Julio)
34.- Lupus (10 Diciembre)
35.- Ofiuco (1 Octubre)
36.- Orión (14 Febrero)
37.- Osa Mayor (13 Abril)
38.- Osa Menor (9 Abril)
39.- Pegaso (7 Noviembre)
40.- Perseo (9 Noviembre)
41.- Piscis (23 Noviembre)
42.- Piscis Austral (29 Noviembre)
43.- Sagita o Flecha (30 Agosto)
44.- Sagitario (9 Agosto)
45.- Serpiente (2 Octubre)
46.- Tauro (15 Noviembre)
47.- Triángulo (2 Noviembre)
48.- Virgo (31 Mayo)

20 DICIEMBRE. CANOPUS Y ALFA CENTAURI.

Canopus, Canopo o Alfa Carinae, con una magnitud aparente de -0´72, es la estrella más brillante de la constelación de Carina (La Quilla) y la segunda estrella más brillante del cielo nocturno.

Sirio es la única estrella que brilla más que Canopo, pero seguro que recuerdas que brillaba tanto por encontrarse a 8´6 años luz de nosotros (muy cerca). No es el caso de Alfa Carinae. Canopus se encuentra a más de 300 años luz de la Tierra, lo cual significa que, con ese brillo, tiene que ser una estrella muy brillante. Es una A9 II, así que sí, es una enorme y caliente bola de gas. Si estuviera donde está Sirio ahora mismo, a esta estrella la veríamos durante el día y, dicen, haría que tuvieras sombra durante la noche. Sería tan distinta la vida en nuestro planeta…

Canopo es una estrella rara. No se sabe bien si viene o si va a ser una estrella roja. Lo que sí se tiene bastante claro es que, con su masa, no llegará a explotar brutalmente como lo haría una estrella mayor. Canopus, simplemente, acabará siendo una enana blanca rodeada de una hermosa nebulosa.

Sobre **Alfa Centauri** ya sabrás que es la estrella más cercana a la Tierra. Pero también sabrás que cuando hablamos de Alfa Centauri, no estamos hablando de una sola estrella… Como dije en su día, el sistema Alfa Centauri es un sistema triple, formado por dos estrellas similares al Sol y una pequeña enana marrón: **Próxima Centauri**.

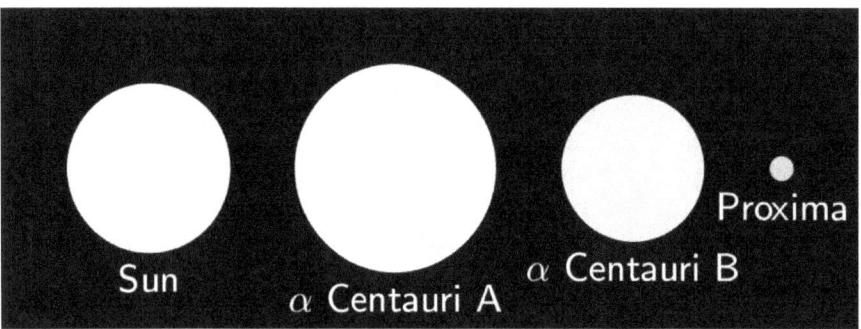

Sistema Alfa Centauri comparado con el Sol. Crédito: Wikipedia/David Benbennick.

En el Sistema Alfa Centauri, **Alfa Centauri A** está en el centro y **Alfa Centauri B** orbita alrededor de ella (80 años de órbita) en una elipse con un radio máximo mayor que la órbita de Urano (están a entre 11 y 36 UA). La pequeña Próxima Centauri orbita alrededor de sus dos compañeras mucho más lejos, a unas 13000 UAs.

Seguramente quieres saber si existen exoplanetas orbitando a Alfa Centauri. Pues los hay. En el 2012 se descubrió una super-Tierra en este sistema. (Un planeta rocoso más grande que la Tierra). El planeta se nombró Alfa Centauri Bb. Lamentablemente no está en la zona habitable. Y más lamentablemente aún es que cuando se analizaron los datos con más detenimiento, se comprobó que realmente no existe.

Pero hay más. Vaya que si lo hay. Recientemente se ha encontrado un planeta donde podría haber vida… ¿dispuesto a esperar hasta mañana para estudiarlo?

Impresión artística de un exoplaneta de Alfa Centauri. Crédito: ESO/L.Calçada/N.Risinger.

21 DICIEMBRE. PROXIMA CENTAURI B.

El 24 de agosto del 2016 tuvo lugar un descubrimiento que pasará a la historia: Se descubrió un planeta en la zona habitable de la estrella más cercana a la Tierra: Próxima Centauri.

Fue descubierto por un equipo de astrónomos liderado por un español, **Guillem Anglada Escudé**, utilizando el método de espectrometría Doppler, que ya he nombrado cuando hablé, en agosto, de los exoplanetas. Además, estamos muy seguros de que la señal es real. Son 16 años tomando datos y todo coincide, así que no se duda (aunque nada es seguro al 100%) de que el planeta exista realmente; es más, no se descarta que haya más planetas junto a él. ¡Buenas noticias!

El planeta, que por cierto se llama **Próxima Centauri b**, gira en torno a una pequeña estrella marrón y eso va a determinar muchas de sus características. Para empezar, la zona habitable va a situarse en una franja muy cercana a la estrella. Si algo desprende poco calor, tienes que arrimarte más para poder notarlo. Así que Próxima Centauri b se encuentra a tan solo 7´5 millones de kilómetros de su estrella. Ya eres todo un experto, y quizá imagines lo que eso significa: Al igual que pasa por ejemplo con nuestra Luna, este planeta tiene muchas posibilidades de mostrar la misma cara a su estrella. ¡Imagina que mundo más diferente al nuestro! (Si su órbita no es circular sino excéntrica, entonces es posible que no siempre muestre la misma cara a su estrella, como pasa con Mercurio, por ejemplo).

Pero no está todo tan claro. Vayamos por partes. Lo único que tenemos claro sobre el planeta es su masa (y se sabe su masa mínima, porque aún podría ser más pesado) y su periodo orbital. Sabemos que el planeta es un poco más pesado que la Tierra (1´27 veces) y por lo tanto gira con un periodo de 11´18 días a 7´5 millones de kilómetros de su estrella. Esto es lo que está bastante claro. El resto: Conjeturas.

No sabemos su densidad (y por lo tanto los materiales que lo forman), tampoco sabemos si tiene campo magnético, ni si tiene atmósfera, ni si tiene mucha, poca o nada de agua. Dependiendo de éstos factores, podrá ser un lugar propicio para la vida o no. Otra mala noticia es que orbita a una enana marrón, y éstas se caracterizan por emitir grandes cantidades de rayos X y ultravioletas que podrían afectar negativamente a la vida en sus planetas... habrá que esperar para ir conociendo más sobre nuestros vecinos.

Obviamente, y como era de esperar, se han hecho miles de estudios al respecto barajando todas las posibilidades que te puedas imaginar. De momento no te emociones demasiado porque, como digo, (todavía) sabemos muy poco.

Pero como soñar es gratis... imagina un planeta rocoso y con mucha agua. Con un potente campo magnético que lo protege de la radiación estelar y que cuida de su suave atmósfera. La cara que da a la estrella, sería un enorme desierto, y la cara oculta sería un glaciar sin final. La vida se desarrolló en un anillo intermedio y miles de años después se fue extendiendo, poco a poco, hacia ambos lados, creando extrañas criaturas que viven en la fría noche y en el caliente desierto ¿No te gustaría viajar allí para verlo?

Hay muchos científicos que se han preguntado lo mismo y, como no podría ser de otra manera, ya hay muchos estudios realizados al respecto de viajar para verlo. Con la tecnología actual tardaríamos varios miles de años en llegar así que de momento queda descartado. La mayor esperanza, para al menos los que nos gusta soñar, está en el proyecto "**Breakthrough Starshot**". En este proyecto está metido hasta el mismísimo Stephen Hawking, y con él pretenden mandar unas microsondas movidas por velas láser y llegar allí en viaje de 50 ó 100 años. El tema de las velas es, posiblemente, el futuro (Ya se han realizado pruebas con éxito de velas movidas por el viento solar). En este caso se habla de unas velas movidas, en lugar de por viento, por las partículas electromagnéticas que genera un potente rayo láser, o varios de ellos, situados en el desierto. De momento, estamos muy lejos de lograrlo, pero por algo se empieza ¿no?

Que pases unas felices Navidades.

Representación artística de Próxima b. Crédito: ESO/M. Kornmesser

26 DICIEMBRE. FUTURAS MISIONES.

Ya solo quedan unos pocos días para que acabe el año y, aunque no te lo creas, ya sabes mucho sobre astronomía. Espero que te haya picado el gusanillo y a partir de ahora investigues por ti mismo cuanta más información, mejor.

El futuro se me antoja apasionante. A la especie humana nos queda muchísimo trabajo por hacer. Imagina si es así, que incluso en nuestro propio planeta todavía hay lugares que no hemos pisado. Todavía muchas cuestiones por resolver. Y existen infinidad de mundos diferentes en nuestro propio Sistema Solar. Es apasionante. Cada vez que hemos mandado una sonda a algún planeta, éste nos ha sorprendido con multitud de gratas y curiosas sorpresas. Y ya no solo miramos a nuestro Sistema Solar. Escuchamos y vemos lo que hay más allá. Casi a diario descubrimos nuevos exoplanetas, y recientemente, como sabes, uno muy esperanzador en la estrella más cercana.

Pronto sabremos mucho más sobre lo que hay ahí fuera gracias a un nuevo telescopio que sustituirá al Hubble (el **James Webb Space Telescope** de la NASA). ¡Que ganas de verlo funcionar!

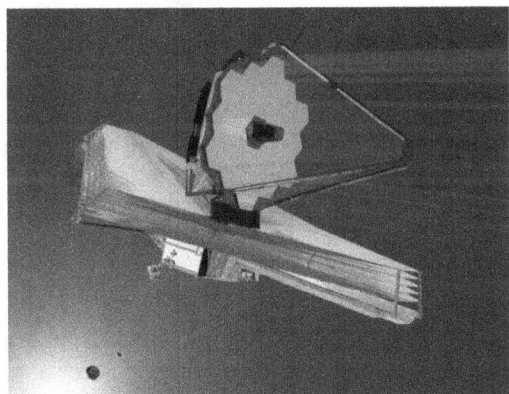

James Webb Space Telescope. Crédito: NASA.

La NASA sigue encabezando la exploración espacial, pero es que China, Japón, Europa, Rusia o La India, por ejemplo, avanzan a pasos agigantados.

En los próximos años, espero ver las nuevas misiones que estudiarán Europa (La ESA ya tiene planes para empezar con ello en el 2022) o Marte, donde todavía queda mucho por explorar y donde parece que ya ha comenzado la carrera espacial para poner un ser humano allí (cambia de vez en cuando pero en USA ya han anunciado que lo quieren para la década del 2030).

También hay planes para ir a Encélado, Ganímedes o Titán (otras lunas que darán mucho que hablar) y por supuesto dos planetas muy poco conocidos: Neptuno y Urano (La NASA quiere hacerlo antes del 2030). También hay planes para traer muestras de las lunas de Marte (Los japoneses, cuya sonda Hayabusa ya trajo muestras de un asteroide, están en ello).

Pero tengo que ser sincero contigo. La cosa va lenta... Mucho más lenta de lo que me gustaría. El tema es que cada una de estas misiones necesita mucho dinero, planificación y tiempo. Y a poca gente (políticos) le gusta gastarse dinero para planes a tan largo plazo.

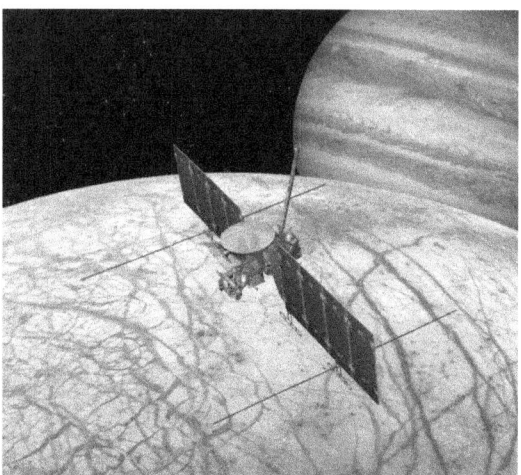

Futura mission a Europa. Crédito: NASA/JPL.

Tienes que seguir con especial interés los planes de empresas como Space X, Boeing o Lockheed Martin (o United Launch Alliance, que pertenece a éstos dos últimos). Todos han desarrollado proyectos (entre muchos otros) que tienen como objetivo llevar astronautas a Marte. El de Space X, por cierto, se sale. Quiere utilizar el lanzador más grande jamás construido con una nave espacial con capacidad para llevar a Marte ¡hasta 100 personas! Si sus planes no fallan, este año habrán empezado las pruebas... Ya veremos, porque no está del todo claro.

No sabes lo que me gustaría ver humanos en Marte de manera permanente. También imagino un super-telescopio en la Luna o incluso bases permanentes allí. Imagina una sonda buceando en los mares de Europa, adentrándose en la espesa atmósfera de Venus, navegando por los mares de Titán. Todavía tenemos que conocer mejor las estrellas que nos rodean. Descubrir nuevos e interesantes exoplanetas y quién sabe, quizá tener indicios de alguna otra civilización.

Mucho más a largo plazo, quizá empecemos a pisar nuevos mundos. Llevaremos humanos más cerca que nunca a otros cometas, a Ceres o incluso a alguna luna de Júpiter. Planearemos la Terraformación de Marte (1000 años de proyecto en la que hacer de Marte un lugar habitable que tendremos que empezar algún día). Conseguiremos descubrir los secretos del Sistema Solar exterior. Construiremos Naves espaciales en otros lugares. Usaremos materiales extraídos en diferentes lugares del Sistema Solar. Mandaremos turistas a los hoteles de la Luna.

Puedes empezar a soñar con todo ello, pero si queremos llegar a conseguirlo, está claro que primero tendremos que salvarnos de nosotros mismos. Solucionar nuestros problemas para poder empezar a mirar más allá, por lo tanto, debe ser primordial. Me quedo con la frase de **Mae Jemison** (primera mujer afroamericana en viajar al espacio): "La búsqueda de un mañana extraordinario, puede crear un mundo mejor hoy". Amén.

27 DICIEMBRE. ESTRELLAS MÁS CERCANAS A LA TIERRA.

La estrella más cercana a nosotros, ya lo sabes, es, después del Sol, Próxima Centauri. Sus otras compañeras, Alfa Centauri A y Alfa Centauri B, serían las dos siguientes.

La siguiente es la estrella de Barnard, que estaría en la quinta posición contando al Sol. Ya he hablado de ella en alguna ocasión (nos ha dado tiempo a hablar de muchas cosas en este año, ¿verdad?). Esta estrella se encuentra, recordarás, en la constelación de Ofiuco, que es la "constelación del zodiaco número 13".

El siguiente sistema estelar fue descubierto hace bien poco. Es una estrella binaria llamada **Wise J104915.57-531906**, como ves, un nombre muy asequible y fácil de recordar. Yo prefiero llamarla, simplemente, **Luhman 16**, en honor a su descubridor. Son dos estrellas marrones que se encuentran a 6´5 años luz de nosotros, en la constelación Vela.

La siguiente también se la debemos también a **Kevin Luhman**, y se llama **Wise 0855-0714**, y se encuentra a "tan solo" 7´5 años luz de nosotros.

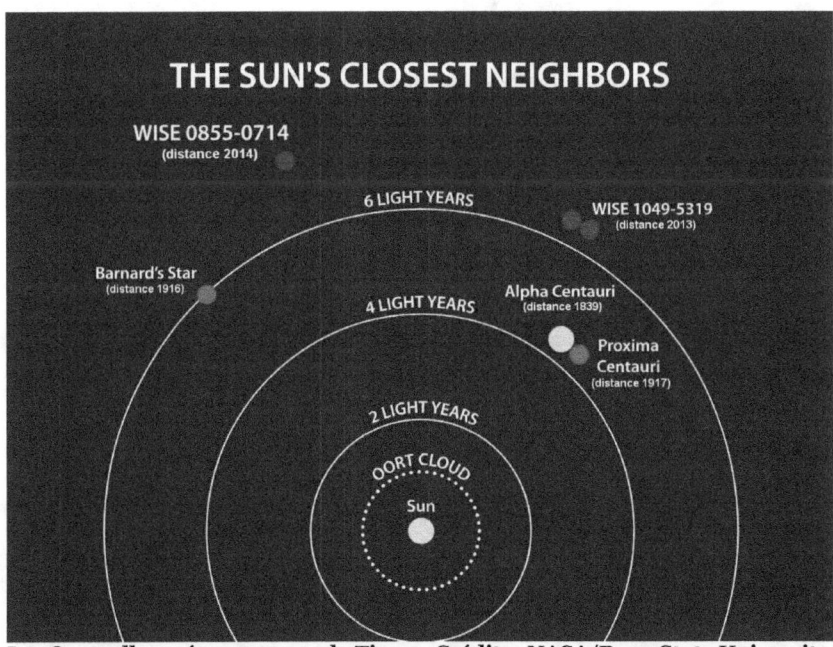

Las 8 estrellas más cercanas a la Tierra. Crédito: NASA/Penn State University

De la novena estrella más cercana a la Tierra también hemos hablado. Se llama Wolf 359 y está en la Constelación de Leo.

La décima se encuentra en una conocida zona de nuestro cielo: En la Osa Mayor. Y sí, también hemos hablado de ella: Se llama Lalande 21185.

La onceava estrella es especial. La conoces de sobras, es la estrella más brillante de nuestro cielo nocturno. Hablo de Alfa Canis Majoris, más conocida como Sirio, en la constelación del Can Mayor.

En el puesto número 12 se encuentra una estrella de la constelación de Cetus, la Ballena, y está a 8´73 años luz de nosotros. La estrella se conoce como **Luyten 726-8** y también es un sistema binario. Así que van 13 estrellas.

La catorceava estrella más cercana a nosotros tampoco la he nombrado, pero sí a la constelación en la que se encuentra: Sagitario. Se llama **Ross 154**, y fue descubierta por **Frank Elmore Ross**.

Frank descubrió, curiosamente, la número 15 de la lista: **Ross 248**. Se encuentra a 10´3 años luz de nosotros, y queda en la constelación de Andrómeda, famosa, ya sabes, porque en ella se encuentra el objeto más alejado que puede verse a simple vista: La fabulosa Galaxia de Andrómeda (por cierto que Ross también dio nombre a la estrella número 18 de esta lista, **Ross 128**, en la constelación de Virgo).

Por último, **Epsilon Eridani**, de la que hablé cuando vimos la constelación de Eridano, y se encuentra a 10´5 años luz de nosotros.

Como ves, hemos visto, a lo largo de este año, casi todas ellas.

27 DICIEMBRE. ESTRELLAS MÁS BRILLANTES.

Solo quiero dejarte una lista con las 20 estrellas más brillantes del cielo nocturno. Las hemos visto todas menos las dos de la Cruz del Sur, que, aunque sí he nombrado la constelación, no nos hemos detenido porque no vamos a poder verla desde el hemisferio norte. En cualquier caso, te invito a que la busques si viajas al sur.

1.- Sirio (Can Mayor).
2.- Canopo (La Quilla).
3.- Arturo (Boyero).
4.- Alfa Centuri (Centauro).
5.- Vega (Lira).
6.- Capella (Auriga).
7.- Rigel (Orión).
8.- Procyon (Can Menor).
9.- Achernar (Eridanus).
10.- Betelgeuse (Orión).
11.- Hadar (Centauro).
12.- Altair (Águila).
13.- Acrux. (Cruz del Sur).
14.- Aldebarán (Tauro).
15.- Spica (Virgo).
16.- Antares (Escorpio).
17.- Pollux (Géminis).
18.- Fomalhaut (Piscis Australis).
19.- Becrux. (Cruz del Sur).
20.- Denev (Cisne).

31 DICIEMBRE. HASTA SIEMPRE Y GRACIAS.

Ya sé que los agradecimientos se suelen poner al principio de los libros, pero quería dar las gracias a todos los que hayan llegado hasta aquí porque es ahora el momento en el que podéis valorar todo lo que habéis aprendido en este año. Espero que haya sido una experiencia positiva.

Gracias también a todos los que me habéis apoyado con vuestros ánimos, paciencia, entrega, valiosos comentarios o, simplemente, habéis estado allí. Gracias a mi familia, a mi mujer y a mis amigos, por estar allí, siempre.

Gracias a todos, de verdad.

Con este libro tenía varios objetivos, que espero se hayan cumplido:

Por un lado pretendía aprender y enseñar. Yo he aprendido mucho, y espero que al menos uno de vosotros se haya interesado por este fascinante mundo y siga, por sí mismo, aprendiendo más y más cada día y saliendo de vez en cuando a mirar hacia arriba. Mi mujer sabe que si es de noche y se ven las estrellas, seguramente me quede atrás, olvidándome de todo con la vista puesta en el cielo. Espero haber conseguido que a más de uno le pase lo mismo desde ahora.

Por otro lado, *"Astronomía día a día"* pretendía ser una demostración de lo pequeños e insignificantes que somos. Quería que lo supieras. Tus problemas y los míos no son más que polvo de estrellas. Son insignificantes y así deberíamos tomárnoslos.

Y por supuesto, quería hacer notar de la fragilidad, delicadeza y de lo único e irrepetible que es nuestro planeta. Es frágil y por ello todos tenemos la obligación de cuidarlo... No lo hemos hecho muy bien hasta ahora, así que espero que el conocimiento de este pequeño punto azul en el espacio sirva para hacernos mejores cada día.

Este libro espero que te sirva en el futuro. Sigue buscando información sobre las constelaciones que contiene (y las que no, por supuesto). Sigue atento a las noticias y sigue disfrutando del cielo nocturno siempre que puedas.

Seguiré contestando las preguntas y comentarios que estiméis necesario hacer sobre mi libro. Intentaré seguir actualizando año tras año la información y escribiendo nuevos capítulos. Hay mucho que contar (a estas alturas no hace falta decirlo).

Así que, sin más, me despido. Espero que hayas disfrutado.

Hasta siempre.

La Tierra vista desde la Luna. Crédito: NASA/GSFC/Arizona State University.

www.ingramcontent.com/pod-product-compliance
Lightning Source LLC
Chambersburg PA
CBHW080903170526
45158CB00008B/1974